普通高等院校建筑专业"十三五"规划精品教材

建筑节能设计

（第二版）

主编 王 瑞

华中科技大学出版社
中国·武汉

内 容 提 要

本书紧密联系我国已颁布的节能标准,及某些地区的施工图节能审查要点,使学生清楚地了解节能建筑能耗构成和节能的基本途径,建筑节能设计应从哪些方面着手,须掌握哪些知识(如建筑节能设计中的基本知识、常用的基本术语、常用的热工计算方法及能耗分析软件)。能力培养贯穿本书编写的全过程。针对建筑规划及施工图设计的不同阶段、考虑不同地区特点,分述了建筑规划设计和单体建筑设计的节能原理和技术;强调可再生能源的利用及其利用原理与技术、可再生能源和建筑设计的结合、建筑师和设备(含暖通空调、电气)工程师的通力协作与分工。介绍了一些不同地区的居住建筑和公共建筑节能设计的成功案例,通过对这些成功案例的分析,启迪学生思维。本书还对节能建筑的效益评估及投资回收预计作了介绍,以培养学生建筑节能设计中的经济观点。

本书可作为高等学校建筑学、城市规划、室内设计等专业的教材,也可供建筑设计人员、土建设计人员、建筑节能工程监理人员和相关科研人员参考。

本书总学时:40学时,各章学时分配见大纲。

图书在版编目(CIP)数据

建筑节能设计/王瑞主编. —2版. —武汉:华中科技大学出版社,2014.5(2021.1重印)
ISBN 978-7-5609-9825-1

Ⅰ.①建… Ⅱ.①王… Ⅲ.①节能-建筑设计-高等学校-教材 Ⅳ.①TU201.5

中国版本图书馆 CIP 数据核字(2014)第 087042 号

建筑节能设计(第二版) 王 瑞 主编

责任编辑:金 紫
责任校对:张会军
封面设计:张 璐
责任监印:张贵君
出版发行:华中科技大学出版社(中国·武汉)   电话:(027)81321913
　　　　　武汉市东湖新技术开发区华工科技园   邮编:430223
录　排:华中科技大学惠友文印中心
印　刷:武汉开心印印刷有限公司
开　本:850mm×1060mm　1/16
印　张:22
字　数:480千字
版　次:2021年1月第2版第5次印刷
定　价:59.80元

第二版前言

建筑节能是实施能源、环境、社会可持续发展战略的重要组成部分,是党和政府的一项基本国策。目前我国正处在城镇化快速发展时期,"十二五"期间,全国城镇累计新建建筑面积仍将保持 40 亿至 50 亿 m^2 的规模,公共建筑和居住建筑的节能改造的要求也在逐渐增多。这些都促使我们必须重视建筑节能。而建筑节能设计又处在建筑节能工作的龙头地位,培养新一代建筑师的节能意识和节能建筑设计方法无疑已成为建筑学专业教育的重要内容之一。

本书第一版是在 2010 年出版的,经过 3 年多的教材应用实践,广大任课教师对"建筑节能设计"课程内容和教学方法的体验有了进一步的提高。在这几年里国家相继修订和发布了严寒和寒冷地区、夏热冬冷地区和夏热冬暖地区居住建筑节能设计标准,公共建筑节能改造技术规范等建筑节能设计标准规范,加之新材料和新技术的不断涌现,这些都促成编写组在第一版的基础上与时俱进地对各章内容从先进性、实用性以及深度和广度等方面进行了不同程度的更新和扩展,从而形成了目前的第二版教材。

武汉轻工大学陈慧宇老师为本书绘制了部分插图,中国建筑科学研究院上海软件研究所孙大明总工程师为本书提供了部分资料,在此一并表示感谢。

本书具有以下几个特点。

1.紧密联系我国已颁布的最新建筑节能设计标准和规范,及某些地区的施工图节能审查要点,使学生清楚地了解建筑能耗的构成和节能的基本途径,建筑节能设计应从哪些方面着手,以及需掌握的基础知识。

2.考虑不同地区和基址特点,阐述建筑规划和单体建筑设计的节能原理和技术,强调可再生能源的利用,可再生能源利用的原理、技术及其与建筑设计的结合。

3.针对不同地区的居住建筑和公共建筑节能设计提供了成功案例,以启迪学生的思维。

4.介绍了节能建筑的效益评估及投资回收期预计、节能建筑全寿命周期分析法,以培养学生建筑节能设计中的经济观点。

5.能力培养始终贯穿于本书编写的全过程,而不致使学生学完整个课程后仍感到无从下手。

本书参加编写人员如下。

第 1 章　绪论

武汉轻工大学:王瑞

第 2 章　建筑节能基本知识

武汉轻工大学:王瑞

第 3 章 建筑节能设计标准要点介绍

武汉轻工大学:王瑞

第 4 章 建筑节能设计施工图审查要点介绍

武汉轻工大学:王瑞

第 5 章 建筑规划设计中的节能技术

内蒙古科技大学:张杰

第 6 章 单体建筑设计中的节能技术

内蒙古科技大学:张杰

福建工程学院:杜峰

第 7 章 建筑设计中可再生能源的利用

武汉轻工大学:刘卫斌

第 8 章 节能建筑的效益评估

福建工程学院:杜峰 刘辉

第 9 章 节能建筑设计

武汉轻工大学:龚静 王瑞

目　　录

第1章 绪 论

本章提要

本章包括建筑节能的含义、意义,我国建筑节能的现状及与国外发达国家的差距,以及我国建筑节能工作面临的目标和任务等内容。其中重点内容是理解建筑节能的含义、意义,我国严峻的建筑节能形势以及建筑节能工作所面临的目标和任务。

1.1 建筑节能的含义及其意义

1.1.1 建筑节能的含义和涵盖范围

从 1973 年世界发生能源危机以来的 40 多年间,建筑节能在发达国家共经历了三个阶段:第一阶段,称为"在建筑中节约能源"(energy saving in buildings),即我们现在所说的建筑节能;第二阶段,改称"在建筑中保持能源"(energy conservation in buildings),意思是尽量减少能源在建筑物中的散失;第三阶段,即近年来普遍称为"在建筑中提高能源的利用效率"(energy efficiency in buildings),不是消极意义上的节省,而是从积极意义上提高能源利用效率。我国现阶段虽然仍通称为建筑节能,但其含义已上升到上述的第三阶段意思,即在建筑中合理地使用能源,不断地提高能源的利用效率。

关于建筑能耗的涵盖范围,国内过去较多的说法是指在建筑材料生产、建筑物建造过程和建筑物投入使用后等几方面的能耗。这一说法,把建筑能耗的范围划得过宽,跨越了工业生产和民用生活的不同领域,与国际上通行的认识及统计口径不一致。发达国家的建筑能耗系指建筑使用能耗,其中包括采暖、通风、空调、热水供应、照明、电气、炊事等方面的能耗,它与工业、农业、交通运输等能耗并列,属于民生能耗。其所占全国能耗的比例,各国有所差别,一般为 30%~40%。现在我国建筑能耗的涵盖范围已与发达国家取得一致。当前我国的建筑节能工作,主要集中在建筑采暖、空调及照明等方面的节能,并将节能与改善建筑热环境相结合,它包括对建筑物本体和建筑设备等方面所采取的提高能源利用效率的综合措施。

1.1.2 建筑节能的意义

建筑节能是以满足建筑室内适宜的热环境和提高人民的居住水平,通过建筑规划设计、建筑单体设计及对建筑设备采取综合节能措施(包括选用能效比高的设备与系统并使其高效运行),不断提高能源的利用效率,充分利用可再生能源,以使建筑能耗达到最小化所需采取的科学和技术手段。建筑节能是一个系统工程,必须在建筑的设计、施工到投入使用后的全过程中都贯穿节能的观点,才能取得较好的效果。

(1)建筑节能是改善大气环境的需要。

从我国的能源结构看,我国的煤炭和水力资源较为丰富,石油则依赖进口。煤在燃烧过程中产生大量的二氧化碳、二氧化硫、氮化物及悬浮颗粒。二氧化碳造成地球大气外层的"温室效应",严重危害人类的生存环境;二氧化硫、氯化物等空气污染物不仅是引发呼吸道疾病、肺癌等的原因之一,而且还易形成酸雨,酸雨则是破坏森林及建筑物的元凶。

在我国以煤为主的能源结构下,建筑节能减少了能源消耗,相应减少了向大气排放的污染物,也就改善了大气环境,减少了温室效应。因此,从这一角度讲,建筑节能即保护环境,浪费能源即污染环境。

(2)建筑节能是改善室内热环境的需要。

随着我国国民经济的不断发展,人民生活水平的不断提高,适宜的室内热环境已成为人们生活的普遍需要。改善室内热环境是确保人们健康、提高环境热舒适度、提高劳动生产率的重要措施之一。我国大部分地区属于冬冷夏热气候,冬季气温与世界同纬度地区相比,低 5~8 ℃;夏季气温与世界同纬度地区相比,高 2 ℃;冬夏持续时间长,春秋持续时间短。除气温的不利影响之外,我国夏热冬冷和夏热冬暖的部分地区,最热月平均相对湿度也较高,一般达 73%~85%,即使在最冷月,长江流域一带仍保持着 73%~83%的较高湿度,这种恶劣的气候条件决定了我国大部分地区在搞好建筑规划和建筑单体节能设计的同时,室内适宜热环境的创造还借助于采暖空调设备的调节,需要消耗大量的能源。能源的日益紧缺,大气污染的日益严重,这些都促成我国只有在搞好建筑节能的条件下改善室内热环境才有现实意义,否则只能是无源之水,且不利于环保。

(3)建筑节能是国民经济可持续发展的需要。

能源是发展国民经济、改善人民生活的重要物质基础,也是维系国家安全的重要战略物资。长期以来我国能源增长的速度滞后于国民生产总值的增长速度,能源短缺是制约我国国民经济发展的瓶颈。目前我国建筑用能已超过全国能源消费总量的 1/4,并将随着人民生活水平的不断提高而逐步增加到 1/3 以上,建筑业已成为新的耗能大户,如果大量建造高耗能建筑,将长期大大加重我国的能源负担,不利于我国经济的可持续发展。

(4)建筑节能可望成为国民经济新的增长点。

建筑节能需要投入一定量的资金,但投入少、产出多。实践证明,只要因地制宜,选择合适的节能技术,居住建筑每平方米造价提高幅度为建造成本的 5%~7%,即可达到 50%的节能目标。建筑节能的投资回报期一般为 5 年左右,与建筑物的使用寿命周期 50~100 年相比,其经济效益是非常显著的。节能建筑在一次投资后,可在短期内回收成本,且可在其寿命周期内长期受益。新建建筑的建筑节能和既有建筑的节能改造,即将形成投资效益和环境效益双赢的国民经济新的增长点。

1.2 我国建筑节能的发展现状及与发达国家的差距

1.2.1 我国建筑节能的发展现状

我国建筑节能工作是从 20 世纪 80 年代初期颁布《北方采暖地区居住建筑节能设计标准》开始的,起步较晚。当时在战略上采取了先易后难、先城市后农村、先新建后改造、先住宅后公共建筑,从北向南逐步推进的原则。经过 20 多年的努力,我国建筑节能工作取得了初步成绩,主要体现在以下几个方面。

(1)已初步建立起以节能 50％为目标的建筑节能设计标准体系。

该标准系列主要有:1986 年 8 月 1 日建设部颁布的《民用建筑节能设计标准(采暖居住建筑部分)》(JGJ 26—1986),这是我国颁布的第一个建筑节能设计标准;1996年 7 月 1 日起实施的经建设部组织修订后的该标准的新版本《民用建筑节能设计标准(采暖居住建筑部分)》(JGJ 26—1995);2010 年 8 月 1 日起实施的经住房和城乡建设部再次组织修订后的该标准的最新版本《严寒和寒冷地区居住建筑节能设计标准》(JGJ 26—2010);2000 年 1 月 1 日起实施的《既有采暖居住建筑节能改造技术规程》(JGJ 129—2000);2013 年 3 月 1 日起实施的经住房和城乡建设部组织修订后的该标准的最新版本《既有居住建筑节能改造技术规程》(JGJ/T 129—2012);2001 年10 月 1 日起实施的《夏热冬冷地区居住建筑节能设计标准》(JGJ 134—2001);2010年 8 月 1 日起实施的经住房和城乡建设部组织修订后的该标准的最新版本《夏热冬冷地区居住建筑节能设计标准》(JGJ 134—2010);2003 年 10 月 1 日起实施的《夏热冬暖地区居住建筑节能设计标准》(JGJ 75—2003);2013 年 4 月 1 日起实施的经住房和城乡建设部组织修订后的该标准的最新版本《夏热冬暖地区居住建筑节能设计标准》(JGJ 75—2012);2005 年 7 月 1 日起实施的《公共建筑节能设计标准》(GB 50189—2005);2009 年 12 月 1 日起实施的《公共建筑节能改造技术规范》(JGJ 176—2009)。

(2)初步制定了一系列有关建筑节能的政策法规体系。

这些年来,国务院、有关部委及地方主管部门先后颁布了一系列有关建筑节能的政策法规体系,如 1991 年 4 月,中华人民共和国第 82 号总理令,对于达到《民用建筑节能设计标准》要求的北方节能住宅,其固定资产投资方向调节税税率为零的政策;1997 年 11 月,《中华人民共和国节约能源法》颁布,第 37 条规定"建筑物的设计与建造应当按照有关法律、行政法规的规定,采用节能型的建筑结构、材料、器具和产品,提高保温隔热性能,减少采暖、制冷、照明的能耗";2000 年 2 月 18 日发布了中华人民共和国建设部令第 76 号《民用建筑节能管理规定》;此外还先后发布了建设部建科[2004]174 号文件《关于加强民用建筑工程项目建筑节能审查工作的通知》、建设部建科[2005]55 号文件《关于新建居住建筑严格执行节能设计标准的通知》、建设部建科[2005]78 号文件《关于发展节能省地型住宅和公共建筑的指导意见》等一系列文件,这些文件的贯彻执行有力地推动了建筑节能在我国的发展。

(3)取得了一批具有实用价值的科技成果。

深入开展建筑节能的科学研究,取得了一批具有实用价值的科技成果,如墙体保温隔热技术,屋面保温隔热技术,门窗密闭保温隔热技术,采暖空调系统节能技术,太阳能利用、风能利用、地源(空气源)热泵技术等可再生能源利用技术。

(4)通过试点示范工程,有效带动了建筑节能工作在我国的发展。

这些年来全国先后启动了一批建筑节能试点示范工程,研究及优选适宜于本地区采用的建筑节能技术,为建筑节能在全国范围内的大面积开展奠定了基础。

(5)广泛开展了建筑节能的国际合作项目。

如 1985—1988 年的中国-瑞典建筑节能合作项目、1991—1996 年中-英建筑节能合作项目、1996—2001 年中-加建筑节能合作项目、1997 年中国-欧盟建筑节能示范工程可行性研究、1998 年至今中-法建筑贝特建筑节能合作、1999 年至今中国-美国能源基金会建筑节能标准研究项目、2000 年至今中国-世界银行建筑节能与供热改革项目及 2001 年中国-联合国基金会太阳能建筑应用项目等。这些项目的实施,引入了国外先进的技术和管理经验,对我国建筑节能起到了促进作用。

(6)有效地实现了节能减排。

据不完全统计,截止到 2002 年,全国城镇共建成节能建筑面积约 3.2 亿 m^2,实现节能 1094 万 tce(吨标煤),减少 CO_2 排放达 2326 万吨。

1.2.2　目前我国建筑节能工作存在的主要问题

虽然我国建筑节能工作已取得了初步成效,但还存在许多问题,主要体现在以下几个方面。

(1)认识不到位。

全社会尚未将建筑节能工作放到保障国家能源安全、保护环境、实现国民经济可持续发展的高度来认识。建筑节能本来是与亿万群众的利益有密切联系的事业,但有些领导和群众没有形成对建筑节能重要性的基本认识,还不了解建筑节能会带来多方面的巨大收益。实践证明,各级领导的重视程度直接关系到建筑节能事业的发展,若领导对此工作不重视,敷衍了事,缺乏有效的行政监管体系,就会使建筑节能事业发展缓慢,甚至停滞不前。

(2)缺乏配套完善的建筑节能法律法规。

我国虽已出台了《中华人民共和国节约能源法》、建设部第 76 号令《民用建筑节能管理规定》等法律和法规,但《中华人民共和国节约能源法》并不是一部专门针对建筑节能的法律,《民用建筑节能管理规定》也只是一个部门规章,其力度远远不够。许多发达国家在经历了 1973 年的能源危机后,相继制定并实施了节能的专门法律,对民用建筑节能作出了明确的规定,使建筑节能工作取得了迅速的发展,这是值得我们借鉴的。

(3)缺乏有效的经济激励政策。

建筑节能是一项利国利民的工作,但国家及地方政府缺乏对建筑节能有效的经济激励政策。目前我国的建筑节能工作尚处于起步阶段,单纯依靠用户、建设方自发的行为无法很好地实现建筑节能的目标。1991 年 4 月颁布的中华人民共和国第 82 号总理令,对于达到《民用建筑节能设计标准》要求的北方节能住宅,其固定资产投资方向调节税税率为零的政策,在目前条件下已不适用。政府会同有关部门对建筑节能应给予适当的税收或其他优惠政策,对不执行相关标准的单位及相关责任人进行处罚;鼓励社会资金和外资投资参与既有建筑的节能改造;深化供热体制改革,废除按面积收取采暖费的做法,实行按所耗热量计量收费,才能真正体现出节能建筑的经济效益,使业主收到实惠,才能正确引导房屋开发方投资和民众购买节能建筑的积极性。

(4)建筑节能的自主科技创新能力亟待增强。

我国建筑节能工作的顺利推进,除解决以上存在问题外,还要积极组织科技攻关,努力开发利用经济上可以承受的适用技术和建筑新材料、新技术、新体系以及新型和可再生能源,不断增强建筑节能的自主科技创新能力,并及时、系统、广泛地引进国外在建筑节能方面的成功经验和技术,以使我们少走弯路。

1.2.3 我国建筑节能与发达国家的差距

尽管我国建筑节能工作经过 20 多年的努力,已经取得了初步成效,但与发达国家相比仍存在较大差距。这种差距主要体现在相关建筑节能标准中某些技术指标的差距、标准涵盖内容的差距(目前我国的建筑节能设计标准主要包含建筑围护结构、采暖空调系统两部分内容,而发达国家的建筑节能设计标准除以上两部分内容外,还包含热水供应系统、电气照明系统、可再生能源系统、建筑及其用能系统的维护管理等项内容)、单位建筑面积耗能量的差距,还有上面提及的节能新技术、新材料、新设备方面的差距。在表 1-1 及表 1-2 中分别列出采暖居住建筑节能设计标准及公共建筑节能标准中技术指标的比较。

表 1-1 中国与发达国家采暖居住建筑外围护结构传热系数的比较/[W/(m²·K)]

国　别	外　墙	外　窗	屋　顶
中国(北京地区)	0.70、0.60、0.45 因建筑层数而异	1.8～3.1 因建筑层数和窗墙面积比而异	0.45、0.35 因建筑层数而异
中国(哈尔滨地区)	0.55、0.45、0.30 因建筑层数而异	1.5～2.5 因建筑层数和窗墙面积比而异	0.30、0.25 因建筑层数而异

续表

国　别	外　墙	外　窗	屋　顶
中国夏热冬冷地区	1.0～1.5	2.3～4.7 因体形系数和窗墙面积比而异	0.8～1.0
美国(相当于北京地区)	0.32(内保温)、0.45(外保温)	2.04	0.19
瑞典南部地区	0.17	2.00	0.12
英国	0.45	双层玻璃	0.45
德国	0.50	1.50	0.22
加拿大(相当于北京地区)	0.38	2.86	0.23、0.40
加拿大(相当于哈尔滨地区)	0.27	2.22	0.17、0.31
日本北海道	0.42	2.33	0.23
日本东京都	0.87	6.51	0.66
俄罗斯(相当于北京地区)	0.80、0.44	2.75	0.57、0.33
俄罗斯(相当于哈尔滨地区)	0.56、0.32	2.35	0.40、0.24

注:表中括号内、外两个地区指其采暖度日数相近。

表 1-2　中国哈尔滨、北京、上海、深圳等城市节能公共建筑与美国 ASHRAE90.1—2001 中围护结构传热系数限值的比较/[W/(m² · K)]

中国城市及所处区域		公共建筑节能设计标准限值	美国 ASHRAE90.1—2001 表 B-21(固定/开启)
哈尔滨(严寒地区)	外墙(重质墙)	0.40～0.45	0.51
	屋面(无阁楼)	0.30～0.35	0.36
北京(寒冷地区)	外墙(重质墙)	0.50～0.60	0.86
	屋面(无阁楼)	0.45～0.55	0.36
上海(夏热冬冷地区)	外墙(重质墙)	1.00	0.86
	屋面(无阁楼)	0.70	0.36
深圳(夏热冬暖地区)	外墙(重质墙)	1.50	3.29
	屋面(无阁楼)	0.90	0.36

注:本表中未列出窗墙比小于等于 20%,20%～30%,30%～40%,40%～50%,50%～70%时,北向/其他方向遮阳系数 S_C 值的比较。

　　从表 1-1 和表 1-2 可以看出,按我国《严寒和寒冷地区居住建筑节能设计标准》(JGJ 26—2010)提出的采暖居住建筑外墙、屋顶和外窗的传热系数(如北京、哈尔滨等城市)已与国外气候相近(指采暖度日数相近)的德国、英国、俄罗斯、日本等国相差无几或更优;《公共建筑节能设计标准》(GB 50189—2005)中墙体传热系数已与美国节能标准 ASHRAE90.1—2001 中的限值较为接近,但美国标准中对屋面传热系数要求较高。目前我国建筑外墙、屋顶和门窗单位面积的传热量已与气候条件接近的发达国家接近,由此知我国的建筑采暖和空调能耗将随着相关节能标准的深入贯彻执行发生根本性转变。

1.3　我国建筑节能面临的目标和任务

1.3.1　我国的建筑节能形势严峻、任务繁重

改革开放以来,我国城乡建设发展极为迅速。近几年,全国每年竣工的房屋面积约 20 亿 m²。在经济持续发展、人民生活水平不断提高的条件下,在今后相当长的一段时间内,建筑业还将继续保持这一发展势头。目前,我国既有建筑面积已达 420 亿 m²(其中城市建筑面积约 140 亿 m²),且还将继续快速增加。但值得我们注意的是,截至 2004 年,我国城乡建筑中只有 3.2 亿 m² 的居住建筑可以算作节能建筑,其余 99% 以上的既有建筑仍属于高耗能建筑,这说明我国的高耗能建筑十分普遍。这些建筑在今后几十年乃至近百年的使用期间,在采暖、空调、通风、照明、热水供应等方面还要不断消耗大量的能源。而令人不安的是,如果我们不重视建筑节能,以前所未有的规模和速度继续建造高耗能建筑,不利于我国国民经济持续、稳定、健康地发展。由此可见,我国建筑节能形势严峻、任务繁重。

国家相关部门已认识到这一严峻形势,组织制定了分地区的居住建筑节能设计标准和公共建筑节能设计标准。随着相关节能设计标准的强制性贯彻执行,至 2010 年底,全国城镇新建建筑设计阶段执行节能强制性标准的比例达 99.5%,施工阶段执行节能强制性标准的比例达 95.4%,完成了国务院提出的"新建建筑施工阶段执行节能强制性标准的比例达到 95% 以上"的工作目标。近几年随着《公共建筑节能改造技术规范》(JGJ 176—2009)和《既有居住建筑节能改造技术规程》(JGJ/T 129—2012)的发布并执行,既有公共和居住建筑的节能改造也被相关部门提到了议事日程上。

按照住房和城乡建设部建筑节能 2010 年和 2020 年规划目标的要求,建筑节能工作要实行跨越式的发展,要不断提高建筑用能源的利用效率,改善居住热舒适条件,促进城乡建设、国民经济和生态环境的协调发展。

1.3.2　我国 2010 年的建筑节能目标

新建建筑分步骤普遍实施节能率为 50% 的《民用建筑节能设计标准(采暖居住建筑部分)》(JGJ 26—1995)、《夏热冬冷地区居住建筑节能设计标准》(JGJ 134—2001)、《夏热冬暖地区居住建筑节能设计标准》(JGJ 75—2003)、《公共建筑节能设计标准》(GB 50189—2005)以及《建筑照明设计标准》(GB 50034—2004)。以大中城市

为先导,2010 年前全国各大中小城市及城镇实施上述标准全面到位。北京、天津等少数大城市率先实行节能率为 65% 的地方建筑节能标准。通过示范倡导,推动城镇居住建筑实施节能率 50% 的居住建筑节能标准。

供热体制改革工作全面展开。居住及公共建筑的集中采暖按热表计量收费的工作在大城市普遍推行,在小城市试点推行。

编制并实施节能率为 50% 的《既有居住建筑节能改造技术规程》(JGJ/T 129—2012)及《公共建筑节能改造技术规范》(JGJ 176—2009)。在充分调查研究的基础上,以既有办公建筑的节能改造为先导,以高耗能建筑和热环境差的建筑为重点,结合城市改建,在大中小城市有计划有步骤地开展既有居住和公共建筑的节能改造工作。要求大城市到 2010 年完成应改造面积的 25%,中等城市完成 15%,小城市完成 10%。

开发利用太阳能、地热能、地下水、风能等可再生能源,累计建成太阳能建筑 8000 万 m^2,利用其他可再生能源的建筑 500 万 m^2。至 2010 年,新建建筑累计节能 1.6 亿标准煤,既有建筑节能 0.6 亿标准煤,共计 2.2 亿标准煤,其中节电 3200 亿 $kW \cdot h$;累计减排 CO_2 5.9 亿吨,其中新建建筑减排 CO_2 4.2 亿吨,既有建筑减排 CO_2 1.7 亿吨。

1.3.3 我国 2020 年的建筑节能远景规划目标

建立健全的建筑节能标准体系,编制出覆盖全国范围的和配套的建筑节能设计、施工、运行和检测标准,以及与之相适应的建筑材料、设备及系统标准,用于新建和改造居住及公共建筑,包括采暖、空调、照明、热水及家用电器等能耗在内,所有建筑节能标准得到全面实施。

2010—2020 年间,在全国范围内有步骤地实施节能率为 65% 的建筑节能标准,2015 年后,部分城市率先实施节能率为 75% 的建筑节能标准。2015 年前供热体制改革在采暖地区全面完成,集中供热的建筑均按热表计量收费。集中供热的供热厂、热力站和锅炉房设备及系统基本完成技术改造,与建筑采暖系统技术改造相适应。

大中城市基本完成既有高耗能建筑和热环境差建筑的节能改造,小城市完成既有高耗能建筑和热环境差建筑改造任务的 50%,农村建筑广泛开展节能改造。累计建成太阳能建筑 1.5 亿 m^2,其中采用光伏发电的 500 万 m^2,并累计建成利用其他可再生能源的建筑 2000 万 m^2。

至 2020 年,新建建筑累计节能 15.1 亿 tce,既有建筑节能 5.7 亿 tce,共计节能 20.8 亿 tce,其中包括节电 3.2 万亿 $kW \cdot h$,削减空调高峰用电负荷 8000 万 kW;新建建筑累计减排 CO_2 40.2 亿 t,既有建筑减排 CO_2 15.2 亿 t,共计减排 CO_2 55.4 亿 t。

复习思考题

　　1-1　建筑节能的含义在国外经历了几个阶段？目前我国所称的建筑节能包含哪些内容？

　　1-2　建筑节能的意义有哪些？

　　1-3　我国建筑节能的现状如何？

　　1-4　我国建筑节能工作面临的近期目标和远景规划目标包含哪些内容？

第 2 章　建筑节能基本知识

本章提要

本章主要论述了建筑节能的基本知识,包括我国的建筑节能设计分区、室内热环境及其评价方法、建筑能耗的构成以及节能的基本途径,还介绍了几种主要的建筑能耗模拟分析软件及建筑节能辅助设计软件。其中重点内容是我国的建筑节能设计分区、建筑能耗的构成以及节能的基本途径,并学习了解几种主要的建筑能耗模拟分析软件及建筑节能辅助设计软件的功能及使用。

2.1　我国的建筑节能设计气候分区

2.1.1　节能建筑必须与当地气候特点相适应

建筑必须与当地的气候特点相适应,节能建筑也不例外。我国幅员辽阔,地形复杂。由于纬度、地势和地理条件等不同,各地气候差异很大。要在这种气候相差悬殊的情况下,创造适宜的室内热环境并节约能源,不同的气候条件会对节能建筑提出不同的设计要求,如炎热地区的节能建筑需要考虑建筑防热综合措施,以防夏季室内过热;严寒、寒冷和部分气候温和地区的节能建筑则需要考虑建筑保温的综合措施,以防冬季室内过冷;夏热冬冷地区和部分寒冷地区夏季较为炎热,冬季又较为寒冷,在这些地区的节能建筑不但要考虑(或兼顾)夏季隔热,还需要兼顾(或考虑)冬季保温。当然由于以上地区间具体的气候特征不同,考虑隔热、保温(或隔热加保温)的主次程度及途径会有所区别。为了体现节能建筑和地区气候间的科学联系,做到因地制宜,必须作出考虑气候特点的节能设计气候分区,以使各类节能建筑能充分地利用和适应当地的气候条件,同时防止和削弱不利气候条件的影响。

2.1.2　我国建筑节能设计标准中的气候分区

我国分别编制了严寒和寒冷地区、夏热冬冷、夏热冬暖地区的居住建筑节能设计标准和公共建筑节能设计标准。这些标准中的气候分区都是建立在我国《民用建筑热工设计规范》(GB 50176—1993)中气候分区的基础上的,有些标准还进行了再细分。我国地域辽阔,即使在同一气候区内,某些地区间冷暖程度的差异还是较大的,客观上也存在进一步细分的必要,目的是使得标准中对建筑围护结构热工性能的要求更合理一些。如我国《严寒和寒冷地区居住建筑节能设计标准》(JGJ 26—2010)将严寒地区和寒冷地区进一步细分为五个气候子区;《公共建筑节能设计标准》(GB

50189—2005)在五个气候分区的基础上又将严寒地区进一步细分为 A、B 两个子区，下面分别予以介绍。

1)我国《民用建筑热工设计规范》(GB 50176—1993)中的气候分区。

我国《民用建筑热工设计规范》(GB 50176—1993)，从建筑热工设计的角度出发，用累年最冷月(1 月)和最热月(7 月)平均温度作为分区主要指标，用累年日平均温度不高于 5 ℃和不低于 25 ℃的天数作为辅助指标，将全国划分为严寒、寒冷、夏热冬冷、夏热冬暖和温和五个气候。这五个气候区各自的分区主要指标及设计要求如下。

(1)严寒地区：指累年最冷月平均温度低于或等于−10 ℃的地区。主要包括内蒙古和东北北部、新疆北部地区、西藏和青海北部地区。这一地区的建筑必须充分满足冬季保温要求，一般可不考虑夏季防热。

(2)寒冷地区：指累年最冷月平均温度为 0~10 ℃的地区。主要包括华北、新疆和西藏南部地区及东北南部地区。这一地区的建筑应满足冬季保温要求，部分地区兼顾夏季防热。

(3)夏热冬冷地区：指累年最冷月平均温度为 0~10 ℃，最热月平均温度为 25~30 ℃的地区。主要包括长江中下游地区，即南岭以北、黄河以南的地区。这一地区的建筑必须满足夏季防热要求，适当兼顾冬季保温。

(4)夏热冬暖地区：指累年最冷月平均温度高于 10 ℃，最热月平均温度为 25~29 ℃的地区。包括南岭以南及南方沿海地区。这一地区的建筑必须充分满足夏季防热要求，一般可不考虑冬季保温。

(5)温和地区：指累年最冷月平均温度为 0~13 ℃，最热月平均温度为 18~25 ℃的地区。主要包括云南、贵州西部及四川南部地区。这一地区中，部分地区的建筑应考虑冬季保温，一般可不考虑夏季防热。

2)我国《严寒和寒冷地区居住建筑节能设计标准》(JGJ 26—2010)中的气候分区。

《严寒和寒冷地区居住建筑节能设计标准》(JGJ 26—2010)依据不同的采暖度日数(HDD18)和空调度日数(CDD26)范围，又将严寒和寒冷地区进一步细分为表 2-1 所示的 5 个气候子区。

表 2-1　严寒和寒冷地区居住建筑节能设计气候子区

气候子区		分区依据
严寒地区 （Ⅰ区）	严寒(A)区	6000≤HDD18
	严寒(B)区	5000≤HDD18<6000
	严寒(C)区	3800≤HDD18<5000
寒冷地区 （Ⅱ区）	寒冷(A)区	2000≤HDD18<3800，CDD26≤90
	寒冷(B)区	2000≤HDD18<3800，CDD26>90

3)我国《公共建筑节能设计标准》(GB 50189—2005)中的气候分区。

《公共建筑节能设计标准》(GB 50189—2005)也采用《民用建筑热工设计规范》

(GB 50176—1993)中的气候分区,只是又将其中的严寒地区细分为 A、B 两个区。表 2-2 列出了该标准中全国主要城市所处的气候分区。

表 2-2 主要城市所处气候分区

气候分区	代表性城市
严寒地区 A 区	海伦、博克图、伊春、呼玛、海拉尔、满洲里、齐齐哈尔、富锦、哈尔滨、牡丹江、克拉玛依、佳木斯、安达
严寒地区 B 区	长春、乌鲁木齐、延吉、通辽、通化、四平、呼和浩特、抚顺、大柴旦、沈阳、大同、本溪、阜新、哈密、鞍山、张家口、酒泉、伊宁、吐鲁番、西宁、银川、丹东
寒冷地区	兰州、太原、唐山、阿坝、喀什、北京、天津、大连、阳泉、平凉、石家庄、德州、晋城、天水、西安、拉萨、康定、济南、青岛、安阳、郑州、洛阳、宝鸡、徐州
夏热冬冷地区	南京、蚌埠、盐城、南通、合肥、安庆、九江、武汉、黄石、岳阳、汉中、安康、上海、杭州、宁波、宜昌、长沙、南昌、株洲、永州、赣州、韶关、桂林、重庆、达县、万州、涪陵、南充、宜宾、成都、贵阳、遵义、凯里、绵阳
夏热冬暖地区	福州、莆田、龙岩、梅州、兴宁、英德、河池、柳州、贺州、泉州、厦门、广州、深圳、湛江、汕头、海口、南宁、北海、梧州

2.2 室内热环境及其评价方法

室内热环境是通过室内空气温度、室内空气相对湿度、室内气流速度和围护结构内表面平均辐射温度等热环境参数来描述的。室内热环境研究的是身着有一定热阻的服装、处于一定的活动状态下的人在某一组热环境参数条件下自身感到是否舒适的问题。节能建筑通过采取合理、有效的建筑和设备节能的综合措施,从而达到改善室内热舒适度及提高能源利用效率的目的。

2.2.1 热舒适的概念

热舒适是人的一种主观感觉特性,除与气候因素有关外,尚存在着同一(或不同)地区的人与人之间对同一热环境反应的个体差异,难以给出准确的定义。对于"热舒适"概念的理解,在国外存在着不同的说法。美国供热、制冷和空调工程师协会(ASHRAE)标准 55—1992(ASHRAE STANDARD 55—1992)中规定,"热舒适"是指人体对环境表示满意的意识状态;丹麦学者范格尔(P. O. Fanger)等人则认为,"热舒适"是指人体处于不冷不热的中性状态下的感觉……总之,无论何种定义与说法,对于某一热环境条件下"热舒适"的判定都依赖于在一定客观环境中的人自身是否有"热舒适"的主观感觉,即是否对环境的冷热程度感觉满意,不因冷或热而感觉不舒适。

对于一个稳定的室内热环境而言,目前一般认为影响环境"热舒适"的因素有六个,其中两个为主观因素,四个为客观因素。主观因素之一是人体所处的活动状态(立姿或立姿活动,坐姿或坐姿活动),这与人体的新陈代谢率有关;主观因素之二是人体的衣着状态。衣着状态可以用着装热阻(单位为 clo,1 clo＝0.155 m² · K/W)来表述。四个客观因素都是室内的气候参数(如室内空气温度、空气相对湿度、壁面平均辐射温度和气流速度等)。人体的热舒适感则是在上述六个主、客观因素共同作用下的一种综合效果。

2.2.2　人体热平衡

2.2.2.1　人体热平衡的条件

人是一种高度复杂的恒温动物。人的肌肤在正常条件下,可视为一个恒温体,为了维持这种恒温状态,人体必须不断地与周围环境进行热交换,以使其新陈代谢所产生的热量不断向环境散发。人体与周围环境间的热平衡可用以下公式表示:

$$\Delta q = q_m - q_e \pm q_r \pm q_c \tag{2-1}$$

式中　Δq——人体得失的热量,W;

　　　q_m——人体产热量,主要取决于人体的新陈代谢率及对外所做机械功的功率,W;

　　　q_e——人体蒸发散热量,W;

　　　q_r——人体辐射散热量,W;

　　　q_c——人体对流散热量,W。

当 $\Delta q=0$ 时,人体体温恒定不变;当 $\Delta q>0$ 时,体温上升;当 $\Delta q<0$ 时,体温下降。

从公式(2-1)可看出,为维持人体的体温保持不变,必须使 $\Delta q=0$,这是达到人体热舒适的必要条件。但同时也必须指出,$\Delta q=0$ 并不一定表示人体一定会处于舒适状态,因为各种热量之间可能有许多种不同的状态组合都会使 $\Delta q=0$,但只有那种能使人体按正常比例散热的热平衡状态,才是人体处于热舒适的充分条件。

所谓按正常比例散热,指的是对流换热量占总散热量的 25%～30%,辐射换热量占 45%～50%,呼吸和无感觉的蒸发散热量占 25%～30%。

2.2.2.2　影响人体热平衡的因素

(1)人体新陈代谢产热量。

研究表明,人体的新陈代谢产热量,除受年龄、性别、身高、体重等因素不同程度的影响外,还取决于人体的活动量或者生产劳动强度。在常温下,处于一般状态的成年人的平均产热量为 90～120 W,而从事重体力劳动时,短时间里产热量可达 580～700 W。

(2)对流换热量。

对流换热是人体与其周围空气换热而散发或得到热量的一种方式。这种换热方式主要与人体皮肤表面的温度、周围空气温度、气流速度和人体的着装热阻有着密切关系。当人体肌肤处于裸露状态时,若皮肤表面温度高于周围空气温度时,人体向周围空气散热,且气流速度越大,散热越多;反之当周围空气温度高于皮肤表面温度时,则人体从周围空气中得到热量,这时,气流速度越大,得热越多。人体在休息时或者认为所在环境舒适时,皮肤温度在 $28\sim34$ ℃之间;开始感到温热时,皮肤温度在 $35\sim38$ ℃之间。而对于身着有一定热阻的服装的人来说,由于其身体的某些部分为服装所遮盖,皮肤的裸露面积有不同程度的减少,情况比较复杂,不能一概而论。一般说来,人体着装热阻越大,通过衣服向周围环境散失的热量越少;人体皮肤因着装导致的裸露面积越小,通过人体皮肤表面直接散失的热量也越少(如图 2-1)。

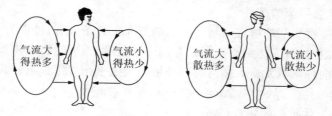

图 2-1 人体对流换热

(3)辐射换热量。

辐射换热主要在人体和围护结构各内表面之间进行。当人体皮肤表面温度高于围护结构各内表面平均辐射温度时,人体以辐射换热的方式向周围各表面散热;反之,当人体表面温度低于围护结构诸内表面平均辐射温度时,人体将从周围各表面得到辐射热(如图 2-2)。据此在节能建筑的设计中,冬季应控制围护结构各内表面温度(尤其是外围护结构)使其不致过低,夏季应控制围护结构各内表面温度(尤其是外围护结构)使其不致过高。这不但是提高热舒适度和节能的需要,也是防止冬季低温表面冷凝、对人体冷辐射和夏季周围高温表面对人体产生烘烤感的需要。

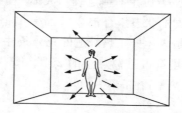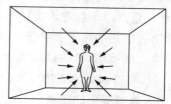

图 2-2 人体辐射换热

(4)蒸发散热量。

蒸发散热是人体通过体表水分的蒸发来散失体热的一种方式。人在正常的体温条件下,皮肤表面的水分由液态转为气态时,每蒸发 1 g 水可使人体散失 2.43 kJ 的热量。当环境温度(为室内空气温度与围护结构各内表面温度相等时该环境的等效温度)为 21 ℃时,70%的体热通过辐射和对流换热的方式散热,29%的体热则由蒸发散热;当环境温度升高时,皮肤和空气、围护结构内表面平均辐射温度之间的温差变小,对流和辐射散热量减小,而蒸发散热的作用则增强;而当环境温度等于或高于皮肤温度时,辐射和对流散热的方式已不起作用,此时蒸发散热就成为人体散热的唯一方式(如图 2-3)。

　　人体蒸发分为无感蒸发和发汗蒸发两种方式。人体即使处于低温环境中,没有汗液分泌时,从呼吸道和皮肤都有隐汗汗液蒸发,这种蒸发称为无感蒸发。由呼吸道引起的无感蒸发散热量与新陈代谢率成正比,通过皮肤的无感蒸发散热量取决于皮肤表面和周围空气的水蒸气分压力差。发汗是指汗腺主动分泌汗液的活动。在安静状态下,当环境温度达 30 ℃左右时,人体便开始发汗;如果空气湿度大,而且着装较多时,气温 25 ℃便可引起人们发

图 2-3　人体蒸发散热

汗;气温在 20 ℃以下,人们进行活动时,也可出现发汗。发汗蒸发散热量与周围空气温度、空气流速、从皮肤经衣服到周围空气的水蒸气分压力的分布、着装的蒸汽渗透阻和人体的活动量以及生产劳动强度等因素有关。

2.2.3　室内热环境的评价指标和方法

　　室内热环境参数是建筑节能设计的基本依据之一。由于影响室内热环境的因素众多,且各因素间具有综合性和相互补偿性。数十年来,许多学者从不同角度探究了室内热环境的综合评价方法,提出了多种不同的评价指标和方法,其中有些较为简单,有些较为复杂,使用起来各有利弊。

　　室内热环境质量标准的高低,对能耗和投资都有显著影响。在同样的技术水平上,夏季室温每提高 1 ℃,或冬季室温每降低 1 ℃,冷热负荷约可减少 10%,能耗约可减少 10%以上。

　　1)单一指标。

　　目前我国很多建筑设计规范和标准(含建筑、建筑节能和暖通空调领域)仍以室内空气温度作为设计控制指标,对有些要求较高的建筑物,在暖通空调专业的设计规范中,也考虑了空气流速和相对湿度。仅用室内空气温度来评价室内热环境,虽然简单易行,但却很不完善,因为它没有考虑人体与周围环境表面的辐射换热、室内空气湿度和气流速度的影响。例如不考虑围护结构内表面平均辐射温度,对节能建筑外围护结构的设计,对诸如辐射供暖与辐射供冷工程的设计与评价也会带来一些问题;又如考虑人对空气湿度适应范围较大的特点,在同样的温度条件下,夏(冬)季适当增加(降低)室内空气湿度的控制值,就可以降低空调除湿(加湿)设备的运行负荷而节能。

　　2)PMV-PPD 指标。

　　PMV-PPD 指标是丹麦学者范格尔(P. O. Fanger)于 20 世纪 70 年代提出的。该指标是建立在所谓的热舒适平衡方程基础上的,并考虑了影响人体热舒适的四个

客观因素和两个主观因素,是迄今为止考虑人体热舒适诸多因素最为全面的评价指标,已被国际标准化组织 ISO 确定为评价室内热环境指标的国际标准(ISO 7730:1994)。等同国际标准的我国国家标准《中等热环境 PMV 和 PPD 指数的测定及热舒适条件的规定》(GB/T 18049—2000 eqv ISO 7730:1994)已于 2000 年 4 月 11 日经国家质量技术监督局发布,并已于同年 12 月 1 日起实施。

(1)预计平均热感觉指数 PMV(Predicted Mean Vote)和预计不满意者的百分数 PPD。这是丹麦学者范格尔(P. O. Fanger)在人体热平衡方程的基础上进行的研究与推导,得出人体的热量得失 Δq 是室内空气温度 t_i、空气相对湿度 ϕ_i、气流速度 v_a 和平均辐射温度 t_r 4 个热环境参数及人体新陈代谢产热率 q_m、皮肤平均温度 t_{sk}、肌体蒸发率 q_{mww}、着装热阻 R_{clo} 的函数。

可以表示为

$$\Delta q = f(t_i, \phi_i, v_a, t_r, q_m, t_{sk}, q_{mww}, R_{clo}) \tag{2-2}$$

前面已提到,人体感到热舒适的必要条件是 $\Delta q = 0$,因此(2-2)式可写为

$$f(t_i, \phi_i, v_a, t_r, q_m, t_{sk}, q_{mww}, R_{clo}) = 0 \tag{2-3}$$

范格尔经过实验与研究,得出热舒适方程,其函数关系式可表示为

$$f(t_i, \phi_i, v_a, t_r, q_{mww}, R_{clo}) = 0 \tag{2-4}$$

该方程比较全面、合理地反映了人体的热舒适感受与上述 6 个参数间的定量关系,从而建立起 PMV 指标系统,将 PMV 与人的热感觉分成 7 个等级,见表 2-3。

表 2-3 **PMV 指标与人体的热感觉**

PMV	−3	−2	−1	0	1	2	3
热感觉	很冷	冷	稍冷	舒适	稍热	热	很热

国际标准(ISO 7730:1994)以此为理论基础,再将 PMV 与预计不满意者的百分数 PPD 联系,形成 PMV-PPD 热环境质量指标体系。PMV 可用热舒适仪测量,也可先测 4 个热环境客观参数值,再结合人体活动强度及着装热阻,用热舒适方程(已编有计算软件)计算。当确定 PMV 以后,PPD 的值可查图 2-4 或由下式计算得出:

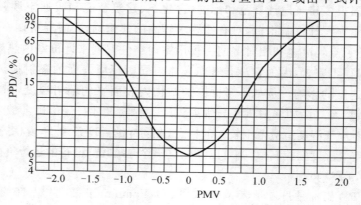

图 2-4 **PMV-PPD 曲线图**

$$PPD = 100 - 95e^{-(0.03353 \times PMV^4 + 0.2179 \times PMV^2)} \qquad (2\text{-}5)$$

ISO 7730 标准推荐的热环境质量指标 PMV 为 $-0.5 \sim 0.5$，对应 PPD 值不大于 10%。

(2)国家标准《采暖通风与空气调节设计规范》(GB 50019—2003)中的 PMV 和 PPD 值。热舒适标准依赖于一个国家的经济水平和气候条件，并不是所有国家都设计为一样的热舒适度。热舒适度还与建筑类型有关，不同的建筑类型可设计为不同的舒适度。另外，不同的人群(如老人、儿童与成人，男性与女性，南方人与北方人)对同一热环境也会产生不同的热感觉。在我国国家标准《采暖通风与空气调节设计规范》(GB 50019—2003)中给出了我国采暖空调房间室内舒适度的 PMV 和 PPD 值，其值为 $-1 \leqslant PMV \leqslant +1$，$PPD \leqslant 27\%$。

(3)合理组合影响 PMV 的 6 个参数可实现节能。既然 PMV 的热感觉由 6 个参数共同决定，那么同一个 PMV 值可由 6 个参数间的不同组合达到，但这些不同组合所要消耗的能量是不一样的。合理地组合这 6 个参数，就可在保证室内热环境质量的前提下降低能耗。

如夏季提高室内气流速度，比降低空气温度所需的能耗少得多。当人体皮肤表面温度高于室内空气温度、且室内相对湿度较低时，气流速度越大，越有利于人体散热、散湿，提高热舒适度。但气流速度过大也会有害健康，特别是在睡眠时，只能是微风速。另外，老弱病人也怕风，夏季令人体舒适的室内气流速度以不超过 0.3 m/s 为宜。在广州、上海等地对一般居室在夏季使用情况的调查测试结果表明：当室内风速处于 $0.3 \sim 1.0$ m/s 之间时，多数人感到愉快；只有当室内风速大于 1.5 m/s 时，多数人才感到不舒适。

为提高冬季热舒适度，应降低气流速度。就降低气流速度而言，地板辐射供暖的优势较为明显。

室内平均辐射温度与干球温度也是相互影响的。在保证同样的舒适度条件下，夏季采用温湿度独立控制的系统，如用地板(或天棚)辐射供冷技术降低平均辐射温度、用风机盘管除湿的系统比用传统的空调系统在同等条件下可节能 30% 左右；冬季采用地板采暖提高平均辐射温度比用传统的采暖系统在同等条件下可节能 20% 左右。采用提高围护结构热工性能的综合措施，可达到减少采暖空调系统的耗能量和提高热舒适度的双重效果。因湿度调节所需能耗较大，宜避免过多地采用湿度调节来改善热环境，一般情况下夏季室内相对湿度以不超过 70% 为宜。

人体衣着厚薄的调整(即调整着装热阻)既可降低采暖空调系统能耗，又不致降低热舒适度。夏季着装越薄越好，冬季着装越厚越好，但要顾及文明及工作、生活方便。建议夏季文明着装热阻约 0.5 clo，冬季方便着装热阻约 1.5 clo。

表 2-4 给出人坐姿时所要求的房间舒适温度是如何随着装热阻(即穿衣服的多少)的改变而变化的。

表 2-4　人坐姿时所要求的房间舒适温度标准随着装热阻的变化

着装热阻值/clo	着 装 类 型	坐姿时的标准舒适温度/℃
0	裸体、游泳衣	29
0.5	单薄裤子、衬衫,单薄衣裙、女短衫	25
1.0	西装、连衣裙、工作服	22
2.0	厚套装、外套大衣、手套、帽子	14

注:以上每个例子假定都有适当的内衣(除裸体、穿游泳衣外)。

2.3　建筑能耗的构成及节能的基本途径

　　要在处于不同气候区的节能建筑中创造适宜的室内热环境、光环境和空气品质,同时又节约能源,在很多情况下单靠采取建筑(包括建筑规划和建筑单体)设计中的节能措施是不可能达到的,还须在搞好建筑本体节能设计的同时,再配以能效比高的采暖通风空调和照明设备,及投入运营后合理的运行及管理模式。但万万不可借此而放弃或降低建筑(或规划)专业在设计中本应采取的节能措施,而把一切矛盾都交给设备专业(含暖通、电气工程等专业)去完成,这样做达不到节能标准的要求,为此我们来分析一下建筑采暖空调能耗形成的原因。

2.3.1　建筑采暖空调能耗形成的原因

　　1)采暖、空调降温建筑得热因素。

　　(1)采暖建筑得热因素。在冬季,采暖房屋内适宜温度的获得主要是依靠采暖空调设备的供热、太阳辐射的辅助供热和建筑外、内围护结构(含屋顶、外墙、外门、外窗以及有空间传热存在的房间的内隔墙、楼板及门窗等)的保温性能的相互配合,进而使采暖建筑达到得热量和失热量之间的平衡来实现。图 2-5(采暖建筑的得热和失热)所示的建筑物室内热量的来源主要有以下几类。

　　①由采暖空调设备提供的热量(占 70%~75%),其来源主要有以下几种:由城市供热热网或地区供热厂供热、小区集中供热房供热;热泵型(或燃气或太阳能-燃气型)低温水媒辐射采暖系统、地源(空气源、燃气)热泵空调系统及电辐射采暖系统等的供热。

　　②太阳辐射通过建筑外围护结构中的透明部分以直射和散射(及温差传热)的方式将热量传递到室内。普通玻璃窗的透射系数高达 80%~90%,冬季太阳高度角又较低,在北半球太阳能资源较为丰富地区的南向窗口,窗口得热量远大于其他朝向。正南向建筑的长宽比越大,太阳辐射得热也越多。对多数采暖地区的建筑来说,太阳辐射是冬季主要的辅助热源,但在某些严寒地区,若窗口的太阳辐射得热不足以抵消从窗户散失的热量时,应尽量减少开窗。

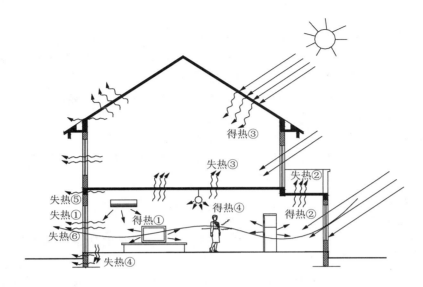

图 2-5　采暖建筑的得热和失热

③太阳辐射被建筑围护结构(非透明部分)外表面所吸收并使之温度升高,在围护结构内外表面之间形成温差促使热量从外表面向内部传递并最终造成房间的得热。②及③项合计占 15%～20%。

④来自于室内人体、室内照明灯具及所使用电器设备表面的散热,对住宅还需外加炊事烹调过程的散热(占 8%～12%)。在采暖建筑节能设计中,后三部分热量可作为有利得热因素。

(2)空调降温建筑得热、得湿因素。

①太阳直射和散射辐射通过外围护结构的透明部分使室内得热。经统计,夏季通过玻璃窗的日射得热占最大制冷负荷的 20%～30%。

②由于室内外空气之间的"温差传热"所引起的通过外围护结构透明部分和非透明部分传递的热量使室内得热。

③由于太阳辐射(包括直接和间接)最终造成的通过外围护结构非透明部分传给房间的得热。

④由于房间通风换气和房间外空气通过门窗缝隙、通气孔、住宅烟囱、正对门厅入口的电梯井、穿越墙的管道等缝隙的直接渗透,导致室内得热及得湿。在比较潮湿的地区或季节,这部分得湿往往是空调湿负荷的重要组成部分。

⑤由于夏季空调房间室内外空气水蒸气分压力的不同所引起的通过外围护结构实体部分的传湿使室内得湿。

⑥来自于室内人体的散热及散湿、室内水面的散湿、照明灯具及所使用电器设备表面的散热及某些电器设备的散湿,对住宅还须外加炊事烹调过程的散热及散湿,使

室内得热、得湿。

⑦空间传热得热:分隔空调与非空调空间的隔墙、楼板的空间传热;住宅户式空调因邻里设置温度不同、间歇空调运行制式不一致或邻里未使用空调而导致隔墙和楼板的空间传热;底层楼板作为无空调半地下室(外墙有窗或无窗)与其上部空调房间的分隔楼板而形成的空间传热,这些因素都有可能导致室内得热。

⑧和土壤接触的底层地面的传热、传湿,使室内得热、得湿。

⑨通过围护结构特殊部位的异常传热使室内得热。

以上得热是随时间变化的,除部分得热被内围护结构吸收并暂时储存外,剩余部分得热及得湿便直接构成空调负荷。

2)采暖建筑失热因素。

采暖建筑失热因素主要有以下几种。

(1)通过外围护结构的传热损失,含屋顶、外墙(包括非透明幕墙)、外窗(包括透明幕墙、天窗)、外门等的传热损失。

(2)底面接触室外空气的架空(如过街楼的楼板)或外挑楼板(如外挑的阳台板等)、采暖楼梯间的外挑雨棚板、空调外机搁板等的传热损失。

(3)空间传热损失:分隔采暖与非采暖空间的隔墙、楼板的空间传热损失;住宅户式采暖因邻里设置温度不同或间歇采暖运行制式不一致而导致隔墙和楼板的空间传热损失;底层楼板作为不采暖地下室(外墙有窗或无窗)与其上部采暖房间的分隔楼板而形成的空间传热损失。

(4)通过地面的传热损失,含周边地面(指距外墙内表面 2 m 以内的地面)和非周边地面的传热损失。

(5)通过采暖地下室外墙的传热损失。

(6)通过围护结构特殊部位的异常传热损失。

①围护结构交角处:和土壤接触的底层地面与其以上几十厘米高的外墙所形成的转角、外墙四周转角、内外墙交角、楼板或屋顶与外墙的交角等部位,由于存在二维、三维传热的影响,容易出现内表面温度偏低的情况,其后果是直接导致大量的传热损失,且有可能在内表面或地面发生冷凝(如图 2-6)。

②围护结构内部存在的热桥,如钢或钢筋混凝土骨架、圈梁、过梁等,其保温性能比主体部分低得多,导致这些部分的传热损失比主体部分大得多,并有可能在内表面发生冷凝。

(7)由于房间通风换气和房间外空气通过门窗缝隙、通气孔、住宅烟囱、正对门厅入口的电梯井及穿越墙的管道等缝隙的直接渗透所导致的传热损失。

3)建筑采暖空调能耗的形成。

在冬季,采暖建筑失热因素直接导致室内空气温度下降,为了防止室温下降到标准规定的限值范围以下,必须向室内提供热量,以弥补其失热;在夏季,空调建筑得热、得湿因素导致室内温度、湿度上升,为了抑制室内温度、湿度的上升,将室内温度、

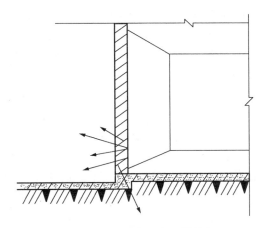

图 2-6　围护结构交角处的热桥

湿度保持在标准规定的限值范围以内,必须向室内提供冷量以抵消得热、得湿。

为抵消得热(及得湿)、失热因素,保持室内空气的设计条件,单位时间内须向室内空气提供的冷量或热量称为建筑物的冷热耗量。建筑物冷热耗量的多少主要取决于以下因素。

(1)室外热环境构成要素:如当地的太阳辐射照度、室外空气温度、湿度、风速和风向、降水及周围环境的绿化等因素。

(2)室内热环境构成要素:如室内空气温度、湿度、室内风速、围护结构内表面平均辐射温度、人体的着装情况和活动量等因素。一般说来,室内外温差、辐射传热量越大,冷热耗量越大。夏季降低室温,冬季提高室温,都会增大室内外温差和辐射传热,相应也增大了冷热耗量。

(3)建筑物的节能措施:如建筑物的朝向、布局、所选择的建筑体型及其他节能措施是否有利于冬季增加室内太阳辐射得热并减少失热因素、夏季减少室内太阳辐射得热和其他得热因素,且在昼夜温差较大的地区是否利用夜间的自然通风排热。设计中若不考虑这些建筑节能措施,就会导致冷热耗量增大。

(4)建筑外围护结构热工性能的正确选择:正确选择外围护结构的构造、蓄热性能、平均传热系数的大小、外表面对太阳辐射热的吸收系数;不同朝向外窗的合理窗墙面积比和所选外窗、外门的热工性能,窗的开启和遮阳方式等。

(5)室内外空气交换或渗透状况:夏季室外空气焓值高于室内时,冬季室外空气温度低于室内时,室内外空气交换或渗透量越大,冷热耗量也越大。

(6)室内人体、照明灯具及电器设备、水面等的散热、散湿量的大小。夏季室内散热、散湿量越大,耗冷量越大;冬季室内热源的散热可减少耗热量。

(7)当采暖空调设备处于不同运行状态下(如连续运行或间歇运行)的节能建筑,对围护结构热工性能也会有不同的设计要求。不考虑这些要求,就会导致冷热耗量增大。值得指出,建筑物的冷热耗量并不是建筑物的采暖空调能耗。采暖空调系统在向建筑物提供冷热量时所消耗的能量才是建筑物的采暖空调能耗。不同的采暖空调系统以不同的方式向建筑物提供相同的冷热量时所消耗的能量是不同的。建筑的采暖空调系统能耗由以下两个因素决定:其一,建筑物的冷热耗量;其二,所采用的采暖空调系统的能效比(即该系统向建筑物提供冷热量时的能源利用效率)。如 E 为采暖空调能耗,Q 为建筑物冷热耗量,EER 为采暖空调系统的能效比,则三者间的关系可用公式表示为

$$E = Q/EER \tag{2-6}$$

从公式(2-6)可看出,要减少采暖空调系统的能耗应从两方面着手:其一是在建筑设计中采取综合节能措施以减少建筑物的冷热耗量;其二是提高采暖空调系统的能效比,并使其高效运行。

2.3.2 我国建筑能耗的构成及节能的基本途径

2.3.2.1 我国建筑能耗的构成

建筑能耗是指建筑在使用过程中所消耗的能量。建筑能耗最终是通过建筑设备的耗能来体现的。一般来说,建筑设备包括为保证室内空气品质、热、光等系统(如采暖、空调、通风、照明等系统)的设备和建筑的公用设施(如供电、通信、消防、给排水、电梯等系统)的设备,对住宅和某些公共建筑,还有炊事烹调、供应生活热水及洗衣等设备。由于居住建筑和公共建筑、各类公共建筑之间的功能和所处气候区的不同,因而为实现其功能各系统所消耗的能量及其在总能耗中所占的比例是不一样的。但通常情况下,在我国各类建筑物中,所占能耗比例最大的是采暖、空调、通风、照明系统,有时还要加上热水供应系统。据有关资料统计,我国北方城镇采暖能耗占全国建筑总能耗的 36%,为建筑能源消耗的最大组成部分,单位面积采暖平均能耗折合标准煤为 20 kg/(m²·年),为北欧同等纬度条件下建筑采暖能耗的 2~4 倍。在我国北方采暖区住宅生活用能中,各部分大体的能耗比例见表 2-5。

表 2-5　北方采暖区住宅建筑能耗的大体比例

能 耗 构 成	采 暖 空 调	热 水 供 应	电 气 照 明	炊 事 烹 调
各部分所占比例	65%	15%	14%	6%

对于南方地区,采暖空调能耗略有下降,所占比例为 40%~55%。我国城镇的住宅总面积约为 100 亿 m²,除采暖外的住宅能耗包括空调、照明、炊事、生活热水、家电等,折合用电量为 10~30 kW·h/(m²·年),用电量约占我国全年供电量的 10%。随着人们生活水平的提高,目前仍呈上升态势;大城市的生活热水能耗也在逐年增加。

目前我国有 5 亿 m² 左右的大型公共建筑,耗电量为 70~300 kW·h/(m²·年),是普通公共建筑的 4~6 倍,是住宅建筑的 10~20 倍。大型公共建筑是建筑能源消耗的高密度领域。在公共建筑(特别是大型商场、高档旅馆酒店、高档写字楼等)的全年能耗中,50%~60% 的能耗用于采暖空调系统,20%~30% 的能耗用于照明。而在采

暖空调系统能耗中,有 20%～50% 是由外围护结构的冷热耗量所消耗(夏热冬暖地区约为 20%,夏热冬冷地区约为 35%,寒冷地区约为 40%,严寒地区约为 50%),其余 30%～40% 为处理新风所消耗。公共建筑的能耗情况比较复杂,其能耗一般较居住建筑高出很多,且不同公共建筑间能耗相差甚远,能源浪费现象较为严重,具有很大的节能潜力。

从上述引证可以看出:不论是居住建筑还是公共建筑,采暖空调系统能耗和电气照明能耗在总能耗中所占比例均较大,因此,建筑节能设计目前主要是减少这两方面的能耗。

2.3.2.2　建筑节能的基本途径

1)降低采暖建筑能耗的途径。

当采暖建筑的总得热量和总失热量达到平衡时,室温才得以保持。为此需要对前述引起采暖建筑失热量的因素采取应对措施,以降低采暖供热系统的耗能量,可供采取的节能途径主要有以下几点。

(1)充分利用太阳辐射得热。

建筑中通过窗玻璃的太阳辐射得热量与投射在玻璃表面的太阳辐射照度、室内外的温差、窗的传热系数以及太阳光线透过玻璃本体时的路径长度、玻璃的消光系数等因素有关,其中后两种因素主要取决于阳光对玻璃的入射角(与朝向、季节有关)、不同玻璃种类的光学特性(主要是消光系数和折射率)及玻璃的总厚度等。为充分利用太阳辐射得热,在节能建筑设计上必须从建筑的总体规划、建筑单体设计入手,处理好建筑的朝向、间距、体型,以保证建筑物在冬季获得的太阳辐射热最多、在夏季得到的太阳辐射热最少(如在北半球采用使建筑朝向处于南北向或接近南北向及合理设置遮阳、合理的体型设计等措施)。在朝向选择上还应注意避开冬季主导风向并利用夏季自然通风。在设计中还应对主要得热构件(如窗户、集热墙)的位置、尺寸、表面颜色及构造等结合地区冬夏气候特点统筹考虑,同时还要提高墙、地面的蓄热性能及夜间窗户的保温性能,以使节能建筑昼夜得益。

(2)选择合理的体形系数与平面形式。

体形系数的大小对建筑能耗的影响非常显著。体形系数越小,单位建筑面积对应的外表面积越小,外围护结构的传热损失(或夏季得热)也越小,因此从降低采暖空调能耗的角度出发,希望将体形系数控制在一个较低的水平上。但是,体形系数的选择还要受其他多种因素的制约,如当地气候条件,冬季、夏季的太阳辐射照度,建筑造型,平面布局,建筑朝向,采光通风,外围护结构的构造形式和局部的风环境状态等。体形系数限制过小,将严重制约建筑师的创造性,造成建筑造型呆板,平面布局困难,甚至有损建筑功能。因此在确定体形系数的限值时必须通盘考虑,既要权衡冬季得热、失热与夏季昼间减少得热、夜间增大散热的矛盾,以及采暖节能与照明耗能的矛盾,又要处理好与建筑功能和建筑造型设计中的矛盾,优化组合,综合考虑以上各种影响因素才能最终确定体形系数。

(3)提高围护结构的保温性能。

提高围护结构的保温性能主要应控制围护结构[包括屋顶、外墙（包括非透明幕墙）、外窗（包括透明幕墙、天窗）、外门]，底面接触室外空气的架空或外挑楼板，分隔采暖与非采暖空间的隔墙、楼板，地面（含周边地面和非周边地面）等部位的传热系数在标准规定的限值以内，还应使窗按朝向符合相关节能标准要求的窗墙面积比限值。对围护结构特殊部位也应加强保温，以防室内热量直接从这些部位散失并防止表面冷凝。

(4)提高门窗的气密性，减少冷风渗透。

冷风渗透主要指空气通过围护结构的缝隙，如门、窗缝等处的无组织渗透。门窗缝隙的空气渗透耗热量和门窗扇与门窗框之间、门窗框与墙之间以及玻璃与窗框之间接缝的长短与宽窄有直接关系，特别是和门窗开启缝的长短及闭合时的密封程度有关，因此应采取措施提高外门窗的气密性，使之达到标准规定的限值要求。在严寒和寒冷地区的冬季，居住建筑和公共建筑的外门由于使用需要，需频繁开启，这将会导致室外冷空气大量涌入室内，因此应设置门斗或采取其他减少冷风渗透的措施；夏热冬冷地区的外门也应综合考虑采取保温隔热节能措施。另外，在注意加强门窗气密性的同时也应采取措施保证室内卫生所需的换气次数。

(5)使房间具有与使用性质相适应的热特性。

房间的热特性应适合其使用性质。对全天使用的房间应具有较大的热稳定性，如住宅、医院病房、旅馆等，其房间围护结构的内表面材料应选用蓄热系数较大的材料。而对于只有白天（或白天和傍晚）使用的建筑物（如办公楼、商场等）或只有一段时间使用的房间（如影剧院观众厅、体育馆比赛大厅等），其内表面材料应选用蓄热系数较小的材料，以使围护结构具有较好的温度随动性。当采暖设备启动后，在供热量一定的情况下，可在较短时间内达到室温设定值，而不是消耗过多的热量来加热围护结构的内侧材料。

(6)改善采暖系统的设计和运行管理有以下措施：因地制宜地选用适合本地区的、能效比高的采暖系统和合理的运行制式；加强供热管路的保温，加强热网供热的调控能力；合理利用可再生能源（如利用太阳能集热供暖、供热水；结合地区气候特点，冬夏合理利用地源热泵技术进行空调采暖）。

(7)对采暖排风系统能量进行回收（如采用各种类型的热能回收装置）。

2)降低空调建筑能耗的途径。

减少空调建筑耗冷量的方式按照机理主要可分为以下两类：其一是减少得热，例如通过对夏季室外"热岛"效应的有效控制，改善建筑物周边的微气候环境；或对太阳辐射（直接或间接）得热采取控制措施。其二是可通过蓄能技术调节得热模式，如可结合地区气候特点采用热惰性指标 D 值较大的重型（或外保温）围护结构，白天蓄热（或减少得热），延迟围护结构内表面最高温度出现的时间至深夜间，并削减其谐波波幅值，此时，室外空气温度已降低，可直接通过自然通风或强制通风等手段将室内热量排至室外并蓄存室外冷量,从而达到降低建筑耗冷量的目的,这其中还可包括采取间歇自然通风、通风墙(屋顶)、蒸发冷却、辐射制冷等手段。可供采取的节能途径主要有以下几种。

(1)减弱室外热作用。首先应合理地选择建筑物的朝向、间距、体型及进行建筑群的布局,减少日晒面积。其次应将建筑物的朝向选择为当地的最佳朝向或接近最佳朝向,力求避免使建筑物主要房间、透明材料围蔽的空间(如中庭、玻璃幕墙)受到水平、东及西向日晒。第三,绿化周围环境(含地面、屋顶水平绿化及墙面垂直绿化等),适当布置水景,以改善室外微气候环境并减弱长波辐射。

(2)对围护结构外表面应采用浅色装饰以减少对太阳辐射热的吸收系数(但应注意,不要引起反射眩光),以降低室外综合温度。

(3)对外围护结构要进行隔热和散热处理,特别是对屋顶和外墙要进行隔热和散热处理,使之达到节能标准规定的限值要求。应尽量使围护结构具有白天隔热好、夜间散热快的特点,以配合夜间(特别是深夜间)自然通风状况下的使用。通风屋面和通风墙是被广泛采用并被实践证明是行之有效的隔热方式,应结合地区气候特点灵活采用。

(4)合理组织房间的自然通风。对于高于室外空气温湿度的室内热、湿源,自然通风是排除其余热、余湿,改善室内热环境的有效措施之一。另外,应门窗紧闭,使用空调(设置可控流量的通风器)来通风换气,待夜间(或深夜间)室外气温降低后打开门窗,间歇通风的方式有利于降低室温和节能。合理组织自然通风包括:使房间进风口尽量接近当地夏季主导风向,建筑群的总体规划、建筑的单体设计方案和门窗的设置应有利于自然通风;同时还应设计好通风口、墙及屋面等的构造,并利用园林、绿化、水面及地理环境组织自然通风。

(5)选择合适的窗墙面积比,设置窗口(屋顶和西、东墙面)遮阳:按地区气候特点及窗口朝向选择符合相关节能标准要求的窗墙面积比,并决定是否需设置不同形式的窗口遮阳或选用合适的热反射、Low-E(低辐射率)玻璃、Sun-E(太阳能控制)低辐射玻璃及反射阳光镀膜,以遮挡直射阳光进入室内,减少室内墙面、地面、家具和人体对太阳辐射热的吸收。宜根据地区气候特点决定选用活动式或固定式外遮阳系统。在屋顶或西(东)墙的外侧设置遮阳设施,可以降低其室外综合温度。在建筑设计中宜结合外廊、阳台、挑檐等构件的设计来达到遮阳的目的。当然屋顶、墙面、阳台及露台等部位的绿化也可起到遮阳并改善室外微气候的作用。应采用适应地区气候特点的节能型的透明幕墙和非透明幕墙构造。

(6)夏热冬冷和夏热冬暖地区的外门,也应采取保温隔热节能措施(如设置双层门、低辐射中空玻璃门、门内侧或外侧设置活动门帘及设置风幕等)。

(7)在夏热冬冷及夏热冬暖地区,当空调系统间歇运行时,或者是利用夜间自然通风降温并蓄存室外冷量时,应作具体的技术、经济分析,并与冬季统筹考虑,以使房间和围护结构具有与使用性质相适应的热工特性。

（8）合理利用自然能源和可再生能源：如可选择利用建筑外表面的长波辐射，被动式蒸发冷却、太阳能空调、地源（空气源）热泵空调、采用温湿度独立控制的地源热泵与地板辐射供冷系统的组合及被动式太阳能降温等技术措施。

（9）尽量减少室内余热：如在公共和居住建筑中，室内余热主要是建筑设备、室内照明及家用电器的散热，应选用节能型设备、照明灯具和家用电器，不但消耗电能少，向室内的散热量也较少。在白天，应尽量利用侧窗、天窗及中庭进行天然采光（应采取遮阳和隔热措施），减少人工照明的时间，这不但节约了照明用电，也直接降低了空调负荷，可谓一举两得。

（10）选用能效比高的空调制冷系统，并使其高效运行。

2.4 建筑节能设计中常用的基本术语

2.4.1 导热系数(coefficient of thermal conductivity)

稳态传热条件下，1 m 厚的物体两侧表面温差为 1 K 时，单位时间内通过单位面积传递的热量。单位：$W/(m \cdot K)$，通常用 λ 表示。

2.4.2 比热容(specific heat)

1 kg 的物质，温度升高或降低 1 K 时，所需吸收或放出的热量。单位：$kJ/(kg \cdot K)$，通常用 C 表示。

2.4.3 材料蓄热系数(coefficient of thermal storage)

当某一足够厚度的单一材料层一侧受到谐波热作用时，表面温度将按同一周期波动，通过表面的热流波幅与表面温度波幅的比值。其值越大，材料的热稳定性越好。单位：$W/(m^2 \cdot K)$，通常用 S 表示。材料的蓄热系数可通过计算确定，或从《民用建筑热工设计规范》(GB 50176—1993)附录 4 附表 4.1 中查取。

2.4.4 围护结构(building envelope)

建筑物及房间各面的围挡物。围护结构分透明和不透明两部分：不透明围护结构有墙、屋顶、楼板和地面等，透明围护结构有窗户、天窗和阳台门等。按是否同室外空气直接接触以及在建筑物中的位置，又可分为外围护结构和内围护结构。

2.4.5 表面换热系数(surface heat transfer coefficient)

表面与附近空气之间的温差为 1 K，1 h 内通过 1 m^2 表面传递的热量，在内表面，称为内表面换热系数；在外表面，称为外表面换热系数。单位：$W/(m^2 \cdot K)$，通常用 α 表示。

2.4.6　表面换热阻(surface heat transfer resistance)

围护结构两侧表面空气边界层阻抗传热能力的物理量,为表面换热系数的倒数。在内表面,称为内表面换热阻(R_i);在外表面,称为外表面换热阻(R_e)。具体数值可按国家标准《民用建筑热工设计规范》(GB 50176—1993)取用。在一般情况下,外围护结构的内表面换热阻可取 $R_i=0.11$ m² · K/W,外表面换热阻可取 $R_e=0.04$ m² · K/W(冬季状况)或 0.05 m² · K/W(夏季状况)。

2.4.7　建筑物体形系数(shape coefficient of building)

建筑物与室外大气接触的外表面面积 F_0 与其所包围的体积 V_0 的比值,通常用 S 表示。外表面面积中不包括地面和不采暖楼梯间隔墙与户门的面积。

2.4.8　围护结构传热系数(overall heat transfer coefficient of building envelope)

在稳态条件下,围护结构两侧空气温度差为 1 K,单位时间内通过单位面积传递的热量。单位:W/(m² · K),通常用 K 表示。

2.4.9　外墙平均传热系数(heat transfer coefficient of external wall)

考虑了墙上存在的热桥影响后得到的外墙传热系数。单位:W/(m² · K),通常用 K_m 表示。

2.4.10　围护结构传热系数的修正系数(correction factor for overall heat transfer of building envelope)

有效传热系数与传热系数的比值。即 $\varepsilon_i = K_{eff}/K$。$\varepsilon_i$ 实质上是围护结构因受太阳辐射和天空辐射影响而使传热量改变的修正系数。

2.4.11　热阻(heat transfer resistance)

表征围护结构本身或其中某层材料阻抗传热能力的物理量。单一材料围护结构热阻 $R=d/\lambda_c$。d 为材料层厚度(m),λ_c 为材料的导热系数计算值[W/(m · K)]。多层材料围护结构热阻 $R = \sum (d/\lambda_c)$。单位:m² · K/W。

2.4.12　围护结构传热阻(thermal resistance of building envelope)

表征围护结构(包括两侧表面空气边界层)阻抗传热能力的物理量,为结构材料层热阻($\sum R$)与两侧表面换热阻之和。单位:m² · K/W。

2.4.13　围护结构热惰性指标(index of thermal inertia of building envelope)

表征围护结构抵御温度波动和热流波动能力的无量纲指标。单一材料围护结构

热惰性指标 $D=RS$;多层材料围护结构热惰性指标 $D=\sum(RS)$。式中 R、S 分别为围护结构材料层的热阻和对应材料层的蓄热系数。

2.4.14　窗墙面积比(ratio of window area to wall area)

窗户洞口面积与房间立面单元面积(即建筑层高与开间定位线围成的面积)之比。

2.4.15　平均窗墙面积比(mean ratio of window area to wall area)

整栋建筑外墙面上的窗及阳台门透明部分的总面积与整栋建筑外墙面的总面积(包括其上的窗及阳台门的透明部分面积)之比。

2.4.16　外窗的遮阳系数(shading coefficient of window)

表征窗玻璃在无其他遮阳措施情况下对太阳辐射透射得热的减弱程度。其数值为透过窗玻璃的太阳辐射得热与透过 3 mm 厚普通透明窗玻璃的太阳辐射得热之比值。

2.4.17　外窗的综合遮阳系数(overall shading coefficient of window)

考虑窗本身和窗口的建筑外遮阳装置综合遮阳效果的一个系数,其值为窗本身的遮阳系数(S_C)与窗口的建筑外遮阳系数(S_D)的乘积。

2.4.18　计算采暖期天数(heating period for calculation)

采用滑动平均法计算出的累年日平均温度低于或等于 5 ℃的天数。计算采暖期天数仅供建筑节能设计计算时使用,与当地法定的采暖天数不一定相等。

2.4.19　计算采暖期室外平均温度(outdoor mean air temperature during heating period)

计算采暖期室外日平均温度的算术平均值。

2.4.20　采暖度日数(HDD18)(heating degree day based on 18 ℃)

一年中,当某天室外日平均温度低于 18 ℃时,将该日平均温度与 18 ℃的差值乘以 1 d,并将此乘积累加,得到一年的采暖度日数。其单位:℃·d。

2.4.21　空调度日数(CDD26)(cooling degree day based on 26 ℃)

一年中,当某天室外日平均温度高于 26 ℃时,将该日平均温度与 26 ℃的差值乘以 1 d,并将此乘积累加,得到一年的空调度日数。其单位:℃·d。

2.4.22　建筑物耗冷量指标(index of cool loss of building)

按照夏季室内热环境设计标准和设定的计算条件,计算出的单位建筑面积在单位时间内消耗的需要由空调设备提供的冷量。

2.4.23　建筑物耗热量指标(index of heat loss of building)

在采暖期室外平均温度条件下,为保持室内设计计算温度,单位建筑面积在单位时间内消耗的、需由室内采暖设备供给的热量。

2.4.24　空调年耗电量(annual cooling electricity consumption)

按照夏季室内热环境设计标准和设定的计算条件计算出的单位建筑面积空调设备每年所要消耗的电能。

2.4.25　采暖年耗电量(annual heating electricity consumption)

按照冬季室内热环境设计标准和设定的计算条件计算出的单位建筑面积采暖设备每年所要消耗的电能。

2.4.26　采暖能耗(energy consumed for heating)

用于建筑物采暖所消耗的能量,其中包括采暖系统运行过程中消耗的热量和电能,以及建筑物耗热量。

2.4.27　空调、采暖设备能效比(energy efficiency ratio)

在额定工况下,空调、采暖设备提供的冷量或热量与设备本身所消耗的能量之比。

2.4.28　典型气象年(typical Meteorological Year)

以近 10 年的月平均值为依据,从近 10 年的资料中选取一年各月接近 10 年的平均值作为典型气象年。由于选取的月平均值在不同的年份,资料不连续,还需要进行月间平滑处理。

2.4.29　热桥(thermal bridge)

围护结构中包含金属、钢筋混凝土或混凝土梁、柱、肋等部位,在室内外温差作用下,形成热流密集、内表面温度较低的部位。这些部位形成传热的桥梁,故称热桥。

2.4.30　可见光透射比(visible transmittance)

透过透明材料的可见光光通量与投射在其表面上的可见光光通量之比。

2.4.31 围护结构热工性能权衡判断(building envelope trade-off option)

当建筑设计不能完全满足规定的围护结构热工设计要求时,计算并比较参照建筑和所设计建筑的全年采暖和空气调节能耗,判定围护结构的总体热工性能是否符合节能设计要求。

2.4.32 可再生能源(renewable energy)

从自然界获取的、可以再生的非化石能源,包括风能、太阳能、水能、生物质能、地热能和海洋能等。

2.4.33 空气源热泵(air-source heat pump)

以空气为低位热源的热泵。通常有空气/空气热泵、空气/水热泵等形式。

2.4.34 水源热泵(water-source heat pump)

以水为低位热源的热泵。通常有水/水热泵、水/空气热泵等形式。

2.4.35 地源热泵(ground-source heat pump)

以土壤或水为热源、水为载体在封闭环路中循环进行热交换的热泵。通常有地下埋管、井水抽灌和地表水盘管等系统形式。

2.4.36 所设计建筑(designed building)

正在设计的、需要进行节能设计判定的建筑。

2.4.37 参照建筑(reference building)

参照建筑是一栋符合节能标准要求的假想建筑。对围护结构热工性能进行权衡判断(或综合判断)或选用对比评定法对所设计建筑物进行建筑节能设计综合评价时,作为计算全年采暖和空气调节能耗用的假想建筑。参照建筑的形状、大小、朝向与设计建筑完全一致,但围护结构热工参数应符合相关节能标准的规定值。

2.4.38 对比评定法(custom budget method)

将所设计建筑物的空调采暖能耗和相应参照建筑物的空调采暖能耗作对比,根据对比的结果来判定所设计的建筑物是否符合节能要求。

2.4.39 换气体积(volum of air circulation)

需要通风换气的房间体积。

2.4.40 换气次数(rate of air circulation)

单位时间内室内空气的更换次数。

2.4.41 节能诊断(energy diagnosis)

通过现场调查、检测以及对能源消费账单和设备历史运行记录的统计分析等,找到建筑物能源浪费的环节,为建筑物的节能改造提供依据的过程。

2.4.42 能源消费账单(energy expenditure bill)

建筑物使用者用于能源消费结算的凭证或依据。

2.4.43 能源利用效率(energy utilization efficiency)

广义上是指能源在形式转换过程中终端能源形式蕴含能量与始端能源形式蕴含能量的比值。本书中是指公共建筑用能系统的能源利用效率。

2.5 建筑节能设计常用的热工计算方法及能耗分析软件

由于建筑节能设计涉及室内热环境和空气质量的节能设计计算参数、节能气候分区、建筑功能、建筑规划、建筑单体设计、围护结构热工性能及建筑设备选型等诸多因素,要搞好建筑节能设计需要多种知识和技术的高度集成并优化设计,难度非常大。

在实际工程设计中,由于建筑设计人员的时间、知识结构、能力水平参差不齐等各种原因,不可能就每一个具体工程全面深入地进行上述各种关系的分析,从而优化设计。为此,标准编制者在总结国内外工程实践经验和科学研究的基础上,针对有代表性的典型工程条件,根据大量的计算机动态模拟结果,对工程的关键参数值作出规定,以"标准"的形式提供给广大设计人员,这些参数值即规定性指标。当建筑设计人员进行设计时,只要所设计的建筑符合相关节能设计标准的规定性指标的限值要求,就不用再做那些复杂高深、过程烦琐的计算机动态能耗分析,而只需用在建筑热工学相对简单的计算公式进行计算(且现在也可利用相关的建筑节能设计软件进行计算及辅助设计),直接利用计算结果进行围护结构的节能设计,从而大大节约了时间,且可在一定程度上保证建筑节能设计的质量和合理性。

规定性指标在一定的范围内是普遍适用的、合理的,但由于所设计的建筑是千变万化的,每一个具体工程都有其不同于普遍情况的特殊性,如当所设计建筑不满足相关节能设计标准的规定性指标的限值[如某些节能设计分区建筑的体形系数限值,围护结构相关部位传热系数限值,不同朝向外窗(包括阳台门透明部分)的窗墙面积比限值及不同朝向、不同窗墙面积比的外窗传热系数限值等]要求时,则必须按性能指标来控制节能设计,即应进行建筑围护结构热工性能的权衡(或综合)判断或采用能耗的对比评定法进行综合评价,而这一般必须通过使用专门的建筑能耗分析(或建筑节能辅助设计分析)软件来完成。

2.5.1　建筑节能设计中常用的建筑热工计算方法

由于在《建筑物理》建筑热工部分中已学过这些计算公式,为避免重复,本书只是在附录 A 中列出这些计算公式和相关资料,并在设计应用部分具体应用。

2.5.2　建筑物耗热量指标及其计算方法

2.5.2.1　建筑物耗热量指标 $q_H(W/m^2)$

建筑物耗热量指标是指在采暖期室外平均温度条件下,为保持室内设计计算温度,单位建筑面积在单位时间内消耗的、需由室内采暖设备供给的热量。建筑物耗热量指标用 q_H 表示,其单位为 W/m^2。不同的地区有不同的建筑物耗热量指标。建筑物耗热量指标已作为严寒和寒冷地区居住建筑围护结构热工性能权衡判断的判据。在严寒和寒冷地区,计算得到的所设计居住建筑的建筑耗热量指标应小于或等于附录 J 中附表 J-2 规定的限值。

2.5.2.2　建筑物耗热量指标的计算

1)所设计建筑的建筑物耗热量指标 q_H 应按下式计算:

$$q_H = q_{H.T} + q_{INF} - q_{I.H} \tag{2-7}$$

式中　q_H——建筑物耗热量指标,W/m^2;

　　　$q_{H.T}$——折合到单位建筑面积上单位时间内通过建筑围护结构的传热量,W/m^2;

　　　q_{INF}——折合到单位建筑面积上单位时间内建筑物空气渗透耗热量,W/m^2;

　　　$q_{I.H}$——折合到单位建筑面积上单位时间内的建筑物内部得热量(包括炊事、照明、家电和人体散热),取 $3.8\ W/m^2$。

(1)折合到单位建筑面积上单位时间内通过建筑围护结构的传热量 $q_{H.T}$ 应按下式计算:

$$q_{H.T} = q_{Hq} + q_{Hw} + q_{Hd} + q_{Hmc} + q_{Hy} \tag{2-8}$$

式中　q_{Hq}——折合到单位建筑面积上单位时间内通过墙的传热量,W/m^2;

　　　q_{Hw}——折合到单位建筑面积上单位时间内通过屋面的传热量,W/m^2;

　　　q_{Hd}——折合到单位建筑面积上单位时间内通过地面的传热量,W/m^2;

　　　q_{Hmc}——折合到单位建筑面积上单位时间内通过门、窗的传热量,W/m^2;

　　　q_{Hy}——折合到单位建筑面积上单位时间内非采暖封闭阳台的传热量,W/m^2。

①折合到单位建筑面积上单位时间内通过外墙的传热量 q_{Hq} 应按下式计算:

$$q_{Hq} = \frac{\sum q_{Hqi}}{A_0} = \frac{\sum \varepsilon_{qi} K_{mqi} F_{qi}(t_n - t_e)}{A_0} \tag{2-9}$$

式中　t_n——室内计算温度,取 $18\ ℃$;当外墙内侧为楼梯间时,则取 $12\ ℃$;

t_e——采暖期室外平均温度,℃,根据附录 J 中的附表 J-1 确定;

ε_{qi}——外墙传热系数的修正系数,根据附录 K 中的附表 K-1 确定;

K_{mqi}——外墙平均传热系数,W/(m²·K),根据附录 D 计算确定;

F_{qi}——外墙的面积,m²,参照附录 G 中附录 G1 的规定计算确定;

A_0——建筑面积,m²,参照附录 G 中附录 G1 的规定计算确定。

②折合到单位建筑面积上单位时间内通过屋面的传热量 q_{Hw} 应按下式计算:

$$q_{Hw} = \frac{\sum q_{Hwi}}{A_0} = \frac{\sum \varepsilon_{wi} K_{mwi} F_{wi}(t_n - t_e)}{A_0} \tag{2-10}$$

式中 ε_{wi}——屋顶传热系数的修正系数,根据附录 K 中的附表 K-1 确定;

K_{mwi}——屋顶传热系数,W/(m²·K),根据附录 D 计算确定;

F_{wi}——屋顶的面积,m²,根据附录 G 中附录 G1 的规定计算确定。

③折合到单位建筑面积上单位时间内通过地面的传热量 q_{Hd} 应按下式计算:

$$q_{Hd} = (\sum q_{Hdi})/A_0 = \left[\sum K_{di} F_{di}(t_n - t_e)\right]/A_0 \tag{2-11}$$

式中 K_{di}——地面的传热系数,W/(m²·K),参照附录 E 的规定计算确定;

F_{di}——地面的面积,m²,参照附录 G 中附录 G1 的规定计算确定。

④折合到单位建筑面积上单位时间内通过外窗(门)的传热量 q_{Hmc} 应按下式计算:

$$q_{Hmc} = (\sum q_{Hmci})/A_0 = \sum \left[K_{mci} F_{mci}(t_n - t_e) - I_{tyi} C_{mci} F_{mci}\right]/A_0 \tag{2-12}$$

$$C_{mci} = 0.87 \times 0.7 \times S_C \tag{2-13}$$

式中 K_{mci}——外窗(门)的传热系数,W/(m²·K);

F_{mci}——外窗(门)的面积,m²。

I_{tyi}——外窗(门)外表面采暖期平均太阳辐射热,W/m²,根据附录 J 中的附表 J-1 确定;

C_{mci}——外窗(门)的太阳辐射修正系数;

S_C——窗的综合遮阳系数,按本书式(3-1)计算;

0.87——3 mm 普通玻璃的太阳辐射透过率;

0.7——折减系数。

⑤折合到单位建筑面积上单位时间内通过非采暖封闭阳台的传热量 q_{Hy} 应按下式计算:

$$q_{Hy} = (\sum q_{Hyi})/A_0 = \sum \left[K_{qmci} F_{qmci} \zeta_i(t_n - t_e) - I_{tyi} C'_{mci} F_{mci}\right]/A_0 \tag{2-14}$$

$$C'_{mci} = (0.87 \times S_{Cw}) \times (0.87 \times 0.70 \times S_{Cn}) \tag{2-15}$$

式中 K_{qmci}——分隔封闭阳台和室内的墙、窗(门)的平均传热系数,W/(m²·K);

F_{qmci}——分隔封闭阳台和室内的墙、窗(门)的面积,m²;

ζ_i——阳台的温差修正系数,根据附录 K 中的附表 K-2 确定;

I_{tyi}——封闭阳台外表面采暖期平均太阳辐射热,W/m²,根据附录 J 中的附表

J-1 确定;

F_{mci}——分隔封闭阳台和室内的窗(门)的面积,m^2;

C'_{mci}——分隔封闭阳台和室内的窗(门)的太阳辐射修正系数;

S_{Cw}——外侧窗的综合遮阳系数,按本书式(3-1)计算;

S_{Cn}——内侧窗的综合遮阳系数,按本书式(3-1)计算。

(2)折合到单位建筑面积上单位时间内建筑物空气渗透耗热量 q_{INF} 应按下式计算:

$$q_{INF} = (t_n - t_e)(C_p \rho N V)/A_0 \tag{2-16}$$

式中 C_p——空气的比热容,取 0.28 Wh/(kg·K);

ρ——空气的密度,kg/m^3,取采暖期室外平均温度 t_e 下的值;

N——建筑物因空气渗透所导致的换气次数,取 0.5 h^{-1};

V——换气体积,m^3,根据附录 G 中附录 G1 的规定计算确定。

在本气候区的不同城市、不同气候子区、不同层数的采暖居住建筑,其耗热量指标不应超过本书附录 J 附表 J-2 规定的限值。集体宿舍、招待所、旅馆、学校、幼儿园等采暖居住建筑围护结构的保温应达到当地采暖住宅建筑相同的水平。

2)计算实例。

在严寒和寒冷地区,当所设计建筑达不到相关节能标准规定性指标的限值要求时,必须按规定进行围护结构热工性能的权衡判断。建筑物耗热量指标已作为该地区居住建筑围护结构热工性能权衡判断的判据,因此权衡判断即计算所设计居住建筑的耗热量指标,使其不大于相关节能标准给出的当地耗热量指标的限值要求。居住建筑耗热量指标的计算既可用公式手算,也可用后面介绍的软件进行计算。而公共建筑的权衡判断按标准规定应首先计算参照建筑在规定条件下的全年采暖和空气调节能耗,然后计算所设计建筑在相同条件下的全年采暖和空气调节能耗。当所设计建筑的全年采暖和空气调节能耗不大于参照建筑的全年采暖和空气调节能耗时,判定围护结构的总体热工性能符合节能要求。当所设计建筑的全年采暖和空气调节能耗大于参照建筑的全年采暖、空调能耗时,应调整设计参数重新计算,直至所设计建筑的采暖、空调能耗不大于参照建筑的采暖、空调能耗时为止,而这必须用后面介绍的软件进行计算。

居住建筑耗热量指标的计算一般是已知建筑物布局、尺寸、朝向和构造,求建筑物的耗热量指标。

试求天津地区一住宅建筑的耗热量指标。已知该住宅为砌体混合结构,墙体材料为承重混凝土空心砌块。该住宅为两个单元 6 层。层高为 2.8 m,南北向,外窗均为单框双玻塑钢窗,户门为三防保温门;楼梯间不采暖;已知天津地区计算采暖期天数为 $E=118$ d,采暖期室外平均温度 $t_e=-0.2$ ℃;建筑面积 $A_0=2498.25$ m^2;建筑体积 $V_0=6854.39$ m^2;外表面积 $F_0=2048.08$ m^2;体形系数 $S=0.30$。建筑立面及平面分别见图 2-7 及图 2-8。各部分围护结构构造做法、传热系数和传热面积见表

2-6；建筑物耗热量指标计算见表 2-7。

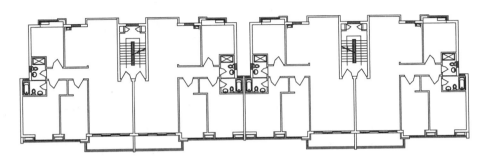

图 2-7　该住宅建筑平面图

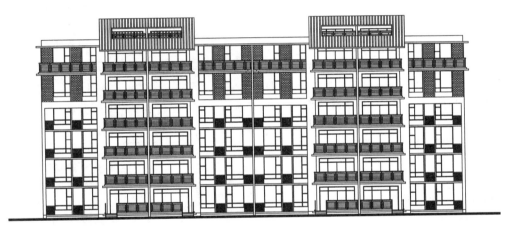

图 2-8　该住宅建筑立面图

表 2-6　各部分围护结构构造做法、传热系数和传热面积

名　　称	构　造　层　次	传热系数 K /[W/(m² · K)]	传热面积/m²
屋顶（平顶）	10 mm 厚地砖； 40 mm 厚 C20 细石混凝土刚性防水层 （内配 φ4 双向@200）； 3 mm 厚纸筋灰隔离层； 20 mm 厚水泥砂浆找平层； 轻骨料混凝土找坡层，最薄处 30 mm 厚； 50 mm 厚挤塑聚苯板保温层； 120 mm 厚现浇钢筋混凝土屋面板； 20 mm 厚混合砂浆内抹灰	0.58	74.2

续表

名　称	构造层次	传热系数 K /[W/(m² · K)]	传热面积/m²
屋顶（坡顶）	陶瓦屋面； 防水涂料层； 55 mm厚挤塑聚苯板保温层； 20 mm厚水泥砂浆找平层； 120 mm厚混凝土屋面板； 20 mm厚混合砂浆内抹灰	0.56	355.8
外墙	外涂料装饰层； 聚合物砂浆加强面层； 70 mm厚聚苯板； 190 mm厚混凝土空心砌块； 20 mm厚混合砂浆内抹灰	0.57	南 160.9 东西 449.5 北 245.8 阳台处 290.9
楼梯间隔墙	65 mm厚聚苯颗粒保温浆料； 190 mm厚承重混凝土空心砌块墙； 20 mm厚混合砂浆内抹灰	0.83	561.1
窗户（包括阳台处落地的玻璃门）	单框双玻塑钢窗	2.5	南,有阳台,121.0 无阳台,123.3 北,无阳台,123.4 东西,有阳台,51.8 无阳台,24.5
户门	三防保温门	1.7	50.4
地面 周边	20 mm厚水泥砂浆抹面； 50 mm厚30K挤塑聚苯板,热阻1.25 m² · K/W； 板上下浇混凝土	0.12	151.3
地面 非周边	同上	0.05	190.9

　　天津地区计算采暖期天数为 118 d,采暖期室外平均温度 $t_e = -0.2$ ℃,建筑耗热量指标（4～8层居住建筑）为 16.0 W/m²。根据以上介绍的公式,在表 2-7 中列出该住宅建筑耗热量指标的计算,且以最终的计算结果验证建筑耗热量指标是否在节能标准规定的限值范围之内。

表 2-7　建筑物耗热量指标的计算

项　目		计算公式及计算结果(以下均折合到单位建筑面积上)
单位建筑面积上单位时间内通过建筑围护结构的传热量		$q_{\text{H.T}} = q_{\text{Hw}} + q_{\text{Hq}} + q_{\text{Hd}} + q_{\text{Hmc}} + q_{\text{Hy}}$ $t_n - t_e = 18 - (-0.2) = 18.2 \ ℃$
屋顶	平坡	$q_{\text{Hw.PIN}} = 0.98 \times 0.58 \times 74.2 \times 18.2/2498.25 = 0.31$ $q_{\text{Hw.PO}} = 0.98 \times 0.56 \times 355.8 \times 18.2/2498.25 = 1.42$
	总	$q_{\text{Hw}} = q_{\text{Hw.PIN}} + q_{\text{Hw.PO}} = 1.73$
外墙	南	$q_{\text{Hq.S}} = 0.85 \times 0.57 \times 160.9 \times 18.2/2498.25 = 0.57$
	东	$q_{\text{Hq.E}} = 0.92 \times 0.57 \times 449.5 \times 18.2/2498.25 = 1.72$
	西	$q_{\text{Hq.W}} = 0.92 \times 0.57 \times 449.5 \times 18.2/2498.25 = 1.72$
	北	$q_{\text{Hq.N}} = 0.95 \times 0.57 \times 245.8 \times 18.2/2498.25 = 0.97$
	总	$q_{\text{Hq}} = q_{\text{Hq.S}} + q_{\text{Hq.E}} + q_{\text{Hq.W}} + q_{\text{Hq.N}} = 4.98$
地面	周边	$q_{\text{Hd.ZB}} = 0.12 \times 151.3 \times 18.2/2498.25 = 0.13$
	非周边	$q_{\text{Hd.FZB}} = 0.05 \times 190.9 \times 18.2/2498.25 = 0.07$
不采暖楼梯间隔墙		$q_{\text{Hq.LTJ}} = 0.60 \times 0.83 \times 561.1 \times 18.2/2498.25 = 2.04$
不采暖楼梯间户门		$q_{\text{Hmc}} = 0.60 \times 1.70 \times 50.4 \times 18.2/2498.25 = 0.37$
非采暖封闭阳台	南,凸	$q_{\text{Hy.S}} = (1.54 \times 242.0 \times 0.47 \times 18.2 - 106 \times 0.13 \times 121.0)/2498.25 = 0.61$
	东,凹	$q_{\text{Hy.E}} = (1.15 \times 169.9 \times 0.5 \times 0.43 \times 18.2 - 56 \times 0.11 \times 169.9 \times 0.5)/2498.25 = 0.24$
	西,凹	$q_{\text{Hy.W}} = (1.15 \times 169.9 \times 0.5 \times 0.43 \times 18.2 - 57 \times 0.11 \times 169.9 \times 0.5)/2498.25 = 0.24$
外窗	南	$q_{\text{Hmc.S}} = (2.50 \times 123.3 \times 18.2 - 106 \times 0.13 \times 123.3)/2498.25 = 1.57$
	东	$q_{\text{Hmc.E}} = (2.50 \times 12.3 \times 18.2 - 56 \times 0.11 \times 12.3)/2498.25 = 0.19$
	西	$q_{\text{Hmc.W}} = (2.50 \times 12.3 \times 18.2 - 57 \times 0.11 \times 12.3)/2498.25 = 0.19$
	北	$q_{\text{Hmc.N}} = (2.50 \times 123.4 \times 18.2 - 34 \times 0.14 \times 123.4)/2498.25 = 2.01$
建筑物空气换气耗热量 $q_{\text{INF}}/(\text{W/m}^2)$		$q_{\text{INF}} = 18.2 \times 0.28 \times 1.29 \times 0.5 \times 0.6 \times 6854.39/2498.25 = 5.41$ 注:换气体积为 $0.6 \ V_0$
内部得热 $q_{\text{L.H}}/(\text{W/m}^2)$		$q_{\text{L.H}} = 3.8$
建筑物耗热量指标/(W/m^2)		15.98

注:1. 在非采暖封闭阳台内分隔封闭阳台和室内的墙、窗(门)的平均传热系数计算中,取南向墙面的窗墙面积比为 0.50;取东、西向墙面的窗墙面积比为 0.30。

2. 在不采暖楼梯间隔墙和户门的传热量计算中,相关参数的取值按国家标准《民用建筑热工设计规范》(GB 50176—1993)的相关规定执行。

计算结果表明,该住宅经节能设计后其耗热量指标为 15.98 W/m²,达到国家行业标准《严寒和寒冷地区居住建筑节能设计标准》(JGJ 26—2010)中天津市(4~8 层居住建筑)建筑物耗热量指标不大于 16.0 W/m² 的要求。

2.5.3 常用的建筑能耗模拟及节能辅助设计分析软件

2.5.3.1 建筑围护结构热工性能的权衡判断(综合判断)或建筑节能设计的综合评价

1)权衡判断(综合判断)或建筑节能设计的综合评价的判据及特点。

围护结构热工性能的权衡判断(综合判断)或建筑节能设计的综合评价在严寒和寒冷地区居住建筑以建筑物耗热量指标作为判据,公共建筑以采暖耗热量和空调耗电量之和作为判据;在夏热冬冷地区和夏热冬暖地区(北区)的居住建筑和公共建筑均以采暖耗电量,以及空调耗电量之和作为判据[在夏热冬暖地区(北区)的居住建筑也可采用采暖空调年耗电指数作为综合评价指标];在夏热冬暖地区(南区)的居住建筑和公共建筑均以空调耗电量(或空调年耗电指数)作为判据。夏热冬冷地区和夏热冬暖地区(北区)所设计建筑和参照建筑的采暖耗电量,以及空调耗电量[或夏热冬暖地区(北区)的居住建筑采暖空调年耗电指数]、夏热冬暖地区(南区)所设计建筑和参照建筑的空调耗电量(或空调年耗电指数)均应采用经国家建设行政主管部门审定通过的适用于本地区的逐时动态能耗计算软件计算[采暖空调年耗电指数应采用《夏热冬暖地区居住建筑节能设计标准》(JGJ 75—2012)附录 C(即本书附录 I)提供的方法进行计算]。权衡判断(综合判断)或建筑节能设计的综合评价的方法并不拘泥于建筑围护结构各个局部的热工性能,而是综合地考虑体形系数[夏热冬暖地区(南区)对此不作具体要求]、窗墙面积比、围护结构热工性能对能耗的影响。该方法不仅便于建筑师灵活创作,而且也为新技术的采用和具体工程项目的优化设计创造了条件。通俗地说,如果一栋建筑的体形系数超过了相关节能标准的规定,但它还是可以采取提高围护结构热工性能的方法,如减少通过墙、屋顶、窗户的传热损失,使建筑整体仍然达到节能 50% 的目标;或建筑某部分围护结构的热工性能不够好,就需要提高另一部分围护结构的热工性能来弥补,以使围护结构的总体热工性能保持良好。

2)权衡判断(综合判断)或建筑节能设计的综合评价的落脚点。

围护结构热工性能的好与差,可直接反映出建筑物在规定条件下全年的采暖和空气调节能耗的多少。因此,建筑围护结构热工性能的权衡判断(综合判断)或建筑节能设计的综合评价也就落实到比较参照建筑和所设计建筑全年的采暖和空气调节能耗的多少上。

3)权衡判断(综合判断)或建筑节能设计综合评价的过程。

所谓参照建筑,是一栋与设计建筑进行能耗比对的假想建筑(参照建筑的建筑形状、大小、朝向、内部空间的划分应与所设计的建筑完全相同),但它的体形系数、窗墙面积比和围护结构热工性能应完全满足相关节能标准条款(即规定性指标)的要求。

权衡判断(综合判断)或建筑节能设计的综合评价的过程如下:先构想出一栋与

所设计建筑基本一致的假想建筑(即参照建筑),然后计算参照建筑在规定条件下的全年采暖和空调能耗,将这个能耗值设定为要控制的目标。接着计算所设计建筑在同样条件下的全年采暖和空调能耗,并将这个能耗值和控制目标值相比较,如果这个能耗值大于控制目标值,则必须调整部分设计参数(如提高窗户、屋顶及墙体的保温隔热性能,缩小窗户面积等),重新计算所设计建筑的全年采暖和空调能耗,直至计算出的能耗小于控制目标为止。权衡判断(综合判断)或建筑节能设计综合评价的核心是对参照建筑和所设计建筑的采暖和空调能耗进行比较并作出判断或评价。用动态的方法计算建筑的采暖和空调能耗是一个十分复杂的过程,很多细节都会影响能耗的计算结果。建筑的采暖和空调能耗除了受建筑围护结构热工性能的影响之外,还受其他许多因素的影响,如受采暖空调系统设备的能效比、气候条件、居住者行为的影响等。如果这些条件不一样,计算得到的能耗也肯定不一样,这样就失去了可以比较的基准,因此计算采暖和空调耗电量时,必须在相关标准规定的条件下进行。

实施权衡判断(综合判断)或建筑节能设计的综合评价时,在规定条件下计算得到的采暖和空调耗电量并非是建筑物实际的采暖和空调能耗,而是在相关标准规定条件下的计算能耗,且仅仅是一个比较建筑围护结构热工性能优劣的基础能耗。

4)权衡判断的具体做法。

(1)夏热冬冷地区。

①当设计建筑的体形系数超过《夏热冬冷地区居住建筑节能设计标准》(JGJ 134—2010)4.0.3条[即本书第 3 章 3.1.2-2)-(1)-③条]的规定时,应按同一比例将参照建筑每个开间外墙和屋面的面积分为传热面积和绝热面积两部分,并应使得参照建筑外围护的所有传热面积之和除以参照建筑的体积等于本标准表 4.0.3(即本书表 3-9)中对应的体形系数限值;

②参照建筑外墙的开窗位置应与设计建筑相同,当某个开间的窗面积与该开间的传热面积之比大于本标准 4.0.5-1 条[即本书第 3 章 3.1.2-2)-(2)-②条]的规定时,应缩小该开间的窗面积,并应使得窗面积与该开间的传热面积之比符合本标准 4.0.5-1 条[即本书第 3 章 3.1.2-2)-(2)-②条]的规定;当某个开间的窗面积与该开间的传热面积之比小于本标准 4.0.5-1 条[即本书第 3 章 3.1.2-2)-(2)-②条]的规定时,则该开间的窗面积不再作调整;

③参照建筑屋面、外墙、架空或外挑楼板的传热系数应取本标准表 4.0.4(即本书表 3-10)中对应的限值,外窗的传热系数应取本标准表 4.0.5(即本书表 3-11 及表 3-12)中对应的限值。

(2)夏热冬暖地区。

①参照建筑各朝向和屋顶的开窗洞口面积应与所设计建筑相同,但当所设计建筑某个朝向的窗(包括屋顶的天窗)洞口面积超过《夏热冬暖地区居住建筑节能设计标准》(JGJ 75—2012)第 4.0.4 条[即本书第 3 章 3.1.3-2)-(2)-①条]、第 4.0.6 条[即本书第 3 章 3.1.3-2)-(2)-③条]的规定时,参照建筑该朝向(或屋顶)的窗洞口面

积应减小到符合本标准第 4.0.4 条[即本书第 3 章 3.1.3-2)-(2)-①条]、第 4.0.6 条[即本书第 3 章 3.1.3-2)-(2)-③条]的规定。

②参照建筑外墙、外窗和屋顶的各项性能指标应为本标准 4.0.7 条[即本书第 3 章 3.1.3-2)-(2)-③条]和 4.0.8 条[即本书第 3 章 3.1.3-2)-(2)-④条]规定的最低限值。其中墙体、屋顶外表面的太阳辐射吸收系数应取 0.7;当所设计建筑的墙体热惰性指标大于 2.5 时,参照建筑墙体的传热系数应取 1.5 W/(m²·K),屋顶的传热系数应取 0.9 W/(m²·K),北区窗的传热系数应取 4.0 W/(m²·K);当所设计建筑墙体的热惰性指标小于 2.5 时,参照建筑墙体的传热系数应取 0.7 W/(m²·K),屋顶的传热系数应取 0.4 W/(m²·K),北区窗的传热系数应取 4.0 W/(m²·K)。

(3)设计建筑和参照建筑的采暖空调年耗电量(或年耗电指数)的计算规定。

①夏热冬冷地区。

ⅰ 整栋建筑每套住宅室内计算温度:冬季应全天为 18 ℃,夏季应全天为 26 ℃。

ⅱ 采暖计算期应为当年 12 月 1 日至次年 2 月 28 日,空调计算期应为当年 6 月 15 日至 8 月 31 日。

ⅲ 室外气象计算参数应采用当地典型气象年。

ⅳ 采暖和空调时,换气次数应取 1.0 次/h。

ⅴ 采暖和空调设备为家用空气源热泵空调器,制冷时额定能效比应取 2.3,采暖时额定能效比应取 1.9。

ⅵ 室内得热平均强度应取 4.3 W/m²。

②夏热冬暖地区。

ⅰ 室内计算温度:冬季应取 16 ℃,夏季应取 26 ℃。

ⅱ 室外计算气象参数应采用当地典型气象年。

ⅲ 空调和采暖时,换气次数应取 1.0 次/h。

ⅳ 空调额定能效比应取 3.0,采暖额定能效比取 1.7。

ⅴ 室内不考虑照明得热和其他内部得热。

ⅵ 建筑面积应按墙体中轴线计算;计算体积时,墙仍按中轴线计算,楼层高度应按楼板面至楼板面计算;外表面积的计算应按墙体中轴线和楼板面计算。

ⅶ 当建筑屋顶和外墙采用浅色饰面(ρ<0.6)时,其计算用的太阳辐射吸收系数应取按附录 H 修正之值,且不得重复计算其当量附加热阻。

ⅷ 建筑的空调采暖年耗电量应采用动态逐时模拟的方法计算;空调采暖年耗电量应为计算所得到的单位建筑面积空调年耗电量与采暖年耗电量之和;南区内的建筑物可忽略采暖年耗电量。

ⅸ 建筑的空调采暖年耗电指数应采用《夏热冬暖地区居住建筑节能设计标准》(JGJ 75—2012)附录 C(即本书附录 I)的方法计算。

2.5.3.2 常用的建筑能耗模拟及节能辅助设计分析软件简介

(1)主要的建筑能耗模拟软件简介。

大多数建筑能耗模拟软件都是基于动态的计算方法,以模拟在变化的室外参数作用下建筑物空间的负荷情况。各国根据自己的特点和要求编制了不同的计算机建筑能耗模拟软件，其中应用较多的有美国的 DOE-2 和 Energy-Plus、英国的 Energy2、瑞典的 DEROB、法国的 CLIM2000、日本的 HASP 及我国的 DeST 等，下面仅对 DOE-2 和 DeST 模拟软件作简单介绍。

①DOE-2 模拟软件：DOE-2 软件是在美国能源部的财政支持下由劳伦斯伯克力国家实验室(Lawrence Berkeley National Laboratory)及数十名各种专业人员协同开发、历时两年完成的，供建筑设计者和研究人员使用的大型软件。该软件使用反应系数法计算全年逐时的建筑物负荷。在输入已知模拟地区的全年逐时气象参数的情况下，它可以输出数百个逐时能耗指数，以及数十个的月累计、年累计等能耗参数指标，且可以预测全年 8760 h 建筑物逐时的室内热环境参数和能耗。该软件要求使用者提供：建筑物所在地 8760 h 的气象资料(干、湿球温度，太阳辐射等)；建筑物本身的详细描述；建筑物内部人员、照明、电器以及其他与内部负荷有关的设备的情况；建筑物所用的采暖、空调设备和系统的详细描述。DOE-2 的 4 个输入模块为：气象数据、用户数据、材料数据库和构造数据库(由于国情不同，在我国不宜使用，但由于原程序用户数据输入结构设计比较灵活，可将我国自己的材料、构造输入数据文件，以后即可反复调用)；5 个处理模块为：建筑描述语言 BDL(Building Description Language)预处理、负荷模拟、系统模拟、机组模拟和经济分析；4 个输出模块为：负荷报告、系统报告、机组报告和经济报告。该程序也可用来分析围护结构(包括屋顶、外墙、外窗、地面、楼板、内墙等)、空调系统、电器设备和照明对能耗的影响。DOE-2 的功能非常强大，已经过无数工程的实践检验，是国际上公认的、比较准确的能耗分析软件。该能耗分析软件除在美国得到成功应用外，还应用于某些国家的建筑节能标准编制工作中。

②DeST 模拟软件：DeST 是建筑热环境设计模拟工具包(Designer's Simulation Toolkit)的简称。该模拟软件由原清华大学热能系空调教研室(现为建筑学院建筑技术科学系建筑环境与设备研究所)在其十余年对建筑和采暖空调系统模拟的基础上，针对建筑采暖空调系统的实际情况，开发出的一套面向广大设计人员的设计模拟软件。该模拟软件已于 2000 年 6 月通过了教育部鉴定，被评定为"具有世界先进水平"，它也是国内自主研发的能够动态模拟建筑采暖、空调负荷的分析软件。该软件能在建筑描述、室外气象数据和室内扰量以及室内要求的温湿度给定的条件下，动态模拟出该建筑的全年逐时自然室温和采暖、空调系统负荷等的变化情况。目前 DeST 有两个版本，应用于住宅建筑的版本(DeST-h)及应用于商用建筑的版本(DeST-c)。

DeST-h 主要用于住宅建筑热特性的影响因素分析、住宅建筑热特性指标的计算、住宅建筑的全年动态负荷计算、住宅室温计算、末端设备系统经济性分析等领域。

DeST-c 是 DeST 开发组针对商用建筑特点推出的专用于商用建筑辅助设计的版本，根据建筑及其空调方案设计的阶段性，DeST-c 对商用建筑的模拟分为建筑室内热环境模拟、空调方案模拟、输配系统模拟、冷热源经济性分析等几个阶段,对应地服务于建筑设计的初步设计(研究建筑物本体的特性)、方案设计(研究系统方案)、详细设计(设备选型、管路布置、控制设计等)等几个阶段,根据各阶段设计模拟分析反馈以指导各阶段的设计。

(2)我国主要的建筑节能辅助设计及能耗分析软件简介。

我国经住房和城乡建设部审定通过的建筑节能辅助设计及能耗分析软件主要有:中国建筑科学研究院建筑工程软件研究所开发的《建筑节能设计分析软件》(简称PBECA)、北京天正工程软件有限公司开发的《天正建筑节能分析软件》(简称TBEC)及深圳市清华斯维尔软件科技有限公司开发的《清华斯维尔节能设计软件》(简称 TH-BECS2006)等,其中《建筑节能设计分析软件 PBECA》和《天正建筑节能分析软件 TBEC》其节能分析的内核都是采用美国 DOE-2 软件的能耗计算模块,而《清华斯维尔节能设计软件 TH-BECS2006》的节能分析内核为我国清华大学 DeST 软件的能耗计算模块。这类软件同单纯的模拟软件相比更注重辅助建筑节能设计(含热工计算)及进行相关标准权衡判断所要求的动态耗能量的计算,而单纯的模拟软件主要是用于建筑热环境、建筑能耗的模拟分析与评价的研究,也可根据模拟分析结果指导设计。

以《建筑节能设计分析软件》(简称 PBECA)为例,简单介绍该类软件的特点及其工作流程,见附录 M。

复习思考题

2-1 我国居住和公共建筑的节能设计分区考虑有何不同?

2-2 室内热环境评价应包含哪些指标?这些指标的高低对能耗有何影响?

2-3 从可持续发展和有利于人体健康的理念来看,对室内热环境应考虑适宜热环境还是舒适热环境?

2-4 人体的着装如何影响热舒适?从节能的角度出发,如何来利用它?

2-5 建筑能耗的构成有哪些方面?试结合采暖和空调建筑分别论述。

2-6 结合所在地区,试分析居住和公共建筑的节能途径。

2-7 建筑能耗模拟分析软件和建筑节能辅助设计软件的功能有何区别?

2-8 试总结用建筑节能辅助设计软件进行节能设计的主要过程。

第3章 建筑节能设计标准要点简介

本章提要

本章主要介绍了《严寒和寒冷地区居住建筑节能设计标准》(JGJ 26—2010)、《夏热冬冷地区居住建筑节能设计标准》(JGJ 134—2010)、《夏热冬暖地区居住建筑节能设计标准》(JGJ 75—2012)、《公共建筑节能设计标准》(GB 50189—2005)和《公共建筑节能改造技术规范》(JGJ 176—2010)的适用范围和建筑与建筑热工节能设计要点。其重点内容是各标准中的建筑与建筑热工节能设计要求,应通过学习予以掌握,并在工程设计中灵活应用。

目前我国已经颁布了针对四个不同热工设计分区的三个居住建筑节能设计标准和一个既有居住建筑节能改造技术规程、一个公共建筑节能设计标准、一个公共建筑节能改造技术规范。通过采取增强居住建筑围护结构的保温、隔热性能和提高采暖、空调设备能效比等节能措施,使居住建筑在保证室内热环境指标的前提下,与20世纪80年代初设计建成的居住建筑相比,采暖、空调能耗节约50%(严寒和寒冷地区节能65%左右);通过改善公共建筑围护结构保温、隔热性能,提高供暖、通风、空调设备、系统的能效比,采取增进照明设备效率等措施,在保证相同的室内环境参数条件下,与20世纪80年代初设计建成的公共建筑相比,全年供暖、通风、空调和照明的总能耗减少50%。下面对各标准的适用范围、建筑与建筑热工节能设计要点分别予以介绍。

3.1 居住建筑节能设计标准要点

3.1.1 《严寒和寒冷地区居住建筑节能设计标准》(JGJ 26—2010)要点

1)适用范围。

本标准适用于严寒和寒冷地区新建、改建和扩建居住建筑的节能设计。

2)建筑与建筑热工节能设计要求。

(1)一般规定。

①建筑群的总体布置,单体建筑的平面、立面设计和门窗的设置,应考虑冬季利用日照并避开冬季主导风向。

②建筑物的朝向宜采用南北向或接近南北向。建筑物不宜设有三面外墙的房间,一个房间不宜在不同方向的墙面上设置两个或两个以上的窗。

③居住建筑的体形系数不应大于表 3-1 规定的限值。当体形系数大于表 3-1 规定的限值时,必须按照本标准第 4.3 节(即本书 2.5.2 节)的要求进行围护结构热工性能的权衡判断。

表 3-1 严寒和寒冷地区居住建筑的体形系数限值

气候分区	不同层数建筑的体形系数限值			
	≤3 层	4～8 层	9～13 层	≥14 层
严寒地区	0.50	0.30	0.28	0.25
寒冷地区	0.52	0.33	0.30	0.26

④居住建筑的窗墙面积比不应大于表 3-2 规定的限值。当窗墙面积比大于表 3-2 规定的限值时,必须按照本标准第 4.3 节(即本书 2.5.2 节)的要求进行围护结构热工性能的权衡判断,并且在进行权衡判断时,各朝向的窗墙面积比最大也只能比表 3-2 中的对应值大 0.1。

表 3-2 严寒和寒冷地区居住建筑的窗墙面积比限值

朝 向	窗墙面积比	
	严寒地区	寒冷地区
北	0.25	0.30
东、西	0.30	0.35
南	0.45	0.50

注:1.敞开式阳台的阳台门上部透明部分计入窗户面积,下部不透明部分不计入窗户面积。

2.表中的窗墙面积比应按开间计算。表中的"北"代表从北偏东小于 60°至北偏西小于 60°的范围;"东、西"代表从东或西偏北小于等于 30°至偏南小于 60°的范围;"南"代表从南偏东小于等于 30°至偏西小于等于 30°的范围。

⑤楼梯间及外走廊与室外连接的开口处应设置窗或门,且该窗和门应能密闭。严寒地区 A 区和严寒地区 B 区的楼梯间宜采暖,设置采暖的楼梯间的外墙和外窗应采取保温措施。

(2)围护结构热工设计。

①我国严寒和寒冷地区主要城市气候分区区属以及采暖度日数(HDD18)和空调度日数(CDD26)应按本标准附录 A(即本书附录 J)的规定确定。

②根据建筑物所处城市的气候分区区属不同,建筑围护结构的传热系数不应大于表 3-3～表 3-7 规定的限值,周边地面和地下室外墙的保温材料层热阻不应小于表 3-3～表 3-7 规定的限值,寒冷地区 B 区外窗综合遮阳系数不应大于表 3-8 中规定的限值。当建筑围护结构的热工性能参数不能满足上述规定时,必须按照本标准第 4.3 节(即本书 2.5.2 节)的规定进行围护结构热工性能的权衡判断。

表 3-3　严寒地区 A 区　围护结构热工性能参数限值

围护结构部位		传热系数 K/[W/(m²·K)]		
		≤3 层建筑	4～8 层的建筑	≥9 层建筑
屋面		0.20	0.25	0.25
外墙		0.25	0.40	0.50
架空或外挑楼板		0.30	0.40	0.40
非采暖地下室顶板		0.35	0.45	0.45
分隔采暖与非采暖空间的隔墙		1.2	1.2	1.2
分隔采暖与非采暖空间的户门		1.5	1.5	1.5
阳台门下部门芯板		1.2	1.2	1.2
外窗	窗墙面积比≤0.2	2.0	2.5	2.5
	0.2<窗墙面积比≤0.3	1.8	2.0	2.2
	0.3<窗墙面积比≤0.4	1.6	1.8	2.0
	0.4<窗墙面积比≤0.45	1.5	1.6	1.8
围护结构部位		保温材料层热阻 R/(m²·K/W)		
周边地面		1.70	1.40	1.10
地下室外墙(与土壤接触的外墙)		1.80	1.50	1.20

表 3-4　严寒地区 B 区　围护结构热工性能参数限值

围护结构部位		传热系数 K/[W/(m²·K)]		
		≤3 层建筑	4～8 层的建筑	≥9 层建筑
屋面		0.25	0.30	0.30
外墙		0.30	0.45	0.55
架空或外挑楼板		0.30	0.45	0.45
非采暖地下室顶板		0.35	0.50	0.50
分隔采暖与非采暖空间的隔墙		1.2	1.2	1.2
分隔采暖与非采暖空间的户门		1.5	1.5	1.5
阳台门下部门芯板		1.2	1.2	1.2
外窗	窗墙面积比≤0.2	2.0	2.5	2.5
	0.2<窗墙面积比≤0.3	1.8	2.2	2.2
	0.3<窗墙面积比≤0.4	1.6	1.9	2.0
	0.4<窗墙面积比≤0.45	1.5	1.7	1.8
围护结构部位		保温材料层热阻 R/(m²·K/W)		
周边地面		1.40	1.10	0.83
地下室外墙(与土壤接触的外墙)		1.50	1.20	0.91

表 3-5　严寒地区 C 区　围护结构热工性能参数限值

围护结构部位		传热系数 $K/[\text{W}/(\text{m}^2 \cdot \text{K})]$		
		≤3 层建筑	4~8 层的建筑	≥9 层建筑
屋面		0.30	0.40	0.40
外墙		0.35	0.50	0.60
架空或外挑楼板		0.35	0.50	0.50
非采暖地下室顶板		0.50	0.60	0.60
分隔采暖与非采暖空间的隔墙		1.5	1.5	1.5
分隔采暖与非采暖空间的户门		1.5	1.5	1.5
阳台门下部门芯板		1.2	1.2	1.2
外窗	窗墙面积比≤0.2	2.0	2.5	2.5
	0.2<窗墙面积比≤0.3	1.8	2.2	2.2
	0.3<窗墙面积比≤0.4	1.6	2.0	2.0
	0.4<窗墙面积比≤0.45	1.5	1.8	1.8
围护结构部位		保温材料层热阻 $R/(\text{m}^2 \cdot \text{K/W})$		
周边地面		1.10	0.83	0.56
地下室外墙（与土壤接触外墙）		1.20	0.91	0.61

表 3-6　寒冷地区 A 区　围护结构热工性能参数限值

围护结构部位		传热系数 $K/[\text{W}/(\text{m}^2 \cdot \text{K})]$		
		≤3 层建筑	4~8 层的建筑	≥9 层建筑
屋面		0.35	0.45	0.45
外墙		0.45	0.60	0.70
架空或外挑楼板		0.45	0.60	0.60
非采暖地下室顶板		0.50	0.65	0.65
分隔采暖与非采暖空间的隔墙		1.5	1.5	1.5
分隔采暖与非采暖空间的户门		2.0	2.0	2.0
阳台门下部门芯板		1.7	1.7	1.7
外窗	窗墙面积比≤0.2	2.8	3.1	3.1
	0.2<窗墙面积比≤0.3	2.5	2.8	2.8
	0.3<窗墙面积比≤0.4	2.0	2.5	2.5
	0.4<窗墙面积比≤0.5	1.8	2.0	2.3
围护结构部位		保温材料层热阻 $R/(\text{m}^2 \cdot \text{K/W})$		
周边地面		0.83	0.56	—
地下室外墙（与土壤接触的外墙）		0.91	0.61	—

表 3-7 寒冷地区 B 区 围护结构热工性能参数限值

围护结构部位		传热系数 $K/[W/(m^2 \cdot K)]$		
		≤3 层建筑	4～8 层的建筑	≥9 层建筑
屋面		0.35	0.45	0.45
外墙		0.45	0.60	0.70
架空或外挑楼板		0.45	0.60	0.60
非采暖地下室顶板		0.50	0.65	0.65
分隔采暖与非采暖空间的隔墙		1.5	1.5	1.5
分隔采暖与非采暖空间的户门		2.0	2.0	2.0
阳台门下部门芯板		1.7	1.7	1.7
外窗	窗墙面积比≤0.2	2.8	3.1	3.1
	0.2<窗墙面积比≤0.3	2.5	2.8	2.8
	0.3<窗墙面积比≤0.4	2.0	2.5	2.5
	0.4<窗墙面积比≤0.5	1.8	2.0	2.3
围护结构部位		保温材料层热阻 $R/(m^2 \cdot K/W)$		
周边地面		0.83	0.56	—
地下室外墙(与土壤接触的外墙)		0.91	0.61	—

注:周边地面和地下室外墙的保温材料层不包括土壤和混凝土地面。

表 3-8 寒冷地区 B 区 外窗综合遮阳系数限值

围护结构部位		遮阳系数 S_c(东、西向/南、北向)		
		≤3 层建筑	4～8 层的建筑	≥9 层建筑
外窗	窗墙面积比≤0.2	—/—	—/—	—/—
	0.2<窗墙面积比≤0.3	—/—	—/—	—/—
	0.3<窗墙面积比≤0.4	0.45/—	0.45/—	0.45/—
	0.4<窗墙面积比≤0.5	0.35/—	0.35/—	0.35/—

③围护结构热工性能参数计算的规定。

ⅰ 外墙的传热系数指考虑了热桥影响后计算得到的平均传热系数,平均传热系数应按本书附录 D 的规定计算。

ⅱ 窗墙面积比应按建筑开间计算。

ⅲ 周边地面是指室内距外墙内表面 2 m 以内的地面,周边地面的传热系数应按本书附录 E 的规定计算。

ⅳ 地下室外墙应根据地下室的不同用途,采取合理的保温措施。

ⅴ 窗的综合遮阳系数应按下式计算：

$$S_C = S_{C_C} \times S_D = S_{C_B} \times (1 - F_K/F_C) \times S_D \tag{3-1}$$

式中 S_C——窗的综合遮阳系数；

S_{C_C}——窗本身的遮阳系数；

S_{C_B}——玻璃的遮阳系数；

F_K——窗框的面积，m^2；

F_C——窗的面积，m^2，F_K/F_C 为窗框面积比，PVC 塑钢窗或木窗窗框面积比可取 0.30，铝合金窗窗框面积比可取 0.20；

S_D——外遮阳的遮阳系数，应按本书附录 F1 的规定计算。

④寒冷地区 B 区建筑的南向外窗（包括阳台的透明部分）宜设置水平遮阳或活动遮阳。东、西向的外窗宜设置活动遮阳。外遮阳的遮阳系数应按本书附录 F1 确定。当设置了展开或关闭后可以全部遮蔽窗户的活动式外遮阳时，应认定满足②条对外窗的遮阳系数的要求。

⑤居住建筑不宜设置凸窗。寒冷地区北向的卧室、起居室不应设置凸窗。当设置凸窗时，凸窗凸出（从外墙面至凸窗外表面）不应大于 400 mm。凸窗的传热系数限值应比普通平窗的传热系数低 15%，且其不透明的顶部、底部、侧面的传热系数应小于或等于外墙的传热系数。当计算窗墙面积比时，凸窗的窗面积和凸窗所占的墙面积应按窗洞口面积计算。

⑥外窗及敞开式阳台门应具有良好的密闭性能。严寒地区外窗及敞开式阳台门气密性等级不应低于国家标准《建筑外门窗气密、水密、抗风压性能分级及检测方法》（GB/T 7106—2008）中规定的 6 级。寒冷地区 1～6 层的外窗及敞开式阳台门的气密性等级不应低于国家标准《建筑外门窗气密、水密、抗风压性能分级及检测方法》（GB/T 7106—2008）规定的 4 级，7 层及 7 层以上不应低于 6 级。

⑦ 封闭式阳台的保温应符合下列规定：

ⅰ 阳台和直接连通的房间之间应设置隔墙和门、窗。

ⅱ 当阳台和直接连通的房间之间不设置隔墙和门、窗时，应将阳台作为所连通房间的一部分。阳台与室外空气接触的墙板、顶板、地板的传热系数必须符合本节(2)-②条的规定，阳台的窗墙面积比必须符合本节(1)-④条的规定。

ⅲ 当阳台和直接连通的房间之间设置了隔墙和门、窗，且所设隔墙、门、窗的传热系数不大于本节(2)-②条表中所列限值时，窗墙面积比不超过表 3-2 的限值时，可不对阳台外表面作特殊热工要求。

ⅳ 当阳台和直接连通的房间之间设置隔墙和门、窗，且所设隔墙、门、窗的传热系数大于表 3-3～表 3-7 中所列限值时，阳台与室外空气接触的墙板、顶板、地板的传热系数不应大于表 3-3～表 3-7 中所列限值的 120%，严寒地区阳台窗的传热系数不应大于 2.5 W/(m²·K)，寒冷地区阳台窗的传热系数不应大于 3.1 W/(m²·K)，阳台外表面的窗墙面积比不应大于 60%，阳台和直接连通房间隔墙的窗墙面积比不超过表 3-2 的限值。当阳台的面宽小于直接连通房间的开间宽度时,可按房间的开间计算隔墙的窗墙面积比。

⑧外窗(门)框与墙体之间的缝隙,应采用高效保温材料填堵,不得采用普通水泥砂浆补缝。

⑨外窗(门)洞口室外部分的侧墙面应做保温处理,并应保证窗(门)洞口室内部分的侧墙面内表面温度不低于室内空气设计温、湿度条件下的露点温度,减小附加热损失。

⑩外墙与屋面的热桥部位均应进行保温处理,并应保证热桥部位的内表面温度不低于室内空气设计温、湿度条件下的露点温度,减小附加热损失;变形缝应采取保温措施,并应保证变形缝两侧墙的内表面温度在室内空气设计温、湿度条件下不低于露点温度;地下室外墙应根据地下室不同用途,采取合理的保温措施。

3.1.2 《夏热冬冷地区居住建筑节能设计标准》(JGJ 134—2010)要点

1)适用范围。

本标准适用于夏热冬冷地区新建、改建和扩建居住建筑的建筑节能设计。

2)建筑与建筑热工节能设计要求。

(1)一般规定。

①建筑群的总体布置、单体建筑的平面、立面设计和门窗的设置应有利于自然通风。

②建筑物的朝向宜采用南北向或接近南北向。

③夏热冬冷地区居住建筑的体型系数不应大于表 3-9 规定的限值。当体型系数大于表 3-9 规定的限值时,必须按照本标准第 5 章[即本书本节-2)-(3)和 2.5.2 节]的规定进行建筑围护结构热工性能的综合判断。

表 3-9　夏热冬冷地区居住建筑的体型系数限值

建 筑 层 数	≤3 层	4～11 层	≥12 层
建筑的体形系数	0.55	0.40	0.35

④围护结构的外表面宜采用浅色饰面材料。平屋顶宜采取绿化、涂刷隔热涂料等隔热措施。

(2)围护结构热工设计。

①建筑围护结构各部分的传热系数和热惰性指标不应大于表 3-10 规定的限值。当设计建筑的围护结构中的屋面、外墙、架空或外挑楼板、外窗不符合表 3-10 的规定时,必须按照本标准第 5 章[即本书本节-2)-(3)和 2.5.2 节]的规定进行建筑围护结构热工性能的综合判断。

表 3-10　建筑围护结构各部分的传热系数(K)和热惰性指标(D)的限值

围护结构部位			传热系数 $K/[\ W/(m^2 \cdot K)]$	
			热惰性指标 $D \leqslant 2.5$	热惰性指标 $D > 2.5$
体形系数 $S \leqslant 0.40$	屋面		0.8	1.0
	外墙		1.0	1.5
	底面接触室外空气的架空或外挑楼板		1.5	
	分户墙、楼板、楼梯间隔墙、外走廊隔墙		2.0	
	户门		3.0(通往封闭空间) 2.0(通往非封闭空间或户外)	
	外窗(含阳台门透明部分)		应符合表 3-11 和表 3-12 的规定	
体形系数 $S > 0.40$	屋面		0.5	0.6
	外墙		0.8	1.0
	底面接触室外空气的架空或外挑楼板		1.0	
	分户墙、楼板、楼梯间隔墙、外走廊隔墙		2.0	
	户门		3.0(通往封闭空间) 2.0(通往非封闭空间或户外)	
	外窗(含阳台门透明部分)		应符合表 3-11 和表 3-12 的规定	

②不同朝向外窗(包括阳台门的透明部分)的窗墙面积比不应大于表 3-11 规定的限值。不同朝向、不同窗墙面积比的外窗传热系数不应大于表 3-12 规定的限值;综合遮阳系数应符合表 3-12 的规定。当外窗为凸窗时,凸窗的传热系数限值应比表 3-12 规定的限值小 10%;计算窗墙面积比时,凸窗的面积应按窗洞口面积计算。当设计建筑的窗墙面积比或传热系数、遮阳系数不符合表 3-11 和表 3-12 的规定时,必须按照本标准第 5 章[即本书本节-2)-(3)和 2.5.2 节]的规定进行建筑围护结构热工性能的综合判断。

表 3-11　不同朝向外窗的窗墙面积比限值

朝　　向	窗墙面积比
北	0.40
东、西	0.35
南	0.45
每套房间允许一个房间(不分朝向)	0.60

表 3-12　不同朝向、不同窗墙面积比的外传热系数和综合遮阳系数限值

建　　　筑	窗墙面积比	传热系数 K /$[W/(m^2 \cdot K)]$	外窗综合遮阳系数 S_{C_w} （东、西向/南向）
体形系数 $S \leqslant 0.40$	窗墙面积比≤0.20	4.7	—/—
	0.20<窗墙面积比≤0.30	4.0	—/—
	0.30<窗墙面积比≤0.40	3.2	夏季≤0.40/夏季≤0.45
	0.40<窗墙面积比≤0.45	2.8	夏季≤0.35/夏季≤0.40
	0.45<窗墙面积比≤0.60	2.5	东、西、南向设置外遮阳 夏季≤0.25 冬季≥0.60
体形系数 $S > 0.40$	窗墙面积比≤0.20	4.0	—/—
	0.20<窗墙面积比≤0.30	3.2	—/—
	0.30<窗墙面积比≤0.40	2.8	夏季≤0.40/夏季≤0.45
	0.40<窗墙面积比≤0.45	2.5	夏季≤0.35/夏季≤0.40
	0.45<窗墙面积比≤0.60	2.3	东、西、南向设置外遮阳 夏季≤0.25 冬季≥0.60

注:1. 表中的"东、西"代表从东或西偏北 30°(含 30°)至偏南 60°(含 60°)的范围;"南"代表从南偏东 30°至偏西 30°的范围。

2. 楼梯间、外走廊的窗不按本表规定执行。

③围护结构热工性能参数计算的规定。

ⅰ 建筑物面积和体积应按本书附录 G 中附录 G2 的计算确定。

ⅱ 外墙的传热系数应考虑结构性冷桥的影响,取平均传热系数,其计算方法应符合本书附录 C 的规定。

ⅲ 当屋顶和外墙的传热系数满足表 3-10 的限值要求,但热惰性指标 $D \leqslant 2.0$ 时,应按照《民用建筑热工设计规范》(GB 50176—1993)第 5.11 条来验算屋顶和东、西外墙的隔热设计要求。

ⅳ 当砖、混凝土等重质材料构成的墙、屋面的面密度 $\rho \geqslant 200$ kg/m^2 时,可不计算其热惰性指标,直接认定外墙、屋面的热惰性指标满足要求。

ⅴ 楼板的传热系数可按装修后的情况计算。

ⅵ 窗墙面积比应按建筑开间(轴距离)计算。

ⅶ 窗的综合遮阳系数应按下式计算:

$$S_C = S_{C_C} \times S_D = S_{C_B} \times (1 - F_K/F_C) \times S_D \qquad (3-2)$$

式中　S_C——窗的综合遮阳系数;

　　　S_{C_C}——窗本身的遮阳系数;

　　　S_{C_B}——玻璃的遮阳系数;

　　　F_K——窗框的面积,m^2;

　　　　F_C——窗的面积,m²,F_K/F_C为窗框面积比,PVC塑钢窗或木窗窗框面积比可取0.30,铝合金窗窗框面积比可取0.20,其他框材的窗按相近原则取值;

　　　　S_D——外遮阳的遮阳系数,应按本书附录F1的规定计算。

　　ⅷ 东偏北30°至东偏南60°、西偏北30°至西偏南60°范围内的外窗应设置挡板式遮阳或可以遮住窗户正面的活动外遮阳,南向的外窗宜设置水平遮阳或可以遮住窗户正面的活动外遮阳。当设置了完全可以遮住正面的活动外遮阳时,应认定满足表3-12对外窗遮阳的要求。

　　ⅸ 外窗的可开启面积(含阳台门面积)不应小于外窗所在房间地面面积的5%,多层住宅外窗宜采用平开窗。

　　ⅹ 建筑物1~6层的外窗及敞开式阳台门的气密性等级,不应低于国家标准《建筑外窗气密、水密、抗风压性能分级及检测方法》(GB/T 7106—2008)中规定的4级;7层及7层以上的外窗及敞开式阳台门的气密性等级不应低于该标准规定的6级。

　　ⅺ 当外窗采用凸窗时,应符合下列规定:

　　窗的传热系数限值应比表3-12中的相应值小10%;

　　计算窗墙面积比时,凸窗的面积按窗洞口面积计算;

　　对凸窗不透明的上顶板、下底板和侧板,应进行保温处理,且板的传热系数不应低于外墙的传热系数的限值要求。

　　(3)围护结构热工性能的综合判断。

　　①当设计建筑不符合本节2)-(1)-③、2)-(2)-①及2)-(2)-②条中的各项规定时,应按本标准的规定对设计建筑进行围护结构热工性能的综合判断。

　　②建筑围护结构热工性能的综合判断应以建筑物在本节2)-(2)-③条规定的条件下计算得出的采暖和空调耗电量之和为判据。

　　③设计建筑在规定条件下计算得出的采暖耗电量和空调耗电量之和,不应超过参照建筑在同样条件下计算得出的采暖耗电量和空调耗电量之和。

3.1.3 《夏热冬暖地区居住建筑节能设计标准》(JGJ 75—2012)要点

　　1)适用范围及设计分区。

　　本标准适用于夏热冬暖地区新建、扩建和改建居住建筑的节能设计。本标准将夏热冬暖地区按1月份的平均温度11.5℃分界,划分为南、北两个气候子区。北区内建筑节能设计应主要考虑夏季空调,兼顾冬季采暖。南区内建筑节能设计应考虑夏季空调,可不考虑冬季采暖。

　　2)建筑与建筑热工节能设计要求。

　　(1)一般规定。

　　①建筑群的总体规划应有利于自然通风和减轻热岛效应。建筑的平面、立面设计应有利于自然通风。

②居住建筑应能自然通风,每户至少应有一个居住房间通风开口和通风路径的设计满足自然通风要求。

③房间外窗(包含阳台门)的通风开口面积不应小于房间地面面积的 10% 或外窗面积的 45%。

④居住建筑的朝向宜采用南北向或接近南北向。

⑤北区内,单元式、通廊式住宅的体形系数不宜大于 0.35,塔式住宅的体形系数不宜大于 0.40。

⑥建筑的卧室、书房、起居室等主要房间的房间窗地面积比不应小于 1/7。当房间窗地面积比小于 1/5 时,外窗玻璃的可见光透射比不应小于 0.40。

⑦居住建筑的屋顶和外墙宜采用下列隔热措施:

ⅰ 反射隔热外饰面;

ⅱ 屋顶内设置贴铝箔的封闭空气间层;

ⅲ 用含水多孔材料做屋面层或外墙的面层;

ⅳ 屋面蓄水;

ⅴ 屋面遮阳;

ⅵ 屋面种植;

ⅶ 东、西外墙采用花格构件或植物遮阳。

(2)围护结构热工设计。

①各朝向的单一朝向窗墙面积比,南、北向不应大于 0.40;东、西向不应大于 0.30;当设计建筑的外窗不符合上述规定时,其空调采暖年耗电指数(或耗电量)不应超过参照建筑的空调采暖年耗电指数(或耗电量)。

②居住建筑的天窗面积,不应大于屋顶总面积的 4%,传热系数不应大于 4.0 W/(m²·K),本身的遮阳系数不应大于 0.4。当设计建筑的天窗不符合上述规定时,其空调采暖年耗电指数(或耗电量)不应超过参照建筑的空调采暖年耗电指数(或耗电量)。

③居住建筑屋顶和外墙的传热系数和热惰性指标应符合表 3-13 的规定。当设计建筑的南、北外墙不符合表 3-13 的规定时,其空调采暖年耗电指数(或耗电量)不应超过参照建筑的空调采暖年耗电指数(或耗电量)。

表 3-13　屋顶和外墙的传热系数 K[W/(m²·K)]、热情性指标 D

屋　　顶	外　　墙
$0.4<K\leqslant0.9,D\geqslant2.5$	$2.0<K\leqslant2.5,D\geqslant3.0$ 或 $1.5<K\leqslant2.0,D\geqslant2.8$ 或 $0.7<K\leqslant1.5,D\geqslant2.5$
$K\leqslant0.4,D<2.5$	$K\leqslant0.7,D<2.5$

注:1. $D<2.5$ 的轻质屋顶和外墙,还应满足国家标准《民用建筑热工设计规范》(GB 50176—1993)所规定的隔热要求。

2. 外墙传热系数 K 和热惰性指标 D 要求中 $2.0<K\leqslant2.5,D\geqslant3.0$ 这一档仅适用于南区。

④居住建筑外窗的平均传热系数和平均综合遮阳系数应符合表 3-14 及表 3-15

的规定。当设计建筑的外窗不符合表 3-14 及表 3-15 的规定时,建筑的空调采暖年耗电指数(或耗电量)不应超过参照建筑的空调采暖年耗电指数(或耗电量)。

表 3-14 北区居住建筑建筑物外窗平均传热系数和平均综合遮阳系数限值

外墙平均指标 $(\rho \leqslant 0.8)$	外窗平均传热系数 K /[W/(m²·K)]	外窗平均综合遮阳系数 S_w			
		平均窗地面积比 $C_{MF} \leqslant 0.25$ 或平均窗墙面积比 $C_{MW} \leqslant 0.25$	平均窗地面积比 $0.25 < C_{MF} \leqslant 0.30$ 或平均窗墙面积比 $0.25 < C_{MW} \leqslant 0.30$	平均窗地面积比 $0.30 < C_{MF} \leqslant 0.35$ 或平均窗墙面积比 $0.30 < C_{MW} \leqslant 0.35$	平均窗地面积比 $0.35 < C_{MF} \leqslant 0.40$ 或平均窗墙面积比 $0.35 < C_{MW} \leqslant 0.40$
$K \leqslant 2.0$, $D \geqslant 2.8$	4.0	≤0.3	≤0.2	—	—
	3.5	≤0.5	≤0.3	≤0.2	—
	3.0	≤0.7	≤0.5	≤0.4	≤0.3
	2.5	≤0.8	≤0.6	≤0.6	≤0.4
$K \leqslant 1.5$, $D \geqslant 2.5$	6.0	≤0.6	≤0.3	—	—
	5.5	≤0.8	≤0.4	—	—
	5.0	≤0.9	≤0.6	≤0.3	—
	4.5	≤0.9	≤0.7	≤0.5	≤0.2
	4.0	≤0.9	≤0.8	≤0.6	≤0.4
	3.5	≤0.9	≤0.9	≤0.7	≤0.5
	3.0	≤0.9	≤0.9	≤0.8	≤0.6
	2.5	≤0.9	≤0.9	≤0.9	≤0.7
$K \leqslant 1.0$, $D \geqslant 2.5$ 或 $K \leqslant 0.7$	6.0	≤0.9	≤0.9	≤0.8	≤0.2
	5.5	≤0.9	≤0.9	≤0.7	≤0.4
	5.0	≤0.9	≤0.9	≤0.8	≤0.6
	4.5	≤0.9	≤0.9	≤0.8	≤0.7
	4.0	≤0.9	≤0.9	≤0.9	≤0.7
	3.5	≤0.9	≤0.9	≤0.9	≤0.8

表 3-15 南区居住建筑建筑物外窗平均综合遮阳系数限值

外墙平均指标 $(\rho \leqslant 0.8)$	外窗平均综合遮阳系数 S_w				
	平均窗地面积比 $C_{MF} \leqslant 0.25$ 或平均窗墙面积比 $C_{MW} \leqslant 0.25$	平均窗地面积比 $0.25 < C_{MF} \leqslant 0.30$ 或平均窗墙面积比 $0.25 < C_{MW} \leqslant 0.30$	平均窗地面积比 $0.30 < C_{MF} \leqslant 0.35$ 或平均窗墙面积比 $0.30 < C_{MW} \leqslant 0.35$	平均窗地面积比 $0.35 < C_{MF} \leqslant 0.40$ 或平均窗墙面积比 $0.35 < C_{MW} \leqslant 0.40$	平均窗地面积比 $0.40 < C_{MF} \leqslant 0.45$ 或平均窗墙面积比 $0.40 < C_{MW} \leqslant 0.45$
$K \leqslant 2.5$, $D \geqslant 3.0$	≤0.5	≤0.4	≤0.3	≤0.2	—

续表

外墙平均指标 ($\rho\leqslant0.8$)	外窗平均综合遮阳系数 S_W				
	平均窗地面积比 $C_{MF}\leqslant0.25$ 或平均窗墙面积比 $C_{MW}\leqslant0.25$	平均窗地面积比 $0.25<C_{MF}\leqslant0.30$ 或平均窗墙面积比 $0.25<C_{MW}\leqslant0.30$	平均窗地面积比 $0.30<C_{MF}\leqslant0.35$ 或平均窗墙面积比 $0.30<C_{MW}\leqslant0.35$	平均窗地面积比 $0.35<C_{MF}\leqslant0.40$ 或平均窗墙面积比 $0.35<C_{MW}\leqslant0.40$	平均窗地面积比 $0.40<C_{MF}\leqslant0.45$ 或平均窗墙面积比 $0.40<C_{MW}\leqslant0.45$
$K\leqslant2.0$, $D\geqslant2.8$	≤0.6	≤0.5	≤0.4	≤0.3	≤0.2
$K\leqslant1.5$, $D\geqslant2.5$	≤0.8	≤0.7	≤0.6	≤0.5	≤0.4
$K\leqslant1.0$, $D\geqslant2.5$ 或 $K\leqslant0.7$	≤0.9	≤0.8	≤0.7	≤0.6	≤0.5

注:1. 本条文所指的外窗包括阳台门。

2. 南区居住建筑的节能设计对外窗的传热系数不作规定。

3. ρ 为外墙外表面的太阳辐射吸收系数。

4. 外窗平均综合遮阳系数,应为建筑各个朝向平均综合遮阳系数按各朝向窗面积和朝向的权重系数加权平均的数值。各个朝向的权重系数分别为:东、南朝向取 1.0,西朝向取 1.25,北朝向取 0.8。

$$S_W = \frac{A_E \cdot S_{w,E} + A_S \cdot S_{w,S} + 1.25A_w \cdot S_{w,w} + 0.8A_N \cdot S_{w,N}}{A_E + A_S + A_w + A_N}$$

式中:A_E、A_S、A_w、A_N——东、南、西、北朝向的窗面积;

$S_{w,E}$、$S_{w,S}$、$S_{w,w}$、$S_{w,N}$——东、南、西、北朝向窗的平均综合遮阳系数。

⑤居住建筑的东、西向外窗必须采取建筑外遮阳措施,建筑外遮阳系数 S_D 不应大于 0.8;居住建筑的南、北向外窗应采取建筑外遮阳措施,建筑外遮阳系数 S_D 不应大于 0.9。当采用水平、垂直或综合建筑外遮阳构造时,外遮阳构造的挑出长度不应小于表 3-16 的规定。

表 3-16　建筑外遮阳构造的挑出长度限值/m

朝向	南			北		
遮阳形式	水平	垂直	综合	水平	垂直	综合
北区	0.25	0.20	0.15	0.40	0.25	0.15
南区	0.30	0.25	0.15	0.45	0.30	0.20

⑥窗口的建筑外遮阳系数 S_D 可采用本书附录 F 中附录 F2 的简化方法计算,且北区建筑外遮阳系数应取冬季和夏季的建筑外遮阳系数的平均值;南区应取夏季的建筑外遮阳系数。窗口上方的上一楼层阳台或外廊应作为水平遮阳计算;同一立面对相邻立面上的多个窗口形成自遮挡时应逐一窗口计算。典型形式的建筑外遮阳系数可按表 3-17 取值。

表 3-17 典型形式的建筑外遮阳系数 S_D

遮 阳 形 式	建筑外遮阳系数 S_D
可完全遮挡直射阳光的固定百叶、固定挡板、遮阳板等	0.5
可基本遮挡直射阳光的固定百叶、固定挡板、遮阳板	0.7
较密的花格	0.7
可完全覆盖窗的不透明活动百叶、金属卷帘	0.5
可完全覆盖窗的织物卷帘	0.7

注:位于窗口上方的上一楼层的阳台也作为遮阳板考虑。

⑦居住建筑 1~9 层外窗的气密性能应不低于《建筑外门窗气密、水密、抗风压性能分级及检测方法》(GB/T 7106—2008)中规定的 4 级水平;10 层及 10 层以上外窗的气密性能不应低于《建筑外门窗气密、水密、抗风压性能分级及检测方法》(GB/T 7106—2008)中规定的 6 级水平。

⑧当按规定性指标设计,计算屋顶和外墙总热阻时,各项节能措施的当量热阻附加值可按表 3-18 取值。反射隔热外饰面的修正方法应符合本书附录 H 的规定。

表 3-18 节能措施的当量热阻附加值

采取节能措施的屋顶或外墙			当量热阻附加值/$(m^2 \cdot K/W)$
反射隔热外饰面	$(0.4 \leqslant \rho < 0.6)$		0.15
	$(\rho < 0.4)$		0.20
屋顶内部带有铝箔的封闭空气间层	单面铝箔空气间层/mm	20	0.43
		40	0.57
		60 及以上	0.64
	双面铝箔空气间层/mm	20	0.56
		40	0.84
		60 及以上	1.01
用含水多孔材料做面层的屋顶面层			0.45
用含水多孔材料做面层的外墙面			0.35
屋面蓄水层			0.40
屋面遮阳构造			0.30
屋面种植层			0.90
东、西外墙体遮阳构造			0.30

注:ρ 为修订后的屋顶或外墙外表面的太阳辐射吸收系数。

(3)建筑节能设计的综合评价。

①采用对比评定法进行综合评价。当所设计的建筑不能完全符合本节 2)-(2)-①、2)-(2)-②、2)-(2)-③和 2)-(2)-④条的规定时,必须采用对比评定法对其进行综合评价。综合评价的指标可采用空调采暖年耗电指数,也可采用空调采暖年耗电量,并应符合下列规定。

ⅰ 当采用空调采暖年耗电指数作为综合评定指标时,所设计建筑的空调采暖年耗电指数不得超过参照建筑的空调采暖年耗电指数,即应符合下式的规定:

$$ECF \leqslant ECF_{ref} \qquad (3-3)$$

式中 ECF——所设计建筑的空调采暖年耗电指数;

ECF_{ref}——参照建筑的空调采暖年耗电指数。

ⅱ 当采用空调采暖年耗电量作为综合评定指标时,在相同的计算条件下,用相同的计算方法,所设计建筑的空调采暖年耗电量不得超过参照建筑的空调采暖年耗电量,即应符合下式的规定:

$$EC \leqslant EC_{ref} \qquad (3-4)$$

式中 EC——所设计建筑的空调采暖年耗电量;

EC_{ref}——参照建筑的空调采暖年耗电量。

②对节能设计进行综合评价的建筑,其天窗的遮阳系数和传热系数应满足本节 2)-(2)-②条的规定,屋顶、东西墙的传热系数和热惰性指标必须满足本节 2)-(2)-③条的规定。

3.2 公共建筑节能设计标准要点

3.2.1 《公共建筑节能设计标准》(GB 50189—2005)要点

1)适用范围。

本标准适用于严寒地区、寒冷地区、夏热冬冷地区和夏热冬暖地区的新建、改建和扩建的公共建筑节能设计。

2)建筑与建筑热工节能设计要求。

(1)一般规定。

①建筑总平面的布置和设计,宜利用冬季日照并避开冬季主导风向,利用夏季自然通风。建筑物的主朝向宜选择本地区最佳朝向或接近最佳朝向。

②严寒、寒冷地区建筑物的体形系数应小于或等于 0.4,当不能满足本条文的规定时,则必须进行围护结构热工性能的权衡判断。

对除严寒、寒冷地区以外的公共建筑的体形系数,该标准未作规定。原因是夏热冬冷地区、夏热冬暖地区体形系数大对夏季夜间的散热有利。

（2）围护结构热工设计。

①各气候分区围护结构热工性能限值规定。

各气候分区围护结构热工性能应分别符合表 3-19、表 3-20、表 3-21、表 3-22、表 3-23 及表 3-24 中的限值规定,其中外墙的传热系数为包括结构性热桥在内的平均传热系数 K_m。当建筑所处城市属于温和地区时,应判断该城市的气象条件与表 2-2 中的哪个城市最接近,围护结构的热工性能应符合那个城市所属气候分区的规定。当本条的规定不能满足时,则必须按规定进行围护结构热工性能的权衡判断。

表 3-19　严寒地区 A 区围护结构传热系数限值 $K/[W/(m^2 \cdot K)]$

围护结构部位		体形系数≤0.30	0.30<体形系数≤0.40
屋面		≤0.35	≤0.30
外墙(包括非透明幕墙)		≤0.45	≤0.40
底面接触室外空气的架空或外挑楼板		≤0.45	≤0.40
非采暖房间与采暖房间的隔墙或楼板		≤0.6	≤0.6
单一朝向外窗 (包括透明幕墙)	窗墙面积比≤0.2	≤3.0	≤2.7
	0.2<窗墙面积比≤0.3	≤2.8	≤2.5
	0.3<窗墙面积比≤0.4	≤2.5	≤2.2
	0.4<窗墙面积比≤0.5	≤2.0	≤1.7
	0.5<窗墙面积比≤0.7	≤1.7	≤1.5
屋顶透明部分		≤2.5	

表 3-20　严寒地区 B 区围护结构传热系数限值 $K/[W/(m^2 \cdot K)]$

围护结构部位		体形系数≤0.30	0.30<体形系数≤0.40
屋面		≤0.45	≤0.35
外墙(包括非透明幕墙)		≤0.50	≤0.45
底面接触室外空气的架空或外挑楼板		≤0.50	≤0.45
非采暖房间与采暖房间的隔墙或楼板		≤0.8	≤0.8
单一朝向外窗 (包括透明幕墙)	窗墙面积比≤0.2	≤3.2	≤2.8
	0.2<窗墙面积比≤0.3	≤2.9	≤2.5
	0.3<窗墙面积比≤0.4	≤2.6	≤2.2
	0.4<窗墙面积比≤0.5	≤2.1	≤1.8
	0.5<窗墙面积比≤0.7	≤1.8	≤1.6
屋顶透明部分		≤2.6	

表 3-21　寒冷地区围护结构传热系数和遮阳系数限值

围护结构部位		体形系数≤0.30 传热系数 K/[W/(m²·K)]		0.30<体形系数≤0.40 传热系数 K/[W/(m²·K)]	
屋面		≤0.55		≤0.45	
外墙(包括非透明幕墙)		≤0.60		≤0.50	
底面接触室外空气的架空或外挑楼板		≤0.60		≤0.50	
非采暖房间与采暖房间的隔墙或楼板		≤1.5		≤1.5	
外窗(包括透明幕墙)		传热系数 K /[W/(m²·K)]	遮阳系数 S_C (东、南、西向/北向)	传热系数 K /[W/(m²·K)]	遮阳系数 S_C (东、南、西向/北向)
单一朝向外窗 (包括透明幕墙)	窗墙面积比≤0.2	≤3.2	—	≤3.0	—
	0.2<窗墙面积比≤0.3	≤3.0	—	≤2.5	—
	0.3<窗墙面积比≤0.4	≤2.7	≤0.70/—	≤2.3	≤0.70
	0.4<窗墙面积比≤0.5	≤2.3	≤0.60/—	≤2.0	≤0.60
	0.5<窗墙面积比≤0.7	≤2.0	≤0.50/—	≤1.8	≤0.50
屋顶透明部分		≤2.7	≤0.50	≤2.7	≤0.50

注:有外遮阳时,遮阳系数=玻璃的遮阳系数×外遮阳的遮阳系数;无外遮阳时,遮阳系数=玻璃的遮阳系数。

表 3-22　夏热冬冷地区围护结构传热系数和遮阳系数限值

围护结构部位		传热系数 K/[W/(m²·K)]	
屋面		≤0.70	
外墙(包括非透明幕墙)		≤1.0	
底面接触室外空气的架空或外挑楼板		≤1.0	
外窗(包括透明幕墙)		传热系数 K /[W/(m²·K)]	遮阳系数 S_C (东、南、西向/北向)
单一朝向外窗 (包括透明幕墙)	窗墙面积比≤0.2	≤4.7	—
	0.2<窗墙面积比≤0.3	≤3.5	≤0.55
	0.3<窗墙面积比≤0.4	≤3.0	≤0.50/0.60
	0.4<窗墙面积比≤0.5	≤2.8	≤0.45/0.55
	0.5<窗墙面积比≤0.7	≤2.5	≤0.40/0.50
屋顶透明部分		≤3.0	≤0.40

注:有外遮阳时,遮阳系数=玻璃的遮阳系数×外遮阳的遮阳系数;无外遮阳时,遮阳系数=玻璃的遮阳系数。

表 3-23 夏热冬暖地区围护结构传热系数和遮阳系数限值

围护结构部位		传热系数 $K/[\mathrm{W}/(\mathrm{m}^2 \cdot \mathrm{K})]$	
屋面		≤0.90	
外墙(包括非透明幕墙)		≤1.5	
底面接触室外空气的架空或外挑楼板		≤1.5	
外窗(包括透明幕墙)		传热系数 K $/[\mathrm{W}/(\mathrm{m}^2 \cdot \mathrm{K})]$	遮阳系数 S_c (东、南、西向/北向)
单一朝向外窗 (包括透明幕墙)	窗墙面积比≤0.2	≤6.5	—
	0.2<窗墙面积比≤0.3	≤4.7	≤0.50/0.60
	0.3<窗墙面积比≤0.4	≤3.5	≤0.45/0.55
	0.4<窗墙面积比≤0.5	≤3.0	≤0.40/0.50
	0.5<窗墙面积比≤0.7	≤3.0	≤0.35/0.45
屋顶透明部分		≤3.5	≤0.35

注:有外遮阳时,遮阳系数=玻璃的遮阳系数×外遮阳的遮阳系数;无外遮阳时,遮阳系数=玻璃的遮阳系数。

表 3-24 不同气候区地面和地下室外墙热阻限值 $R/(\mathrm{m}^2 \cdot \mathrm{K/W})$

气候分区	围护结构部位	热阻 R
严寒地区 A 区	地面:周边地面	≥2.0
	非周边地面	≥1.8
	采暖地下室外墙(与土壤接触的墙)	≥2.0
严寒地区 B 区	地面:周边地面	≥2.0
	非周边地面	≥1.8
	采暖地下室外墙(与土壤接触的墙)	≥1.8
寒冷地区	地面:周边地面 非周边地面	≥1.5
	采暖、空调地下室外墙(与土壤接触的墙)	≥1.5
夏热冬冷地区	地面	≥1.2
	地下室外墙(与土壤接触的墙)	≥1.2
夏热冬暖地区	地面	≥1.0
	地下室外墙(与土壤接触的墙)	≥1.0

注:周边地面系距外墙内表面 2 m 以内的地面;地面热阻系建筑基础持力层以上各层材料的热阻之和;地下室外墙热阻系土壤以内各层材料的热阻之和。

②外墙与屋面热桥部位内表面温度规定。

外墙与屋面热桥部位内表面温度不应低于室内空气露点温度。

③关于窗墙面积比的规定。

本标准规定建筑每个朝向的窗(包括透明幕墙)墙面积比均不应大于 0.70。当窗(包括透明幕墙)墙面积比小于 0.40 时,玻璃(或其他透明材料)的可见光透射比不应小于 0.40。当不能满足本强制性条文的规定时,则必须按规定进行围护结构热工性能的权衡判断。

对上述条文要全面理解。当窗(包括透明幕墙)墙面积比小于 0.40 时,开窗面积已很小,室内自然光照度已较低,如果所使用玻璃(或其他透明材料)的可见光透射比再小于 0.40,会使室内自然光照度更低,有可能白天就要用人工照明来补充,从而增加照明的时间。而节能建筑应从围护结构、空调设备、电气照明三个不同的途径来减少能耗,使建筑物的总能耗降到最低。围护结构节省了,电气照明多用了,耗能也多了,照明时间长了,照明器具的发热量也大了,导致夏季空调耗能也要增加。当前后不能相抵时,总能耗依然没降低,所以建筑节能应通盘考虑,而不能只考虑问题的一个方面。

④关于外窗(包括透明幕墙)外部遮阳设置的规定。

夏热冬暖地区、夏热冬冷地区的建筑以及寒冷地区中制冷负荷大的建筑,外窗(包括透明幕墙)宜设置外部遮阳。

⑤关于屋顶透明部分面积的规定。

屋顶透明部分的面积不应大于屋顶总面积的 20%,当不能满足本条文的规定时,必须进行围护结构热工性能的权衡判断。

⑥对中庭通风降温的建议。

建筑中庭夏季应利用自然通风降温,必要时可设置机械排风装置。

⑦对公共建筑外窗可开启面积及透明幕墙通风的有关规定。

外窗的可开启面积应不小于窗面积的 30%,透明幕墙应具有可开启部分或设有通风换气装置。

⑧外门应设门斗或采取其他保温(隔热)节能措施。

严寒地区的外门应设门斗;寒冷地区的外门宜设门斗或应采取其他减少冷风渗透的措施;其他地区的建筑外门也应采取保温隔热节能措施。

⑨外窗及透明幕墙的气密性要求。

公共建筑外窗的气密性不应低于《建筑外窗气密性能分级及其检测方法》(GB 7107—2002)规定的 4 级。透明幕墙的气密性不应低于《建筑幕墙物理性能分级》(GB/T 15225—1994)规定的 3 级。

3.2.2 《公共建筑节能改造技术规范》(JGJ 176—2009)要点

1)适用范围及遵循原则。

本规范适用于各类公共建筑的外围护结构、用能设备及系统等方面的节能改造。

公共建筑节能改造应在保证室内热舒适环境的基础上,提高公共建筑的能源利用效率,降低能源消耗,进而减少温室气体的排放。

公共建筑的节能改造应根据节能诊断结果,结合节能改造判定原则,从技术可靠性、可操作性和经济性等方面进行综合分析,选取合理可行的节能改造方案和技术措施。

公共建筑的节能改造,除应符合本规范的规定外,尚应符合国家现行有关标准的规定。

2)节能诊断。

(1)一般规定。

①公共建筑节能改造前应对建筑物外围护结构热工性能、采暖通风空调及生活热水供应系统、供配电与照明系统、监测与控制系统进行节能诊断。

②公共建筑节能诊断前,宜提供下列资料:

ⅰ 工程竣工图和技术文件;

ⅱ 历年房屋修缮及设备改造记录;

ⅲ 相关设备技术参数和近1~2年的运行记录;

ⅳ 室内温、湿度状况;

ⅴ 近1~2年的燃气、油、电、水、蒸汽等能源消费账单。

③公共建筑节能改造前应制定详细的节能诊断方案,节能诊断后应编写节能诊断报告。节能诊断报告应包括系统概况、检测结果、节能诊断与节能分析、改造方案建议等内容。对于综合诊断项目,应在完成各子系统节能诊断报告的基础上再编写项目节能诊断报告。

④公共建筑节能诊断项目的检测方法应符合现行行业标准《公共建筑节能检验标准》(JGJ/T 177—2009)的有关规定。

⑤承担公共建筑节能检测的机构应具备相应资质。

(2)外围护结构热工性能。

①外围护结构热工性能节能诊断的内容。

对于建筑外围护结构热工性能,应根据气候分区和外围护结构的类型,对下列内容进行选择性节能诊断:

ⅰ 传热系数;

ⅱ 热工缺陷及热桥部位内表面温度;

ⅲ 遮阳设施的综合遮阳系数;

ⅳ 外围护结构的隔热性能;

ⅴ 玻璃或其他透明材料的可见光透射比、遮阳系数;

ⅵ 外窗、透明幕墙的气密性;

ⅶ 房间气密性或建筑物整体气密性。

②外围护结构热工性能节能诊断应按下列步骤进行:

ⅰ 查阅竣工图,了解建筑外围护结构的构造做法和材料、建筑遮阳设施的种类和规格,以及设计变更等信息;

ⅱ 对外围护结构状况进行现场检查,调查了解外围护结构保温系统的完好程度、实际施工做法与竣工图纸的一致性、遮阳设施的实际使用情况和完好程度;

ⅲ 对确定的节能诊断项目进行外围护结构热工性能的计算和检测。

依据诊断结果和本规范第 4 章的规定,确定外围护结构的节能环节和节能潜力,编写外围护结构热工性能节能诊断报告。

(3)照明系统。

①照明系统节能诊断应包括下列项目:

ⅰ 灯具类型;

ⅱ 照明灯具效率和照度值;

ⅲ 照明功率密度值;

ⅳ 照明控制方式;

ⅴ 有效利用自然光情况;

ⅵ 照明系统节电率。

②照明系统节能诊断应提供照明系统节电率。

(4)采暖通风空调及生活热水供应系统、供配电系统和监测与控制系统的节能诊断内容限于本书的适用范围从略。

(5)综合诊断。

①公共建筑应在外围护结构热工性能、采暖通风空调及生活热水供应系统、供配电与照明系统、监测与控制系统的分项诊断基础上进行综合诊断。

②公共建筑综合诊断应包括下列内容:

ⅰ 公共建筑的年能耗量及其变化规律;

ⅱ 能耗构成及各分项所占比例;

ⅲ 针对公共建筑的能源利用情况和存在的问题,提出节能改造方案;

ⅳ 进行节能改造的技术经济分析;

ⅴ 编制节能诊断总报告。

3)节能改造的判定原则与方法。

(1)一般规定。

①公共建筑进行节能改造前,应根据节能诊断结果,并结合公共建筑节能改造判定原则与方法,确定是否需要进行节能改造及节能改造内容。

②公共建筑节能改造应根据需要采用下列一种或多种判定方法:

ⅰ 单项判定;

ⅱ 分项判定;

ⅲ 综合判定。

(2)外围护结构单项判定。

①当公共建筑因结构或防火等方面存在安全隐患而需进行改造时,宜同步进行外围护结构的节能改造。

②当公共建筑外墙、屋面的热工性能存在下列情况时,宜对外围护结构进行节能改造:

ⅰ 严寒、寒冷地区,公共建筑外墙、屋面保温性能不满足现行国家标准《民用建筑热工设计规范》(GB 50176—1993)的内表面温度不结露要求;

ⅱ 夏热冬冷、夏热冬暖地区,公共建筑外墙、屋面隔热性能不满足现行国家标准《民用建筑热工设计规范》(GB 50176—1993)的内表面温度要求。

③公共建筑外窗、透明幕墙的传热系数及综合遮阳系数存在下列情况时,宜对外窗、透明幕墙进行节能改造:

ⅰ 严寒地区,外窗或透明幕墙的传热系数大于 3.8 W/(m² · K);

ⅱ 严寒、寒冷地区,外窗的气密性不低于现行国家标准《建筑外窗气密、水密、抗风压性能分级及检测方法》(GB/T 7106—2008)中规定的 2 级,透明幕墙的气密性不低于现行国家标准《建筑幕墙》(GB/T 21086—2007)中规定的 1 级;

ⅲ 非严寒地区,除北向外,外窗或透明幕墙的综合遮阳系数大于 0.60;

ⅳ 非严寒地区,除超高层及特别设计的透明幕墙外,外窗或透明幕墙的可开启面积应低于外墙总面积的 12%。

④公共建筑屋面透明部分的传热系数、综合遮阳系数存在下列情况时,宜对屋面透明部分进行节能改造:

ⅰ 严寒地区,屋面透明部分的传热系数大于 3.5 W/(m² · K);

ⅱ 非严寒地区,屋面透明部分的综合遮阳系数大于 0.60。

⑤照明系统单项判定。

ⅰ 当公共建筑的照明功率密度值超过现行国家标准《建筑照明设计标准》(GB 50034—2013)规定的限值时,宜进行相应的改造。

ⅱ 当公共建筑公共区域的照明未合理设置自动控制时,宜进行相应改造。

ⅲ 对于未合理利用自然光的照明系统,宜进行相应改造。

⑥采暖通风空调及生活热水供应系统单项判定、供配电系统单项判定和监测控制系统单项判定的内容限于本教材的适用范围从略。

⑦分项判定。

ⅰ 公共建筑经外围护结构节能改造,采暖通风空调能耗降低 10% 以上,且静态投资回收期小于等于 8 年时,宜对外围护结构进行节能改造。

ⅱ 公共建筑的采暖通风空调及生活热水供应系统经节能改造,系统的能耗降低 20% 以上,且静态投资回收期小于等于 5 年时,或者静态投资回收期小于等于 3 年时,宜进行节能改造。

ⅲ 公共建筑未采用节能灯具或采用的灯具效率及光源等不符合国家现行有关标准的规定,且改造静态投资回收期小于等于 2 年或节能率达到 20% 以上时,宜进行相应的改造。

⑧综合判定。

通过改善公共建筑外围护结构的热工性能,提高采暖通风空调及生活热水供应系统、照明系统的效率,在保证相同的室内热环境参数前提下,与未采取节能改造措施前相比,采暖通风空调及生活热水供应系统、照明系统的全年能耗降低 30%以上,且静态投资回收期小于等于 6 年时,应进行节能改造。

4)外围护结构热工性能改造。

(1)一般规定。

①公共建筑外围护结构进行节能改造后,所改造部位的热工性能应符合现行国家标准《公共建筑节能设计标准》(GB 50189—2005)的规定性指标限值的要求。

②对外围护结构进行节能改造时,应对原结构的安全性进行复核、验算;当原结构安全不能满足节能改造要求时,应采取原结构加固措施。

③外围护结构进行节能改造所采用的保温材料和建筑构造的防火性能应符合现行国家标准《建筑内部装修设计防火规范》(GB 50222—2001)、《建筑设计防火规范》(GB 50016—2006)和《高层民用建筑设计防火规范》(GB 50045—1995)等的规定。

④公共建筑的外围护结构节能改造应根据建筑自身特点,确定采用的构造形式以及相应的改造技术。保温、隔热、防水、装饰改造应同时进行。对原有外立面的建筑造型、凸窗应有相应的保温改造技术措施。

⑤外围护结构节能改造过程中,应通过传热计算分析,对热桥部位采取合理措施并提交相应的设计施工图纸。

⑥外围护结构节能改造施工前应编制施工组织设计文件,节能改造的施工及验收应符合现行国家标准《建筑节能工程施工质量验收规范》(GB 50411—2007)的规定。

(2)外墙、屋面及非透明幕墙。

①外墙采用可黏结工艺的外保温改造方案时,应检查基墙墙面的性能,并应满足表 3-25 的要求。

表 3-25　基墙墙面性能指标要求

基墙墙面性能指标	要　　求
外表面的风化程度	无风化、疏松、开裂、脱落等
外表面的平整度偏差	±4 mm 以内
外表面的污染度	无积灰、泥土、油污、霉斑等附着物,钢筋无锈蚀
外表面的裂缝	无结构性和非结构性裂缝
饰面砖的空鼓率	≤10%
饰面砖的破损率	≤30%
饰面砖的黏结强度	≥0.1 MPa

②当基墙墙面性能指标不满足本书表 3-25 的要求时,应对基墙墙面进行处理,可采取下列处理措施:

  ⅰ 对裂缝、渗漏、冻害、析盐、侵蚀所产生的损坏进行修复;

  ⅱ 对墙面缺损、孔洞应填补密实,损坏的砖或砌块应进行更换;

  ⅲ 对表面油迹、疏松的砂浆进行清理;

  ⅳ 外墙饰面砖应根据实际情况全部或部分剔除,也可采用界面剂处理。

  ③外墙采用内保温改造方案时,应对外墙内表面进行下列处理:

  ⅰ 内表面涂层存在积灰、油污及杂物、粉刷空鼓等现象时应刮掉并清理干净;

  ⅱ 对内表面脱落、虫蛀、霉烂、受潮所产生的损坏进行修复;

  ⅲ 对裂缝、渗漏进行修复,墙面的缺损、孔洞应填补密实;

  ⅳ 对不平整的外围护结构表面加以修复;

  ⅴ 室内各类主要管线安装完成并经试验检测合格后方可进行外墙内保温改造。

  ④外墙外保温系统与基层应有可靠的结合,保温系统与墙身的连接、黏结强度应符合现行行业标准《外墙外保温工程技术规程》(JGJ 144—2004)的要求。对于室内散湿量大的场所,还应进行围护结构内部冷凝受潮验算,并应按照现行国家标准《民用建筑热工设计规范》(GB 50176—1993)的规定采取防潮措施。

  ⑤非透明幕墙改造时,保温系统安装应牢固、不松脱。幕墙支承结构的抗震和抗风压性能等应符合现行行业标准《金属与石材幕墙工程技术规范》(JGJ 133—2001)的规定。

  ⑥非透明幕墙构造缝、沉降缝以及幕墙周边与墙体接缝处等热桥部位应进行保温处理。

  ⑦非透明围护结构节能改造采用石材、人造板材幕墙和金属板幕墙时,除应满足现行国家标准《建筑幕墙》(GB/T 21086—2007)和现行行业标准《金属与石材幕墙工程技术规范》(JGJ 133—2001)的规定外,尚应满足下列规定:

  ⅰ 面板材料应满足国家有关产品标准的规定,石材面板宜选用花岗石,可选用大理石、洞石和砂岩等,当石材弯曲强度标准值小于 8.0 MPa 时,应采取附加构造措施保证面板的可靠性;

  ⅱ 在严寒和寒冷地区,石材面板的抗冻系数不应小于 0.8;

  ⅲ 当幕墙为开放式结构形式时,保温层与主体结构间不宜留有空气层,且宜在保温层和石材面板间进行防水隔气处理;

  ⅳ 后置埋件应满足承载力设计要求,并应符合现行行业标准《混凝土结构后锚固技术规程》(JGJ 145—2004)的规定。

  ⑧在进行公共建筑屋面节能改造时,应根据工程的实际情况选择适当的改造措施,并应符合现行国家标准《屋面工程技术规范》(GB 50345—2004)和《屋面工程质量验收规范》(GB 50207—2002)的规定。

  (3)门窗、透明幕墙及采光顶。

  ①公共建筑的外窗改造可根据具体情况确定,并可选用下列措施:

  ⅰ 采用只换窗扇、换整窗或加窗的方法,满足外窗的热工性能要求;加窗时,应避免层间结露；

ⅱ 采用更换低辐射中空玻璃，或在原有玻璃表面贴膜的措施，也可增设可调节百叶遮阳或遮阳卷帘；

ⅲ 外窗改造更换外框时，应优先选择隔热效果好的型材；

ⅳ 窗框与墙体之间应采取合理的保温密封构造，不应采用普通水泥砂浆补缝；

ⅴ 外窗改造时所选外窗的气密性等级应不低于现行国家标准《建筑外门窗气密、水密、抗风压性能分级及检测方法》(GB/T 7106—2008)中规定的 6 级；

ⅵ 更换外窗时，宜优先选择可开启面积大的外窗。除超高层外，外窗的可开启面积不得低于外墙总面积的 12%。

②对外窗或透明幕墙的遮阳设施进行改造时，宜采用外遮阳措施。外遮阳的遮阳系数应按现行国家标准《公共建筑节能设计标准》(GB 50189—2005)的规定进行确定。加装外遮阳时，应对原结构的安全性进行复核、验算。当结构安全不能满足要求时，应对其进行结构加固或采用其他遮阳措施。

③外门、非采暖楼梯间门节能改造时，可选用下列措施：

ⅰ 严寒、寒冷地区建筑的外门口应设门斗或热空气幕；

ⅱ 非采暖楼梯间门宜为保温、隔热、防火、防盗一体的单元门；

ⅲ 外门、楼梯间门应在缝隙部位设置耐久性和弹性好的密封条；

ⅳ 外门应设置闭门装置，或设置旋转门、电子感应式自动门等。

④透明幕墙、采光顶节能改造应提高幕墙玻璃和外框型材的保温隔热性能，并应保证幕墙的安全性能。根据实际情况，可选用下列措施：

ⅰ 透明幕墙玻璃可增加中空玻璃的中空层数，或更换保温性能好的玻璃；

ⅱ 可采用低辐射中空玻璃，或采用在原有玻璃的表面贴膜或涂膜的工艺；

ⅲ 更换幕墙外框时，直接参与传热过程的型材应选择隔热效果好的型材；

ⅳ 在保证安全的前提下，可增加透明幕墙的可开启扇。除超高层及特别设计的透明幕墙外，透明幕墙的可开启面积不宜低于外墙总面积的 12%。

复习思考题

3-1　我国共颁布了几个针对不同气候区的居住建筑节能设计标准？试概述各标准中建筑和建筑热工节能设计的要点。

3-2　我国公共建筑节能设计标准适用于哪些气候区？试分区概述其建筑和建筑热工节能设计的要点。

第4章　建筑节能设计施工图审查要点介绍

本章提要

本章主要介绍了建筑节能设计施工图审查的必要性及具体要求，及按气候分区的居住建筑和公共建筑节能设计施工图审查要点。重点内容是建筑节能设计施工图审查要点。

4.1　建筑节能设计施工图审查的必要性及具体要求

4.1.1　建筑节能设计施工图审查的必要性

为监督民用建筑工程项目执行建筑节能标准，确保节能建筑的设计施工质量，促进建筑节能工作全面深入健康发展，原建设部于 2004 年 10 月下发了《关于加强民用建筑工程项目建筑节能审查工作的通知》（建科〔2004〕174 号），就加强民用建筑工程项目建筑节能审查工作提出了具体要求。

4.1.2　建筑节能设计施工图审查的具体要求

在通知中原建设部就建筑节能审查工作提出了如下的具体要求（现均采用原标准的最新版本）。

（1）民用建筑工程项目建筑节能审查是提高新建建筑节能标准执行率的重要保障。各级建设行政主管部门要将建筑节能审查切实作为建筑工程施工图设计文件审查的重要内容，保证节能标准的强制性条文真正落到实处。

（2）施工图审查机构要审查受审项目的施工图设计和热工计算书是否满足与本地区气候区域对应的《严寒和寒冷地区居住建筑节能设计标准》（JGJ 26—2010）、《夏热冬冷地区居住建筑节能设计标准》（JGJ 134—2010）、《夏热冬暖地区居住建筑节能设计标准》（JGJ75—2012）、《公共建筑节能设计标准》（GB 50189—2005）中的强制性条文和当地的强制性标准的规定。审查合格的工程项目，需在项目受管辖的建筑节能办公室进行告知性备案，并由其发给统一格式的《民用建筑节能设计审查备案登记表》（见附表 L-1）。

（3）各省、自治区、直辖市建设行政主管部门负责监督本行政区域内民用建筑工程项目建筑节能审查工作。各级建设行政主管部门要严格依照原建设部《实施工程建设强制性标准监督规定》（原建设部令第 81 号），做好民用建筑工程项目施工设计中执行建筑节能标准的管理工作。

(4)各级建设行政主管部门要加强对建筑节能重要部位的专项检查工作,重点对建筑物的围护结构(含墙体、屋面、门窗等)、供热采暖或制冷系统在主体完工、竣工验收两个阶段及时进行单项检查,以判定工程项目的新型墙体材料使用情况、屋面保温情况、门窗热工性能、供热采暖或制冷系统的热效率和管道保温情况等。

(5)对施工图审查合格并在项目受管辖的建筑节能办公室进行备案的工程项目,根据《关于实施〈夏热冬冷地区居住建筑节能设计标准〉的通知》(建科〔2001〕239 号)和《关于实施〈夏热冬暖地区居住建筑节能设计标准〉的通知》(建科〔2003〕237 号)文件规定,建筑节能办公室对其减免新型墙体材料专项基金。各级建设行政主管部门在建筑节能重要部位的专项检查过程中,对不符合墙体整改与建筑节能要求的工程项目,要提出相应的改进意见;对达不到墙体整改要求的工程项目,要依照原建设部《实施工程建设强制性标准监督规定》(原建设部令第 81 号)的规定予以相应的处罚。

(6)为确保节能建筑工程的质量,各类轻质墙板、节能门窗、屋面保温材料等新产品、新技术应由建设行政主管部门会同建筑节能办公室组织有关专家进行技术评估或科技成果鉴定。

4.2 建筑节能设计施工图审查要点

针对住房和城乡建设部文件的具体要求,各地建设行政主管部门一般会根据《严寒和寒冷地区居住建筑节能设计标准》(JGJ 26—2010)、《夏热冬冷地区居住建筑节能设计标准》(JGJ 134—2010)、《夏热冬暖地区居住建筑节能设计标准》(JGJ 75—2012)和《公共建筑节能设计标准》(GB 50189—2005)中的强制性条文和当地有关强制性标准的规定,组织专家起草适合本地区的居住建筑节能设计审查要点和公共建筑节能设计审查要点,以供施工图审查单位有针对性地开展审查工作。作为设计单位和设计人员应如实填写相关内容,相关责任人承担相应的法律责任。下面按不同的建筑热工设计分区分别介绍居住建筑和公共建筑节能设计(建筑与建筑热工节能设计部分)的审查要点。

4.2.1 居住建筑节能设计(建筑与建筑热工设计部分)审查要点

1)严寒和寒冷地区。

(1)体形系数应符合《标准》限值要求。

居住建筑的体形系数不应大于表 3-1 规定的限值。当体形系数大于表 3-1 的限值时,必须按规定进行围护结构热工性能的权衡判断。

(2)不同朝向的窗墙面积比应符合《标准》限值要求。

居住建筑不同朝向的窗墙面积比不应大于表 3-2 规定的限值。当窗墙面积比大于表 3-2 规定的限值时,必须按规定进行围护结构热工性能的权衡判断,并且在进行权衡判断时,各朝向的窗墙面积比最大也只能比表 3-2 中的对应值大 0.1。

(3)围护结构的热工性能参数应符合《标准》限值要求。

围护结构(指屋面、外墙、架空或外挑楼板、非采暖地下室顶板、分隔采暖与非采暖空间的隔墙、分隔采暖与非采暖空间的户门、阳台门下部门芯板、外窗、周边地面及与土壤接触的地下室外墙等)的热工性能参数应按建筑物所处城市的气候分区区属不同及同一区属内建筑层数的不同分别符合表 3-3、表 3-4、表 3-5、表 3-6 及表 3-7 的限值规定。若不符合,则必须按规定进行围护结构热工性能的权衡判断。

(4)寒冷地区 B 区外窗综合遮阳系数限值要求。

寒冷地区 B 区外窗综合遮阳系数不应大于表 3-8 规定的限值。若不符合,则必须按规定进行围护结构热工性能的权衡判断。

(5)外窗及敞开式阳台门的气密性等级限值要求。

外窗及敞开式阳台门的气密性等级应按严寒地区(不需要考虑居住建筑层数的不同)和寒冷地区(需要考虑居住建筑层数的不同)分别符合标准限值的规定。

2)夏热冬冷地区。

(1)体形系数应符合《标准》限值要求。

居住建筑的体形系数应按建筑层数的不同分别符合表 3-9 的限值规定。若不符合,则必须按规定进行建筑围护结构热工性能的综合判断。

(2)围护结构的热工性能参数应符合《标准》限值要求。

围护结构[指屋面、外墙、底面接触室外空气的架空或外挑楼板、分户墙、楼板、楼梯间隔墙、外走廊隔墙、户门、外窗(含阳台门透明部分)等]的热工性能参数应按建筑物体形系数不于等于 0.40 或大于 0.40 的不同分别符合表 3-10、表 3-12 的限值规定。若不符合,则必须按规定进行建筑围护结构热工性能的综合判断。

(3)不同朝向的外窗的窗墙面积比和窗的热工性能参数应符合《标准》限值要求。

①不同朝向的外窗(包括阳台门的透明部分)的窗墙面积比应符合表 3-11 限值规定。

②不同朝向、不同窗墙面积比的外窗传热系数不应大于表 3-12 规定的限值;综合遮阳系数应符合表 3-12 的规定。

③当外窗为凸窗时,凸窗的传热系数限值应比表 3-12 规定的限值小 10%。

若以上任一条款不符合,则必须按规定进行建筑围护结构热工性能的综合判断。

(4)外窗及敞开式阳台门的气密性等级的限值要求。

应按建筑物层数的不同,分别符合 3.1.2-2)-(2)-③-×条规定的限值要求。

(5)当需进行建筑围护结构热工性能的权衡判断时,应重点审查的要点。

①参照建筑的形状、大小、朝向、内部房间的划分等方面是否与所设计建筑完全一致。

②参照建筑的体形系数应处理成符合标准中限值要求的规定。

③参照建筑的窗墙面积比应处理成符合标准中限值要求的规定。

④参照建筑围护结构的热工性能参数应分别符合表 3-11 及表 3-12 中的限值要求。

⑤在规定条件下所设计建筑的全年采暖空调耗电量是否低于参照建筑全年的采暖空调耗电量。

3）夏热冬暖地区。

（1）按规定性指标进行节能设计时的审查要点。

①屋顶、外墙的传热系数限值要求：屋顶和外墙的传热系数及热惰性指标应符合表 3-13 的限值要求；若不符合规定时，其空调采暖年耗电指数（或耗电量）不应超过参照建筑的相应指标值。

②各朝向窗墙面积比的控制要求：各朝向的窗墙面积比不应超过标准规定的限值要求；若超过限值时，其空调采暖年耗电指数（或耗电量）不应超过参照建筑的相应指标值。

③天窗面积和其热工性能参数的限值要求：天窗面积、传热系数和遮阳系数不应超过标准规定的限值要求；若超过限值时，其空调采暖年耗电指数（或耗电量）不应超过参照建筑的相应指标值。

④外窗的平均传热系数和平均综合遮阳系数的限值要求：外窗的平均传热系数和平均综合遮阳系数应按不同的外墙平均指标（K 和 D）、平均窗地面积比（或平均窗墙面积比）依照北区和南区不同分别符合标准规定的限值要求；若不符合时，其空调采暖年耗电指数（或耗电量）不应超过参照建筑的相应指标值。

⑤主要房间窗地面积比的控制要求：建筑的卧室、书房、起居室等主要房间的窗地面积比不应小于 1/7。当房间窗地面积比小于 1/5 时，外窗玻璃的可见光透射比不应小于 0.40。

⑥东、西向外窗的遮阳措施和控制指标：居住建筑的东、西向外窗必须采取建筑外遮阳措施，建筑外遮阳系数 S_D 不应大于 0.8；居住建筑的南、北向外窗应采取建筑外遮阳措施，建筑外遮阳系数 S_D 不应大于 0.9；当采用水平、垂直或综合建筑外遮阳构造时，外遮阳构造的挑出长度不应小于表 3-16 的规定。

⑦外窗通风开口面积的控制要求：外窗（包括阳台门）的通风开口面积不应小于标准规定的限值要求。

⑧外窗的气密性限值要求：外窗的气密性等级应按居住建筑层数的不同分别符合标准规定的相应建筑层数条件下的限值要求。

（2）采用对比评定法进行节能设计综合评价时的审查要点。

①采用对比评定法进行节能设计综合评价的建筑，其天窗的遮阳系数和传热系数、屋顶和东西墙的传热系数以及热惰性指标均应符合标准相关条款的限值要求。

②参照建筑的建筑形状、大小和朝向是否与所设计建筑完全相同。

③参照建筑各朝向和屋顶的开窗面积是否与所设计建筑相同；当所设计建筑某个朝向的窗（包括屋顶的天窗）面积超过标准相关条款的规定时，参照建筑该朝向（或

屋顶)的窗面积是否减小到符合标准相关条款的规定。

④参照建筑外墙和屋顶的各项热工性能指标是否符合标准相关条款规定的限值要求。

⑤在规定条件下,北区内所设计建筑的空调采暖年耗电指数(或耗电量)不得超过参照建筑的相应指标值;南区内所设计建筑的空调年耗电指数(或耗电量)不得超过参照建筑的相应指标值。

4.2.2　公共建筑节能设计(建筑与建筑热工设计部分)审查要点

1)严寒和寒冷地区。

(1)体形系数应符合《标准》限值要求。

建筑的体形系数应小于等于 0.40。若不符合,则必须按规定进行围护结构热工性能的权衡判断。

(2)围护结构的热工性能参数应符合《标准》限值要求。

围护结构的热工性能参数主要涵盖以下 5 个方面的要求,若任一方面与限值要求不符合,则必须进行围护结构热工性能的权衡判断。

①严寒地区 A 区和 B 区及寒冷地区屋顶、外墙(含非透明幕墙)、底面接触室外空气的架空或外挑楼板、非采暖房间与采暖房间的隔墙或楼板的传热系数应按照不同的体形系数分别符合表 3-19、表 3-20 及表 3-21 中相应的限值要求。

②严寒地区 A 区和 B 区其单一朝向外窗(含透明幕墙)的传热系数按照不同的体形系数和窗墙面积比应分别符合表 3-19 及表 3-20 中相应的限值要求;寒冷地区其单一朝向外窗(含透明幕墙)的传热系数和遮阳系数应按照不同的体形系数和窗墙面积比分别符合表 3-21 中相应的限值要求。

③严寒地区 A 区和 B 区其屋顶透明部分的传热系数应分别符合表 3-19 及表 3-20中相应的限值要求;寒冷地区其屋顶透明部分的传热系数和遮阳系数应分别符合表 3-21 中的限值要求。

④严寒地区 A 区和 B 区地面(含周边地面和非周边地面)及采暖地下室外墙(与土壤接触的墙)的热阻应分别符合表 3-24 中相应的限值要求;寒冷地区地面(含周边地面和非周边地面)及采暖、空调地下室外墙(与土壤接触的墙)的热阻应分别符合表 3-24 中相应的限值要求。

⑤窗墙面积比、屋顶透明部分的面积及外窗可开启面积的要求:建筑每个朝向的窗(含透明幕墙)墙面积比均不应大于 0.70;当窗(含透明幕墙)墙面积比小于 0.40时,玻璃(或其他透明材料)的可见光透射比不应小于 0.40;屋顶透明部分的面积不应大于屋顶总面积的 20%;外窗的可开启面积不应小于窗面积的 30%,透明幕墙应具有可开启部分或设有通风换气装置。

(3)当进行围护结构热工性能的权衡判断时,应重点审查的要点。

①参照建筑的形状、大小、朝向、内部房间的划分等各方面是否与所设计建筑完

全一致。

②参照建筑围护结构的热工性能参数应根据所设计建筑所在的气候子区分别符合表 3-19、表 3-20 和表 3-21 中的限值要求。

③参照建筑的体形系数应处理成符合小于等于 0.40 的要求。

④在规定条件下所设计建筑全年的采暖和空气调节能耗是否小于或等于参照建筑全年的采暖和空气调节能耗。

2)夏热冬冷地区。

(1)围护结构的热工性能参数应符合《标准》限值要求。

围护结构的热工性能参数主要涵盖以下 5 个方面的要求,若任一方面与限值要求不符合,则必须进行围护结构热工性能的权衡判断。

①屋顶、外墙(含非透明幕墙)、底面接触室外空气的架空或外挑楼板的传热系数应分别符合表 3-22 中相应的限值要求。

②单一朝向外窗(含透明幕墙)其传热系数和遮阳系数按照不同的窗墙面积比应分别符合表 3-22 中相应的限值要求。

③屋顶透明部分的传热系数和遮阳系数应分别符合表 3-22 中相应的限值要求。

④地面及地下室外墙(与土壤接触的墙)其热阻应分别符合表 3-24 中相应的限值要求。

⑤窗墙面积比、屋顶透明部分的面积及外窗可开启面积的要求同 4.2.2-1)-(2)-⑤(即严寒和寒冷地区该条款)。

(2)当进行围护结构热工性能的权衡判断时,应重点审查的要点。

①参照建筑的形状、大小、朝向、内部房间的划分等各方面是否与所设计建筑完全一致。

②参照建筑围护结构的热工性能参数应根据所设计建筑所在的气候子区分别符合附录表 3-22 中的限值要求。

③在规定条件下所设计建筑全年的采暖和空气调节能耗是否小于或等于参照建筑全年的采暖和空气调节能耗。

3)夏热冬暖地区。

(1)围护结构的热工性能参数应符合国家标准限值要求。

围护结构的热工性能参数主要涵盖以下 5 个方面的要求,若任一方面与限值要求不符合,则必须进行围护结构热工性能的权衡判断。

①屋顶、外墙(含非透明幕墙)、底面接触室外空气的架空或外挑楼板的传热系数应分别符合表 3-23 中相应的限值要求。

②单一朝向外窗(含透明幕墙)的传热系数和遮阳系数按照不同的窗墙面积比应分别符合表 3-23 中相应的限值要求。

③屋顶透明部分的传热系数和遮阳系数应分别符合表 3-23 中相应的限值要求。

④地面及地下室外墙(与土壤接触的墙)的热阻应分别符合表 3-24 中相应的限

值要求。

⑤窗墙面积比、屋顶透明部分的面积及外窗可开启面积的要求:建筑每个朝向的窗(包括透明幕墙)墙面积比均不应大于 0.70;当窗(包括透明幕墙)墙面积比小于 0.40时,玻璃(或其他透明材料)的可见光透射比不应小于 0.40;屋顶透明部分的面积不应大于屋顶总面积的 20%;外窗的可开启面积不应小于窗面积的 30%;透明幕墙应具有可开启部分或设有通风换气装置。

(2)当进行围护结构热工性能的权衡判断时,应重点审查的要点。

①参照建筑的形状、大小、朝向、内部房间的划分等各方面是否与所设计建筑完全一致。

②参照建筑围护结构的热工性能参数应根据所设计建筑所在的气候子区分别符合表 3-23 中的限值要求。

③在规定条件下所设计建筑全年的空气调节能耗是否小于或等于参照建筑全年的空气调节能耗。

4)温和地区。

温和地区公共建筑应判断该城市的气象条件与表 2-2 中的哪个城市最为接近,则可采用那个城市所处热工设计分区的审查要点进行审查。

复习思考题

4-1 为什么要在施工图审查中审查建筑节能设计?

4-2 建筑专业施工图审查机构主要审查受审项目建筑节能设计部分的何种内容?

4-3 概述我国不同气候区居住建筑节能设计(建筑与建筑热工设计部分)审查要点。

4-4 概述我国不同气候区公共建筑节能设计(建筑与建筑热工设计部分)审查要点。

第 5 章　建筑规划设计中的节能技术

本章提要

建筑规划设计与建筑节能密切相关。通过本章学习应掌握建筑规划设计中的节能技术及需考虑的因素。节能设计应结合地区的气候特点、地理条件,将建筑建在微气候环境良好、利于建筑节能的地址上;在考虑建筑布局、建筑朝向、建筑间距及建筑体型时,要利于建筑物在冬季最大限度地利用太阳能、地热能取暖并减少冷风渗透等以降低采暖能耗,夏季最大限度地减少得热并利用自然通风降低室温以降低空调能耗。同时,通过环境绿化、水景布置等措施改善局部微气候,对建筑节能也是非常有益的。

建筑规划中的节能设计是建筑节能设计的重要内容之一,规划设计从分析建筑物所在地区的气候条件、地理条件出发,将节能设计、建筑设计和能源的有效利用相结合,使建筑物在冬季最大限度地利用可再生能源,如太阳能等,尽可能多地争取有利得热和减少热损失,夏季最大限度地减少得热并利用自然能源,如通过利用自然通风等手段来加速散热、降低室温。

居住建筑及公共建筑规划设计中的节能设计主要是对建筑的总平面布置、建筑体型、太阳能利用、自然通风及建筑室外环境绿化、水景布置等进行设计。具体规划设计要结合建筑选址、建筑布局、建筑体型、建筑朝向、建筑间距等几个方面进行。

5.1　建筑选址

建筑节能设计,首先要全面了解建筑所在区域的气候条件、地形地貌、地质水文资料等,这些因素对建筑规划的选址、建筑节能的效率及室内热环境都是有影响的。

5.1.1　气候条件对建筑物的影响

建筑的地域性首先表现为地理环境的差异性及特殊性,它包括建筑所在地区自然环境特征,如气候条件、地形地貌、自然资源等,其中气候条件对建筑的作用最为突出。因此,进行建筑节能设计前应了解当地的太阳辐射照度、冬季日照率、冬夏两季最冷月和最热月平均气温、空气湿度、冬夏季主导风向以及建筑物室外的微气候环境。建筑节能设计首先应考虑充分利用建筑物所处区域的自然能源和条件,在尽可能不消耗常规能源的前提下,遵循气候设计方法和利用建筑技术措施,创造出适宜于人们生活和工作所需要的室内热环境。

以居住区为例,如能够采取措施利用建筑周围的微气候条件,从而达到改善室内热环境的目的,就能在一定程度上减少对采暖空调设备的依赖,减小能耗。

5.1.2 地形地貌对建筑能耗的影响

建筑所处位置的地形地貌,如位于平地或坡地、山谷或山顶、江河或湖泊水系等,将直接影响建筑室内外热环境和建筑能耗的大小。

在严寒或寒冷地区,建筑宜布置在向阳、避风的地域,不宜布置在山谷、洼地、沟底等凹形地域。这主要是考虑冬季冷气流容易在凹地聚集,形成对建筑物的"霜洞"效应,从而使位于凹地底层或半地下室层面的建筑若想保持所需的室内温度,采暖能耗将会增加。图 5-1 显示了这种现象。但是,对于夏季炎热地区而言,建筑布置在上述地方却是相对有利的,因为这些地方往往容易实现自然通风,尤其是晚上,高处凉爽气流会"自然"地流向凹地,把室内热量带走,在降低通风、空调能耗的同时还改善了室内热环境。

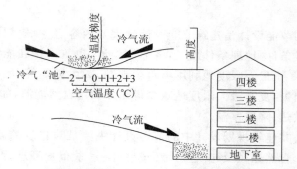

图 5-1 低洼地区对建筑物的"霜洞"效应

江河湖海地区,因地表水陆分布、表面覆盖等的不同,昼间受太阳辐射和夜间受长波辐射散热作用时,因陆地和水体增温或冷却不均而产生昼夜不同方向的地方风。在建筑设计时,可充分利用这种地方风以改善夏季室内热环境,降低空调能耗。

此外,建筑物室外地面的覆盖层(如植被、地砖或混凝土地面)及其透水性也会影响室外的微气候环境,从而影响建筑采暖和空调能耗的大小。因此节能建筑在规划设计时,应有足够的绿地和水面,严格控制建筑密度,尽量减小混凝土地面面积,并应注意地面的透水性,以改善建筑物室外的微气候环境。

5.1.3 争取使建筑向阳、避风建造

节能建筑为满足冬暖夏凉的目的,合理地利用阳光是最经济有效的途径。同时人类生存、身心健康、卫生、工作效率也与日照有着密切关系。在节能建筑的规划设计中应对以下几方面予以注意。

(1)注意选择建筑物的最佳朝向。

严寒和寒冷地区、夏热冬冷地区和夏热冬暖地区的居住建筑和公共建筑朝向应

以南北朝向或接近南北朝向为主,这样可使建筑物均有主要房间朝南,有利于冬季争取日照、夏季减少太阳辐射得热。同时,对建筑朝向可针对不同地区的最佳朝向范围作一定程度的调整,以做到节能省地两不误。

(2)应选择满足日照要求、不受周围其他建筑物严重遮挡阳光的基地。

(3)居住和公共建筑的基地应选择在向阳、避风的地段上。

冷空气的风压和冷风渗透均对建筑物冬季防寒保温带来不利影响,尤其对严寒、寒冷和部分夏热冬冷地区的建筑物影响很大。节能建筑应选择在避风基址上建造或建筑物大面积墙面、门窗设置应避开冬季主导风向,应以建筑物围护体系不同部位的风压分析图作为设计依据,对建筑围护结构保温及各类门窗洞口和通风口进行防冷风渗透设计。

(4)利用建筑楼群合理布局争取日照。

建筑楼群组团中各建筑的形状、布局、走向都会产生不同的阴影区,随着纬度的增加,建筑物背面阴影区的范围也将增大,所以在规划布局时,注意从各种布局处理中争取最佳的日照。

5.2 建筑布局

建筑布局与建筑节能也是密切相关的。影响建筑规划设计布局的主要气候因素有日照、风向、气温、雨雪等。在进行规划设计时,可通过建筑布局,形成优化微气候环境的良好界面,建立气候防护单元,对节能也是很有利的。设计组织气候防护单元,要充分根据规划地域的自然环境因素、气候特征、建筑物的功能等形成利于节能的区域空间,充分利用和争取日照,避免季风的干扰,组织内部气流,利用建筑的外界面,形成对冬季恶劣气候条件的有利防护,改善建筑的日照和风环境,达到节能的效果。

建筑群的布局可以从平面和空间两个方面考虑。一般的建筑组团平面布局有行列式、错列式、周边式、混合式、自由式等,如图 5-2 所示。它们都有各自的特点。

(1)行列式——建筑物成排成行地布置。这种布置方式能够争取最好的建筑朝向,若注意保持建筑物间的日照间距,可使大多数居住房间得到良好的日照,并有利于自然通风,是目前广泛采用的一种布局方式。

(2)错列式——可以避免"风影效应",同时利用山墙空间争取日照。

(3)周边式——建筑沿街道周边布置。这种布置方式虽然可以使街坊内空间集中开阔,但有相当多的居住房间得不到良好的日照,对自然通风也不利。所以这种布置方式仅适于严寒和部分寒冷地区。

(4)混合式——行列式和部分周边式的组合形式。这种布置方式可较好地组成一些气候防护单元,同时又有行列式日照通风的优点,在严寒和部分寒冷地区是一种较好的建筑群组团方式。

（5）自由式——当地形比较复杂时，密切结合地形构成自由变化的布置形式。这种布置方式可以充分利用地形特点，便于采用多种平面形式和高低层及长短不同的体型组合。可以避免互相遮挡阳光，对日照及自然通风有利，是最常见的一种组团布置形式。

另外，规划布局中要注意点、条组合布置，将点式住宅布置在朝向好的位置，条状住宅布置在其后，有利于利用空隙争取日照，如图 5-3 所示。

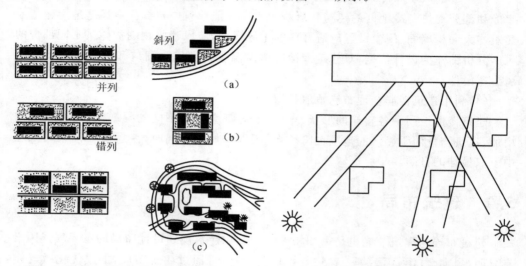

图 5-2　建筑群平面布局形式

（a）行列式；（b）周边式；（c）自由式

图 5-3　条形与点式建筑结合
布置争取最佳日照

从空间方面考虑，在组合建筑群中，当一栋建筑远高于其他建筑时，它在迎风面上会受到沉重的下冲气流的冲击，如图 5-4（b）所示。另一种情况出现在若干栋建筑组合时，在迎冬季来风方向减少某一栋建筑，均能产生由于其间的空地带来的下冲气流，如图 5-4（c）所示。这些下冲气流与附近水平方向的气流形成高速风及涡流，从而加大风压，加大热损失。

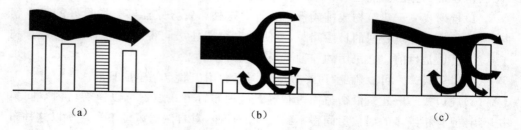

（a）　　　　　　　　　　（b）　　　　　　　　　　（c）

图 5-4　建筑物组合产生的下冲气流

在我国南方及东南沿海地区，重点是考虑夏季防热及通风。建筑规划设计时应重视科学合理利用山谷风、水陆风、街巷风、林园风等自然资源，选择利于室内通风、改善室内热环境的建筑布局，从而降低空调能耗。

5.3　建筑体型

5.3.1　建筑物体形系数与节能的关系

建筑体型的变化直接影响建筑采暖、空调能耗的大小。所以建筑体型的设计,应尽可能利于节能,具体设计中通过控制建筑物体形系数达到减少建筑物能耗的目的。

建筑物体形系数(S)是指建筑物与室外大气接触的外表面积(F_0)(不包括地面、不采暖楼梯间隔墙和户门的面积)与其所包围的体积(V_0)的比值。即

$$S = \frac{F_0}{V_0} \tag{5-1}$$

建筑物体形系数的大小对建筑能耗的影响非常显著。体形系数越大,表明单位建筑空间所分担的受室外冷、热气候环境作用的外围护结构面积越大,采暖或空调能耗就越多。研究表明:建筑物体形系数每增加 0.01,耗热量指标就增加 2.5% 左右。

以一栋建筑面积 3000 m^2 的 6 层住宅建筑为例,高度为 17.4 m,围护结构平均传热系数相同,当体型不同时,每平方米建筑面积耗热量也不同,见表 5-1(以正方形建筑的耗热量为 100%)。

表 5-1　不同体形系数耗热量指标比较

平 面 形 式	平 面 尺 寸	外表面积/m^2	体形系数	每平方米建筑面积耗热量与正方形时比值/(%)
圆形	r=12.62 m	1879.7	0.216	91.4
长∶宽=1∶1	22.36 m×22.36 m	2056.3	0.236	100
长∶宽=4∶1	44.72 m×11.18 m	2445.3	0.281	118.9
长∶宽=6∶1	54.77 m×9.13 m	2723.7	0.313	132.5

体形系数不仅影响建筑物耗能量,它还与建筑层数、体量、建筑造型、平面布局、采光通风等密切相关。所以,从降低建筑能耗的角度出发,在满足建筑使用功能、优化建筑平面布局、美化建筑造型的前提下,应尽可能将建筑物体形系数控制在一个较小的范围内。

5.3.2 最佳节能体型

建筑物作为一个整体,其最佳节能体型与室外空气温度、太阳辐射照度、风向、风速、围护结构构造及其热工特性等各方面因素有关。从理论上讲,当建筑物各朝向围护结构的平均有效传热系数不同时,对同样体积的建筑物,其各朝向围护结构的平均有效传热系数与其面积的乘积都相等的体型是最佳节能体型(见图5-5),即

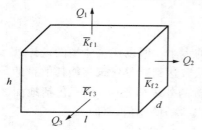

图 5-5　最佳节能体型计算

$$lh\overline{K}_{f3} = ld\overline{K}_{f1} = dh\overline{K}_{f2} \qquad (5-2)$$

当建筑物各朝向围护结构的平均有效传热系数相同时,同样体积的建筑物,体形系数最小的体型,是最佳节能体型。

5.3.3 控制建筑物体形系数

建筑物体形系数常受多种因素影响,且人们的设计常追求建筑体型的变化,不满足仅采用简单的几何形体,所以详细讨论控制建筑物体形系数的途径是比较困难的。

提出控制建筑物体形系数的目的,是为了使特定体积的建筑物在冬季和夏季冷热作用下,从面积因素考虑,使建筑物外围护部分接受的冷、热量尽可能最少,从而减少建筑物的耗能量。一般来讲,可以采取以下几种方法控制或降低建筑物的体形系数。

(1)加大建筑体量。即加大建筑的基底面积,增加建筑物的长度和进深尺寸。多层住宅是建筑中常见的住宅形式,且基本上是以不同套型组合的单元式住宅。以套型为115 m²、层高为2.8 m的6层单元式住宅为例计算(取进深为10 m,建筑长度为23 m)。

当为一个单元组合成一幢时,体形系数 $S = \dfrac{F_0}{V_0} = \dfrac{1418}{4140} = 0.34$

当为二个单元组合成一幢时,体形系数 $S = \dfrac{F_0}{V_0} = \dfrac{2476}{8280} = 0.30$

当为三个单元组合成一幢时,体形系数 $S = \dfrac{F_0}{V_0} = \dfrac{3534}{12420} = 0.29$

尤其是严寒、寒冷和部分夏热冬冷地区,建筑物的耗热量指标随体形系数的增加近乎直线上升。所以,低层和少单元住宅对节能不利,即体量较小的建筑物不利于节能。对于高层建筑,在建筑面积相近的条件下,高层塔式住宅耗热量指标比高层板式住宅高10%~14%。

在部分夏热冬冷和夏热冬暖地区,建筑物全年能耗主要是夏季的空调能耗。由于室内外的空气温差远不如严寒和寒冷地区大,且建筑物外围护结构存在白天得热、夜间散热现象,所以,体形系数的变化对建筑空调能耗的影响比严寒和寒冷地区对建

筑采暖能耗的影响小。

(2)外形变化尽可能减至最低限度。据此就要求建筑物在平面布局上外形不宜凹凸太多,体型不要太复杂,尽可能力求规整,以减少因凹凸太多造成外围护面积增大而提高建筑物体形系数,从而增大建筑物耗能量。

(3)合理提高建筑物层数。低层住宅对节能不利,体积较小的建筑物,其外围护结构的热损失要占建筑物总热损失的绝大部分。增加建筑物层数对减少建筑能耗有利,然而层数增加到 8 层以上后,层数的增加对建筑节能的作用趋于不明显。

(4)对于体型不易控制的点式建筑,可采取用裙楼连接多个点式楼的组合体形式。

5.4　建筑朝向

5.4.1　良好的建筑朝向利于建筑节能

建筑物的朝向对建筑节能有很大影响,这已是人们的共识。朝向是指建筑物正立面墙面的法线与正南方向间的夹角。朝向选择的原则是使建筑物冬季能获得尽可能多的日照,且主要房间避开冬季主导风向,同时考虑夏季尽量减少太阳辐射得热。如处于南北朝向的长条形建筑物,由于太阳高度角和方位角的变化,冬季获得的太阳辐射热较多,而且在建筑面积相同的情况下,主朝向面积越大,这种倾向越明显。此外,建筑物夏季可以减少太阳辐射得热,主要房间避免受东、西日晒。因此,从建筑节能的角度考虑,如总平面布置允许自由选择建筑物的形状、朝向时,则应首选长条形建筑体型,且采用南北朝向或接近南北朝向为好。

然而,在规划设计中,影响建筑体型、朝向方位的因素很多,如地理纬度、基址环境、局部气候及暴雨特征、建筑用地条件、道路组织、小区通风等,要达到既能满足冬季保温又可夏季防热的理想朝向有时是困难的,我们只能权衡各种影响因素之间的利弊轻重,选择出某一地区建筑的最佳朝向或较好朝向。

建筑朝向选择需要考虑以下几个方面的因素。

(1)冬季要有适量并具有一定质量的阳光射入室内。

(2)炎热季节尽量减少太阳辐射通过窗口直射室内和建筑外墙面。

(3)夏季应有良好的通风,冬季避免冷风侵袭。

(4)充分利用地形并注意节约用地。

(5)照顾居住建筑和其他公共建筑组合的需要。

5.4.2　朝向对建筑日照及接收太阳辐射量的影响

处于不同地区和冬夏气候条件下,同一朝向的居住和公共建筑在日照时数和日照面积上是不同的。由于冬季和夏季太阳方位角、高度角变化的幅度较大,各个朝向墙面所获得的日照时间、太阳辐射照度相差很大。因此,要对不同朝向墙面在不同季节的日照时数进行统计,求出日照时数的平均值,作为综合分析朝向的依据。分析室内日照条件和朝向的关系,应选择在最冷月有较长的日照时间和较大日照面积,以及最热月有较少的日照时间和较小的日照面积的朝向。

对于太阳辐射作用,在这里只考虑太阳直接辐射作用。设计参数依据一般选用最冷月和最热月的太阳累计辐射照度。图 5-6 为北京和上海地区太阳辐射量图。从图中可以看到北京地区冬季各朝向墙面上接收的太阳直接辐射热量以南向为最高16529 kJ/(m² · d),东南和西南向次之,东、西向则较少。而在北偏东或偏西 30°朝向范围内,冬季接收不到太阳直射辐射热。在夏季北京地区以东、西向墙面接收的太阳直接辐射热最多,分别为 7184 kJ/(m² · d) 和 8829 kJ/(m² · d);南向次之,为4990 kJ/(m² · d);北向最少,为 3031 kJ/(m² · d)。由于太阳直接辐射照度一般是上午低、下午高,所以无论是冬季或是夏季,建筑墙面上所受太阳辐射量都是偏西比偏东的朝向稍高一些。

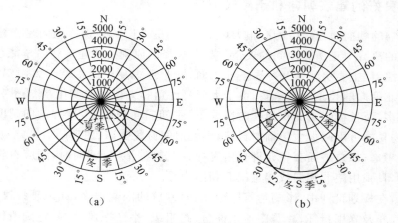

(a)   (b)

图 5-6　北京和上海地区太阳辐射量

(a)北京地区;(b)上海地区

太阳辐射中,紫外线所占比例是随太阳高度角增加而增加的,一般正午前后紫外线最多,日出及日落时段最少。所以在选定建筑朝向时要注意考虑居室所获得的紫外线量。这是基于室内卫生和利于人体健康的考虑。另外,还要考虑主导风向对建筑物冬季热损耗和夏季自然通风的影响。表 5-2 是综合考虑以上几方面因素后,给出我国部分地区建筑朝向的建议,作为设计时朝向选择的参考。

表 5-2　全国部分地区建议建筑朝向

地　　区	最 佳 朝 向	适 宜 朝 向	不 宜 朝 向
北京地区	南偏东 30°以内 南偏西 30°以内	南偏东 45°以内 南偏西 45°以内	北偏西 30°~60°

续表

地　区	最 佳 朝 向	适 宜 朝 向	不 宜 朝 向
上海地区	南至南偏东 15°	南偏东 30°以内 南偏西 15°	北、西北
呼和浩特地区	南至南偏东 南至南偏西	东南、西南	北、西北
哈尔滨地区	南偏东 15°~20°	南至南偏东 20° 南至南偏西 15°	西北、北
长春地区	南偏东 30° 南偏西 10°	南偏东 45° 南偏西 45°	北、东北、西北
沈阳地区	南、南偏东 20°	南偏东至东 南偏西至西	东北东至 西北西
杭州地区	南偏东 10°~15°	南、南偏东 30°	北、西
福州地区	南、南偏东 5°~10°	南偏东 20°以内	西
郑州地区	南偏东 15°	南偏东 25°	西北
西安地区	南偏东 10°	南、南偏西	西、西北

5.5　建筑间距

　　在确定好建筑朝向后,还应特别注意建筑物之间应有的合理间距,这样才能保证建筑物获得充足的日照。这个间距就是建筑物的日照间距。建筑规划设计时应结合建筑日照标准、建筑节能原则、节地原则,综合考虑各种因素来确定建筑日照间距。

　　居住建筑的日照标准一般由日照时间和日照质量来衡量。

　　日照时间:我国地处北半球温带地区,居住及公共建筑总希望在夏季能够避免较强日照,而冬季又希望能够获得充分的直接阳光照射,以满足室内卫生、建筑采光及辅助得热的需要。为了使居室能得到最低限度的日照,一般以底层居室窗台获得日照为标准。北半球太阳高度角全年的最小值是在冬至日。因此,确定居住建筑日照标准时通常将冬至日或大寒日定为日照标准日,每套住宅至少应有一个居住空间能获得日照,且日照标准应符合表 5-3 的规定。老年人住宅不应低于冬至日日照时数 2 h 的要求,旧区改建的项目内新建住宅日照标准可酌情降低,但不应低于大寒日日照时数 1 h 的要求。

表 5-3　住宅建筑日照标准

建筑气候区划	Ⅰ、Ⅱ、Ⅲ、Ⅶ气候区		Ⅳ气候区		Ⅴ、Ⅵ气候区
	大城市	中小城市	大城市	中小城市	
日照标准日	大寒日			冬至日	
日照时数/h	≥2	≥3		≥1	
有效日照时间带/h（当地真太阳时）	8～16			9～15	
日照时间计算起点	底层窗台面				

注:底层窗台面是指距室内地坪 0.9 m 高的外墙位置。

　　日照质量:居住建筑的日照质量是通过日照时间内,室内日照面积的累计而达到的。根据各地的具体测定,在日照时间内居室内每小时地面上阳光投射面积的累积来计算。日照面积对于北方居住建筑和公共建筑冬季提高室温有重要作用。所以,应有适宜的窗型、开窗面积、窗户位置等,这既是为保证日照质量,也是采光、通风的需要。

5.5.1　日照间距的计算

　　日照间距是指建筑物长轴之间的外墙距离(见图 5-7),它是由建筑用地的地形、建筑朝向、建筑物高度及长度、当地的地理纬度及日照标准等因素决定的。

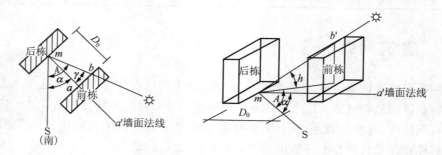

图 5-7　日照间距示意

　　在居住区规划中,如果已知前后两栋建筑的朝向及其外形尺寸,以及建筑所在地区的地理纬度,则可计算出为满足规定的日照时间所需的间距。如图 5-7 所示,计算点 m 定于后栋建筑物底层窗台位置,建筑日照间距由下式确定:

$$D_0 = H_0 \coth \cos\gamma \tag{5-3}$$

式中　D_0——建筑所需日照间距,m;

　　　　H_0——前栋建筑计算高度(前栋建筑总标高减去后栋建筑第一层窗台标高),m;

　　　　h——太阳高度角,(°);

γ——后栋建筑墙面法线与太阳方位角的夹角,(°),即太阳方位角与墙面方位
角之差,写成计算式为

$$\gamma = A - \alpha \tag{5-4}$$

式中　A——太阳方位角,(°),以当地正午时为零,上午为负值,下午为正值;

α——墙面法线与正南方向所夹的角,(°),以南偏西为正,南偏东为负。

当建筑朝向正南时,$\alpha=0$,公式可写成

$$D_0 = H_0 \coth \cos A \tag{5-5}$$

5.5.2　日照间距与建筑布局

在居住区规划布局中,满足日照间距的要求常与提高建筑密度、节约用地存在一
定矛盾。在规划设计中可采取一些灵活的布置方式,既满足建筑的日照要求,又可适
当提高建筑密度。

首先,可适当调整建筑朝向,将朝向南北改为朝向南偏东或偏西 30°的范围内,
使日照时间偏于上午或偏于下午。研究结果表明,朝向在南偏东或偏西 15°范围内
对建筑冬季太阳辐射得热影响很小,朝向在南偏东或偏西 15°～30°范围内,建筑仍能
获得较好的太阳辐射热,偏转角度超过 30°则不利于日照。以上海为例,建筑物为正
南时,满足冬至日正午前后 2 h 满窗日照的间距系数 $L_0 = 1.42$(日照间距 $D_0 =
L_0 H_0$,$H_0$ 为前栋建筑的计算高度);当朝向为南偏东(西)20°时,$L_0 = 1.41$;当朝向为
南偏东(西)30°时,$L_0 = 1.33$。这说明,在满足日照时间和日照质量的前提下,适当调
整建筑朝向,可缩小建筑间距,提高建筑密度,节约建筑用地。

此外,在居住区规划中,建筑群体错落排列,不仅有利于疏通内外交通和丰富空
间景观,也有利于增加日照时间和改善日照质量。高层点式住宅采取这种布置方式,
在充分保证采光日照条件下可大大缩小建筑物之间的间距,达到节约用地的目的。

在建筑规划设计中,还可以利用日照计算软件对日照时间、角度、间距进行较精
确的计算。

5.6　室外风环境优化设计

风环境是近二十几年来提出的环境科学术语。风不仅对整个城市环境有巨大影
响,而且对小区建筑规划、室内外环境及建筑能耗有很大影响。

风是太阳能的一种转换形式,既有速度又有方向。风向以 22.5°为间隔,共计 16
个方位,如图 5-8 所示。一个地区不同季节风向分布可用风玫瑰图表示。

由于太阳对地球南北半球表面的辐射热随季节呈规律性变化,从而引起大气环
流的规律性变化,这种季节性大范围有规律的空气流动形成的风,称为季候风。这种
风一般随季节而变,冬、夏季基本相反,风向相对稳定。如我国的东部,从大兴安岭经
过内蒙古河套绕四川东部到云贵高原,多属受季候风影响地区。同时,也形成我国新

疆、内蒙古和黑龙江部分地区一年中的主导风向是偏西风。由于我国地域辽阔,地形、地貌、海拔高度变化很大,不同地区风环境特征差异明显,如图 5-9 所示,除季风区、主导风向区外,还有无主导风向区、准静风区(简称静风区,是指风速小于 1.5 m/s 的频率大于 50％的区域。我国的四川盆地等地区属于这个区)等。

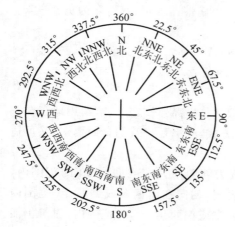

图 5-8　风的 16 个方位

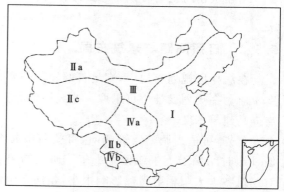

图 5-9　城市规划风向分布图

Ⅰ.季风区;Ⅱ.主导风向区:Ⅱa.全年以偏西风为主区;
Ⅱb.全年多西南风区;Ⅱc.冬季盛行偏西风、夏季盛行偏东风区;
Ⅲ.无主导风向区;Ⅳ.准静风区:Ⅳa.静稳偏东风区;
Ⅳb.静稳偏西风区

　　从地球表面到 500～1000 m 高的这一层空气一般叫作大气边界层,在城市区域上空则叫作城市边界层。大气边界层的厚度,并没有一个严格的界限,它只是一个定性的分层高度,其厚度主要取决于地表粗糙度,在平原地区较薄,在山区和市区较厚。大气边界层内空气的流动称为风。边界层内风速沿纵向(垂直方向)的分布特征是:紧贴地面处风速为零,越往高处风速逐渐加大。这是因为越往高处地面摩擦力影响越小。当到达一定高度时,往上的风速不再增大,把这个高度叫作摩擦高度或边界层高度。边界层高度主要取决于下垫面的粗糙程度。边界层内空气流动形成的风直接作用于建筑环境和建筑物,也将直接影响建筑物使用过程中的采暖或空调能耗。

　　此外,由于地球表面上的水陆分布、地势起伏、表面覆盖等条件的不同,因而造成诸表面对太阳辐射热的吸收和反射各异,诸表面升温后和其上部的空气进行对流换热及向太空辐射出的长波辐射能量亦不相同,这就造成局部空气温度差异,从而引起空气流动形成的风称为地方风。如陆地与江河、湖泊、海面相接区域,白天,水和陆地对太阳辐射热吸收、反射不同及它们的热容量等物理特性不同,陆地上空气升温比水面上空气升温快,陆地上空暖空气流向水面上空,而水面上冷空气流向陆地近地面,于是形成了由水面到陆地的海风;而夜晚陆地地面向大气进行热辐射,其冷却程度比水面强烈,于是水面上空暖空气流向陆地上空,而陆地近地面冷空气流向水面,于是又形成由陆地到水面的陆风,这就是地方风的一种——水(海)陆风,如图 5-10 所示。水(海)陆风影响的范围不大,沿海地区比较明显,海风通常深入陆地 20～40 km,高达 1000 m,最大风力可达 5～6 级;陆风在海上可伸展 8～10 km,高度 100～300 m,风力不超过 3 级。在温度日变化和水陆之间温度差异最大的地方,最容易形成水(海)陆风。我国沿海受海陆风的影响由南向北逐渐减弱。此外,在我国南方较大的几个湖泊湖滨地带,也能形成较强的水陆风。

地方风的形成和风向还有街巷风、山谷风、井庭风、林园风等,见图 5-11～图 5-15。

建筑物布置

注:陆地比流动的水面升降温快,白天水风,夜间陆风。

风向示意图

图 5-10 水陆风

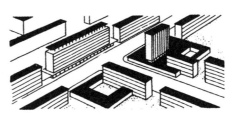

建筑物布置

注:十字口、丁字口比街内升降温快,白天为出口风,夜间为入口风。

风向示意图

图 5-11 街巷风(1)

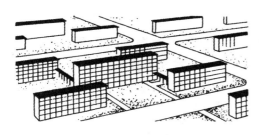

建筑物布置

注:建筑物错综排列,亦可得到街巷风。

风向示意图

图 5-12 街巷风(2)

建筑物布置

注:山坡比谷底升降温快,白天谷风,夜间山风。

风向示意图

图 5-13 山谷风

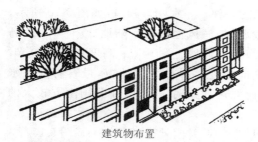

建筑物布置

白天　夜间
风向示意图

注：房屋周围比天井升
降温快，白天出门风，夜
间进门风。

图 5-14　井庭风

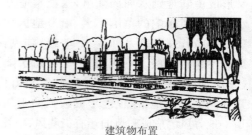

建筑物布置

白天
夜间
风向示意图

注：田园比森林升降
温快，白天林风，夜间
园风。

图 5-15　林园风

风对建筑采暖能耗的影响主要体现在两个方面：第一，风速的大小会影响建筑围护结构外表面与室外冷空气受迫对流的热交换速率；第二，冷风的渗透会带走室内热量，使室内空气温度降低。建筑围护结构外表面与周围环境的热交换速率在很大程度上取决于建筑物周围的风环境，风速越大，热交换也就越强烈，采暖能耗就越大。因此，对采暖建筑来说，如果要减小建筑围护结构与外界的热交换，达到节能的目的，就应该将建筑物规划在避风地段，且选择符合相关节能标准要求的体形系数。

在夏热冬冷和夏热冬暖地区，良好的室内外风环境，在炎热的夏季非常利于室内的自然通风，为人们提供新鲜空气，带走室内的热量和水分，降低室内空气温度和相对湿度，促进人体的汗液蒸发降温，改善人体舒适感；同时也利于建筑内外围护结构的散热，从而有效降低空调能耗。

5.6.1　建筑物主要朝向宜避开不利风向

我国北方采暖地区冬季主要受来自西伯利亚的寒冷气流影响，以北风、西北风为主要寒流风向。从节能角度考虑，建筑在规划设计时宜避开不利风向，以减少寒冷气流对建筑物的侵袭。同时对朝向为冬季主导风向的建筑物立面应多选择封闭设计和加强围护结构的保温性能，也可以通过在建筑周围种植防风林起到有效防风作用。

5.6.2　利用建筑组团阻隔冷风

通过合理布置建筑物，降低寒冷气流的风速，可以减少建筑围护结构外表面的热损失，节约能源。

迎风建筑物的背后会产生背风涡流区，这个区域也称风影区（风影是从光学中光影类比移植过来的物理概念，它是指风场中由于遮挡作用而形成局部无风或风速变小区域），见图 5-16。这部分区域内风力弱，风向也不稳定。风向投射角与风影区的关系见图 5-17、表 5-4。所以，将建筑物紧凑布置，使建筑物间距在 2.0 H 以内，可以充分利用风影效果,大大减弱寒冷气流对后排建筑的侵袭。图 5-18 是一些建筑的避风组团方案。

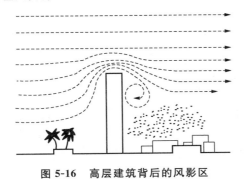

图 5-16　高层建筑背后的风影区　　　　　　图 5-17　风向投射角

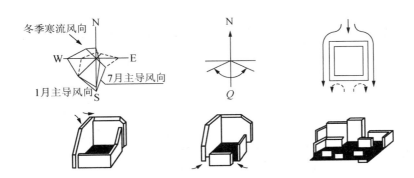

图 5-18　一些建筑的避风组团方案

表 5-4　风向投射角与风影长度(建筑高度为 H)

风向投射角 α	风 影 长 度	备　　　注
0°	3.75 H	本表的建筑模型为平屋顶,其高:宽:长为 1:2:8
30°	3 H	
45°	1.5 H	
60°	1.5 H	

在风环境的优化设计过程中,建筑物的长度、高度甚至屋顶形状都会影响风的分布,并有可能出现"隧道"效应,这会使局部风速增至 2 倍以上,产生强烈的涡流。所以,应该对建筑群内部在冬季主导风向寒风作用下的风环境作出分析(可利用计算流体力学软件进行模拟分析),对可能出现的"隧道"效应和强涡流区域通过调整规划设计方案予以消除。

5.6.3 提高围护结构气密性,减少建筑物冷风渗透耗能

减少冷风渗透是一项基本的建筑保温措施。在冬季经常出现大风降温天气的严寒、寒冷和部分夏热冬冷地区,冬季大风天的冷风渗透大大超出保证室内空气质量所需的换气要求,加大了冬季采暖的热负荷,并对人体的热舒适感产生不良影响。改善和提高外围护结构特别是外门窗的气密性是减少建筑物冷风渗透的关键。新型塑钢门窗或带断热桥的铝合金门窗在很大程度上提高了建筑物的气密性。

减少建筑物的冷风渗透,也需合理的建筑规划设计。居住建筑常因考虑占地面积等因素而多选择行列式的组团布置方式。从减弱或避免冬季寒冷气流对建筑物的侵袭来考虑,采用行列式组团形式时应注意控制风向与建筑物长边的入射角,不同入射角建筑排列内的气流状况不同,如图 5-19 所示。

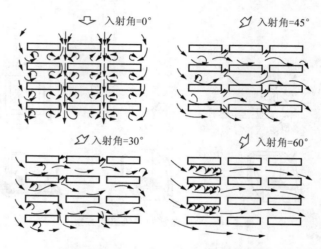

图 5-19　不同入射角情况下的气流状况

5.6.4 利于建筑自然通风的规划设计

在规划设计中,建筑群采取行列式或错列式布局,朝向(或朝向接近)夏季主导风向,且间距布局合理(可减弱或避开风影区的影响),有利于建筑物的自然通风。

在夏季室外风速小、天气炎热的气候条件下,高低建筑物错落布置,建筑小区内不均匀的气流分布所形成的大风区可以改善室内外热环境。此外,庭院式建筑布局(由于在庭院中间没有屋顶)也能形成良好的自然通风,增加室外环境的人体热舒适感。在这种气候条件下,风压很小,利用照射进庭院的太阳能形成烟囱效应,增加庭院和室内的空气流动。在城市中,为增大庭院的自然通风效果,屋顶需要较大的空隙率以减小正压。另外,可利用吸入式屋顶使建筑物下风向的负压与屋顶正压相互抵消,最终利用屋顶边缘的文丘里效应或者涡旋的能量来增加通风量。

若建筑物布置过于稠密而阻挡气流,则住宅区通风条件就会变差。若整个地区通风良好,夏季还可以降低步行者的体感温度,道路及住宅区的空气污染也容易往外扩散。此外,良好的自然通风,可以降低空调的使用率,从而达到降低能耗的目的。所以,在规划住宅区时,应该充分考虑整个区域的通风。当地区的总建筑占地率(建筑物外墙围住的部分的水平投影面积与建筑地基面积的比)相同时,通常中高层集合住宅区的自然通风效果优于低层住宅区。产生这种现象的原因是中高层集合住宅区用地是在整个地区内被统一规划的,容易形成一个集中而连续的开放空间,具备了风道的功能,带来整个地区良好的通风环境。而在低层住宅区用地中,随着地基不断被细分化和窄小化,建筑物很容易密集在一起,造成总建筑占地率的增加,整个地区的通风环境就会变差。

5.6.5　强风的危害和防止措施

所谓强风的危害是指发生在高大建筑周围的强风对环境的危害,是伴随着城市中高层乃至超高层建筑的出现而明显化了的社会问题。

就城市整体而言,其平均风速比同高度的开旷郊区为小,但在城市覆盖层(从地面向上到 50~100 m 这一层空气通常叫接地层或近地面层)内部风的局地性差异很大。主要表现在有些地方风速变得很大,而有些地方的风速变得很小甚至为零。造成风速差异性很大的主要原因有二:一方面是街道的走向、宽度、两侧建筑物的高度、形式和朝向不同,所获得的太阳辐射能就有明显的差异。这种局地差异,在主导风微弱或无风时将导致局地热力学环流,使城市内部产生不同的风向风速。另一方面是盛行风吹过城市中鳞次栉比、参差不齐的建筑物时,因阻碍效应产生不同的升降气流、涡动和绕流等,使风的局地变化更为复杂。

强风的危害是多方面的。首先是给人的活动造成许多不便,如行走困难、呼吸困难,甚至吹倒行人等。其次是造成房屋及各种设施的破坏,如玻璃破损、室外展品被吹落等。还有恶化环境,如冬季使人感到更冷,并使建筑围护结构外表面与室外冷空气对流换热更为强烈,冷风渗透加剧,这都将导致采暖能耗的大量增加。

为了防止上述风害,可采取如下措施。

(1)使高大建筑的小表面朝向盛行风向,或频数虽不够盛行风向,但风速很大的风向,以减弱风的影响。

(2)建筑物之间的相互位置要合适。例如两栋建筑物之间的距离不宜太窄,因为越窄则风速越大。

(3)改变建筑平面形状,例如切除尖角变为多角形,就能减弱风速。

(4)设防风围墙(墙、栅栏)可有效防止并减弱风害。防风围墙能使部分风通过,是较好的措施。此外,围墙的高度、长度及与风所成的角度等,对其防风效果有一定影响。

(5)种植树木于高层建筑周围,和前述围墙一样,起到减弱强风区的作用。

（6）在高楼的底部周围设低层部分,这种低层部分可以将来自高层的强风挡住,使之不会流动到街面或院内地面上去［见图 5-20(a)］。

（7）在近地面的下层处设置挑棚等,使来自上边的强风不致吹到街上的行人［见图 5-20(b)］。

（8）设联拱廊,如图 5-21 所示。在两个建筑物之间架设联拱廊之后,下面就受到了保护。当然,这种联拱廊还有防雨、遮阳等功能。

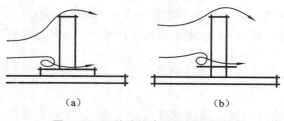

（a）　　　　　　　　　（b）

图 5-20　两种防止高楼强风的措施

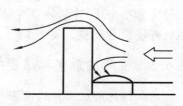

图 5-21　设联拱廊防止高楼强风

5.7　环境绿化及水景布置

建筑与气候密切相关,适应环境及气候,是建筑规划及设计应遵循的基本原则之一,也是建筑节能设计的原则之一。一个地区的气候特征是由太阳辐射、大气环流、地面性质等相互作用决定的,具有长时间尺度统计的稳定性,凭借目前人类的科学技术水平还很难将其改变。所以,建筑规划设计应结合气候特点进行。

但在同一地区,由于地形、方位、土壤特性以及地面覆盖状况等条件的差异,在近地面大气中,一个地区的个别地方或局部区域可以具有与本地区一般气候有所不同的气候特点,这就是微气候的概念。微气候是由局部下垫面构造特性决定的发生在地表附近大气层中的气候特点和气候变化,它对人的活动影响很大。

由于与建筑发生直接联系的是建筑周围的局部环境,即其周围的微气候环境。所以,在建筑规划设计中可以通过环境绿化、水景布置的降温、增湿作用,调节风速、引导风向的作用,保持水分、净化空气的作用改善建筑周围的微气候环境,进而达到改善室内热环境并减少能耗的目的。

人口高度密集的城市,在特殊的下垫面和城市人类活动的影响下,改变了该地区原有的区域气候状况,形成了一种与城市周围不同的局地气候,其特征有“城市热岛效应”“城市干岛、湿岛”等。北京的城市热岛现象见图 5-22。

在城市、小区的规划设计中,增加绿化、水景的面积,对改善局部的微气候环境是非常有益的。

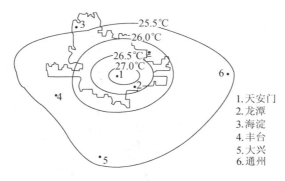

图 5-22　北京城市热岛现象

5.7.1　调节空气温度、增加空气湿度

　　绿化及水景布置对居住区气候起着十分重要的作用,具有良好的调节气温和增加空气湿度的作用。这主要是因为水在蒸发过程中会吸收大量太阳辐射热和空气中的热量,而植物(尤其是乔木)有遮阳、减低风速和蒸腾、光合作用。植物在生长过程中根部不断从土壤中吸收水分,又从叶面蒸发水分,这种现象称为“蒸腾作用”。据测定,一株中等大小的阔叶木,一天约可蒸发 100 kg 的水分。同时,植物吸收阳光作为动力,把空气中的二氧化碳和水进行加工变成有机物作养料,这种现象称为“光合作用”。蒸腾作用和光合作用都要吸收大量太阳辐射热。树林的树叶面积大约是树林种植面积的 75 倍,草地上的草叶面积是草地面积的 25～35 倍。这些比绿化面积大上几十倍的叶面面积都在进行着蒸腾作用和光合作用,所以就起到了吸收太阳辐射热、降低空气温度的作用,且净化了室外空气并调节了其湿度。

5.7.2　绿化的遮阳防辐射作用

　　据调查研究,茂盛的树木能遮挡 50%～90% 的太阳辐射热,草地上的草可以遮挡 80% 左右的太阳光线。实地测定:正常生长的大叶榕、橡胶榕、白兰花、荔枝等树下,离地面 1.5 m 高处,透过的太阳辐射热只有 10% 左右;柳树、桂木、刺桐等树下,透过的太阳辐射热是 40%～50%。由于绿化的遮阳,可使建筑物和地面的表面温度降低很多,绿化地面比一般没有绿化地面辐射热低 70% 以上。图 5-23 是 2000 年 8 月在武汉华中科技大学校园内对草坪、混凝土表面、泥土以及树荫下不同地面的表面温度的实测值。从图中可见,在太阳辐射情况下,午后混凝土和沥青地面最高表面温度达 50 ℃ 以上,草坪仅有 40 ℃ 左右。草坪的初始温度最低,在午后其温度下降也比较快,到 18:00 时后低于气温。说明植被在太阳辐射下由于蒸腾作用,降低了对土壤的加热作用,相反在没有太阳辐射时,在长波辐射冷却下能迅速将热量从土壤深部传出,说明植被是较为理想的地表覆盖材料,对改善室外微气候环境的作用是非常明显的。

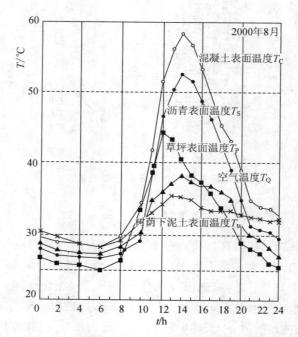

图 5-23　各种地表覆盖材料表面测试温度图

研究表明,如果在居住区增加 25％的绿化覆盖率,可使空调能耗降低 20％以上。所以,在居住区的节能设计中,应注重环境绿化、水景布置的设计。但不应只单纯追求绿地率指标及水面面积或将绿地、水面过于集中布置,还应注重绿地、水面布局的科学、合理,使每栋住宅都能同享绿化、水景的生态效益,尽可能大范围、最大程度上发挥环境绿化、水景布置改善微气候环境质量的有益作用。

基于上述原理和实际效果,说明环境绿化、水景布置的科学设计和合理布局,对改善公共建筑周围微气候环境质量、节约空调能耗也是极其有利的。

5.7.3　降低噪声、减轻空气污染

绿化对噪声具有较强的吸收衰减作用。其主要原因是树叶和树枝间空隙像多孔性吸声材料一样吸收声能,同时通过与声波发生共振吸收声能,特别是能吸收高频噪声。有研究表明,公路边 15～30 m 宽的林带,能够降低噪声 6～10 dB,相当于减少噪声能量 60％以上。当然,树木的降噪效果与树种、林带结构和绿化带分布方式有关。根据城市居住区特点采用面积不大的草坪和行道树可起到吸声降噪的效果。

植被,特别是树木,有吸收有害气体,吸滞烟尘、粉尘和细菌的作用。因此,居住区绿化建设还可以减轻城市大气污染、改善大气环境质量。

复习思考题

5-1　建筑物周围环境的地形地貌对建筑能耗有何影响？

5-2　何谓建筑物体形系数？体形系数与建筑节能的关系？怎样控制建筑物体形系数？

5-3　建筑节能设计中,如何确定建筑朝向和建筑间距？

5-4　建筑规划设计中,环境绿化与水景布置对微气候有何影响？对建筑节能有何影响？

5-5　何谓日照间距？如何衡量居住建筑的日照效果？

5-6　室外风环境是如何影响北方地区建筑采暖能耗和南方地区建筑空调能耗的？

第6章 单体建筑设计中的节能技术

本章提要

本章论述了单体建筑节能设计的主要方法和具体措施。其重点内容是建筑物体型调整与平面设计、建筑物墙体［屋顶、外门、外窗（含玻璃幕墙）及底层和楼层地面］的节能设计。通过围护结构的蒸汽渗透传湿和外保温墙体因雨水渗透所导致的围护结构材料受潮、保温性能降低而引发的建筑能耗增大等诸多问题及其解决之道，通过学习也应很好地掌握。

合理利用自然通风是改善室内热环境、节约空调能耗的有效手段，值得在节能建筑中大力推广应用。

建筑规划节能设计工作完成后，将进行单体建筑的节能设计。单体建筑的节能设计要以国家、行业和地方的相关节能设计标准，如《严寒和寒冷地区居住建筑节能设计标准》（JGJ 26—2010）、《夏热冬冷地区居住建筑节能设计标准》（JGJ 134—2010）、《夏热冬暖地区居住建筑节能设计标准》（JGJ 75—2012）和《公共建筑节能设计标准》（GB 50189—2005）等标准为依据，积极采用新材料、新技术、新工艺，选择适合本地区气候特点的外围护结构保温、隔热方式及合理的构造措施，在某些地区还应选择合理的建筑体形系数及遮阳措施，并对热桥部位进行处理，全面完善初级设计阶段的节能设计方案。运用先进的节能设计理念，在创造室内适宜热环境的前提下，尽可能地利用可再生能源，如太阳能、风能、地热能等，最大限度地减少建筑物在使用过程中对常规能源的消耗并提高能源的利用效率。

建筑物使用过程的能耗主要是通过外围护结构的传热损失和通过门窗缝隙的空气渗透热损失。以占我国住宅建筑总量绝大多数的 4 个单元 6 层楼的砖墙、混凝土楼板结构的多层住宅为例，通过外围护结构的传热损失约占全部热损失的 77%，通过门窗缝隙的空气渗透热损失约为 23%。在传热损失中，通过外墙约为 25%，通过窗户约为 24%，楼梯间隔墙约为 11%，屋面约为 9%，阳台门下部约为 3%，户门约为 3%，地面约为 2%。窗户的传热损失与空气渗透热损失相加，约为全部热损失的 47%。由此可知，加强建筑围护结构的节能设计是建筑节能设计的主要任务之一。

单体建筑的节能设计内容主要包括建筑围护结构的节能设计和采暖空调系统的节能设计。对建筑学和城市规划专业来说，除建筑物充分利用自然光、减弱室外热环境及气候对建筑物不利影响的设计之外，建筑围护结构的节能设计主要是指：建筑物墙体（含外墙和存在空间传热的内隔墙），屋面外门、外窗底层地面及存在空间传热的层间楼板或外挑楼板等。

由于我国南、北方气候差异较大,因此不同的气候分区所采取的具体节能措施也不完全相同。严寒、寒冷和部分夏热冬冷地区的建筑以保温节能设计为主,部分夏热冬冷和夏热冬暖地区建筑以隔热节能设计为主。

保温和隔热,都是为了保持室内具有适宜温度、降低能耗而对围护结构所采取的节能措施。保温一般是指围护结构(包括屋顶、外墙、门窗及存在空间传热的楼板、内隔墙及外挑楼板等)在冬季阻止或减少室内向室外或其他空间传热而使室内保持适宜温度的措施。而隔热则通常指外围护结构在夏季减弱室外综合温度谐波的影响,使其内表面最高温度不致使人体产生烘烤感的措施。两者的主要区别如下。

(1)两者传热过程不同。保温是指阻止或减弱冬季由室内向室外传热的过程,而隔热则是指阻隔夏季由室外向室内传热的过程。通常保温按稳定传热来考虑,同时考虑不稳定传热的影响,而隔热则是按周期性传热来考虑,一般以 24 h 为周期。

(2)两者评价指标不同。围护结构保温性能一般用传热系数或传热阻值来评价,而其隔热性能则一般用夏季室外综合温度谐波作用下外围护结构内表面的最高温度及其出现时间和围护结构的衰减倍数来评价。

在室内维持一定温度时,冬季围护结构传热系数越小,保温性能越好,采暖能耗越低;而夏季其内表面最高温度越低、衰减倍数越大、延迟时间越长,隔热性能越好,空调能耗就越低。

(3)两者构造措施不同。保温性能主要取决于围护结构的传热系数或传热阻值(对某些建筑物热稳定性也很重要)的大小。由多孔轻质保温材料构成的轻型围护结构,比如内置聚苯板或聚氨酯泡沫夹芯的彩色压型钢板用作屋面板或墙板时,因其传热系数较小,所以保温性能较好,但其隔热性能往往较差。这主要是由于上述墙板、屋面板热惰性指标 D 值较小,对室外综合温度和室内空气温度谐波波幅衰减较小的缘故。

6.1　建筑体型调整与平面设计

6.1.1　建筑平面形状与节能的关系

建筑物的平面形状主要取决于建筑的功能及建筑物用地地块的形状,但从建筑热工的角度看,一般来说,过于复杂的平面形状势必增加建筑物的外表面积,带来采暖能耗的大幅度增加,因此从建筑节能的角度出发,在满足建筑功能要求的前提下,平面设计应注意使外围护结构表面积 F_0 与建筑体积 V_0 之比尽可能的小,以减小散热面积及散热量(在室内散热量较小的前提下,体形系数越小,夏季空调房间的得热量越小)。当然对空调房间,应对其得热和散热状况进行具体分析。假定平面大小为 40 m×40 m、高度为 17 m 的建筑物耗热量为 100%,相同体积下不同平面形式的建筑物采暖能耗的相对比值如表 6-1 所示。

表 6-1　建筑平面形状与能耗关系

	正方形	长方形	细长方形	L 形	回字形	U 形
F_0/V_0	0.16	0.17	0.18	0.195	0.21	0.25
能耗/(%)	100	106	114	124	136	163

6.1.2　建筑长度与节能的关系

在高度及宽度一定的条件下,对南北朝向建筑来说,增加居住建筑物的长度对节能是有利的,长度小于 100 m,能耗增加较大。例如,从 100 m 减至 50 m,能耗增加 8%~10%。从 100 m 减至 25 m,5 层住宅能耗增加 25%,9 层住宅能耗增加 17%~20%。建筑长度与建筑能耗的关系见表 6-2。

表 6-2　建筑长度与能耗的关系/(%)

室外计算温度/℃	住宅建筑长度/m				
	25	50	100	150	200
20	121	110	100	97.9	96.1
30	119	109	100	98.3	96.5
40	117	108	100	98.3	96.7

6.1.3　建筑宽度与节能的关系

在高度及长度一定的条件下,居住建筑的宽度与能耗的关系见表 6-3。从表中可以看出,如建筑宽度从 11 m 增加到 14 m,能耗可减少 6%~7%,如果增大到 15~16 m,则能耗可减少 12%~14%。

表 6-3　建筑宽度与能耗的关系/(%)

室外计算温度/℃	住宅建筑宽度/m							
	11	12	13	14	15	16	17	18
20	100	95.7	92	88.7	86.2	83.6	81.6	80
30	100	95.2	93.1	90.3	88.3	86.6	84.6	83.1
40	100	96.7	93.7	91.1	89.0	87.1	84.3	84.2

6.1.4　建筑平面布局与节能的关系

合理的建筑平面布局会给建筑在使用上带来极大的方便,同时也可有效地改善室内的热舒适度和有利于建筑节能。在节能建筑设计中,主要应从合理的热环境分区及设置温度阻尼区两个方面来考虑建筑平面的布局。

不同的房间可能有不同的使用要求,因此,其对室内热环境的要求可能也各异。在设计中,应根据房间对热环境的要求而合理分区,将对温度要求相近的房间相对集中布置。如将冬季室温要求稍高、夏季室温要求稍低的房间设于核心区；将冬季室温要求稍低、夏季室温要求稍高的房间设于平面中紧邻外围护结构的区域，作为核心区和室外空间的温度缓冲区（或称温度阻尼区），以减少供热能耗；将夏季温湿度要求相同（或接近）的房间相邻布置。

　　为了保证主要使用房间的室内热环境质量，可在该类房间与室外空间之间，结合使用情况，设置各式各样的温度阻尼区。这些阻尼区就像是一道"热闸"，不但可使房间外墙的传热（传冷）损失减少，而且大大减少了房间的冷风渗透，从而也减少了建筑的渗透热（冷）损失。冬季设于南向的日光间、封闭阳台、外门（或门厅）设置门斗（夏季附加合适的遮阳、通风设施）等都具有温度阻尼区作用，是冬（夏）季减少耗热（冷）的一个有效措施。

6.2　建筑物墙体节能设计

6.2.1　建筑物外墙保温设计

　　外墙按其保温材料及构造类型，主要有单一材料保温墙体、单设保温层复合保温墙体。常见的单一材料保温墙体有加气混凝土保温墙体、多孔砖墙体、空心砌块墙体等。在单设保温层复合保温墙体中，根据保温层在墙体中的位置又分为内保温墙体、外保温墙体及夹心保温墙体，见图 6-1。

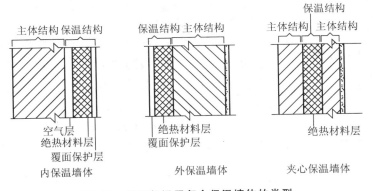

图 6-1　单设保温层复合保温墙体的类型

　　随着节能标准的提高，大多数单一材料保温墙体难以满足包括节能在内的多方面技术指标的要求。而单设保温层的复合墙体由于采用了新型高效保温材料而具有更优良的热工性能，且结构层、保温层都可充分发挥各自材料的特性和优点，既不使墙体过厚又可满足保温节能要求，又可满足墙体抗震、承重及耐久性等多方面的要求。

　　在三种单设保温层的复合墙体中，外墙外保温系统因技术合理、有明显的优越性且适用范围广，不仅适用于新建建筑工程，也适用于既有建筑的节能改造，从而成为住房和城乡建设部在国内重点推广的建筑保温技术。外墙外保温技术具有七大技术优势:保护主体结构,大大减小了因温度变化导致结构变形所产生的应力,避免了雨、雪、冻、融、干、湿循环造成的结构破坏,减少了空气中有害气体和紫外线对围护结构的侵蚀,延长了建筑物的寿命;基本消除了"热桥"影响,也防止了"热桥"部位产生的结露;使墙体潮湿状况得到改善,墙体内部一般不会发生冷凝现象;有利于室温保持稳定;可以避免装修对保温层的破坏;便于既有建筑物进行节能改造;增加房屋使用面积。

下面介绍 4 种住房和城乡建设部在《外墙外保温工程技术规程》(JGJ 144—2004)中重点推广的外墙外保温系统。这 4 种外保温系统保温材料性能优越、技术先进成熟、工程质量可靠稳定,而且应用较为广泛。

6.2.1.1 EPS 板薄抹灰外墙外保温系统

EPS 板薄抹灰外墙外保温系统(简称 EPS 板薄抹灰系统)由 EPS 板保温层、薄抹面层和饰面涂层构成,EPS 板用胶粘剂固定在基层上,薄抹面层中满铺抗碱玻纤网,见图 6-2。

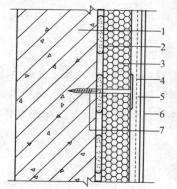

图 6-2 EPS 板薄抹灰系统

1—基层;2—胶粘剂;3—EPS 板;
4—玻纤网;5—薄抹面层;
6—饰面涂层;7—锚栓

EPS 板薄抹灰外保温系统在欧洲使用最久的实际工程已接近 40 年。大量工程实践证实,EPS 板薄抹灰外保温系统技术成熟完备可靠,工程质量稳定,保温性能优良,使用年限可超过 25 年。

(1)基层墙体:可以是混凝土墙体,也可以是各种砌体墙体。但基层墙体表面应清洁,无油污,无凸起、空鼓、疏松等现象。

(2)胶粘剂:将 EPS 板粘贴于基层上的一种专用黏结胶料。EPS 板的粘贴方法有点框粘法和满粘法。点框粘法应保证黏结面积大于 40%。胶粘剂的性能指标应符合表 6-4 的要求。

表 6-4 胶粘剂的性能指标

试 验 项 目		性 能 指 标
拉伸黏结强度/MPa(与水泥砂浆)	原强度	≥0.60
	耐水	≥0.40
拉伸黏结强度/MPa(与膨胀聚苯板)	原强度	≥0.10,破坏界面在膨胀聚苯板上
	耐水	≥0.10,破坏界面在膨胀聚苯板上
可操作时间/h		1.5~4.0

(3)EPS 板:是一种应用较为普遍的阻燃型保温板材。其设计厚度经过计算应满足相关节能标准对该地区墙体的保温要求。不同地区居住建筑和公共建筑各部分围护结构传热系数限值见相关节能标准。EPS 板性能指标应符合表 6-5 的要求。

EPS 板的粘贴排列要求见图 6-3。

表 6-5 膨胀聚苯板(EPS)主要性能指标

试 验 项 目	性 能 指 标
导热系数/[W/(m·K)]	≤0.041
表观密度/(kg/m³)	18.0～22.0
垂直于板面方向的抗拉强度/MPa	≥0.10
尺寸稳定性/(%)	≤0.30
压缩性能(形变 10%)/MPa	≥0.10

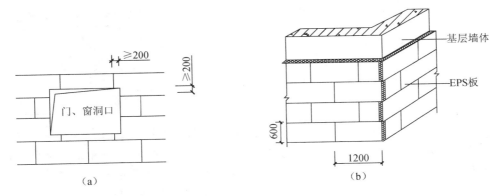

图 6-3 EPS 板排列示意(单位:mm)

(a)门、窗洞口 EPS 板排列;(b)EPS 板排列

(4)玻纤网:耐碱涂塑玻璃纤维网格布。为使抹面层有良好的耐冲击性及抗裂性,在薄抹面层中要求满铺玻纤网。因为保温材料密度小、质量轻、内含大量空气,在遇温度和湿度变化时,保温层体积变化较大,在基层发生变形时,抹面层中会产生很大的变形应力,当应力大于抹面层材料的抗拉强度时便产生裂缝。满铺耐碱玻纤网后,能使所受的变形应力均匀向四周分散,在限制沿平行耐碱网格布方向变形的同时,又可获得垂直耐碱网格布方向的最大变形量,从而使抹面层中的耐碱网格布长期稳定地起到抗裂和抗冲击的作用。所以,玻纤网称为抗裂防护层中的软钢筋。耐碱玻纤网格布的主要性能指标应符合表 6-6 的要求。

表 6-6 耐碱玻纤网格布主要性能指标

试 验 项 目	性 能 指 标
单位面积质量/(g/m²)	≥130
耐碱断裂强力(经、纬向)/(N/50 mm)	≥750
耐碱断裂强力保留率(经、纬向)/(%)	≥50
断裂应变(经、纬向)/(%)	≤5.0

(5)薄抹面层:抹在保温层上、中间夹有玻纤网、保护保温层并起防裂、防水、抗冲击作用的构造层。为了解决保温层受温度和湿度变化影响造成的体积、外形尺寸的变化,抹面层要用抗裂水泥砂浆。这种砂浆使用了弹性乳液和助剂。弹性乳液使水泥砂浆具有柔性变形性能,改善水泥砂浆易开裂的弱点。助剂和不同长度、不同弹性模量的纤维可以控制抗裂砂浆的变形量,并使其柔韧性得到明显提高。抹面砂浆的性能指标应符合表 6-7 的要求。

表 6-7　抹面砂浆的性能指标

试 验 项 目		性 能 指 标
拉伸黏结强度/MPa (与膨胀聚苯板)	原强度	≥0.10,破坏界面在膨胀聚苯板上
	耐水	≥0.10,破坏界面在膨胀聚苯板上
	耐冻融	≥0.10,破坏界面在膨胀聚苯板上
柔韧性	抗压强度/抗折强度(水泥基)(MPa)	≤3.0
	开裂应变(非水泥基)/(%)	≥1.5
可操作时间/h		1.5～4.0

(6)饰面涂层:在弹性底层涂料、柔性耐水腻子上刷的外墙装饰涂料。柔性耐水腻子黏结强度高、耐水性好、柔韧性好,特别适合在易产生裂缝的各种保温及水泥砂浆基层上做找平、修补材料,可有效防止面层装饰材料出现龟裂或有害裂缝。

(7)锚栓:建筑物高度在 20 m 以上时,在受负风压作用较大的部位,或在不可预见的情况下为确保系统的安全性而起辅助固定作用。

6.2.1.2　胶粉 EPS 颗粒保温浆料外墙外保温系统

胶粉 EPS 颗粒保温浆料外墙外保温系统(简称保温浆料系统)由界面层、胶粉 EPS 颗粒保温浆料保温层、抗裂砂浆抹面层和饰面层组成,如图 6-4 所示。该系统采

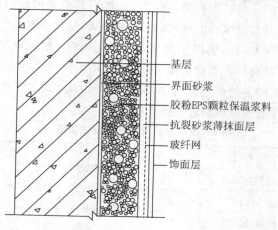

基层

界面砂浆

胶粉EPS颗粒保温浆料

抗裂砂浆薄抹面层

玻纤网

饰面层

图 6-4　保温浆料系统

用逐层渐变、柔性释放应力的无空腔的技术工艺,可广泛适用于不同气候区、不同基层墙体、不同建筑高度的各类建筑外墙的保温与隔热。

(1)基层:适用于混凝土墙体、各种砌体墙体。但基层表面应清洁、无油污,剔除影响黏结的附着物和空鼓、疏松部位。

(2)界面砂浆:由基层界面剂、中细砂和水泥混合制成,用于提高胶粉 EPS 颗粒保温浆料与基层墙体的黏结力。对要求做界面处理的基层应满涂界面砂浆。基层界面砂浆的主要性能指标应符合表 6-8 的要求。

表 6-8　基层界面砂浆的主要性能指标

试 验 项 目		性 能 指 标	
拉伸黏结强度/MPa (与胶粉 EPS 颗粒保温浆料)	原强度	≥0.10	破坏界面位于胶粉 EPS 颗粒保温浆料
	耐水	≥0.10	
	耐冻融	≥0.10	

(3)胶粉 EPS 颗粒保温浆料:由胶粉料和 EPS 颗粒组成。胶粉料由无机胶凝材料与各种外加剂在工厂采用预混合干拌技术制成。施工时加水搅拌均匀,抹在基层墙面上形成保温材料层,其设计厚度经过计算应满足相关节能标准对该地区墙体的保温要求。胶粉 EPS 颗粒保温浆料宜分层抹灰,每层操作间隔时间应在 24 h 以上,每层厚度不宜超过 20 mm。胶粉 EPS 颗粒保温浆料主要性能指标应符合表 6-9 的要求。

表 6-9　胶粉 EPS 颗粒保温浆料主要性能指标

试 验 项 目	性 能 指 标
导热系数/[W/(m·K)]	≤0.060
压缩性能(形变 10%)/MPa	≥0.25(养护 28 d)
抗拉强度/MPa	≥0.10
线性收缩率/(%)	≤0.3
干密度/(kg/m³)	180~250

(4)抗裂砂浆薄抹面层:抗裂砂浆的作用、构造做法、性能要求同 EPS 板薄抹灰外墙外保温系统中的抗裂砂浆薄抹面层。

(5)玻纤网:其作用、目的、性能要求同 EPS 板薄抹灰外墙外保温系统中的玻纤网。

(6)饰面层:同 EPS 板薄抹灰外墙外保温系统中的饰面涂层。

本系统中如果饰面层不用涂料而采用墙面砖时,就要将抗裂砂浆中的玻纤网用热镀锌钢丝网代替,热镀锌钢丝网用塑料锚栓双向@500 mm 锚固,以确保面砖饰面层与基层墙体的有效连接,如图 6-5。

面砖的粘贴要用专用的面砖黏结砂浆。面砖黏结砂浆由面砖专用胶液与中细砂、水泥按一定质量比混合配制而成,可有效提高面砖的黏结强度。

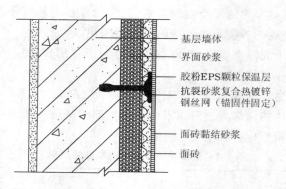

图 6-5　保温浆料系统面砖饰面构造

6.2.1.3　EPS 板现浇混凝土外墙外保温系统

　　EPS 板现浇混凝土外墙外保温系统(简称无网现浇系统)以现浇混凝土外墙作为基层,EPS 板为保温层。EPS 板内表面(与现浇混凝土接触的表面)沿水平方向开

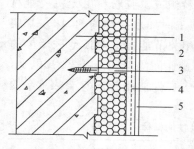

图 6-6　无网现浇系统
1-现浇混凝土外墙;2-EPS 板;
3-锚栓;4-抗裂砂浆薄抹面层;
5-饰面层

有矩形齿槽,内、外表面均满涂界面砂浆。在施工时将 EPS 板置于外模板内侧,并安装尼龙锚栓作为辅助固定件。浇灌混凝土后,墙体与 EPS 板以及锚栓结合为一体。EPS 板表面抹抗裂砂浆薄抹面层,外表以涂料为饰面层,薄抹面层中满铺玻纤网,如图 6-6。

　　无网现浇系统是用于现浇混凝土剪力墙的外保温体系,采用阻燃型 EPS 板作外保温材料。施工时在绑扎完墙体钢筋后将保温板和穿过保温板的尼龙锚栓与墙体钢筋固定,然后安装内外钢模板,并将保温板置于墙体外侧钢模板内侧。浇筑墙体混凝土时,

外保温板与墙体有机结合在一起,拆模后外保温与墙体同时完成。其优点是:施工简单、安全、省工、省力、经济、与墙体结合好,并能进行冬期施工;摆脱了人贴手抹、手工操作的安装方式,实现了外保温安装的工业化,减轻了劳动强度,有很好的经济效益和社会效益。

　　为了确保 EPS 板与现浇混凝土和面层局部修补、找平材料等能够牢固地黏结,以及保护 EPS 板不受阳光和风化作用的破坏,要求 EPS 板两面必须预涂 EPS 板界面砂浆。此砂浆由 EPS 板专用界面剂与中细砂、水泥混合制成,施工时均匀涂刷在EPS 板两面,形成黏结性能良好的界面层,以增强 EPS 板与混凝土、抹面层的黏结能力。要求 EPS 板内表面要开水平矩形齿槽或燕尾槽。

　　EPS 板宽度为 1.2 m,高度宜为建筑物层高,厚度按设计要满足相关节能标准对该地区墙体的保温要求。

　　施工时,混凝土一次浇筑高度不宜大于 1 m,避免混凝土产生过大的侧压力而使

EPS 板出现较大的压缩形变。

抗裂砂浆薄抹面层、饰面层的材料性能、作用、施工要求等同 EPS 板薄抹灰系统中对抗裂砂浆薄抹面层、饰面层的要求一致。

主要节点窗口的保温做法如图 6-7。EPS 板薄抹灰等外保温系统窗口保温做法也可参照此图。

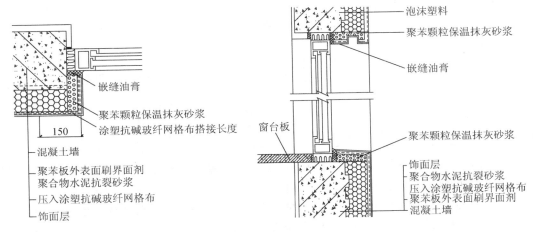

图 6-7　窗口保温做法

6.2.1.4　EPS 钢丝网架板现浇混凝土外墙外保温系统

EPS 钢丝网架板现浇混凝土外墙外保温系统(简称有网现浇系统)以现浇混凝土为基层,EPS 单面钢丝网架板置于外墙外模板内侧并安装 $\phi6$ 钢筋作为辅助固定件。浇灌混凝土后,EPS 单面钢丝网架板挑头钢丝和 $\phi6$ 钢筋与混凝土结合为一体,EPS 单面钢丝网架板表面抹掺入外加剂的水泥砂浆形成厚抹面层,外表做饰面层。以涂料做饰面层时,应加抹玻纤网抗裂砂浆薄抹面层,见图 6-8。

有网现浇系统用于建筑剪力墙结构体系,施工时,当外墙钢筋绑扎完毕后,将由工厂预制的保温板构件放在墙体钢筋外侧(这种构件是外表面有横向齿形槽的聚苯板,中间斜插若干 $\phi2.5$ 穿过板材的镀锌钢丝,这些斜插镀锌钢丝与板材外的一层 $\phi2$ 钢丝网片焊接,构件两面喷有界面剂,构件由工厂预制。EPS 单面钢丝网架板质量应符合表 6-10 的要求)并与墙体钢筋固定。为确保保温板与墙体之间结合的可

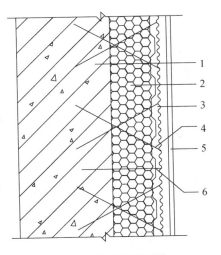

图 6-8　有网现浇系统

1-现浇混凝土外墙;2-EPS 单面钢丝网架板;
3-掺外加剂的水泥砂浆厚抹面层;
4-钢丝网架;5-饰面层;6-$\phi6$ 钢筋

靠性,在聚苯板保温构件上除有镀锌斜插丝伸入混凝土墙内,并通过聚苯板插入经过防锈处理的 $\phi6$ L 形钢筋与墙体钢筋绑扎,或插入 $\phi10$ 塑料胀管,每平方米 3～4 个,再支墙体内外钢模板(此时保温板位于外钢模板内侧),然后浇筑混凝土墙。为避免混凝土产生过大的侧压力而使保温板出现较大的压缩变形,混凝土一次浇筑高度不宜大于 1 m。拆模后保温板和混凝土墙体结合在一起,牢固可靠。然后在钢丝网架上抹抗裂砂浆厚抹面层。

表 6-10　EPS 单面钢丝网架板质量标准

项　目	质 量 要 求
外观	界面砂浆涂敷均匀,与钢丝和 EPS 板附着牢固
焊点质量	斜丝脱焊点不超过 3%
钢丝挑头	穿透 EPS 板挑头不小于 30 mm
EPS 板对接	板长 3000 mm 范围内 EPS 板对接不得多于两处,且对接处需用胶粘剂粘牢

如果表面做涂料饰面,应加抹抗裂砂浆复合耐碱玻纤网薄抹面层,涂弹性底层涂料、柔性耐水腻子,最后刷外墙装饰涂料。

由于这种外保温构造系统有大量腹丝埋在混凝土中,与结构墙体的连接比较可靠,目前大多用于做面砖饰面,在抗裂砂浆厚抹面层上,用专用面砖黏结砂浆粘贴面砖。

保温板厚度应满足相关节能标准对该地区墙体的保温要求。考虑到大量穿过聚苯板插入混凝土墙体的腹丝对保温板热工性能的影响,在实际计算保温板厚度时,其导热系数应乘以 1.2 的修正系数。

无论采取何种外墙外保温系统,都应包覆门窗框外侧洞口、女儿墙、封闭阳台及突出墙面的出挑部位等热桥部位(构造做法可参照相应图集);不得随意更改系统构造和组成材料;不但外墙外保温系统组成材料的性能要符合要求,而且外墙外保温系统整体性能应符合表 6-11 的要求。

表 6-11　外墙外保温系统整体性能要求

检 验 项 目	性 能 要 求
耐候性	耐候性试验后,不得出现起泡、空鼓或脱落,不产生渗水裂缝。抗裂防护层与保温层的拉伸黏结强度 $\geqslant 0.1$ MPa,破坏部位应位于保温层
抗风荷载性能	系统抗风压值 R_d 不小于风荷载设计值。EPS 板薄抹灰外墙外保温系统、胶粉 EPS 颗粒保温浆料外墙外保温系统、EPS 板现浇混凝土外墙外保温系统和 EPS 钢丝网架板现浇混凝土外墙外保温系统安全系数应不小于 1.5,机械固定系统安全系数应不小于 2
抗冲击性	建筑物首层墙面以及门窗口等易受碰撞部位:10J 级;建筑物二层以上墙面等不易受碰撞部位:3J 级

续表

检验项目	性能要求
吸水量	水中浸泡 1 h,只带有抹面层和带有全部保护层的系统的吸水量均不得大于或等于 1.0 kg/m²
耐冻融性能	30 次冻融循环后,保护层无空鼓、脱落,无渗水裂缝;保护层与保温层的拉伸黏结强度不小于 0.1 MPa,破坏部位应位于保温层
热阻	复合墙体热阻符合设计要求
抹面层不透水性	2 h 不透水
保护层水蒸气渗透阻	符合设计要求

注:水中浸泡 24 h,只带有抹面层和带有全部保护层的系统的吸水量均小于 0.5 kg/m² 时,不检验耐冻融性能。

6.2.2　建筑物楼梯间内墙保温设计

　　楼梯间内墙泛指住宅中楼梯间与住户单元间的隔墙,同时一些宿舍楼内的走道墙也包含在内。我国《严寒和寒冷地区居住建筑节能设计标准》(JGJ 26—2010)中要求:采暖居住建筑的楼梯间及外走廊与室外连接的开口处应设置窗或门,且该窗和门应能密闭。严寒地区 A 区和严寒地区 B 区的楼梯间宜采暖,设置采暖的楼梯间的外墙和外窗应采取保温措施。实际设计中,有些建筑的楼梯间及走道间不设采暖设施,楼梯间的隔墙即成为由住户单元内向楼梯间传热的散热面。这种情况下,这些楼梯间隔墙部位就应做好保温处理。

　　计算表明,一栋多层住宅,楼梯间采暖比不采暖,耗热要减少 5% 左右;楼梯间开敞比设置门窗,耗热量要增加 10% 左右。所以有条件的建筑应在楼梯间内设置采暖装置并做好门窗的保温措施,否则,就应按节能标准要求对楼梯间内墙采取保温措施。

　　根据住宅选用的结构形式,如砌体承重结构体系,楼梯间内隔墙多为双面抹灰 240 mm 厚砖砌体结构或 190 mm 厚混凝土空心砌块砌体结构。这类形式的楼梯间内的保温层常置于楼梯间一侧,保温材料多选用保温砂浆类产品或保温浆料系列产品。图 6-9 是保温浆料系统用于不采暖楼梯间隔墙时的保温构造做法。因保温层多为松散材料组成,施工时要注意其外部保护层的处理,防止搬动大件物品时碰伤楼梯间内墙的保温层。在图 6-9 中采取双层耐碱网格布,以增强保护层强度及抗冲击性。

　　对钢筋混凝土高层框架-剪力墙结构体系建筑,其楼梯间常与电梯间相邻,这些部位通常作为钢筋混凝土剪力墙的一部分,对这些部位也应提高保温能力,以达到相关节能标准的要求。

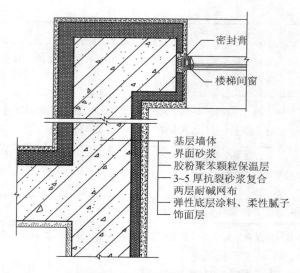

密封膏

楼梯间窗

基层墙体
界面砂浆
胶粉聚苯颗粒保温层
3~5 厚抗裂砂浆复合
两层耐碱网布
弹性底层涂料、柔性腻子
饰面层

图 6-9　楼梯间隔墙保温构造

6.2.3　建筑物变形缝保温设计

建筑物中的变形缝常见的有伸缩缝、沉降缝、抗震缝等,虽然这些部位的墙体一般不会直接面向室外寒冷空气,但这些部位的墙体散热量也是不容忽视的。尤其是建筑物外围护结构其他部位提高保温能力后,这些构造缝就成为较为突出的保温薄弱部位,散热量相对较大,所以,必须对其进行保温处理。《严寒和寒冷地区居住建筑节能设计标准》(JGJ 26—2010)中要求:变形缝应采取保温措施,并应保证变形缝两侧墙的内表面温度在室内空气设计温、湿度条件下不低于露点温度。保温浆料系统变形缝保温做法见图 6-10(伸缩缝、沉降缝、抗震缝用聚苯条塞紧,填塞深度不小于 300 mm,聚苯条密度应不大于 10 kg/m³,金属盖缝板可用 1.2 mm 厚铝板或 0.7 mm厚不锈钢板,两边钻孔固定)。在严寒地区,除了沿着变形缝填充一定深度的保温材料外,再将缝两侧的墙做内保温,其保温效果会更好。其他保温系统变形缝保温做法可参照此图(或参阅相关建筑构造图)中的保温做法。

6.2.4　建筑物外墙隔热设计

外墙、屋顶的隔热效果是用其内表面温度的最高值、衰减倍数和延迟时间来衡量和评价的。所以,有利于降低外墙、屋顶内表面最高温度,增大衰减倍数和增加延迟时间的方法都是隔热的有效措施。通常,外墙、屋顶的隔热设计按以下思路采取具体措施:减少对太阳辐射热的吸收;减弱室外综合温度波动对围护结构内表面最高温度的影响,且所选材料及其构造层次有利于散热,能将太阳辐射等热能转化为其他形式的能量,减少通过围护结构传入室内的热量等。

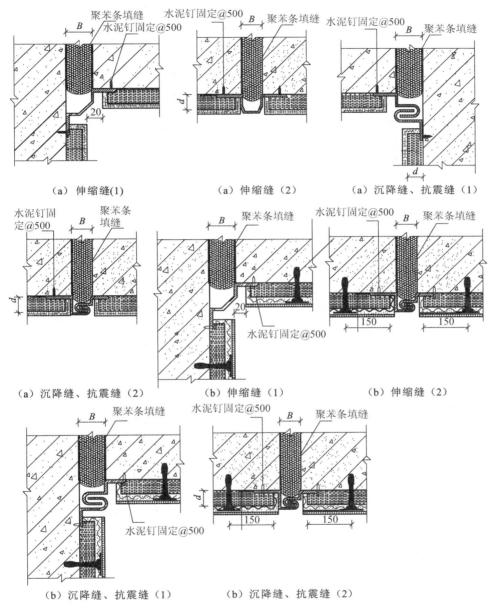

图 6-10　保温浆料系统变形缝保温做法（单位：mm）

(a)为涂料饰面做法；(b)为面砖饰面做法

（1）采用浅色外饰面，减小太阳辐射热的当量温度。

当量温度反映了围护结构外表面吸收太阳辐射热使室外热作用提高的程度。要减少热作用，就必须降低外表面对太阳辐射热的吸收系数。建筑墙体外饰面材料品种很多，吸收系数值差异也较大（部分材料对太阳辐射热的吸收系数 ρ_s 值见表 6-12），合理选择材料和构造对外墙的隔热是非常有效的(类似的实例见建筑物屋顶隔热设计)。

表 6-12　部分建筑材料的 ρ_s 值

材　料	ρ_s
黑色非金属表面(如沥青、纸等)	0.85～0.98
红砖、红瓦、混凝土、深色油漆	0.65～0.80
黄色的砖、石、耐火砖等	0.50～0.70
白色或淡奶油色的砖、油漆、粉刷、涂料	0.30～0.50
铜、铝、镀锌铁皮、研磨铁板	0.40～0.65

(2)增大传热阻 R_0 与热惰性指标 D 值。

增大围护结构的传热阻 R_0,可以降低围护结构内表面的平均温度;增大热惰性指标 D 值,可以大大衰减室外综合温度的谐波振幅和延迟内表面最高温度出现的时间至深夜间,减小围护结构内表面的温度波幅。两者对降低结构内表面温度的最高值及延迟其出现时刻都是有利的。

这种隔热构造方式不仅具有隔热性能,在冬季也有保温作用,特别适用于夏热冬冷地区。不过,这种构造方式的墙体、屋面夜间散热较慢,内表面的高温区段时间较长,出现高温的时间也较晚,用于办公、学校等以白天使用为主的建筑物较为理想。对昼夜空气温差较大的地区,白天可紧闭门窗(通过有组织换气以满足卫生要求)使用空调、夜间打开门窗自然(或机械)通风排除室内热量并储存室外新风冷量,以降低房间次日的空调负荷,因此也可用于节能空调建筑。

(3)采用有通风间层的复合墙板。

有通风间层的复合墙板比单一材料制成的墙板(如加气混凝土墙板)构造复杂一些,但它将材料区别使用,可采用高效的隔热材料,能充分发挥各种材料的特长,墙体较轻,而且利用间层的空气流动及时带走热量,减少了通过墙板传入室内的热量,且夜间降温快,特别适用于湿热地区住宅、医院、办公楼等多层和高层建筑。复合墙板的构造及热工效果见图6-11及表 6-13。

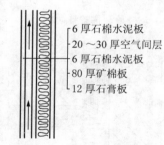

6 厚石棉水泥板
20～30 厚空气间层
6 厚石棉水泥板
80 厚矿棉板
12 厚石膏板

图 6-11　有通风间层的复合墙板
(单位:mm)

表 6-13　复合墙板的隔热效果

名　称		砖墙(内抹灰)	有通风间层复合墙板
总厚度/mm		260	124
质量/(kg/m²)		464	55
内表面温度/℃	平均	27.80	26.9
	振幅	1.90	0.9
	最高	29.70	27.8

续表

名　称	砖墙（内抹灰）	有通风间层复合墙板
热阻/(m² · K/W)	0.468	1.942
室外气温/℃ 最高	28.9	
室外气温/℃ 平均	23.3	

（4）外墙绿化。

外墙绿化具有美化环境、降低污染、遮阳隔热等功能。在建筑周围种树架棚，可以利用树荫遮挡照射到房屋及地面的太阳辐射，改善室外热环境。

通过外墙绿化方式可达到遮阳隔热效果：一种是种植攀缘植物覆盖墙面，另一种是在外墙周围种植密集的树木，利用树荫遮挡阳光。攀缘植物遮阳隔热效果与植物叶面对墙面覆盖的疏密程度有关，覆盖越密，遮阳隔热效果越好。植树遮阳隔热效果与投射到墙面的树荫疏密程度有关，由于树木与墙面有一定距离，墙面通风比攀缘植物的情况好。

外墙绿化具有隔热和改善室外热环境的双重效果。被植物遮阳的外墙，其外表面温度与空气温度相近，而直接暴露于阳光下的外墙，其外表面温度最高可比空气温度高 15 ℃以上。

与建筑遮阳构件相比，外墙绿化遮阳的隔热效果更好。各种遮阳构件，不管是水平的还是垂直的，在遮挡阳光的同时也成为太阳能集热器，吸收了大量的太阳辐射热，大大提高了自身的温度，然后再辐射到被它遮阳的外墙上。因此，被它遮阳的外墙表面温度仍比空气温度高。而绿化遮阳的情况则不然，对于有生命的植物，具有温度调节、自我保护功能。在日照下，植物把从根部吸收的水分输送到叶面蒸发，犹如人体出汗，使自身保持较低的温度，而不会对周围环境造成过强的热辐射。因此，被植物遮阳的外墙表面温度低于被遮阳构件的墙面温度，外墙绿化的遮阳隔热效果优于遮阳构件。

植物覆盖层所具有的良好生态隔热性能来源于它的热反应机理。研究表明，太阳辐射投射到植物叶片表面后，约有 20% 被反射，80% 被吸收。由于植物叶面朝向天空，反射到天空的比率较大。在被吸收的热量中，通过一系列复杂的物理化学生物反应后，很少部分储存起来，大部分以显热和潜热的形式转移出去，其中很大部分是通过蒸腾作用转变为水分的汽化潜热。潜热交换的结果是增加空气的湿度，显热交换的结果是提高空气的温度。所以说，外墙绿化具有增湿降温、保持环境生态热平衡的作用。

6.2.5　建筑外墙外保温系统的防火设计

6.2.5.1　提高外墙外保温系统整体构造的防火性能

外墙外保温系统的大力推广和广泛应用，为我国的建筑节能事业作出了很大贡献。然而,目前外墙外保温系统中所用保温材料中约80％为防火性能相对较差的有机可燃材料,如 EPS 板、XPS 板、硬泡聚氨酯等,外保温系统存在防火安全隐患。近些年也发生了一系列由于保温材料或外保温系统燃烧引发的火灾事故,造成了众多人员伤亡和重大的财产损失,令人痛心。这也促使我国建筑领域高度重视并深入开展了外保温系统防火技术的研究,且取得了具有应用价值的成果。

从材料燃烧性能角度看,用于建筑外墙的保温材料分为三大类:一是以岩棉和矿物棉为代表的无机保温材料,通常被认定为不燃材料;二是以胶粉聚苯颗粒保温浆料为代表的有机-无机复合型保温材料,通常被认定为难燃材料;三是以聚苯乙烯泡沫塑料(包括 EPS 板、XPS 板)、硬泡聚氨酯和改性酚醛树脂为代表的有机保温材料,通常被认定为可燃材料。常用保温材料的导热系数及燃烧性能等级具体见表 6-14。

表 6-14　常用保温材料的导热系数及燃烧性能等级

材料名称	胶粉聚苯颗粒浆料	EPS 板	XPS 板	聚氨酯	岩棉	矿棉	泡沫玻璃	加气混凝土
导热系数/[W/(m·K)]	0.06	0.042	0.030	0.027	0.045	0.053	0.060	0.210
燃烧性能等级	B_1	B_2	B_2	B_2	A	A	A	A

此外,A 级保温材料还有玻璃棉板(毡)、无机保温砂浆、无机保温膏料、石膏基保温砂浆等;B_1 级保温材料有酚醛保温板、经特殊处理后的挤塑聚苯板和聚氨酯等。

当外墙外保温系统的保温材料采用不燃材料或不具有传播火焰的难燃材料时,外墙外保温系统几乎不存在防火安全性问题。

然而,我们选用保温材料时,不仅要考虑它的防火性能,还要考虑它的保温性、耐久性、耐候性、施工工艺、造价成本等。在我国现有经济、技术条件下,以岩棉为代表的无机保温材料,除在燃烧性能方面优于其他类型保温材料外,其他方面都不具有明显优势,尤其是岩棉保温板强度低、吸水性大、面层易开裂且生产过程能耗大、污染重、成本高,影响了它在民用建筑中的推广应用。而有机保温材料性能好、质地轻、应用技术成熟,尽管具有可燃性,仍在国内外被广泛应用(2008 年～2009 年北京外墙保温应用的材料中 EPS 板占72％,XPS 板占25％;2010 年德国各种外墙外保温系统中 EPS 系统占82％,岩棉系统占15％)。由于经济、技术等多方面原因,目前还没有找到可以完全替代有机保温材料的高效保温材料,在当前和今后的一段时期内,有机保温材料仍将占据我国建筑保温市场的主导地位。

虽然有机保温材料防火性能较差,但外保温系统中的有机保温材料都是被无机材料包覆在系统内部。所以,应该将保温材料、防护层以及防火构造作为一个整体来考虑,重点提高外保温系统整体构造防火性能和根据建筑高度增加防火构造措施。

6.2.5.2　外墙外保温系统的防火构造措施

火灾通常是以释放热量的方式造成灾害。因此,要解决外保温系统的防火问题,就要从热的三种传播方式——热传导、热对流和热辐射方面采取有效措施。热作用于外保温系统,达到一定温度后可使其中的可燃物质燃烧并使火焰向其他部位蔓延,只要阻断热的这三种传播方式就能防止可燃材料被点燃或点燃后阻止火焰的蔓延。通过对大量防火试验结果的研究得出:保温层与墙体基层连接处的无空腔构造、覆盖保温层表面的保护层,以及将系统隔断、阻止火焰蔓延的防火隔离带(设置在可燃、难燃保温材料外墙外保温工程中,按水平方向分布,采用不燃保温材料制成,以阻止火灾沿外墙面或在外墙外保温系统内蔓延的防火构造),能有效阻止外保温系统被点燃、阻止火在外保温系统内的传播,是构造防火的三大要素。三种构造措施的防火原理见图 6-12。外保温系统的防火构造措施有两大作用:一是阻止或减缓火源对直接受火区域外保温系统的攻击,二是阻止火焰通过外保温系统自身的蔓延。

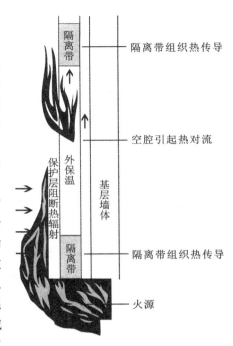

图 6-12　三种构造措施对热的阻隔作用

(1)有机保温板与基层墙体之间或与装饰面层之间如果存在空腔,在火灾发生时,可能为保温材料的燃烧提供氧气,为火焰的蔓延提供烟囱通道,加速火灾的蔓延。火的发生和蔓延都离不开空气,因此,存在空腔构造的保温系统有利于火焰的传播。外保温系统中贯通的空腔构造和封闭的空腔构造对系统的防火安全性能的影响程度是不同的。空腔越大、越连贯就越不利于防火,而无空腔构造限制了外保温系统内的热对流作用,消除火灾隐患。基于这点,我们提倡保温系统施工时保温板采用满粘法,既可在一定程度上提高外保温系统的防火性能、降低火灾危害,还可增强保温板的黏结力、提高保温系统的耐久性。

(2)外墙外保温系统设置防火隔离带,可有效抑制热传导,阻止火焰蔓延。防火隔离带的基本构造应与外墙外保温系统相同,并宜包括胶粘剂、防火隔离带保温板、锚栓、抹面胶浆、玻璃纤维网布、饰面层等,如图 6-13。

防火隔离带的宽度不应小于 300 mm,其厚度宜与外墙外保温系统厚度相同。

防火隔离带保温材料的燃烧性能等级应为 A 级。如岩棉带、发泡水泥板、泡沫玻璃板等,其中进行过表面处理(可采用界面剂或界面砂浆涂覆处理)的岩棉防火隔离带防火效果最好。

设置在薄抹灰外墙外保温系统中的粘贴保温板防火隔离带做法宜按表 6-15 执行。

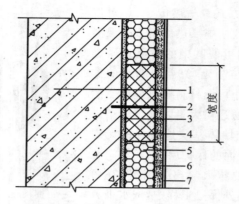

图 6-13   防火隔离带基本构造

1—基层墙体;2—锚栓;3—胶粘剂;4—防火隔离带保温板;
5—外保温系统的保温材料;6—抹面胶浆+玻璃纤维网布;7—饰面材料

表 6-15   粘贴保温板防火隔离带做法

序号	防火隔离带保温板及宽度	外墙外保温系统保温材料及厚度	系统抹面层平均厚度
1	岩棉带,宽度≥300 mm	EPS 板,厚度≤120 mm	≥4.0 mm
2	岩棉带,宽度≥300 mm	XPS 板,厚度≤90 mm	≥4.0 mm
3	发泡水泥板,宽度≥300 mm	EPS 板,厚度≤120 mm	≥4.0 mm
4	泡沫玻璃板,宽度≥300 mm	EPS 板,厚度≤120 mm	≥4.0 mm

防火隔离带保温板的主要性能指标应符合表 6-16 的规定。

表 6-16   防火隔离带保温板的主要性能指标

项　　目		性 能 指 标		
		岩棉带	发泡水泥板	泡沫玻璃板
密度/(kg/m³)		≥100	≤250	≤160
导热系数/[W/(m·K)]		≤0.048	≤0.070	≤0.052
垂直于表面的抗拉强度/kPa		≥80	≥80	≥80
短期吸水量/(kg/m²)		≤1.0	—	—
体积吸水率/(%)		—	≤10	—
软化系数		—	≥0.8	—
酸度系数		≥1.6	—	—
匀温灼烧性能 (750 ℃,0.5 h)	线收缩率/(%)	≤8	≤8	≤8
	质量损失率/(%)	≤10	≤25	≤5
燃烧性能等级		A	A	A

　　防火隔离带保温板应与基层墙体全面积粘贴,并应使用锚栓辅助连接,锚栓应压住底层玻璃纤维网布。锚栓间距应不大于 600 mm,锚栓距离保温板端部应不小于 100 mm,每块保温板上的锚栓数量应不少于 1 个。

　　防火隔离带部位的抹面层应加底层玻璃纤维网布,底层玻璃纤维网布垂直方向超出防火隔离带边缘不应小于 100 mm(见图 6-14),水平方向可对接,对接位置离防火隔离带保温板端部接缝位置不应小于 100 mm(见图 6-15)。当面层玻璃纤维网布上下有搭接时,搭接位置距离隔离带边缘不应小于 200 mm。

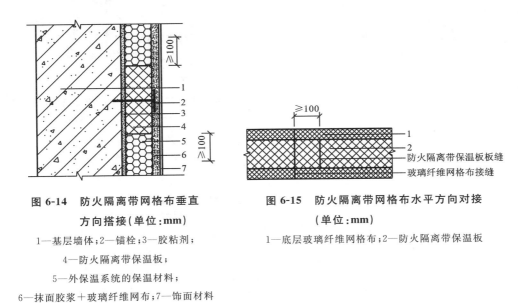

图 6-14　防火隔离带网格布垂直
方向搭接(单位:mm)

1—基层墙体;2—锚栓;3—胶粘剂;
4—防火隔离带保温板;
5—外保温系统的保温材料;
6—抹面胶浆＋玻璃纤维网布;7—饰面材料

图 6-15　防火隔离带网格布水平方向对接
(单位:mm)

1—底层玻璃纤维网格布;2—防火隔离带保温板

　　防火隔离带应设置在门窗洞口上部,且防火隔离带下边缘距洞口上沿不应超过500 mm。

　　当防火隔离带在门窗洞口上沿时,门窗洞口上部防火隔离带在粘贴时应做玻璃纤维网布翻包处理,翻包的玻璃纤维网布应超出防火隔离带保温板上沿 100 mm(见图 6-16)。翻包、底层及面层的玻璃纤维网布不得在门窗洞口顶部搭接或对接,抹面层平均厚度不宜小于 6 mm。当防火隔离带在门窗洞口上沿,且门窗框外表面缩进基层墙体外表面时,门窗洞口顶部外露部分应设置防火隔离带,且防火隔离带保温板宽度不应小于 300 mm(见图 6-17)。

　　非幕墙式建筑应按表 6-17 的规定设置防火隔离带。

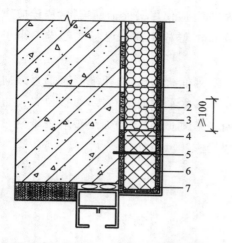

图 6-16　门窗洞口上部防火隔离带做法(一)

1—基层墙体;2—外保温系统的保温材料;

3—胶粘剂;4—防火隔离带保温板;

5—锚栓;6—抹面胶浆+玻璃纤维网布;

7—饰面材料

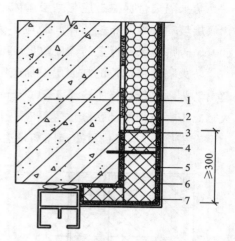

图 6-17　门窗洞口上部防火隔离带做法(二)

1—基层墙体;2—外保温系统的保温材料;

3—胶粘剂;4—防火隔离带保温板;

5—锚栓;6—抹面胶浆+玻璃纤维网布;

7—饰面材料

表 6-17　非幕墙式建筑防火隔离带设置要求

建筑类型	建筑高度 H/m	保温材料燃烧性能等级	防火构造要求
住宅建筑	$H \geqslant 100$	A	—
	$60 \leqslant H < 100$	B_2	每层设置水平防火隔离带
	$24 \leqslant H < 60$	B_2	每两层设置水平防火隔离带
	$H < 24$	B_2	每三层设置水平防火隔离带
其他民用建筑	$H \geqslant 50$	A	——
	$24 \leqslant H < 50$	B_1	每两层设置水平防火隔离带
	$H < 24$	B_2	每层设置水平防火隔离带

　　对于幕墙式建筑,当建筑高度大于等于 24 m 时,保温材料的燃烧性能应为 A 级。当建筑高度小于 24 m 时,保温材料的燃烧性能应为 A 级或 B_1 级。当采用 B_1 级保温材料时,每层应设置水平防火隔离带。

　　严寒和寒冷地区的建筑外墙保温采用防火隔离带时,防火隔离带热阻不得小于外墙外保温系统热阻的 50%;夏热冬冷地区的建筑外墙保温采用防火隔离带时,防火隔离带热阻不得小于外墙外保温系统热阻的 40%,而且防火隔离带部位的墙体内表面温度不得低于室内空气设计温、湿度条件下的露点温度。

　　外保温系统防火隔离带应与基层墙体可靠连接,应能适应外保温系统的正常变形而不造成渗透、裂缝和空鼓;应能承受自重、风荷载和室外气候的反复作用而不造成破坏。因此,应对防火隔离带进行耐候性、耐冻融性等试验,且性能指标符合表 6-18、表 6-19 的规定。

表 6-18　防火隔离带耐候性能指标

项　目	性 能 指 标
外观	无裂缝,无粉化、空鼓、剥落现象
抗风压性	无断裂、分层、脱开、拉出现象
防护层与保温层拉伸黏结强度/kPa	≥80

表 6-19　防火隔离带其他性能指标

项　目		性 能 指 标
抗冲击性		二层及以上部位 3.0J 级冲击合格 首层部位 10.0J 级冲击合格
吸水量/(g/m²)		≤500
耐冻融	外观	无可见裂缝,无粉化、空鼓、剥落现象
	拉伸黏结强度/kPa	≥80
水蒸气透过湿流密度/[g/(m²·h)]		≥0.85

(3)防护面层(包括抹面层和饰面层)的厚度和质量的稳定性,决定保温系统层面受到热量或火焰侵袭时对内侧有机保温材料的保护能力。增加防护层厚度可以明显减少外部火焰对内部保温材料的辐射热作用。

试验表明,同等厚度的胶粉聚苯颗粒对有机保温材料的防火保护作用要强于水泥砂浆。这是因为:一方面,胶粉聚苯颗粒属于保温材料,是热的不良导体,而水泥砂浆属于热的良导体,前者外部热量向内传递过程要比后者缓慢,其内侧有机保温材料达到熔融收缩温度的时间长,在聚苯颗粒熔化后形成的封闭空腔使得胶粉聚苯颗粒的导热系数更低,热量传递更为缓慢;另一方面,砂浆遇热后开裂使热量更快进入内部,使有机保温材料更快达到熔融收缩温度。

此外,在保温系统的防火试验研究中发现,对聚苯板涂刷界面砂浆能提高可燃材料在存放和施工期间的防火性能(调查统计表明,90%以上的外保温火灾发生在施工阶段。说明加强外保温工程施工期间的防火安全技术管理工作、对施工人员进行防火安全教育、避免外保温工程施工与有明火的工序交叉作业等也非常重要)。界面砂浆的原始功能在于使两种相互黏结性差的材料实现有效黏结,而从试验效果看,界面砂浆还会起到另一个重要作用——防火作用。如氧指数为 31%的聚苯板用防火界面砂浆涂覆后氧指数升为 36%,点火性和火焰传播性要比未涂刷界面砂浆的聚苯板降低很多,防火能力得到一定的提高。

影响建筑外墙外保温系统防火安全性能的要素包括系统组成材料的燃烧性能等级及系统构造防火措施两方面内容。在目前仍大范围使用有机保温材料的现状下,除研究提高有机保温材料的燃烧性能等级外,通过采取必要、合理、规范的防火构造措施提高外保温系统整体防火性能是解决建筑外墙外保温系统防火安全性问题的有效途径。

6.3 建筑物屋顶节能设计

屋顶作为建筑物外围护结构的组成部分,由于冬季存在比任何朝向墙面都大的长波辐射散热,再加之对流换热,降低了屋顶的外表面温度;夏季所接收的太阳辐射热也最多,导致室外综合温度最高,造成其室内外温差传热在冬、夏季都大于各朝向外墙。因此,提高建筑物屋面的保温、隔热能力,可有效减少能耗,改善顶层房间内的热环境。

6.3.1 建筑物屋顶保温设计

屋面保温设计绝大多数为外保温构造,这种构造受周边热桥影响较小。为了提高屋面的保温能力,屋顶的保温节能设计要采用导热系数小、轻质高效、吸水率低(或不吸水)、有一定抗压强度、可长期发挥作用且性能稳定可靠的保温材料作为保温隔热层。

保温层厚度的确定按屋面保温种类、保温材料性能及构造措施以满足相关节能标准对屋面传热系数限值要求为准。

6.3.1.1 胶粉 EPS 颗粒屋面保温系统

该系统采用胶粉 EPS 颗粒保温浆料对平屋顶或坡屋顶进行保温,用抗裂砂浆复合耐碱网格布进行抗裂处理,防水层采用防水涂料或防水卷材。保护层可采用防紫外线涂料或块材等。胶粉 EPS 颗粒屋面保温系统构造如图 6-18。

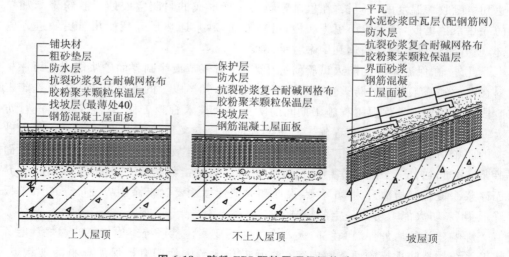

图 6-18 胶粉 EPS 颗粒屋顶保温构造

防紫外线涂料由丙烯酸树脂和太阳光反射率高的复合颜料配制而成,具有一定的降温功能,用于屋顶保护层,其性能指标除应符合《溶剂型外墙涂料》(GB/T 9757—2001)的要求外,还应符合表 6-20 的要求。

表 6-20　防紫外线涂料性能指标

项　目		指　标
干燥时间/h	表干	≤1
	实干	≤12
透水性/mL		≤0.1
太阳光反射率/(%)		≥90

胶粉 EPS 颗粒保温浆料作为屋面保温材料,不但要求保温性能好,还应满足抗压强度的要求。

6.3.1.2　现场喷涂硬质聚氨酯泡沫塑料屋面保温系统

该保温系统采用现场喷涂硬质聚氨酯泡沫塑料对平屋顶或坡屋顶进行保温,采用轻质砂浆对保温层进行找平及隔热处理,并用抗裂砂浆复合耐碱网布进行抗裂处理,保护层采用防紫外线涂料或块材等。现场喷涂硬质聚氨酯泡沫塑料屋面保温系统构造如图 6-19。

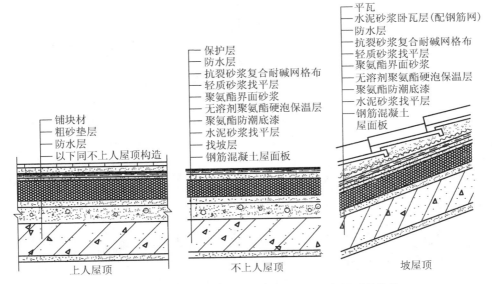

图 6-19　现场喷涂硬质聚氨酯泡沫塑料屋面保温系统构造

聚氨酯防潮底漆由高分子树脂、多种助剂、稀释剂配制而成,施工时用滚筒、毛刷均匀涂刷在基层材料表面,可有效防止水及水蒸气对聚氨酯发泡保温材料产生不良影响。

硬质聚氨酯泡沫塑料是一种性能良好的保温材料,其性能指标见表 6-21。

表 6-21   硬质聚氨酯泡沫塑料性能指标

项　　目	指　　标
干密度/(kg/m³)	30～50
导热系数/[W/(m·K)]	≤0.027
蓄热系数/[W/(m²·K)]	≥0.36
压缩强度/MPa	≥0.15

聚氨酯界面砂浆由与聚氨酯具有良好黏结性能的合成树脂乳液、多种助剂等制成的界面处理剂与水泥、砂混合制成,涂覆于聚氨酯保温层上以增强保温层与找平层的黏结能力。

6.3.1.3   倒置式保温屋面

所谓倒置式屋面,就是将传统屋面构造中保温隔热层与防水层颠倒,将保温隔热

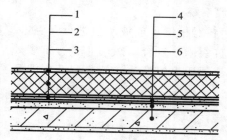

图 6-20   倒置式屋面基本构造
1—保护层;2—保温层;3—防水层;
4—找平层;5—找坡层;6—结构层

层设置在防水层上面,是一种具有多种优点的保温隔热效果较好的节能屋面形式。其基本构造宜由结构层、找坡层、找平层、防水层、保温层及保护层组成,见图 6-20。

倒置式保温屋面宜采用结构找坡。当采用材料找坡时坡度宜为 3%,且最薄处≥30 mm。结构找坡的屋面可直接将原浆表面抹平压光成找平层,也可采用水泥砂浆或细石混凝土找平。

图 6-21 是一种用卵石(其粒径宜为 40～80 mm)做保护层的倒置式屋面构造形式。设计时保护层也可选用混凝土板块、地砖、瓦材、水泥砂浆、细石混凝土等。当采用板块材料、卵石作保护层时,在保温层与保护层之间应设置隔离层(如图 6-21 中的合成纤维无纺布)。保护层的质量应保证当地 30 年一遇最大风力时保温板不被刮起和保温层在积水状态下不浮起。

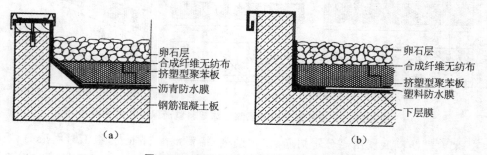

图 6-21   卵石保护层倒置式屋面构造
(a)沥青防水处理;(b)塑料防水膜防水处理

倒置式屋面的主要优点如下。

(1)可以有效延长防水层的使用年限。倒置式屋面将保温层设在防水层上,大大减弱了防水层受大气、温差及太阳光紫外线照射的影响,使防水层不易老化,因而能长期保持其柔软性、延伸性等性能。

(2)保护防水层免受外界损伤。由于保温材料组成的缓冲层,使卷材防水层不易在施工中受外界机械损伤,又能衰减外界对屋面的冲击。

(3)施工简便,利于维修。倒置式屋面省去了传统屋面中的隔汽层及保温层上的找平层,施工简化,更加经济。即使出现个别地方渗漏,只要揭开几块保温板,就可以进行处理,易于维修。

(4)调节屋顶内表面温度。屋顶最外层可为卵石层、配筋混凝土现浇板或烧制方砖保护层,这些材料蓄热系数较大,在夏季可充分利用其蓄热能力强的特点,调节屋顶内表面温度,使其温度最高峰值向后延迟,错开室外空气温度最高值,有利于提高屋顶的隔热效果。

为充分发挥倒置式屋面防水、保温、耐久的优势,其设计选材、工程质量应符合相关标准的技术要求。

倒置式屋面工程应选用耐腐蚀、耐霉烂、适应基层变形能力强且符合现行国家标准《屋面工程技术规程》(GB 50345—2012)规定的防水材料,防水等级应为Ⅰ级,防水层合理使用年限不得少于 20 年。当采用两道防水层设防时,其中一道防水层宜选用防水涂料。

倒置式屋面构造中保温材料的性能应符合下列规定。

(1)导热系数不应大于 0.080 W/(m·K)。

(2)使用寿命应满足设计要求。

(3)压缩强度或抗压强度不应小于 150 kPa。

(4)体积吸水率不应大于 3%。

(5)材料内部无串通毛细孔现象,反复冻融条件下性能稳定。

(6)适用范围广,在 $-30\sim70$ ℃范围内均能安全使用。

(7)对于屋顶基层采用耐火极限不小于 1.00 h 的不燃烧体的建筑,其屋顶保温材料的燃烧性能不应低于 B_2 级;其他情况下,保温材料的燃烧性能不应低于 B_1 级。

(8)不得使用松散保温材料。

挤塑聚苯板(XPS)、硬泡聚氨酯板、硬泡聚氨酯防水保温复合板、喷涂硬泡聚氨酯及泡沫玻璃的保温板等就能满足上述要求、适用于倒置式屋面的保温隔热材料。挤塑聚苯板(XPS)、硬泡聚氨酯板主要物理性能见表 6-22、表 6-23。

表 6-22 挤塑聚苯板(XPS)主要物理性能

试验项目		压缩强度 /kPa	导热系数 (25 ℃) /[W/(m·K)]	吸水率 (V/V) /(%)	表观 密度 /(kg/m³)	尺寸稳定性 (70 ℃,48 h) /(%)	水蒸气渗透系数 (23 ℃,RH50%) /[ng/(m·s·Pa)]	燃烧 性能 等级
性能 指标	X150	≥150	≤0.030	≤1.5	≥20	≤1.5	≤3.5	不低于 B₂级
	X250	≥250	≤0.030	≤1.0	≥25	≤1.5	≤3	
	X350	≥350	≤0.030	≤1.0	≥30	≤1.5	≤3	
	X600	≥600	≤0.030	≤1.0	≥40	≤1.5	≤2	

表 6-23 硬泡聚氨酯板主要物理性能

试验项目		压缩强度 /kPa	导热系数 (25 ℃) /[W/(m·K)]	不透水性 (无结皮, 0.2 MPa, 30 min)	表观 密度 /(kg/m³)	尺寸稳定性 (70 ℃,48 h) /(%)	芯材 吸水率 (V/V) /(%)	燃烧 性能 等级
性能 指标	A型	≥150	≤0.024	不透水	≥35	≤1.5	≤3.0	不低于 B₂级
	B型	≥200	≤0.024	不透水	≥35	≤1.0	≤1.0	

为了确保倒置式屋面的保温性能在保温层积水、吸水、结露、长期使用老化、保护层压置等复杂条件下仍能持续满足屋面节能的要求,在倒置式屋面保温设计时,保温层的设计厚度应按计算厚度的 1.25 倍取值,且最小厚度不得小于 25 mm。

倒置式保温屋面的设置要求、防水材料的选用及质量标准、保温材料的选用及节能计算、屋面保护层的设计、细部构造等详尽要求见《倒置式屋面工程技术规程》(JGJ 230—2010)。

6.3.2 建筑物屋顶隔热设计

屋顶隔热的机理和设计思路与墙体是相同的,只是屋顶是水平或倾斜部件,在构造上有其特殊性。

(1)采用浅色饰面,减小当量温度。

以武汉地区的平屋顶为例,说明屋面材料太阳辐射热吸收系数 ρ_s 值对当量温度的影响。武汉地区水平面太阳辐射照度最大值 $I_{max}=961$ W/m²,平均值 $\bar{I}=312$ W/m²。几种不同屋面的当量温度比较见表 6-24。从表中数据可以看出,屋面材料的 ρ_s 值对当量温度的影响很大。当采用太阳辐射热吸收系数较小的屋面材料时,可降低室外热作用,从而达到隔热的目的。

表 6-24　几种不同类型屋面的当量温度比较/℃

温度	油毡屋面 $\rho_s = 0.85$	混凝土屋面 $\rho_s = 0.70$	陶瓷隔热板屋面 $\rho_s = 0.40$
平均值	14.0	11.5	6.6
最大值	43.0	35.4	20.5
振幅	29.0	23.9	13.9

（2）通风隔热屋顶。

通风隔热屋顶的原理是在屋顶设置通风间层，一方面利用通风间层的上表面遮挡阳光、阻断直接照射到屋顶的太阳辐射热，起到遮阳板的作用；另一方面利用风压和热压作用将上层传下的热量带走，使通过屋面板传入室内的热量大为减少，从而达到隔热降温的目的。这种屋顶构造方式较多，既可用于平屋顶，也可用于坡屋顶；既可在屋面防水层之上组织通风，也可在防水层之下组织通风，基本构造如图 6-22。

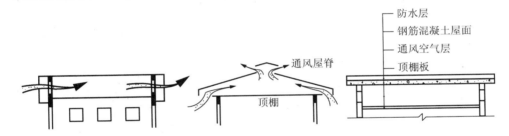

图 6-22　通风隔热屋顶基本构造方式

通风隔热屋顶的优点很多，如省料、质轻、材料层少、防雨防漏、构造简单等，适宜自然风较丰富的地区。沿海地区和部分夏热冬暖地区具备这种有利条件，无论白天还是夜晚，都会因陆地与水面的气温差而形成气流，间层内通风流畅，不但白天隔热好，而且夜间散热快，隔热效果较好。此种屋顶不适宜在长江中下游地区及寒冷地区采用。

在通风隔热屋顶的设计中应考虑以下问题。

①通风屋面的架空层设计应根据基层的承载能力，构造形式要简单，架空板便于生产和施工。

②通风屋面和风道长度不宜大于 15 m，空气间层以 200 mm 左右为宜。

③通风屋面基层上面应有满足节能标准的保温隔热基层，一般应按相关节能标准要求对传热系数和热惰性指标限值进行验算。

④架空隔热板的位置在保证使用功能的前提下应考虑利于板下部形成良好的通风状况。

⑤架空隔热板与山墙间应留出 250 mm 的距离。

⑥架空隔热层在施工过程中，应做好对已完工防水层的保护工作。

（3）蓄水隔热屋顶。

蓄水屋顶就是在屋面上蓄一层水来提高屋顶的隔热能力。水之所以能起到隔热作用，主要是因为水的热容量大，而且水在蒸发时要吸收大量的汽化潜热，而这些热量大部分从屋顶所吸收的太阳辐射热中摄取，这样大大减少了经屋顶传入室内的热量，降低了屋顶的内表面温度。蓄水屋顶的隔热效果与蓄水深度有关，热工测试数据见表 6-25。

表 6-25　不同厚度蓄水层屋面热工测定数据

测试项目	蓄水层厚度/mm			
	50	100	150	200
外表面最高温度/℃	43.63	42.90	42.90	41.58
外表面温度波幅/℃	8.63	7.92	7.60	5.68
内表面最高温度/℃	41.51	40.65	39.12	38.91
内表面温度波幅/℃	6.41	5.45	3.92	3.89
内表面最低温度/℃	30.72	31.19	31.51	32.42
内外表面最高温差/℃	3.59	4.48	4.96	4.86
室外最高温度/℃	38.00	38.00	38.00	38.00
室外温度波幅/℃	4.40	4.40	4.40	4.40
内表面热流最高值/(W/m²)	21.92	17.23	14.46	14.39
内表面热流最低值/(W/m²)	−15.56	−12.25	−11.77	−7.76
内表面热流平均值/(W/m²)	0.5	0.4	0.73	2.49

用水隔热是利用水的蒸发耗热作用，而蒸发量的大小与室外空气的相对湿度和风速的关系最密切。相对湿度的最低值在每日 14:00～15:00 时。我国南方地区中午前后风速较大，故在 14:00 时水的蒸发作用最强烈，从屋面吸收而用于蒸发的热量最多。而这个时段内屋顶室外综合温度恰恰最高，即适逢屋面传热最强烈的时候。因此，在夏季气候干热、白天多风的地区，用水隔热的效果必然显著。

蓄水屋顶具有良好的隔热性能，且能有效保护刚性防水层，有如下特点。

①蓄水屋顶可大大减少屋顶吸收的太阳辐射热，同时，水的蒸发要带走大量的热。因此屋顶的水起到了调节室内温度的作用，在干热地区其隔热效果十分显著。

②刚性防水层不干缩。长期在水下的混凝土不但不会干缩反而有一定程度的膨胀，避免出现开裂性透水毛细管的可能，使屋顶不至于渗漏水。

③刚性防水层变形小。由于水下防水层表面温度较低，内外表面温差小，昼夜内外表面温度波幅小，混凝土防水层及钢筋混凝土基层产生的温度应力也小，由温度应力而产生的变形相应也小，从而避免了由于温度应力而产生的防水层和屋面基层开裂。

④密封材料使用寿命长。在蓄水屋顶中，用于填嵌分格缝的密封材料，由于氧化作用和紫外线照射程度减轻，所以不易老化，可延长使用年限。

蓄水屋顶也存在一些缺点，在夜里屋顶外表面温度始终高于无水屋面，这时很难利用屋顶散热,且屋顶蓄水也增加了屋顶荷重,为防止渗水,还要加强屋面的防水措施。

现有被动式利用太阳能的新型蓄水屋顶,白天用黑度较小的铝板、铝箔或浅色板材遮盖屋顶,反射太阳辐射热,而蓄水层则吸收顶层房间内的热量;夜间打开覆盖物,利于屋顶散热。

当屋面防水等级为Ⅰ级、Ⅱ级时,或在寒冷地区、地震地区和振动较大的建筑物上,不宜采用蓄水屋面。

蓄水隔热屋顶的设计应注意以下问题。

①混凝土防水层应一次浇筑完毕,不得留施工缝,这样每个蓄水区混凝土整体防水性好。立面与平面的防水层应一次做好,避免因接头处理不好而产生裂缝。工程实践证明,防水层的做法采用 40 mm 厚 C20 细石混凝土加水泥用量 0.05% 的三乙醇胺,或水泥用量 1% 的氯化铁、1% 的亚硝酸钠(浓度 98%),内设 $\phi4@200\ mm×200\ mm$ 的钢筋网,防渗漏性最好。

②泛水质量的好坏,对渗透水影响很大。应将混凝土防水层沿女儿墙内墙加高,高度应超出水面不小于 100 mm。由于混凝土转角处不易密实,必须拍成斜角,也可抹成圆弧形,并填设如油膏之类的嵌缝材料。

③分隔缝的设置应符合屋盖结构的要求,间距按板的布置方式而定。对于纵向布置的板,分格缝内的无筋细石混凝土面积应小于 50 m²;对于横向布置的板,应按开间尺寸以不大于 4 m 设置分格缝。

④屋顶的蓄水深度以 50~150 mm 为宜,因水深超过 150 mm 时屋面温度与相应热流值下降不很明显,实际水层深度以小于 200 mm 为宜。

⑤屋盖的荷载能力应满足设计要求。

(4)种植隔热屋顶。

在屋顶上种植植物,利用植物的光合作用,将热能转化为生物能,利用植物叶面的蒸腾作用增加蒸发散热量,均可大大降低屋顶的室外综合温度;同时,利用植物栽培基质材料的热阻与热惰性,降低屋顶内表面的平均温度与温度波动振幅,综合起来,达到隔热目的。这种屋顶屋面温度变化小,隔热性能优良,是一种生态型的节能屋面。

种植屋顶分覆土种植和容器种植。种植土分为田园土(原野的自然土或农耕土,湿密度 1500~1800 kg/m³)、改良土(由田园土、轻质骨料和肥料等混合而成的有机复合种植土,湿密度 750~1300 kg/m³)和无机复合种植土(根据土壤的理化性状及植物生理学特性配制而成的非金属矿物人工土壤,湿密度 450~650 kg/m³)。田园土湿密度大,使屋面荷载增大很多,且土壤保水性差,现在使用较少。无机复合种植土湿密度小、屋面温差小,有利于屋面防水防渗。它采用蛭石、水渣、泥炭土、膨胀珍珠岩粉料或木屑等代替土壤,重量减轻,隔热性能有所提高,且对屋面构造没有特殊要求,只是在檐口和走道板处须防止蛭石等材料在雨水外溢时被冲走。种植平屋顶基本构造如图 6-23 所示。

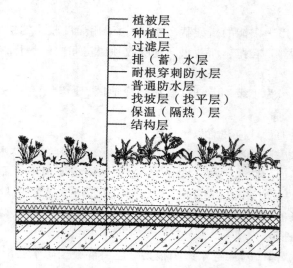

图 6-23 种植平屋面基本构造层次

植被层
种植土
过滤层
排(蓄)水层
耐根穿刺防水层
普通防水层
找坡层（找平层）
保温（隔热）层
结构层

不同种类的植物，要求种植土厚度不同，如乔木根深，则种植土较厚；而地被植物根浅，则种植土较薄。在满足植物生长需求的前提下，尽量减小种植土的厚度，有利于降低屋面荷载。表 6-26 是不同植物适宜的种植土厚度。

表 6-26 种植土厚度

种植土种类	种植土厚度/ mm			
	小乔木	大灌木	小灌木	地被植物
田园土	800～900	500～600	300～400	100～200
改良土	600～800	300～400	300～400	100～150
无机复合种植土	600～800	300～400	300～400	100～150

种植屋顶不仅对建筑的屋面起到保温隔热作用，而且还有增加城市绿化面积、降低城市热岛效应、有效利用城市雨水、美化建筑和城市景观、点缀环境、改善室外热环境和空气质量的作用。表 6-27 是对某种种植屋面进行的热工测试数据。

表 6-27 有、无种植层的热工实测值/℃

项 目	无种植层	有蛭石种植层	差 值
外表面最高温度	61.6	29.0	32.6
外表面温度波幅	24.0	1.6	22.4
内表面最高温度	32.2	30.2	2.0
内表面温度波幅	1.3	1.2	0.1

注：室外空气最高温度 36.4 ℃，平均温度 29.1 ℃。

种植屋顶的设计应重点解决以下问题。

①种植屋面一般由结构层、保温（隔热）层、找坡（找平）层、防水层、排（蓄）水层、过滤层、种植层、植被层等构造层组成。

②种植屋面的结构层应采用整体现浇钢筋混凝土，其质量应符合国家现行相关规范的要求。其结构承载力设计必须包括种植荷载，植物荷载设计应按植物在屋面环境下生长 10 年后的荷载估算。必须做到屋顶允许承载量大于一定厚度种植屋面最大湿度质量、一定厚度排水物质质量、植物荷重、其他物质质量之和。

③种植屋面保温隔热层应选用密度小（宜小于 100 kg/m³）、压缩强度大、导热系数小、吸水率低的材料，不得使用松散保温隔热材料。喷涂硬泡聚氨酯、硬泡聚氨酯板、挤塑聚苯板等就是符合上述要求的保温隔热材料。为了确保屋面的保温性能在保温层受潮、长期使用、保护层受压等条件下长久满足屋面节能的要求，保温隔热材料厚度应满足所在地区现行建筑节能设计标准，设计厚度应按计算厚度的 1.2 倍取值。

④种植屋面的找坡层宜采用轻质材料（如加气混凝土、轻质陶粒混凝土等）或保温隔热材料找坡，找坡层上用 1∶3（体积比）水泥砂浆抹面。找平层厚度宜为 15～20 mm，应坚实平整，留分格缝，纵、横缝的间距不应大于 6 m，缝宽宜为 5 mm，兼作排气道时，缝宽应为 20 mm。

⑤种植屋面防水层的合理使用年限应不少于 15 年。应采用两道或两道以上防水层设防，最上道防水层必须采用耐根穿刺防水材料。防水层的材料应相容。常用耐根穿刺的防水材料有复合铜胎基 SBS 改性沥青防水卷材（厚度不小于 4 mm）、SBS 改性沥青耐根穿刺防水卷材（厚度不小于 4 mm）、APP 改性沥青耐根穿刺防水卷材（厚度不小于 4 mm）、聚氯乙烯防水卷材（内增强型，厚度不小于 1.2 mm）等。

⑥过滤层宜采用单位面积质量为 200～400 g/m² 的材料。

⑦屋面种植应优先选择滞尘和降温能力强的植物，并根据气候特点、屋面大小和形式、受光条件、绿化布局、观赏效果、安全防风、水肥供给和后期管理等因素，选择适合当地种植的植物种类（可参考《种植屋面工程技术规程》(JGJ 155—2013) 附录 A 种植屋面选用的植物种类）。一般不宜种植根深的植物，不宜选用根系穿刺性强的植物，不宜选用速生乔木、灌木植物。高层建筑屋面和坡屋面宜种植地被植物。

⑧种植平屋面坡度不宜大于 3%，以免种植介质流失。

⑨四周挡墙下的泄水孔不得堵塞，应能保证排除积水，满足房屋建筑的使用功能。

⑩倒置式屋面不应采用覆土种植。

(5) 蓄水种植隔热屋顶。

蓄水种植隔热屋顶是将一般种植屋顶与蓄水屋顶结合起来，进一步完善其构造后所形成的一种新型隔热屋顶，其基本构造如图 6-24 所示。以下介绍其构造要点。

①防水层：蓄水种植屋顶由于有一蓄水层，故防水层应采用设置涂膜防水层和刚

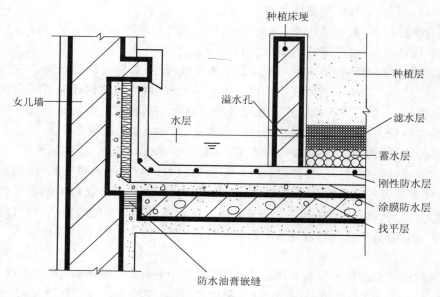

图 6-24　蓄水种植隔热屋顶的基本构造

性防水层(如配筋细石混凝土防水层)的复合防水设防做法,且应先做涂膜(或卷材)防水层,再做刚性防水层,以确保防水质量。

防水层也可按照种植隔热屋面防水层的要求设计、选材和施工。

②蓄水层:种植床内的水层靠轻质多孔粗骨料蓄积,粗骨料的粒径不应小于25 mm,蓄水层(包括水和粗骨料)的深度不小于 60 mm。种植床以外的屋面也蓄水,深度与种植床内相同。

③滤水层:考虑到保持蓄水层的畅通,不致被杂质堵塞,应在粗骨料的上面铺60~80 mm 厚的细骨料滤水层。细骨料按 5~20 mm 粒径级配,下粗上细地铺填。

④种植层:蓄水种植隔热屋顶的构造层次较多,为尽量减轻屋面板的荷载,栽培介质的堆积密度不宜大于 10 kN/m³。

⑤种植床埂:蓄水种植隔热屋顶应根据屋盖绿化设计用床埂进行分区,每区面积不宜大于 100 m²。床埂宜高于种植层 60 mm 左右,床埂底部每隔 1200~1500 mm设一个溢水孔,孔下口平水层面。溢水孔处应铺设粗骨料或安设滤网以防止细骨料流失。

⑥人行架空通道板:架空板设在蓄水层上、种植床埂之间,供人在屋面活动和操作管理之用,兼有给屋面非种植覆盖部分增加一隔热层的功效。架空通道板应满足上人屋面的荷载要求,通常可支撑在两边的床埂上。

⑦种植物种的选择可参考种植隔热屋顶中植物选择的相关内容。

蓄水种植隔热屋顶与一般种植屋顶的主要区别是增加了一个连通整个屋面的蓄水层,从而弥补了一般种植屋顶隔热不完整、对人工补水依赖较多等缺点,又兼具蓄水隔热屋顶和一般种植隔热屋顶的优点,隔热效果更佳,但相对造价也较高。几种屋顶的隔热效果见表6-28。

表 6-28 几种屋顶的内表面温度比较/℃

隔 热 方 案	时 间						内表面最高温度	优劣次序
	15:00	16:00	17:00	18:00	19:00	20:00		
蓄水种植屋顶	31.3	31.9	32.0	31.8	31.7		32.0	1
架空小板通风屋顶		36.8	38.1	38.4	38.3	38.2	38.4	5
双层屋面板通风屋顶	34.9	35.2	36.4	35.8	35.7		36.4	4
蓄水屋顶		34.4	35.1	35.6	35.3	34.6	35.6	3
一般种植屋顶	33.5	33.6	33.7	33.5	33.2		33.7	2

6.4 建筑物外门、外窗节能设计

建筑物外门、外窗是建筑物外围护结构的重要组成部分,除了具备基本的使用功能外,还必须具备采光、通风、防风雨、保温隔热、隔声、防盗、防火等功能,才能为人们的生活提供安全舒适的室内环境空间。但是,建筑外门、外窗又是整个建筑围护结构中保温隔热性能最薄弱的部分,是影响室内热环境质量和建筑耗能量的重要因素之一。此外,由于门窗需要经常开启,其气密性对保温隔热也有较大影响。据统计,在采暖或空调的条件下,冬季单层玻璃窗所损失的热量占供热负荷的30%~50%,夏季因太阳辐射热透过单层玻璃窗射入室内而消耗的冷量占空调负荷的20%~30%。因此,增强门窗的保温隔热性能,减少门窗能耗,是改善室内热环境质量、提高建筑节能水平的重要环节。另一方面,建筑门窗还承担着隔绝与沟通室内外两种空间的互相矛盾的任务,因此,在技术处理上相对其他围护部件,难度更大,涉及的问题也更复杂。

衡量门窗性能的指标主要包括6个方面:阳光得热性能、采光性能、空气渗透防护性能、保温隔热性能、水密性能和抗风压性能等。建筑节能标准对门窗的保温隔热性能、窗户的气密性、窗户遮阳系数提出了明确具体的限值要求。建筑门窗的节能措施就是提高门窗的性能指标,主要是在冬季有效利用阳光,增加房间的得热和采光,提高保温性能、降低通过窗户传热和空气渗透所造成的建筑能耗;在夏季采用有效的隔热及遮阳措施,降低透过窗户的太阳辐射得热以及室内空气渗透所引起空调负荷增加而导致的能耗增加。

6.4.1 建筑物外门节能设计

这里讲的外门是指住宅建筑的户门和阳台门。户门和阳台门下部门芯板部位都应采取保温隔热措施,以满足节能标准要求。常用各类门的热工指标见表6-29。

表 6-29　门的传热系数和传热阻

门框材料	门 的 类 型	传热系数 K_0 /[W/(m²·K)]	传热阻 R_0 /(m²·K/W)
木、塑料	单层实体门	3.5	0.29
	夹板门和蜂窝夹芯门	2.5	0.40
	双层玻璃门(玻璃比例不限)	2.5	0.40
	单层玻璃门(玻璃比例<30%)	4.5	0.22
	单层玻璃门(玻璃比例为 30%~60%)	5.0	0.20
金属	单层实体门	6.5	0.15
	单层玻璃门(玻璃比例不限)	6.5	0.15
	单框双玻门(玻璃比例<30%)	5.0	0.20
	单框双玻门(玻璃比例为 30%~70%)	4.5	0.22
无框	单层玻璃门	6.5	0.15

可以采用双层板间填充岩棉板、聚苯板来提高户门的保温隔热性能,阳台门应使用塑料门。此外,提高门的气密性即减少空气渗透量对提高门的节能效果是非常明显的。

在严寒地区,公共建筑的外门应设门斗(或旋转门)、寒冷地区宜设门斗或采取其他减少冷风渗透的措施。夏热冬冷和夏热冬暖地区,公共建筑的外门也应采取保温隔热节能措施,如设置双层门、采用低辐射中空玻璃门、设置风幕等。

6.4.2　建筑物外窗节能设计

因为窗的保温隔热能力较差,还有经缝隙的空气渗透引起的附加冷热损失,所以窗的节能设计原则是在满足使用功能要求的基础上尽量减小窗户面积,提高窗框、玻璃部分的保温隔热性能,加强窗户的密封性以减少空气渗透。北方严寒及寒冷地区加强窗户的太阳能得热、夏热冬冷及夏热冬暖地区加强窗户对太阳辐射热的反射及对窗户采取遮阳措施,以提高外窗的保温隔热能力,减少能耗。具体可采取以下措施。

(1)控制窗墙面积比。

窗墙面积比是指某一朝向的外窗总面积(包括阳台门的透明部分、透明幕墙)与该朝向的外围护结构总面积之比。控制好开窗面积,可在一定程度上减少建筑能耗。

无论是严寒、寒冷地区,或是夏热冬冷地区、夏热冬暖地区,窗都是保温、隔热最薄弱的部件,所以我国在《严寒和寒冷地区居住建筑节能设计标准》(JGJ 26—2010)、《夏热冬冷地区居住建筑节能设计标准》(JGJ 134—2010)、《夏热冬暖地区居住建筑节能设计标准》(JGJ 75—2012)及《公共建筑节能设计标准》(JGJ 50189—2005)等标准中针对各地区的气候特点提出了相应的窗墙面积比的指标限值。

　　窗墙面积比的确定,是根据不同地区、不同朝向的墙面冬、夏日照情况,季风影响,室外空气温度,室内采光设计标准及开窗面积与建筑能耗所占的比例等因素确定的。窗墙面积比的确定,要考虑严寒、寒冷地区及夏热冬冷地区利于建筑物冬季透过窗户获得太阳辐射热、减少传热损失、兼顾保温和太阳辐射得热两方面,也要考虑南方地区利于自然通风及减少东、西向太阳辐射得热和窗口遮阳。

　　(2)提高窗的保温隔热性能。

　　①提高窗框的保温隔热性能。通过窗框的传热能耗在窗户的总传热能耗中占有一定比例,它的大小主要取决于窗框材料的导热系数。表 6-30 给出了几种主要框料的导热系数。加强窗框部分保温隔热效果有三个途径:一是选择导热系数较小的框材,木材和塑料保温隔热性能优于钢和铝合金材料,但木窗耗用木材,且易变形引起气密性不良,导致保温隔热性能降低;而塑料自身强度不高且刚性差,其抗风压性能较差。二是采用导热系数小的材料截断金属框扇型材的热桥制成断桥式窗,保温隔热效果很好,如铝合金材料经过喷塑、与 PVC 塑料复合等断热桥处理后,可显著降低其导热性能。塑料窗在型材内腔增加金属加强筋以提高其抗风压性能。三是利用框料内的空气腔室提高保温隔热性能。

表 6-30　几种主要框料的导热系数/[W/(m·K)]

铝	松木、杉木	PVC	空气	钢
174.45	0.17~0.35	0.13~0.29	0.04	58.2

　　②提高窗玻璃部分的保温隔热性能。玻璃及其制品是窗户常用的镶嵌材料。然而单层玻璃的热阻很小,几乎就等于玻璃内外表面换热阻之和,即单层玻璃的热阻可忽略不计,单层玻璃窗内外表面温差只有 0.4 ℃,所以通过窗户的热流很大,整个窗的保温隔热性能较差。

　　可以通过增加窗的层数或玻璃层数提高窗的保温隔热性能。如采用单框双玻窗、单框双扇玻璃窗、多层窗等,利用设置的封闭空气层提高窗玻璃部分的保温性能。双层窗的设置是一种传统的窗户保温做法,双层窗之间常有 50~150 mm 厚的空间。我国采用的单框双玻窗的构造绝大部分是简易型的,双玻形成的空气间层并非绝对密封,而且一般不做干燥处理,这样很难保证外层玻璃的内表面在任何阶段都不形成冷凝。

　　密封中空双层玻璃是国际上流行的第二代产品,密封工序在工厂完成,空气完全被密封在中间,空气层内装有干燥剂,不易结露,保证了窗户的洁净和透明度。

　　无论哪种节能窗型,空气间层的厚度与传热系数的大小都有一定的规律性,通常空气间层的厚度在 4~20 mm 之间可产生明显的阻热效果,在此范围内,随空气层厚度增加,热阻增大,当空气层厚度大于 20 mm 后,热阻的增加趋缓。而且,空气间层的数量越多,保温隔热性能越好,表 6-31 是几种不同中空玻璃的传热系数。

表 6-31　平板玻璃和中空玻璃的传热系数

材 料 名 称	构造、厚度/ mm	传热系数/[W/(m²·K)]
平板玻璃	3	7.1
平板玻璃	5	6.0
双层中空玻璃	3＋6＋3	3.4
双层中空玻璃	3＋12＋3	3.1
双层中空玻璃	5＋12＋5	3.0
三层中空玻璃	3＋6＋3＋6＋3	2.3
三层中空玻璃	3＋12＋3＋12＋3	2.1

此外,窗玻璃种类的选择对提高窗的保温隔热性能也很重要。

低辐射玻璃是一种对波长范围 2.5～40 μm 的远红外线有较高反射比的镀膜玻璃,具有较高的可见光透过率(大于 80%)和良好的热阻隔性能,非常适合于北方采暖地区,尤其是采暖地区北向窗户的节能设计。采用遮阳型低辐射玻璃也可降低南方地区的空调能耗。

近几年发展的涂膜玻璃也是一种前景较好的隔热玻璃。它是指在玻璃表面通过一定的工艺涂上一层透明隔热涂料,在满足室内采光需要的同时,又使玻璃具有一定的隔热功能(通过调整隔热剂在透明树脂中的配比及涂膜厚度,涂膜玻璃遮阳系数在 0.5～0.8 之间,可见光透过率在 50%～80% 之间。日本已研制出可以过滤太阳辐射但不影响采光的高性能涂料)。

热反射玻璃、吸热玻璃、隔热膜玻璃都具有较好的隔热性能,但这些玻璃的可见光透过率都不高,会影响室内采光,可能导致室内照明能耗增加,设计时应权衡使用。

我国在《严寒和寒冷地区居住建筑节能设计标准》(JGJ 26—2010)、《夏热冬冷地区居住建筑节能设计标准》(JGJ 134—2010)、《夏热冬暖地区居住建筑节能设计标准》(JGJ 75—2012)及《公共建筑节能设计标准》(JGJ 50189—2005)中都对外窗的保温性能即传热系数限值提出了具体严格的规定。提高窗的保温隔热性能,目的是提高窗的节能效率,满足节能标准要求。外门、外窗传热系数分级见表 6-32。

表 6-32　外门、外窗传热系数分级/[W/(m²·K)]

分　　级	1	2	3	4	5
分级指标值	$K \geq 5.0$	$5.0 > K \geq 4.0$	$4.0 > K \geq 3.5$	$3.5 > K \geq 3.0$	$3.0 > K \geq 2.5$
分　　级	6	7	8	9	10
分级指标值	$2.5 > K \geq 2.0$	$2.0 > K \geq 1.6$	$1.6 > K \geq 1.3$	$1.3 > K \geq 1.1$	$K < 1.1$

注:本表据《建筑外门窗保温性能分级及检测方法》(GB/T 8484—2008)。

(3)提高窗的气密性,减少空气渗透能耗。

提高窗的气密性、减少空气渗透量是提高窗节能效果的重要措施之一。由于经常开启,要求窗框、窗扇变形小。因为墙与框、框与扇、扇与玻璃之间都可能存在缝隙,会产生室内外空气交换。从建筑节能角度讲,空气渗透量越大,导致冷、热耗能量就越大。因此,必须对窗的缝隙进行密封。提高窗户的气密性,非常有利于窗户节能。但是,并非气密程度越高越好,过于气密对室内卫生状况和人体健康都不利(或安装可控风量的通风器来实行有组织换气)。

我国国家标准《建筑外门窗气密、水密、抗风压性能分级及检测方法》(GB/T 7106—2008)中将外门窗的气密性能分为 8 级,具体指标见表 6-33,其中 8 级最佳。

表 6-33　建筑外门窗气密性能分级表

分　　级	1	2	3	4	5	6	7	8
单位缝长 分级指标值 q_1/[m³/(m·h)]	$4.0 \geqslant q_1$ >3.5	$3.5 \geqslant q_1$ >3.0	$3.0 \geqslant q_1$ >2.5	$2.5 \geqslant q_1$ >2.0	$2.0 \geqslant q_1$ >1.5	$1.5 \geqslant q_1$ >1.0	$1.0 \geqslant q_1$ >0.5	$q_1 \leqslant 0.5$
单位面积 分级指标值 q_2/[m³/(m²·h)]	$12 \geqslant q_2$ >10.5	$10.5 \geqslant q_2$ >9.0	$9.0 \geqslant q_2$ >7.5	$7.5 \geqslant q_2$ >6.0	$6.0 \geqslant q_2$ >4.5	$4.5 \geqslant q_2$ >3.0	$3.0 \geqslant q_2$ >1.5	$q_2 \leqslant 1.5$

注:采用在标准状态下,压力差为 10 Pa 时的单位开启缝长空气渗透量 q_1 和单位面积空气渗透量 q_2 作为分级指标。

《严寒和寒冷地区居住建筑节能设计标准》(JGJ 26—2010)中严格要求:外窗及敞开式阳台门应具有良好的密闭性能。严寒地区外窗及敞开式阳台门的气密性等级不应低于国家标准中规定的 6 级;寒冷地区 1~6 层的外窗及敞开式阳台门的气密性等级不应低于国家标准中规定的 4 级,7 层及 7 层以上不应低于 6 级。

《夏热冬冷地区居住建筑节能设计标准》(JGJ 134—2010)中严格要求:建筑物 1~6 层的外窗及敞开式阳台门的气密性等级,不应低于国家标准中规定的 4 级;7 层及 7 层以上的外窗及敞开式阳台门的气密性等级,不应低于该标准规定的 6 级。

《夏热冬暖地区居住建筑节能设计标准》(JGJ75—2012)中要求:居住建筑 1~9 层外窗的气密性能不应低于国家标准中规定的 4 级;10 层及 10 层以上外窗的气密性能不应低于国家标准中规定的 6 级。

《公共建筑节能设计标准》(GB 50189—2005)中要求外窗的气密性不应低于国家标准中规定的 6 级;透明幕墙的气密性不应低于《建筑幕墙物理性能分级》(GB/T 15225—1994)中规定的 3 级。

可以通过提高窗用型材的规格尺寸、准确度、尺寸稳定性和组装的精确度,采用气密条,改进密封方法或各种密封材料与密封方法配合的措施加强窗户的气密性,降低因空气渗透造成的能耗。

(4)选择适宜的窗型。

目前,常用的窗型有平开窗、左右推拉窗、固定窗、上下悬窗、亮窗、上下提拉窗等,其中以推拉窗和平开窗最多。

窗的几何形式与面积以及窗扇开启方式对窗的节能效果也是有影响的。

因为我国南北方气候差异较大,窗的节能设计的重点不同,所以,窗型的选择也不同。

南方地区窗型的选择应兼顾通风与排湿,推拉窗的开启面积只有1/2,不利于通风。而平开窗则因通风面积大、气密性较好符合该地区的气候特点。

采暖地区窗型的设计应把握以下要点。

①在保证必要的换气次数前提下,尽量缩小可开窗扇面积。

②选择周边长度与面积比小的窗扇形式,即接近正方形有利于节能。

③镶嵌的玻璃面积尽可能的大。

(5)提高窗保温性能的其他方法。

为提高窗的节能效率,设计上还可以使用具有保温隔热特性的窗帘、窗盖板等构件。采用热反射织物和装饰布做成的双层保温窗帘就是其中的一种。这种窗帘的热反射织物设置于里侧,反射面朝向室内,一方面阻止室内热空气向室外流动;另一方面通过红外反射将热量保存在室内,从而起到保温作用。多层铝箔——密闭空气层——铝箔构成的活动窗帘有很好的保温隔热性能,但价格昂贵。在严寒地区夜间采用平开或推拉式窗盖板,内填沥青珍珠岩、沥青麦草、沥青谷壳或聚苯板等可获得较高的保温隔热性能及较经济的效果。

窗的节能措施是多方面的,既包括选用性能优良的窗用材料,也包括控制窗的面积、加强气密性、使用合适的窗型及保温窗帘、窗盖板等,多种方法并用,会大大提高窗的保温隔热性能,而且部分采暖和夏热冬冷地区的南向窗户完全有可能成为得热构件。

(6)窗口遮阳设计。

在南方地区,太阳辐射热通过窗口直接进入室内是引起室内过热、空调能耗大的主要原因之一,同时,直射阳光还会影响室内照度分布,产生眩光不利于正常视觉工作,使室内家具、衣物、书籍等褪色、变质。窗口遮阳的目的就是阻断直射阳光进入室内,防止阳光过分照射,避免上述各种不利情况的产生。

通常将进入室内的直射阳光辐射强度大于280 W/m²、气温在29 ℃以上作为设置窗口遮阳的界限。

①窗口遮阳的形式。

夏季,不同朝向窗口接受太阳辐射热的强度和峰值出现的时间是不同的。因此,窗口遮阳设计应根据环境气候、日照规律、窗口朝向和房间用途来决定采用的遮阳形式。遮阳的基本形式有水平式、垂直式、综合式、挡板式,如图 6-25 所示。水平式遮阳适用于南向及接近南向窗口,在北回归线以南地区,既可用于南向窗口,也可用于北向窗口;垂直式遮阳主要用于北向、东北向和西北向附近窗口;综合式遮阳适用于南向、东南向、西南向和接近此朝向的窗口;挡板式遮阳主要适用于东向、西向附近窗口。

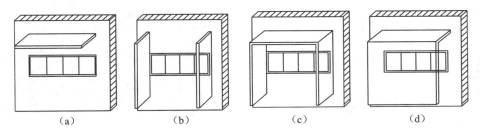

图 6-25　遮阳的基本形式
(a)水平式;(b)垂直式;(c)综合式;(d)挡板式

　　遮阳设施有固定式(安装后不能对其进行任何调节的遮阳形式,见图 6-26)和活动式(可以根据室内环境需要进行调控的遮阳形式)。活动式遮阳设施常见的有竹帘、百叶帘(如图 6-27)、遮阳篷等。这类遮阳设施的优点是经济易行、灵活,可根据阳光的照射变化和遮阳要求而调节,无阳光时可全部卷起或打开,对房间的通风、采光有利。

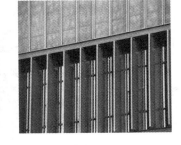

图 6-26　固定式遮阳　　　　　　**图 6-27　横百叶帘、竖百叶帘**

　　根据遮阳设施的安装位置,可分为内遮阳、中间遮阳、外遮阳三种方式。内遮阳最常见的就是窗帘,其形式有百叶帘、卷帘、垂直帘、风琴帘(如图 6-28)等,材料以布、木、铝合金为主。窗帘除了遮阳外,还有遮挡视线保护隐私、消除眩光、隔声、吸声降噪、装饰室内等功能。外遮阳就是设置在建筑围护结构外侧的遮阳设施。中间遮阳是遮阳设施处于两层玻璃之间或是双层表皮幕墙之间的遮阳形式,一般采用浅色的百叶帘。百叶帘通常采用电动控制方式。由于遮阳帘装置在两层玻璃之间,受外界气候影响较小,寿命较长,是一种新型的遮阳装置(如图 6-29)。同样的百叶帘安装在不同位置遮阳效果相差很大,内遮阳百叶的得热难以向室外散发,大多数热量都留在了室内,而外遮阳百叶升温后大部分热量被气流带走,仅小部分传入室内。因此,外遮阳的遮阳效果明显优于内遮阳。

图 6-28 风琴帘

图 6-29 中间遮阳设施

②遮阳设施对室内气温、采光、通风的影响。

遮阳构件遮挡了太阳辐射热,使室内最高气温明显降低。根据广州某西向房间的观测资料,遮阳设施对室内空气温度的影响如图 6-30 所示。由图可见,闭窗时,遮阳对防止室温上升的作用较明显。有、无遮阳的室温最大差值达 2 ℃,平均差值为 1.4 ℃。而且有遮阳时,房间温度波幅较小,出现高温的时间也较晚。这说明遮阳能起到很好的隔热作用,既可明显改善无空调房间的室内热环境状况,又可明显减少空调房间的空调冷负荷。开窗时,室温最大差值为 1.2 ℃,平均差值为 1.0 ℃,虽然不如闭窗时明显,但在炎热的夏季仍具有一定的意义。

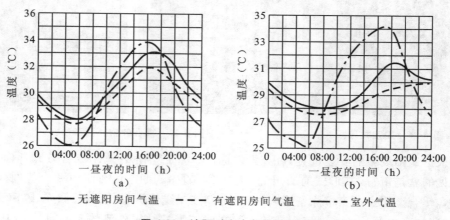

图 6-30 遮阳对室内气温的影响
(a)开窗;(b)闭窗

遮阳设施能阻挡直射阳光,有防止眩光、利于视觉工作、改善室内自然光环境的作用。但遮阳设施的挡光作用也降低了室内照度。据观测,采用遮阳设施后,一般室内照度降低 53%～73%,但室内照度的均匀度会大幅提高。

遮阳构件在遮阳的同时,也会对室内通风产生不利的影响。由于遮阳构件的存在,建筑周围的局部风压会出现较大幅度的变化,对房间的自然通风有一定的阻挡作用,使室内风速有所降低。实测资料表明,有遮阳的房间,室内风速减弱 22%～

47%，风速的减弱程度和风场流向都与遮阳的设置方式有很大关系。因此，设计时，既要满足遮阳要求，又要减少对采光和通风的不利影响，最好能导风入室。

③遮阳系数的简化计算。

各种遮阳设施遮挡太阳辐射热量的效果以遮阳系数表示。遮阳系数是指在照射时间内，透进有遮阳窗口的太阳辐射热量与透进无遮阳窗口的太阳辐射热量的比值。遮阳系数越小，说明透进窗口的太阳辐射热量越少，防热效果越好。

窗的综合遮阳系数按下式计算：

$$S_C = S_{C_C} \times S_D = S_{C_B} \times (1 - F_K/F_C) \times S_D \tag{6-1}$$

式中　S_C——窗的综合遮阳系数；

　　　S_{C_C}——窗本身的遮阳系数；

　　　S_{C_B}——窗玻璃的遮阳系数，表征窗玻璃自身对太阳辐射透射热的减弱程度，其数值为透过窗玻璃的太阳辐射热量与透过 3 mm 厚普通透明窗玻璃的太阳辐射热量之比；

　　　F_K——窗框的面积，m^2；

　　　F_C——窗的面积，m^2，F_K/F_C 为窗框面积比，PVC 塑钢窗或木窗窗框面积比可取 0.30，铝合金窗窗框面积比可取 0.20。

窗的外遮阳系数按下式计算：

$$S_D = ax^2 + bx + 1 \tag{6-2}$$

$$x = A/B \tag{6-3}$$

式中　S_D——外遮阳的遮阳系数；

　　　x——外遮阳特征值，当 $x > 1$ 时，取 $x = 1$；

　　　a、b——拟合系数，依严寒和寒冷地区、夏热冬冷地区及夏热冬暖地区的不同，分别按本书附录 F 中附表 F1-1 及附表 F2-1 中选取；

　　　A、B——外遮阳的构造定性尺寸，依严寒和寒冷地区、夏热冬冷地区及夏热冬暖地区的不同分别按本书附录 F 中附图 F1-1～附图 F1-5 及附图 F2-1～附图 F2-3 确定。

当窗口采用组合形式的外遮阳时（如水平式+垂直式+挡板式），组合形式的外遮阳系数由参加组合的各种形式遮阳的外遮阳系数的乘积确定，即：

$$S_D = S_{D_H} \cdot S_{D_V} \cdot S_{D_B} \tag{6-4}$$

式中　S_{D_H}、S_{D_V}、S_{D_B}——分别为水平式、垂直式、挡板式的建筑外遮阳系数，单一形式的外遮阳系数按式(6-2)、式(6-3)计算。

④遮阳设施的构造设计。

遮阳设施的隔热效果除与窗口朝向和遮阳形式有关外，还与遮阳设施的构造处理、安装位置、选材及颜色有很大关系。遮阳构件既要避免吸热过多，又要易于散热；宜采用浅色且蓄热系数小的轻质材料，因为颜色深及蓄热系数大的材料会吸收并储存较多的热量，影响隔热效果。设计时应选择对通风、散热、采光、视野、立面造型和构造要求等更为有利的形式。

为了减少板底热空气向室内逸散和对通风、采光的影响,通常将板底做成百叶的[见图 6-31(a)],或部分做成百叶的[见图 6-31(b)];或中间层做成百叶的,而顶层做成实体,并在前面加吸热玻璃挡板[见图 6-31(c)]。后一种做法对隔热、通风、采光、防雨更为有利。

遮阳板的安装位置对防热和通风的影响很大。例如将板面紧靠墙布置时受热表面上升的热空气将由室外导入室内。这种情况对综合式遮阳的影响更为严重,如图 6-32(a)所示。为克服这个缺点,板面应离开墙面一定距离,以使大部分热空气沿墙面排走,如图 6-32(b)所示,且应使遮阳板尽可能减少挡风,最好还能兼起导风入室的作用。装在窗口内侧的布帘、百叶等遮阳设施,其所吸收的太阳辐射热,大部分散发到了室内,如图 6-32(c)所示。若装在外侧,则其所吸收的太阳辐射热大部分散发到了室外,从而减少对室内温度的影响,如图 6-32(d)。

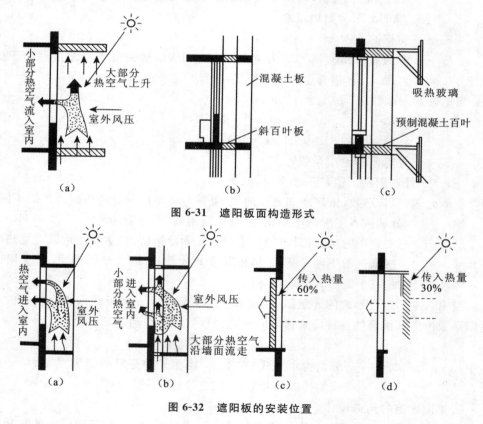

图 6-31　遮阳板面构造形式

图 6-32　遮阳板的安装位置

6.5　建筑物幕墙节能设计

建筑幕墙是建筑物各部件中将现代建筑技术与艺术结合得最完美的典范。随着建筑科学技术的进步和新材料、新工艺、新技术的不断发展,建筑幕墙的形式和类型也越来越多,如玻璃幕墙、石材幕墙、金属幕墙、双层通风幕墙、光电幕墙等。本节重点阐述建筑玻璃幕墙的节能设计。

玻璃幕墙实现了建筑外围护结构中墙体与门窗合二为一,把建筑围护结构的使用功能与装饰功能巧妙地融为一体,使建筑更具现代感和装饰艺术性,从而受到人们的青睐。然而大面积的玻璃幕墙因传热系数大、能耗高而成为建筑节能设计的重点部位。玻璃幕墙节能涉及玻璃和型材及构造的热工特性,严寒地区、寒冷地区和温和地区的幕墙要进行冬季保温设计,夏热冬冷地区、部分寒冷地区及夏热冬暖地区的幕墙要进行夏季隔热设计。

玻璃幕墙传热过程大致有三种:①幕墙外表面与周围空气和外界环境间的换热,包括外表面与周围空气间的对流换热、外表面吸收、反射的太阳辐射热和外表面与空间的各种长波辐射换热;②幕墙内表面与室内空气的对流换热,包括内表面与室内空气的对流换热和室内其余表面间的辐射换热;③幕墙玻璃和金属框格的传热,包括通过单层玻璃的导热,或通过双层玻璃及自然通风,或机械通风的双层皮可呼吸幕墙的对流换热及辐射换热,还有通过金属框格或金属骨架的传热。

普通单层玻璃幕墙传热系数与单层窗户基本相同,传热系数较大,保温性能低。在采暖地区冬季导致室温降低,采暖能耗大,并且很容易在幕墙的内表面形成结露或结冰现象;在南方地区夏季隔热性能差,内表面温度偏高,直接导致空调能耗增大。

玻璃幕墙的节能设计应从框材和玻璃及构造措施等方面综合考虑。由于玻璃幕墙多采用金属材料作框格、骨架,导热系数大,当室内外温差大时,热传导就成为影响玻璃幕墙保温隔热性能的一个重要因素。采用断桥式隔热型材解决玻璃幕墙框架的热传导问题,效果很好。

此外,玻璃的保温隔热性能是解决幕墙节能的关键之一。厚度小于 12 mm 的中空玻璃有较好的保温性能,因为其内部空气层中的空气基本处于静止状态,产生的对流换热量很小。

高透型低辐射中空玻璃适用于严寒地区、寒冷地区和夏热冬冷地区的玻璃幕墙,具有可见光透过率高、反射率低、吸收性弱的特点。其允许可见光较好地透过玻璃透入室内,增强采光效果,对红外波段具有反射率高、吸收性弱的特点,冬季能有效阻止室内热能通过玻璃向室外泄漏,夏季能阻挡外部热能进入室内,大大改善了幕墙的保温隔热性能。

遮阳型低辐射玻璃能选择性透过可见光,降低太阳辐射热进入室内的程度,并同样具有对红外波段的高反射特性。用于炎热气候区的幕墙,能更有效地阻止外部的太阳辐射热透过玻璃进入室内,降低空调能耗。

总之,低辐射玻璃因具有较低的辐射率,能有效阻止室内外热辐射,具有极好的光谱选择性,可在保证大量可见光通过的基础上阻挡大部分红外线透过玻璃,既保持了室内光线较明亮,又降低了室内的采暖、空调能耗,现已成为现代节能玻璃幕墙的首选材料之一。

为大幅提高玻璃幕墙的热工性能,可采用新型双层通风玻璃幕墙。这种新的幕墙技术在改善和提高玻璃幕墙的保温、隔热、隔声性能,生态环保功能和建筑节能等方面具有很大的优势,又被称为智能型玻璃幕墙、呼吸式玻璃幕墙和热通道玻璃幕墙等。

双层通风玻璃幕墙由内、外两层玻璃幕墙组成,其间构成一个一定宽度(通常为150～300 mm,也可设计为 500～600 mm,便于维护及清洁)的空气夹层。外层玻璃幕墙用作防风雨抵制气候变化的屏障;内层玻璃幕墙可根据功能需要开设活动窗或检修门等,以此作为第二道隔声墙及室内的(玻璃)饰面层。双层通风玻璃幕墙一般采用透明白片玻璃,所展示出的透光性和通透感的外观非常具有特色。

双层通风玻璃幕墙按通风形式的不同,又分为封闭式内通风幕墙和开敞式外通风幕墙两种,如图 6-33 所示。

开敞式外通风幕墙的内层为中空玻璃幕墙,可以开窗或开设检修门,外层采用单层玻璃,并在每层上、下均设有可开启和关闭的进出风口,如图 6-33(b)和图 6-34 所示。为提高玻璃幕墙的节能效果,一般在夹层内设置遮阳百叶。在夏季,开启外层幕墙的进出风口,利用烟囱效应或机械通风手段进行通风换气,使幕墙之间的热空气及时排走,以减少太阳辐射热的影响,达到隔热降温的目的,从而节约空调能耗。在冬季,关闭外层幕墙的进出风口,具有自然保温作用,而且双层玻璃幕墙之间形成一个小阳光温室,提高了建筑内表面的温度,有利于节约采暖能耗。开敞式外通风幕墙是目前应用最广泛的双层通风玻璃幕墙。

封闭式内通风幕墙的内层采用单层玻璃幕墙或单层铝合金门窗,外层通常为封闭的双层中空玻璃幕墙。夹层空间内的空气从地板下的风道进入,上升至楼板下吊顶内的风道排走。这一空气流动循环过程均在室内进行,如图 6-33(a)和图 6-35 所示。

由于循环的是室内空气,夹层空间内的空气温度与室内气温接近,这就大大节省了采暖和制冷能耗,这种幕墙在采暖地区更为适宜。由于封闭式内通风玻璃幕墙的空气循环要靠机械系统,故对通风设备要求较高。为提高节能效果,夹层空间内宜设置电动百叶和电动卷帘。

因为双层通风玻璃幕墙能够对通风道进行开窗通风,在一定程度上改善了高层建筑的室内空气质量,可根据需要调节百叶进行遮阳。

双层通风玻璃幕墙的节能效果非常显著。据统计,它比单层玻璃幕墙降低采暖能耗 40%～60%。此外,它的隔声效果也很好,大大改善了室内工作环境。相比之下,双层通风玻璃幕墙的造价也较昂贵,加工制作也比普通单层玻璃幕墙复杂得多,同时,建筑面积要损失 2.5%～3.5%。

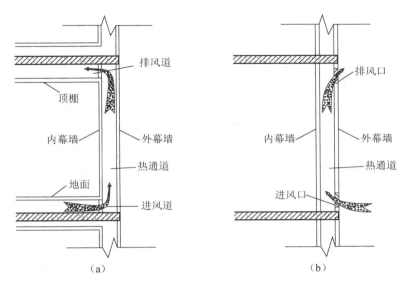

图 6-33　双层通风玻璃幕墙类型

(a)封闭式内通风幕墙;(b)开敞式外通风幕墙

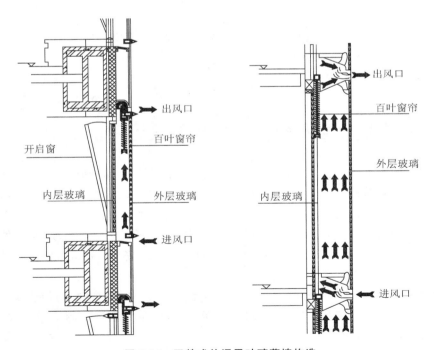

图 6-34　开敞式外通风玻璃幕墙构造

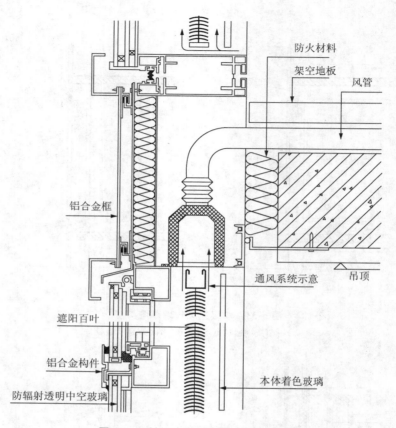

图 6-35　封闭式内通风玻璃幕墙构造

6.6　建筑物底层及楼层地面节能设计

如果建筑物底层与土壤接触的地面热阻过小,地面的传热量就会很大,地表面就容易产生结露和冻脚现象,因此,为减少通过地面的热损失、提高人体的热舒适性,必须分地区按相关标准对底层地面进行节能设计。底面接触室外空气的架空(如过街楼的楼板)或外挑楼板(如外挑的阳台板等),采暖楼梯间的外挑雨棚板、空调外机搁板等由于存在二维(或三维)传热,致使传热量增大,也应按相关标准规定进行节能设计。

分隔采暖(空调)与非采暖(空调)房间(或地下室)的楼板存在空间传热损失。住宅户式采暖(空调)因邻里不用(或暂时无人居住)或间歇采暖运行制式不一致,而楼板的保温性能又很差而导致采暖(或空调)用户的能耗增大,因此也必须按相关标准对楼层地面进行节能设计。

6.6.1 地面的种类

地面按其是否直接接触土壤分为两类,见表 6-34。

表 6-34 地面的种类

种　　类	所处位置、状况
地面(直接接触土壤)	周边地面
	非周边地面
地板(不直接接触土壤)	接触室外空气地板
	不采暖地下室上部地板
	存在空间传热的层间地板

6.6.2 地面的节能设计

(1)地面的保温设计。

周边地面是指由外墙内侧算起向内 2.0 m 范围内的地面,其余为非周边地面。在寒冷的冬季,采暖房间地面下土壤的温度一般都低于室内气温,特别是靠近外墙的地面比房间中间部位的温度低 5 ℃左右,热损失也大得多(地面温度及热流分布如图 6-36),如不采取保温措施,则外墙内侧墙面以及室内墙角部位容易出现结露,并在室内墙角附近地面有冻脚现象,并使地面传热损失加大。鉴于卫生和节能的需要,我国在《严寒和寒冷地区居住建筑节能设计标准》(JGJ 26—2010)中对周边地面的保温提出了严格要求,其保温材料层热阻不应小于表 6-35 规定的限值。挤塑聚苯板(XPS)、硬泡聚氨酯板等,具有一定的抗压强度,吸水率较小且保温性能稳定,是较好的地面保温材料。应用普通聚苯板和挤塑聚苯板的地面保温构造见图 6-37。

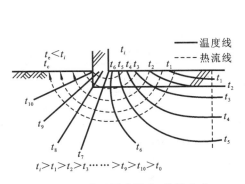

图 6-36 地面周边温度、热流分布

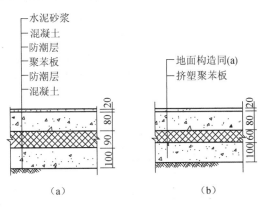

图 6-37 地面保温构造(单位:mm)

(a)普通聚苯板保温地面;(b)挤塑聚苯板保温地面

表 6-35   周边地面热工性能指标限值

气候区属	保温材料层热阻 $R/(m^2 \cdot K/W)$		
	≤3 层建筑	4～8 层的建筑	≥9 层建筑
严寒地区 A 区	1.70	1.40	1.10
严寒地区 B 区	1.40	1.10	0.83
严寒地区 C 区	1.10	0.83	0.56
寒冷地区 A 区及 寒冷地区 B 区	0.83	0.56	—

注:周边地面的保温材料层不包括土壤和混凝土地面。

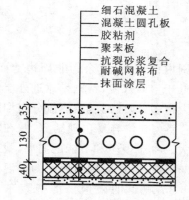

细石混凝土
混凝土圆孔板
胶粘剂
聚苯板
抗裂砂浆复合耐碱网格布
抹面涂层

图 6-38   地板保温构造(单位:mm)

《公共建筑节能设计标准》(GB 50189—2005)对地面也提出了具体保温要求,见表 6-35。

此外,夏热冬冷和夏热冬暖地区的建筑物底层地面,除保温性能满足节能要求外,还应采取一些防潮技术措施,以减轻或消除梅雨季节由于湿热空气产生的地面结露现象。

(2)地板的节能设计。

采暖(空调)居住(公共)建筑接触室外空气的地板(如过街楼地板或外挑楼板)、不采暖地下室上部的顶板及存在空间传热的层间楼板等,也应采取保温措施,使这些特殊部位的传热系数满足相关节能标准的限值要求。应用普通聚苯板对钢筋混凝土空心楼板进行外保温的构造见图 6-38。保温层设计厚度应满足相关节能标准对该地区楼板的传热系数限值要求。

接触室外空气地板的保温构造做法及热工性能参数见表 6-36。

表 6-36   接触室外空气地板的保温构造及热工性能参数

简 图	基本构造(由上至下)	保温材料 厚度/mm	传热系数 K /[W/(m² · K)]
	1—20 mm 水泥砂浆找平层;	15	1.32
	2—100 mm 现浇钢筋混凝土楼板;	20	1.13
	3—挤塑聚苯板(胶粘剂粘贴); 4—3 mm 聚合物砂浆(网格布)	25	0.98

续表

简　图	基本构造(由上至下)	保温材料厚度/mm	传热系数 K/[W/(m²·K)]
	1—20 mm 水泥砂浆找平层;	20	1.41
	2—100 mm 现浇钢筋混凝土楼板;	25	1.24
	3—膨胀聚苯板(胶粘剂粘贴); 4—3 mm 聚合物砂浆(网格布)	30	1.10
	1—18 mm 实木地板;	20	1.29
	2—30 mm 矿(岩)棉或玻璃棉板; 30 mm×40 mm 杉木龙骨@400;	25	1.18
	3—20 mm 水泥砂浆找平层; 4—100 mm 现浇钢筋混凝土楼板	30	1.09
	1—12 mm 实木地板; 2—15 mm 细木工板;	20	1.10
	3—30 mm 矿(岩)棉或玻璃棉板; 30 mm×40 mm 杉木龙骨@400;	25	1.02
	4—20 mm 水泥砂浆找平层; 5—100 mm 现浇钢筋混凝土楼板	30	0.95

注:表中挤塑聚苯板的导热系数 $\lambda=0.03$ W/(m·K),修正系数 $\alpha=1.15$;膨胀聚苯板导热系数 $\lambda=0.042$ W/(m·K),修正系数 $\alpha=1.20$;矿(岩)棉或玻璃棉板导热系数 $\lambda=0.05$ W/(m·K),修正系数 $\alpha=1.30$。

　　由于采暖(空调)房间与非采暖(空调)房间存在温差,所以,必然存在通过分隔两种房间楼板的采暖(制冷)能耗。因此,对这类层间楼板也应采取保温隔热措施,以提高建筑物的能源利用效率。保温隔热层的设计厚度应满足相关节能标准对该地区层间楼板的节能要求。层间楼板保温隔热构造做法及热工性能参数见表 6-37。

表 6-37　层间楼板保温隔热构造及热工性能参数

简　图	构造层次(由上至下)	保温材料厚度/mm	传热系数 K/[W/(m²·K)]
	1—20 mm 水泥砂浆找平层;	20	1.96
	2—100 mm 现浇钢筋混凝土楼板;	25	1.79
	3—保温砂浆; 4—5 mm 抗裂石膏(网格布)	30	1.64

续表

简 图	构造层次(由上至下)	保温材料厚度/mm	传热系数 K /[W/(m²·K)]
	1—20 mm 水泥砂浆找平层; 2—100 mm 现浇钢筋混凝土楼板; 3—聚苯颗粒保温浆料; 4—5 mm 抗裂石膏(网格布)	20	1.79
		25	1.61
		30	1.46
	1—12 mm 实木地板; 2—15 mm 细木工板; 3—30 mm×40 mm 杉木龙骨@400; 4—20 mm 水泥砂浆找平层; 5—100 mm 现浇钢筋混凝土楼板	—	1.39
	1—18 mm 实木地板; 2—30 mm×40 mm 杉木龙骨@400; 3—20 mm 水泥砂浆找平层; 4—100 mm 现浇钢筋混凝土楼板	—	1.68
	1—20 mm 水泥砂浆找平层; 保温层: (1)挤塑聚苯板(XPS); (2)高强度珍珠岩板; (3)乳化沥青珍珠岩板; (4)复合硅酸盐板; 2—20 mm 水泥砂浆找平及粘结层; 3—120 mm 现浇钢筋混凝土楼板	(1)20	1.51
		(2)40	1.70
		(3)40	1.70
		(4)30	1.52

注:表中保温砂浆导热系数 $\lambda=0.08$ W/(m·K),修正系数 $\alpha=1.30$;聚苯颗粒保温浆料导热系数 $\lambda=0.06$ W/(m·K),修正系数 $\alpha=1.30$;高强度珍珠岩板导热系数 $\lambda=0.12$ W/(m·K),修正系数 $\alpha=1.30$;乳化沥青珍珠岩板导热系数 $\lambda=0.12$ W/(m·K),修正系数 $\alpha=1.30$;复合硅酸盐板导热系数 $\lambda=0.07$ W/(m·K),修正系数 $\alpha=1.30$。

复习思考题

6-1 保温设计与隔热设计有何区别?

6-2 外墙外保温与其他保温形式相比有哪些优点?

6-3　外墙外保温系统的设计要求主要有哪些?

6-4　倒置式保温屋面有何优点? 它对保温材料的性能有何要求?

6-5　何谓聚苯板薄抹灰外墙外保温系统? 绘制其基本构造图。

6-6　抗裂砂浆的应用机理是什么?

6-7　窗户是外围护结构中热工性能较差的构件,为提高外窗的保温隔热能力,减少采暖(空调)能耗,通常采取哪些措施?

6-8　试简述双层式通风幕墙的节能原理,并绘制其构造。

6-9　防止和控制围护结构内部冷凝的措施有哪些?

6-10　何为自然通风? 建筑物中形成自然通风的因素是什么?

6-11　简述建筑物屋顶和墙体节能设计的主要措施。

第7章 建筑设计中可再生能源的利用

本章提要

通过本章学习了解可再生能源的种类;掌握被动式太阳房和主动式太阳房的种类和设计特点;掌握太阳能热水系统(太阳能光伏发电技术)与建筑一体化的设计要点;掌握太阳能、土壤热、水源和空气源热泵的基本原理,掌握辐射供暖、供冷地板与其他通风除湿系统的结合以及风能的利用技术。

可再生能源的概念和含义是 1981 年联合国在肯尼亚首都内罗毕召开的新能源和可再生能源会议上确定的。

目前,联合国开发计划署(UNDP)将可再生能源分为如下 3 类:

(1)大中型水电;

(2)新可再生能源,包括小水电、太阳能、风能、现代生物质能、地热能、海洋能;

(3)传统生物质能。

目前在我国,可再生能源是指除常规化石能源和大中型水力发电、核裂变发电之外的生物质能、太阳能、风能、小水电、地热能、海洋能等一次能源以及氢能、燃料电池等二次能源。其中,太阳能、风能、地热能资源丰富,清洁卫生,而且容易就地取材,在建筑设计中得到广泛的利用。

7.1 太阳能的利用技术

太阳能是新能源和可再生能源中最引人注目、开发研究最多、应用最广的清洁能源,可以说,太阳能是未来全球的主流能源之一。

太阳能具有安全、无污染、可再生、辐射能的总量大和分布范围广等特点,越来越受到人们的重视,是今后可替代能源发展的战略性领域。早在 1999 年召开的世界太阳能大会上就有专家认为,当代世界太阳能科技发展有两大基本趋势:一是光电与光热结合;二是太阳能与建筑结合。

太阳能利用技术主要是指将太阳能转换为热能、机械能、电能、化学能等技术,其中的太阳能—热能转换历史最为久远、开发最为普遍。

对建筑来说,目前太阳能开发利用技术主要包括以下两个方面。

(1)光热利用。

光热利用的基本原理是将太阳辐射能收集起来,通过与物质的相互作用转换成热能加以利用。目前使用最多的太阳能收集装置,主要有平板集热器、真空管集热器和聚焦集热器等 3 种。

（2）太阳能发电。

太阳能发电包括光—热—电转换和光—电转换。

7.1.1　太阳房

根据是否利用机械的方式获取太阳能，可将太阳房分为被动式太阳房和主动式太阳房。下面分别予以阐述。

7.1.1.1　被动式太阳房

被动式太阳房是根据当地的气候条件，通过建筑朝向和周围环境的合理布置，内部空间和外部形体的巧妙处理，充分考虑窗、墙、屋顶等建筑物自身构造和材料的热工性能，以热量自然交换的方式（辐射、对流及传导），使建筑物在冬季既能采集、保持、蓄存和分配太阳能，从而解决其采暖问题，又能使建筑物在夏季遮蔽太阳辐射、散逸室内热量而降温，从而达到冬暖夏凉的目的。

集热、蓄热、保温、隔热是被动式太阳房设计的四要素，缺一不可。

被动式太阳房优点是构造简单，造价低廉，维护管理方便。但是，被动式太阳房也有缺点，主要是室内温度波动较大，舒适度差。在夜晚，室内温度较低或连续阴天时需要辅助热源来维持室温。同时，夏季室内又会产生高温，强烈日光刺激也使人无法忍受；住宅楼中心位于透光外墙边的人体有"不被拦护"的不安全感和心理上被窥视隐私等不舒服感。

太阳房的基本原理就是利用"温室效应"。因为太阳辐射是在很高的温度下进行的，很容易透过洁净的空气、普通玻璃、透明塑料等介质被某一空间里的材料所吸收，使之温度升高，它们又向外界辐射热量，而这种辐射是长波红外辐射，较难透过上述介质，于是这些介质包围的空间形成了温室，出现所谓的"温室效应"。

早在 1830 年，西班牙建造了世界上第一栋被动式太阳房，其外墙面只有木框镶玻璃。到 20 世纪 20 年代，著名建筑师 Le Corbusier（1887—1965）设计建造了第一批以玻璃幕墙作为非承重外围护结构的被动式太阳房。

1977 年，甘肃省自然能源研究所在甘肃民勤县重兴中学设计建成了我国第一栋被动式试验太阳房，经过 30 多年的努力，我国被动式太阳房的研究工作已经取得了丰硕的成果，已基本形成了具有中国特色的包括理论、设计、试验及评价方法在内的一整套太阳能建筑技术。据不完全统计，到 1998 年底，全国各地已建成不同类型被动式太阳房 2.5 万多栋，累计建筑面积达 930 万 m^2，建造量居世界之首，其分布范围主要在华北、东北和西北地区。除住房外，被动式太阳房特别适合于寒冷地区的中小学教室等（如办公楼等也可用）。由于太阳房冬暖夏凉，已逐渐由北向南发展，长江和黄河之间区域通常为不采暖的地区，冬冷夏热，室内热环境很差，太阳房更容易发挥效益。国内较典型的被动式太阳房建筑有：大连后石小学太阳房、内蒙古呼和浩特太阳房住宅楼和新疆乌鲁木齐新市区太阳房等。我国被动式太阳房现已进入规模普及阶段,并开始以提高室内舒适度为目标,向太阳能住宅小区、太阳村、太阳城方向发展。

近年来由于全球能源的日趋紧张和对节能、环保的重视,科技人员已研制出很多具有良好隔热保温性能的透明和半透明的建筑外围护结构和材料,全世界对建造玻璃房的热情又高涨起来。

我国地处北半球东部,太阳能资源十分丰富,为太阳能的利用提供了得天独厚的条件。尤其是西北、西南、华北地区,太阳能资源相对丰富,应充分利用太阳能资源,以使这种清洁、可再生的能源在建筑节能中能发挥更大的作用。在北半球,为了冬季获得更多的太阳能,夏季获得较少的太阳能,建筑物的朝向大多坐北朝南,这本身就具有开发被动式太阳房的先天条件。

1.被动式太阳房的分类

被动式太阳房按集热形式可分为 5 类。

(1)直接受益式。

直接受益式被动式太阳房(图 7-1)是被动式太阳房中最简单也是最常用的一种。它是利用南窗直接接受太阳辐射。太阳辐射通过窗户直接投射到室内地面、墙面及其他物体上,被吸收后使其表面温度升高,当其表面温度高于室内空气温度时,通过自然对流换热,用部分热量加热室内空气,另一部分热量则蓄存在地面、墙面及其他物体内部,使室内温度维持在一定水平。

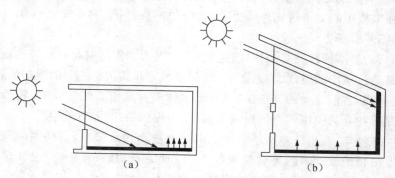

图 7-1 直接受益式被动式太阳房
(a)太阳辐射投射到室内地面;(b)太阳辐射投射到墙面

直接受益式系统中的南窗在有太阳辐射时起着集取太阳辐射能的作用,而在无太阳辐射的时候或夜间则成为散热表面,因此在直接受益式系统中,在加大南窗面积的同时,应配置有效的保温措施(如保温窗帘等),以使被动式太阳房昼夜受益。

由于直接受益被动式太阳房集热效率较高但室温波动较大,因此适用于白天要求升温快的房间或只是白天使用的房间,如教室、办公室、住宅的起居室等。如果窗户有较好的保温措施,也可用于住宅的卧室等房间。但对其在夏热冬冷及部分夏季较热的寒冷地区应用时,宜设置活动式遮阳,以防房间夏季过热,而且不影响冬季接收太阳能。

（2）集热蓄热墙式。

集热蓄热墙式被动式太阳房（图 7-2）是间接式太阳能采暖系统。阳光首先照射到南向、外面有玻璃罩的深黑色蓄热墙体上，蓄热墙吸收太阳的辐射热后，通过温差导热把一部分热量传递到墙的内表面，然后以对流换热的方式向室内供热；另一部分热量则把玻璃罩和墙体夹层内的空气加热，被加热的空气上升，由墙上部的通风孔向室内供热，室内冷空气则由墙下风口进入墙外的夹层，如此形成向室内输送热风的对流循环。这是冬天的工作状况。当然也可以不在墙上设风口，完全靠吸收、导热和对流换热的方式向室内供热。夏天则由于玻璃与墙体之间的空气被太阳能加热后，通过开向室外的上部排风口被抽出，产生"烟囱效应"。这样，室内的热空气被不断排出室外，而房屋北侧或通过地下埋管的凉爽空气被不断补充进来，从而达到降低房间温度的效果。在冬天，则应关闭开向室外的排风孔。采用集热蓄热墙式被动式太阳房，室内温度波动小，居住舒适，但热效率较低，因此常和其他形式配合使用。如和直接受益式及附加阳光间式组成各种不同用途的房间供暖形式，可以调整集热蓄热墙的面积，满足各种房间不同的蓄热要求。但玻璃夹层中间容易积灰，不易清理，影响集热效果，且立面涂黑不太美观。

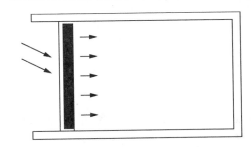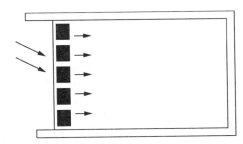

图 7-2　集热蓄热墙式被动式太阳房

（3）附加阳光间式（综合式）。

附加阳光间式被动式太阳房（图 7-3）是集热蓄热墙系统的一种发展，将玻璃与墙之间的空气夹层加宽，形成一个可以使用的空间——附加阳光间。这种系统前部阳光间的工作原理和直接受益式系统相同，后部房间的采暖方式则类同于集热蓄热墙式。

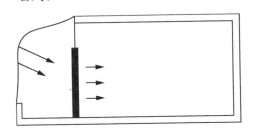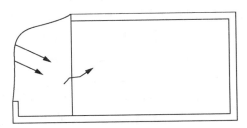

图 7-3　附加阳光间式被动式太阳房

(4)屋顶蓄水池式。

屋顶蓄水池式太阳房[图 7-4(a)]兼有冬季采暖和夏季降温两种功能,适用于冬季不太寒冷而夏季又较为炎热的地区。将屋顶做成一个浅池(或将水装入密封的塑料袋内)式集热器。在这种设计中,屋顶不设保温层,只起承重和围护作用,池顶需安装一个活动保温盖板,保温盖板上下可用黑度小的铝箔贴面。冬季日光照射时,将保温盖板敞开,用池水(或水袋)充分吸收太阳辐射热,并将蓄存的热量传至下面房间,使室温升高;夜间则将保温盖板关闭,阻止房间向外散热。夏季保温盖板启闭情况与冬季刚好相反:白天关闭保温盖板以隔绝太阳辐射及室外高温空气传热,同时水池(或水袋)中的水则吸收下面房间的热量,使室温下降;夜间则打开保温盖板,让水所吸收的热量通过辐射和对流换热的方式传到外部空间及周围空气中,并为次日白天吸收下面房间内的热量做好准备。

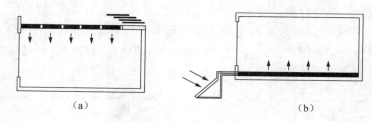

图 7-4 太阳房
(a)屋顶蓄水池式太阳房;(b)热虹吸式太阳房

(5)自然循环(热虹吸)式。

热虹吸式太阳房[图 7-4(b)]与一般的被动式太阳房不同,它的集热器、蓄热装置和建筑物是分开设置的。它适用于建在山坡上的房屋。集热器低于房屋地面标高,蓄热装置设在集热器的上面,形成高差,使系统内的热媒(空气或水)靠热虹吸作用形成自然循环。

前三种被动式太阳房在实际工程中采用较多,屋顶蓄水池式和自然循环式由于其构造复杂,又需和用户的管理相配合,其应用受到一定的限制。

2.被动式太阳房热工设计要点

为使太阳房较好地满足使用要求,且使其初始投资和投入使用后的年运行费用尽量减少,使维护管理较为方便,需遵循以下设计要点。

(1)了解拟建太阳房的服务对象、使用特点、投资建造单位对太阳房的设计要求、投资数量及使用单位的管理水平。

(2)当地气象资料的搜集:如当地的太阳辐射资料、空气温湿度、风向和风速等资料。确定与气象资料有关的其他条件,如当地的经度、纬度及地形、地貌等。

(3)太阳房的建设地点、朝向和房屋间距的选择:合理选择太阳房的建设地点、朝向和房屋间距,是充分利用太阳能,达到冬暖夏凉的先天条件。地点:太阳房的建设地点宜选在背风向阳的地方,冬至日从上午 9 时至下午 3 时的 6 个小时内,阳光不被遮挡,直接照射进室内或集热器上。朝向:根据多年经验,太阳房的朝向宜在南偏东或偏西 15°以内,以保证整个采暖期内南向房间有充分的日照,且避免夏季过多的日晒。房屋间距:太阳房与前面建筑物之间的距离,以大于前面建筑物高度的两倍为宜。

　　(4)外部形状和房间安排:南墙是太阳房的主要集热部件,面积越大获得的太阳能越多。因此,太阳房的形状最好采用东西延长的长方形,墙面上不要出现过多的凸凹变化,内部房间的安排应根据用途确定,将主要房间如住宅的卧室、起居室和学校的教室等安排在南向,辅助房间如住宅的厨房、卫生间和教室的走廊等放在北向。

　　(5)墙体结构:墙体结构是太阳房的重要组成部分,除应具有一般普通房屋墙体的功能外,还应具有集热、储热和保温功能。

　　(6)门窗是太阳房获得太阳能的主要集热部件,而它们同时又是重要的失热部件。因此,在设计时,门最好设门斗或双层门;设计集热窗时,在满足抗震要求的前提下,应尽量加大南窗面积,减少北窗面积,取消东、西窗,且应采用双层窗(或多层窗,依地区气候定),有条件的用户最好采用塑钢窗。

　　(7)空气集热器是设在太阳房南窗下或南窗间墙上获取太阳能的装置,由透明盖板(玻璃或其他透光材料)覆盖。

　　(8)空气通道由上下通风口、夏季排气口、吸热板、保温板等几部分构成。

　　(9)屋顶是房子热损失最大的地方,占整个房屋热损失的 30%～40%。屋顶主要有两种类型,一种是坡屋顶,另一种是平屋顶。

　　(10)被动式太阳房地面具有贮热和保温功能,由于地面散失热量较少,仅占房屋总散热量的 5%左右,因此太阳房的地面与普通房屋的地面稍有不同。其做法有两种:①保温地面法,素土夯实,铺一层油毛毡或塑料薄膜防潮;铺 150～200 mm 厚干炉渣保温;铺 300～400 mm 厚毛石、碎砖或砂石用来贮热;按正常方法做地面。②防寒沟法,在房屋基础四周挖 600 mm 深、400～500 mm 宽的沟,内填干炉渣保温。

7.1.1.2　主动式太阳房

　　主动式太阳房需要一定的动力进行热循环。一般来说,主动式太阳房能够较好地满足住户的生活需求,可以保证室内的采暖和热水供应,甚至制冷空调。但其设备复杂、一次投资大、设备利用率低、需要消耗一定量的常规能源,而且所有的热水集热系统都需要设置防冻措施,这些缺点造成其目前在我国尚难以大面积推广。对于居住建筑和中小型公共建筑来说,目前仍主要是采用被动式太阳房。

　　主动式太阳房是以集热器、管道、散热器、风机或循环泵以及储热装置等组成的强制循环太阳能采暖系统,或者是上述设备与吸收式制冷机组成的太阳能空调系统。这种系统控制、调节比较方便、灵活。

　　主动式太阳房与被动式太阳房一样,它的围护结构也应具有良好的保温隔热性能。对于太阳能供暖系统来说,首先应考虑采用热媒温度尽可能低的采暖方式,所以地板辐射采暖最适宜于太阳能供暖。太阳能供热系统可以用空气,也可以用水作为热媒,两者各有利弊。热风式集热器较便宜,热交换次数少,但集热用循环动力大,是热水式的 10 倍,风道和蓄热装置占据的空间也较大;太阳热水集热器技术较复杂,价格较高,但综合考虑其优点较多,特别是近年来真空管集热器的性能、质量均有很大提高,价格不断下降,所以今后太阳能供热系统将以热水集热式为主。

如图 7-5 所示,太阳能集热器获取太阳的热量,通过配热系统送至室内进行采暖。剩余热量则储存在水箱内。当收集的热量小于采暖负荷时,由储存的热量来补充,储存热量不足时则由备用的辅助热源提供。

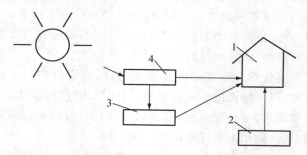

图 7-5 主动式太阳能供暖示意图

1—室内;2—辅助热源;3—储热器;4—集热器

主动式太阳房根据集热热媒的种类分为 3 类。

(1)热风集热式供热系统:在屋面上朝南布置太阳空气集热器,被加热的空气通过碎石储热层后由风机送入房间,辅助热源为燃气热风炉,并设置控制调节装置,根据送风温度确定辅助热源的投入比例。

图 7-6 为热风集热式供热系统示意图。风机 1 驱动空气在集热器与储热器之间不断循环。将集热器所吸收的太阳能通过空气传送到储热器存放起来,或直接送往建筑物。风机 2 的作用是驱动建筑物内空气的循环,建筑物内冷空气通过它输送到储热器中与储热介质进行热交换,加热空气被送往建筑物进行采暖。若空气温度太低,则需要使用辅助加热装置。此外,也可以让建筑物中的冷空气不通过储热器,而直接通往集热器加热以后,送入建筑物内。

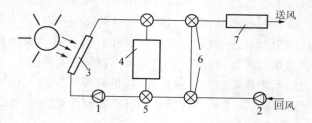

图 7-6 热风集热式供热系统示意图

1、2—风机;3—集热器;4—储热器;5、6—三通阀;7—辅助加热器

(2)**热水集热式地板辐射采暖兼生活热水供应系统**:图 7-7 为热水集热式供热系

统示意图。在屋顶设置太阳能集热器,系统包含有集热循环水泵、辅助蓄热水箱、供热水箱、采暖循环水泵、辅助热源—燃气锅炉、辅助热源热水循环泵、辅助加热换热器、地板辐射采暖盘管。地板辐射采暖地面的做法是:在地面上先铺设保温层,再铺设聚乙烯塑料盘管,然后再在盘管周围浇灌混凝土或用水泥砂浆填充,地面面层最好用地砖。热媒水通过盘管向房间散出热量后温度降低,再返回蓄热水箱,由集热泵送到太阳集热器重新加热;夜间或阴天太阳热能不足时,则由辅助热源加热系统保证供暖。

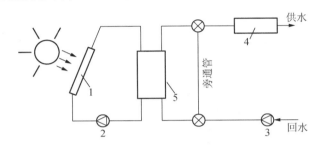

图 7-7　热水集热式供热系统示意图

1—集热器;2、3—水泵;4—辅助加热器;5—储热器

(3)太阳能空调系统:根据需要可兼有供暖、供冷功能,也可以只有供冷功能。夏季供冷的太阳能空调系统,制冷机为小型溴化锂吸收式制冷机,空调机为风机盘管。需增加供暖功能,可以有两种方法:一种仍使用风机盘管作末端设备,由蓄热水箱提供热水给风机盘管,但水温要求较高,一般要 60 ℃。另一种是风机盘管只在夏季工作,冬季则增设地板辐射采暖系统,对水温的要求降低,30～40 ℃即可。两种方法各有利弊,前者初期投资少,但太阳能供暖率较低,运行费用高;后者初期投资高,但太阳能供暖率高,运行费用低。

7.1.1.3　我国太阳能建筑开发利用存在的问题

(1)太阳能的能量密度低,而且因地而异、因时而变,这些特点使其在整个综合能源体系中的作用受到一定的限制。

(2)我国能源价格较低,太阳能建筑虽有节能效果和环保效益,但在使用上较为麻烦,经济收益不大,房地产开发商的积极性不高。

7.1.2　太阳能热水系统与建筑一体化

太阳能热水系统是最经济的太阳能利用系统,可以达到全年节能的目的。太阳能热水系统能否成功运用及最大限度地发挥作用,主要取决于系统组件恰当的设计和选取。太阳能热水系统由太阳能集热系统和热水分配系统组成。集热系统的主要部件有太阳能集热器、辅助加热、储热水箱、循环管路、循环泵、控制部件和线路等;热水分配系统由配水循环管路、水泵、储热水箱、控制阀门和热水计量表组成,储热水箱是两个系统的共同部件和连接点;由太阳能真空集热管和吸热瓦片组成的吸热器,在晴天阳光下产出 40～85 ℃的热水,热水进入储热水箱,再由水箱进入热水管道至每户的分支管道供室内使用。

太阳能热水系统基本上可分为三类,即自然循环系统、强制循环系统、直流式循环系统。

自然循环太阳能热水系统是依靠集热器与蓄水箱中的水温不同产生的密度差进行温差循环,水箱中的水经过集热器被不断地加热;强制循环太阳能热水系统是依靠循环水泵,使水箱中的水经过集热器被不断地加热;直流式太阳能热水循环系统是通过自来水的压力来保证热水的制取。

集热器是太阳能热水系统中重要的设备,根据集热器结构的不同,热水器可分为闷晒热水器、平板热水器、真空管热水器等。

7.1.2.1　太阳能热水系统与建筑一体化设计的特点及存在的问题

太阳能热水系统与建筑一体化概括起来讲,就是将太阳能热水器与建筑充分结合并实现整体外观的和谐统一,其主要特点及目前存在的问题有以下几点。

(1)将建筑的使用功能与太阳能热水器的利用有机地结合在一起,形成多功能的建筑构件,巧妙高效地利用空间,使建筑可利用太阳能的部分——如向阳面或屋顶得以充分利用(如图 7-8)。

(2)太阳能热水器是一种工业化的技术产品,它与建筑的有机结合,有利于创造富有个性的建筑形体,从而加强住宅等建筑的可识别性。图 7-9 为某太阳能工程:其整齐划一的太阳能热水系统工程和整洁的建筑、美丽的自然风光完美地结合到了一起,相得益彰,令人赏心悦目。

图 7-8　建筑的使用功能与太阳能
　　　　热水器的利用有机结合

图 7-9　某太阳能工程

(3)谈到太阳能热水器与住宅建筑的一体化设计,首先就会考虑到外观与风格的问题。太阳能热水器一体化住宅不完全是简单的形式观念,关键是要改变现有的住宅内在运行系统。具体的设计原则可以表述为吸取技术美学的手法,体现各类住宅的特点,强调可识别性,利用太阳能构件为建筑增加美学趣味。太阳能热水器一体化住宅设计应考虑居住建筑特点,如:平立面、结构和造型较规整,房间的功能性较强,住宅造价的限制。在设计中应注意立面设计力求简单,使立面看上去简洁平整。

(4)太阳能热水器与建筑的结合目前存在的问题。传统的设计方法是在屋顶上安装太阳能热水器。这是目前最为普及的设计方法,但它存在很多缺陷。装在屋顶上的太阳热水器存在连接管道较长、热损失大等缺陷,上坡屋顶检查或维护较为困难。如果没有统一设计,就会造成布局混乱,与建筑不协调、不美观,破坏建筑形象,影响市容市貌(如图 7-10)。所以力求做到太阳能热水器与建筑以及周围环境的和谐一致,是这项技术的核心所在。

图 7-10　传统太阳能热水器系统

7.1.2.2　集热器的几种主要安装方式

集热器是收集太阳能的主要部件,其安装的位置应避免其他建筑、树木及建筑自身遮挡阳光。特别是对于安装在集合住宅南向墙面上的集热器,要根据规划中的日照间距设置,确定最低的安装高度。

从建筑的角度考虑集热器的维护使用问题,如果集热器安装在平屋顶、阳台等处,维护清洁比较容易进行;如果集热器安装在坡屋顶和南侧窗间墙等处,则要考虑今后使用中的维护问题。其根本目的就是为用户的使用和维护提供方便。按照太阳集热器的安装位置,其形式主要有以下 3 种。

(1)立面式。

立面式住宅上太阳集热器的重复安置可以形成有韵律感的连续立面。可结合住宅的屋顶、阳台和遮阳板的位置设置集热器,以其特有的韵律感形成太阳能建筑的标志性外观。在高层集合住宅中,如果利用窗户的不同构图或阳台的处理,更易于塑造垂直韵律效果(如图 7-11)。

(2)阳台式。

集热器除了可垂直地排布在窗台之间,还可以与楼房阳台封装结合为一体,带保温壳体的储水箱安装在上层阳台的底部。或采用直流式热水器,通过自来水的压力将热水压入设在卫生间、厨房等用水房间的保温水箱内。

在阳台安装的热水器应考虑综合阳台栏板的功能,形成多功能建筑构件,力求实现太阳能热水器和建筑的完美结合,且能最大限度地利用太阳光照,满足多种形式的供水需求(如图 7-12)。

但是在阳台安装的太阳能热水器仍有不足之处。这种热水器在纬度较低的建筑南墙上安装存在夏季集热量不高的缺点。故通常适用于较高纬度地区,为获得较大的水压,常采用不需将水箱置于热水器之上的直流式热水系统。连接热水器和水箱的管径不宜太粗,以便于保温和减少管内存水量。

图 7-11　立面式太阳能热水器系统　　　　图 7-12　阳台式太阳能热水器系统

（3）遮阳棚式。

集合住宅中还可以将太阳能集热器与门窗上的遮阳棚相结合。这种热水器的特征在于将集热器安装在窗口上方的遮阳托架上，水箱则设在上层窗坎墙处，在起到遮阳作用的同时为用户提供热水，有效地利用了空间。需要注意的则是要确保安装牢固，以免集热器落下伤人。由于集热器多是玻璃材质，要考虑在集热器上方加适当的保护措施，以防止落下重物砸坏集热器，如图 7-13 所示。

7.1.2.3　集群式太阳能供热制冷装置的研究应用

集群式太阳能供热制冷装置通过太阳能集热管、太阳能空气源热泵、吸收式制冷机等设备将太阳的光能首先转化为热能，使用太阳能再加上辅助加热方式，可直接用于采暖或制取热水。在夏天通过吸收式制冷机可将热水转化为冷水进行降温。

悉尼奥运游泳馆是悉尼奥运会的游泳比赛场地，包括一个露天的 50 m 海水标准游泳池和一个室内的 25 m 淡水训练游泳池。该游泳池的供热系统采用四套系统相配合，即太阳能供热系统（如图 7-14）、水源热泵系统、天然气锅炉和空调系统。其中

图 7-13　遮阳棚式太阳能热水器系统　　　图 7-14　悉尼奥运游泳馆太阳能供热系统

太阳能供热系统和水源热泵系统的投资为 50 万澳元,国家补助 25 万澳元。太阳能供热系统的集热板面积为 500 m²,集热板放在室内游泳馆的屋顶,伸出部分用作看台遮阳顶。集热板与屋顶的结合非常实用巧妙,如没有游泳馆工作人员的讲解,看不出太阳能集热板置于何处。夏天,仅用太阳能供热系统即可满足游泳池的需要,冬天,太阳能供热系统可提供约 30% 的热量,太阳能供热系统和水源热泵系统基本可满足游泳池的供热需求。天然气锅炉只是为特殊天气设计的,如冬天特别冷的时候。而第四套供热系统及空调系统是为极端天气设计的,是为了保证系统的绝对安全,启动的机会很少。

7.1.2.4　一体化设计需要考虑的一般原则

(1)同步规划设计,同步施工安装,节省太阳能热水系统的安装成本和建筑成本,一次安装到位,避免后期施工对用户生活造成的不便以及对建筑已有结构的损害。

(2)综合使用材料,降低总造价,减轻建筑荷载。

(3)综合考虑建筑结构和太阳能设备协调和谐,构造合理,使太阳能热水系统和建筑有机地融合为一体,不影响建筑的外观。

(4)如果采用集中式系统,还有利于平衡负荷和提高设备的利用效率。

总之,经过一体化设计和统一安装的太阳能热水系统,在外观上可达到和谐统一,特别是在集合住宅这类多用户使用的建筑中,改变使用者各自为政的局面,易形成良好的建筑艺术形象。

7.1.3　太阳能光伏发电技术及其与建筑一体化技术

通过太阳能电池(又称光伏电池)将太阳辐射能转换为电能的发电系统称为太阳能电池发电系统(又称太阳能光伏发电系统)。太阳能光伏发电是迄今为止世界上最长寿、最清洁的发电技术。在世界能源和环保双重压力的促进下,太阳能光伏发电技术已逐步成为国际社会可持续发展的首选技术之一。光伏发电对世界能源需求将会做出重大贡献的两个主要领域是提供住户用电和用于大型中心电站的发电,前者对现代建筑的发展将产生重大影响。近年来,国外推行在用电密集的城镇建筑物上安装光伏系统,并采用与公共电网并网的形式,极大地推动了光伏并网系统的发展,光伏建筑一体化已经占据了世界太阳能发电量的最大比例。

我国在这方面的应用才刚刚开始,如为实现"绿色奥运",在国家体育场——"鸟巢"的 12 个主通道的上方和南立面墙上,安装了总装机容量为 130 kW 的太阳能光伏发电系统,为奥运提供了部分用电。

7.1.3.1　太阳能光伏发电的基本原理

太阳能电池是太阳能光伏发电的基础和核心。太阳能电池是一种利用光生伏特效应把光能转变为电能的器件,又称光伏器件。物质吸收光能产生电动势的现象,称为光生伏特效应。这种现象在液体和固体物质中都会发生。但是,只有在固体中,尤其是在半导体中,才有较高的能量转换效率。所以,人们往往又把太阳能电池称为半导体太阳能电池。上面提到的晶体硅就是利用特制的设备,经过复杂的提炼过程,从河边的砂子或山上的矿砂中所提炼出来的高纯度硅(简称纯硅)。硅是一种十分有用的半导体材料。把纯硅切成薄片,均匀地掺进一些硼,再从薄片的一面掺进一些磷,在薄片两面的适当位置上装上电极,当阳光照射到薄片上时,就会在两个电极间产生电流,如果用蓄电池将所产生的电流储存起来,就形成了晶体硅太阳能电池。太阳能光伏发电系统正是应用上述基本原理的太阳能发电技术的集成。

太阳能电池按照材料的不同可分为如下几类。

(1)硅太阳能电池。由硅半导体材料制成的方片、圆片或薄膜,在阳光照射下产生电压和电流。

(2)硫化镉太阳能电池。以硫化镉单晶或多晶为基本材料的太阳能电池。

(3)砷化镓太阳能电池。以砷化镓为基本材料的太阳能电池。

7.1.3.2 太阳能光伏发电系统的组成及各部分的作用

太阳能光伏发电系统的运行方式主要可分为离网运行(指未与公共电网相连接的太阳能光伏发电系统)和并网运行两大类。不管是离网运行或是并网运行,光伏发电系统主要由太阳能电池板(及其组件)、控制器、蓄电池组组成。如要求输出电压为交流 220 V 或 110 V,还需要配置逆变器(如图 7-15)。

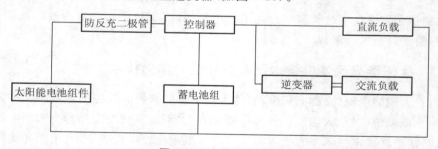

图 7-15　光伏发电系统

各部分的作用如下。

(1)太阳能电池板:将太阳的辐射能转换为电能,或送往蓄电池储存起来,或推动负载工作。

(2)太阳能电池组件(也称为"光伏组件"):预先排列好的一组太阳能电池板,被层压在超薄、透明、高强度玻璃和密封的封装底层之间。太阳能电池组件有各种各样的尺寸和形状,典型组件是矩形平板。

(3)太阳能控制器:对蓄电池组进行最优的充电控制,并对蓄电池组的放电过程进行管理。在某些情况下,对光伏系统所连接的用电设备提供保护,以避免光伏系统和用电设备的损坏。通过指示灯、显示器等方式显示系统的运行状态和故障信息,便于系统的维护与管理。

(4)蓄电池组:有光照时将太阳能电池板所发出的电能储存起来并可随时向负载供电。目前我国太阳能光伏发电系统配套使用的蓄电池主要是铅酸蓄电池。

（5）逆变器：将直流电转换成交流电的设备。由于太阳能电池和蓄电池发出的是12 V、24 V 及 48 V 的直流电，当负载是交流负载时，逆变器是不可缺少的。按运行方式的不同，逆变器可分为独立运行逆变器和并网逆变器，分别适用于以上两类运行方式。

7.1.3.3　光伏建筑一体化的形式

1）光伏建筑一体化有两种形式。

一种是建筑与光伏系统相结合。即把封装好的光伏组件平板（或曲面板）安装在居民住宅或其他建筑物的屋顶（或墙体）上，建筑物屋顶（或墙体）作为光伏阵列的支撑体，然后光伏阵列再与逆变器、蓄电池、控制器和负载等装置相连。建筑与光伏系统相结合是一种常用的光伏建筑一体化形式，特别是与建筑屋面和墙体的结合。

另一种是建筑与光伏组件相结合。建筑与光伏组件相结合是光伏建筑一体化的一种高级形式，它对光伏组件的要求较高。即光伏组件不仅要满足光伏发电的功能要求，同时还要作为建筑构配件的组成部分而满足防水、防潮、保温隔热、隔声及装饰等其他基本功能的要求。

2）建筑与光伏系统相结合主要包括与建筑屋顶或墙体等的结合方式。

（1）光伏系统与建筑屋顶相结合。将光伏系统安装在建筑屋顶上有诸多优势。如屋顶太阳辐射照度高，日照不易受到遮挡，且光伏组件可为建筑物屋顶遮挡太阳辐射而起到隔热作用。此外，与建筑屋顶一体化的大面积光伏组件由于使用综合材料，不但降低了成本，且使得单位面积上太阳能转换设施的价格也大大降低。图 7-16 左为欧洲别墅屋顶光伏并网发电项目，系统容量从 3～30 kWp 不等；图 7-16 右为中国首套专为家庭设计的太阳能光伏发电系统，已在上海莘庄某小区成功运行了 100 d，产生了惊人的功效。

图 7-16　光伏系统与建筑屋顶相结合的实例

（2）光伏系统与建筑墙体相结合。对于多、高层建筑来说，建筑外墙是与阳光接触面积最大的外表面。将光伏系统布置于建筑墙体上不仅可利用太阳能产生电力，而且夏季还可降低建筑墙体内表面的温度，从而降低空调能耗。图 7-17 为光伏系统与建筑墙体相结合的实例。

图 7-17　威海天安房地产公司办公楼光伏发电项目(实景图)

　　3)建筑与光伏组件相结合。

　　建筑与光伏组件的结合是指将光伏组件与建筑构配件集成化,光伏组件以建筑构配件的形式出现,光伏阵列作为建筑构配件的组成部分,如光伏玻璃幕墙、光伏瓦、光伏遮阳装置和采光罩等。把光伏组件用作建筑构配件,必须满足适当的强度和刚度、保温隔热、隔声及一定的透光率及防水防潮等性能。随着光伏组件代替部分构配件应用面的逐步扩大,光伏组件的生产规模也随之增大,从而可降低光伏组件的成本,有利于光伏产品的推广应用。

　　(1)光伏组件与玻璃幕墙相结合。将光伏组件同玻璃幕墙集成化的光伏玻璃幕墙是一种集发电、隔声、隔热、防水防潮及装饰功能于一身的新型幕墙,它突破了传统幕墙的单一的围护功能。它把以前欲被隔绝的投射在建筑物外表面的太阳辐射,转化为能被人们利用的电能,且其优美的外观具有特殊的美学装饰效果,现已成为建筑光伏一体化应用的一道亮丽的风景线。图 7-18 左显示的光伏幕墙为 9 kW,与建筑完美地结合在一起。图 7-18 右为意大利的一座光伏建筑,安装在建筑外墙上的太阳电池呈不对称造型,形成很壮观的一道装饰,太阳电池总共 21 kW。

　　(2)光伏组件与遮阳装置相结合。将光伏系统与遮阳装置结合构成多功能建筑配件,既可起到遮阳作用,又可提供建筑物所需的能源,在美学和建筑功能方面达到了完美的统一。图 7-19 为德国 Schueco 公司设计与安装的太阳电池组件,具有遮阳挡雨功能,总共 14.2 kW。这种形式非常适合在我国南方发展,特别是广东省,其夏天光照很强,而且雨水较多。

　　(3)光伏组件与屋顶瓦板相结合。太阳能瓦是将光伏电池与屋顶瓦板结合所形成的一体化产品。该瓦系统直接铺在屋面上,不需在屋顶安装支架。太阳能瓦由光伏模块组成,光伏模块的形状、尺寸、安装构造都与平板式的瓦屋面一样。其具体应用实例见图 7-20。

图 7-18　光伏组件与玻璃幕墙相结合的建筑实例

图 7-19　光伏组件与遮阳装置相结合的应用实例

图 7-20　光伏组件与屋顶瓦板相结合的应用实例

　　（4）光伏组件与窗户及屋顶采光罩相结合。如果将光伏组件用于窗户、屋顶采光罩等，则必须同时满足采光和发电功能，同时还要考虑安全、外观和易于施工等因素。图 7-21 为光伏组件与窗户及屋顶采光罩结合的实例。其中，左图为威海悦海公园光伏发电项目（实景图）。中图为青岛站，建筑设计中要求光伏组件安装后兼备雨棚基本的采光遮阳挡雨功能，因此光伏组件板组件采用夹胶玻璃类型，符合国家规范对建筑采光顶的要求，确保安全功能。内侧银色与室内装饰效果能很好地结合，并能衬托室内简洁典雅的风格。组件尺寸与建筑分格一致，透光线条统一，骨架和线槽安装隐蔽,没有凌乱无序感,达到装饰与结构完美结合。右图为荷兰的一座光伏建筑,是一个独特的装饰性光伏屋顶,太阳能电池组件构成三角形,造型张扬。

图 7-21 光伏组件与窗户及屋顶采光罩结合的实例

7.1.3.4 光伏建筑一体化特点

光伏建筑一体化就是将光伏发电系统和建筑幕墙、屋顶等围护结构系统有机地结合成一个整体结构,不但具有围护结构的功能,同时又能产生电能,供建筑使用。光伏建筑一体化有以下一些优势。

(1)建筑物能为光伏系统提供足够的面积,不需要另占土地,还能省去光伏系统的支撑结构;太阳能电池是固态半导体器件,发电时无转动部件、无噪声,对环境不造成污染。

(2)可就地发电、就地使用,减少电力输送过程的费用和能耗,省去输电费用;自发自用,有削峰的作用,带储能可以用作备用电源;分散发电,避免传输和分电损失(5%~10%),降低输电和分电投资和维修成本;使建筑物的外观更有魅力。

(3)因日照强时恰好是用电高峰期,光伏系统除可以保证自身建筑内用电外,在一定条件下还可以向电网供电,舒缓了高峰电力需求,解决电网峰谷供需矛盾,具有极大的社会效益。

(4)减轻了由一般化石燃料发电所带来的严重空气污染,这对于环保要求更高的今天和未来都极为重要。

7.1.3.5 光伏建筑一体化设计需考虑的问题

光伏建筑一体化设计的主体是建筑,光伏系统作为客体附着于主体上。因此,光伏建筑一体化设计应以不影响建筑的外观、使用功能、结构安全和使用寿命为基本原则,任何对建筑本身产生损害和不良影响的光伏建筑一体化设计都是不合格的设计。

(1)建筑设计。

对建筑设计来说,首先应对建筑物所处地区的气候条件及太阳能资源情况进行综合分析,这是决定是否采用光伏建筑一体化的先决条件;其次需考虑该建筑物周边的环境条件,如是否被其他建筑物所遮挡等;第三是需考虑光伏系统与建筑外装饰的协调,成功的一体化设计会给建筑锦上添花,绿色环保的设计理念更能体现建筑与自然的完美结合。

（2）光伏系统设计。

光伏建筑一体化是根据光伏阵列大小与建筑采光要求来确定发电的功率。光伏阵列设计,在与建筑墙面结合或集成时,一方面要考虑建筑装饰效果,如颜色和板块大小;另一方面要考虑其接收阳光的条件,如朝向与倾角。光伏组件的设计,涉及光伏电池的选型与布置,组件的装配设计(组件的密封与安装形式)等。

（3）结构安全性与构造设计。

结构安全性主要指两方面:一是组件本身的安全,如高层建筑屋顶的风荷载比地面大,普通光伏组件的强度是否能够承受,受风力影响变形时是否会影响到光伏电池的正常工作等;二是光伏组件与结构连接方式的可靠性,应充分考虑使用期内可能出现的多种最不利情况组合,以进行结构计算。

构造设计关系到光伏组件的正常工作和使用寿命等因素,普通组件的边框构造与固定方式较为单一,当与建筑结合时,其工作环境与条件均有变化,其构造也应作相应改变,如隐框幕墙的无边框、采光顶的排水等问题使得普通组件的边框已不再适用。

7.2　热泵节能技术

所谓"热泵",就是利用高位能,使热量从低位热源流向高位热源的节能装置。它能从自然界的空气、岩土体、水、太阳能、工业废热等中获取低品位热量,经过电能做功,转换为可被人们利用的高品位热量,从而达到节约部分高品位能源(如煤、石油、天然气、电能等)的目的。

目前热泵技术已经应用于住宅、公共建筑及工业建筑中以提供暖通空调所需的热量。热泵在暖通空调的应用中主要有两个特点:一是用来解决 100 ℃以下的低温用能;二是热泵在应用中不会对环境造成污染。鉴于这两点,热泵在暖通空调中的应用已引起人们广泛的兴趣和关注,值得大力发展和推广。

（1）热泵的基本工作原理。

热泵的基本工作原理与制冷机相同,都是按热机的逆循环工作的,所不同的是两者的工作温度范围不同,使用的目的也不同。制冷机利用吸收热量而使对象变冷,达到制冷的目的;而热泵则是利用排放热量,向对象制热,达到制热的目的。压缩式制冷机的工作原理,是利用"液体气化时要吸收热量"这一物理特性,通过制冷剂的热力循环,以消耗一定量的机械能作为补偿条件来达到制冷的目的。

（2）压缩式热泵的组成。

压缩式热泵系统是由制冷压缩机、冷凝器、膨胀阀和蒸发器等四个主要部件组成,并用管道连接,构成一个封闭的循环系统。制冷剂在制冷系统中历经蒸发、压缩、冷凝和节流等四个热力过程,如图 7-22 所示。

（3）热泵的特点。

使用一套热泵机组既可以在夏季制冷,又可以在冬季供热。

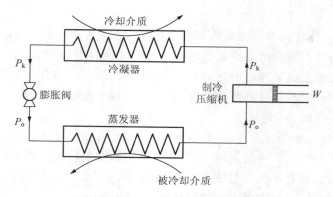

图 7-22　压缩式热泵系统制冷循环原理

（4）低品位载体热源的种类。

热泵的低品位的载体热源通常可采用下列形式：

①地下水；②河水或湖水等地表水；③岩土体；④外界空气；⑤太阳辐射热；⑥废热。

（5）目前常用热泵系统的分类。

按低位热源的种类进行分类，目前常用的热泵系统主要有以下三类：地源热泵系统（包括水源热泵系统）空气源热泵系统及太阳能热源热泵系统。下面分别予以介绍。

7.2.1　地源热泵系统

该系统以岩土体、地下水或地表水为低温热源，由水源热泵机组、地热能交换系统、建筑物内系统组成供热空调系统。根据地热能交换形式的不同，地源热泵系统分为地埋管地源热泵系统、地下水地源热泵系统和地表水地源热泵系统。岩土体或地下水分别在冬季和夏季作为低温热源和高温冷源，能量在一定程度上得到了往复循环使用，不会引起地温的升高或降低，符合节能建筑的基本要求和长远发展方向。

7.2.1.1　地埋管地源热泵系统

（1）原理、特点和适用地区。

地埋管地源热泵系统利用的地热能主要为地表低温热源。1～2 m 深处岩土体全年的温度变化不大。只要在这一深度埋上热交换器，即可吸取岩土体的热量。

该系统是一种利用地下浅层（400 m）以上土壤热的高效节能空调系统。地源热泵系统主要由两部分组成，一部分是由地表以上的水源热泵机组构成；另一部分由埋设于地表下的换热盘管构成，如图 7-23 所示。

一机多用——即可制冷又可供热。我国夏热冬冷地区地温年平均温度为 15～20 ℃，通常冷凝器的夏季出水温度在 35～40 ℃之间，与岩土体换热温差可达 20～25 ℃，有利于提高制冷系数，而且不会把热量、水及细菌等排入大气环境，造成对环境的损害。冬季运行时，冷凝器作为蒸发器，进行地下换热后蒸发器出水温度一般均高于室外温度，可显著提高供热系数，不存在空气源热泵随气温下降供热系数显著减

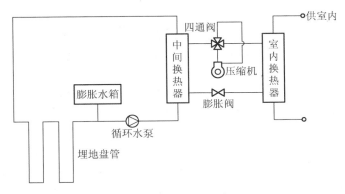

图 7-23　土壤源热泵系统的结构示意

少及结霜等问题。地源热泵在于夏季利用冬季储存的冷量供冷,同时储存热量,以备冬用;冬季利用夏季储存的热量供热,同时储存冷量,以备夏用。夏热冬冷地区供冷和供暖的天数大致相同,冷暖负荷基本相当,可用同一地下埋管换热器实现建筑冷暖联供,是一种既节能又环保的空调技术。

（2）地埋管换热器的分类及其优缺点。

地埋管换热器根据管路埋置方式的不同分为水平地埋管换热器和竖直地埋管换热器。水平地埋管换热器是目前工程实例中常采用的,多用于采暖。而竖直地埋管换热器（如图 7-24）一般认为其性能优于水平地埋管换热器,但施工难度相对较大、造价相对高一些。

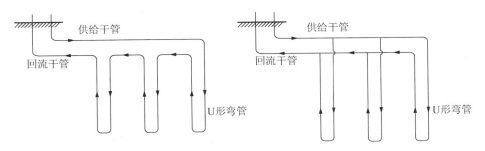

图 7-24　竖直地埋管换热器基本单元示意

竖直地埋管换热器较水平地理管换热器有许多优点。首先,它不需要像水平地埋管换热器那样需要大的场地面积;其次,在许多地区,地面以下的一段距离,土壤处于湿度饱和状态,而这段距离又正好是换热器所处位置,因此对热交换有利。在制冷季节,水平地埋管换热器流入盘管中的溶液加热了饱和的土壤层使其水分降低,从而降低了土壤导热率,使得热交换效率降低。在竖直埋管中,这种水分转移只有很小的一部分,而且竖直埋管热泵的稳定工况和部分负荷的运行效率均比满负荷好,而一般的空调系统设计工况是在满负荷状态下,但实际却很少在满负荷状态下运行,因此也难保证效率处于高效区。

(3)应用案例。

北京王府家庭农场位于昌平区,系别墅区,无集中热源,地下土壤为粉质黏土。词海园 10 号为其中的一栋单层别墅,建筑面积 287 m²,坡屋顶。包括大活动室、客厅、书房、3 个卧室和 2 个卫生间。

该别墅采用地埋管地源热泵系统＋辐射地板/顶板＋置换式通风的空调系统,其围护结构也采取了节能措施。该别墅于 2001 年 8 月开工,2001 年 10 月竣工。经实测,夏季地埋管地源热泵系统向辐射顶板供水温度 16～19 ℃,室内温度 23～26 ℃,相对湿度 50％左右,地板/顶板温度 21～22 ℃;冬季地埋管地源热泵机组供水温度 35～39 ℃,室内温度 22～26 ℃,相对湿度 40％,地板温度 29～30 ℃,顶板温度 29～30 ℃,人体感觉非常舒适。该空调系统一年的运行费用 5000 余元,比采用风冷冷水机组费用少,经济效益显著。该样板工程照片如图 7-25 所示。

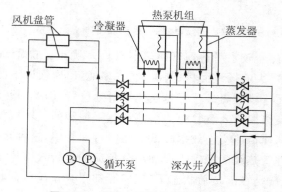

图 7-25　样板工程

7.2.1.2　地下水地源热泵系统

(1)原理及特点。

在地下一定深度处,地下水的温度相对稳定,一般等于当地气温的年平均温度(或略高出 1～2 K)。如在地下 10 m 深处的地下水,年平均温度约为 10 ℃,变化很小。冬季地下水温为 8～10 ℃,夏季为 10～14 ℃。该地下水温特别适合于作为热泵运转所需要的热源。

图 7-26 所示为地下水地源热泵装置的原理图。

图 7-26　地下水地源热泵系统流程

（2）组成部分。

抽水井和回灌井是地下水地源热泵装置的重要组成部分,只有合理地布置和管理它们才能保证热泵装置的正常运转,并且不致对环境造成危害。

7.2.1.3　地表水地源热泵系统

（1）地表水。

地表水是河流、冰川、湖泊、沼泽四种水体的总称,亦称"陆地水"。它是人类生活用水的重要来源之一,也是各国水资源的主要组成部分。

（2）地表水源热泵系统分类。

地表水源热泵系统分为开式环路系统和闭式环路系统两种。开式环路系统类似于地下水源热泵系统,闭式环路系统类似于地埋管地源热泵系统。但是地表水体的热特性与地下水或地埋管系统有很大不同。

（3）地表水源热泵系统的优缺点。

与地埋管系统相比,地表水系统的优点是没有钻孔或挖掘费用,投资相对较低;缺点是设在公共水体中的换热管有被损害的危险,而且地表水的温度随着全年各个季节的不同而变化,且随着湖泊、池塘水深度的不同而变化。

地表水由于取用方便而得到人们的关注。对一般的河水,其温度随室外空气月平均温度而变化,变动幅度低于气温月平均温度 1.5～2.5 K。

对于冬季,地表水不结冰的地区,地表水可以单独作为热源使用,在少数情况下,需要补充一点热量,辅助供暖装置的容量很小。

对于较寒冷地区,在河水冰封期,采用双动力系统。尽管如此,有资料显示,在一段较长时间内,有平均 90％的热量可通过河水获取。

7.2.2　空气源热泵系统

7.2.2.1　原理及适用范围

空气源热泵系统原理见图 7-27,通过对外界空气的放热进行制冷,通过吸收外界空气的热量来供热。这种热泵机组随着室外气温的下降,其制热系数明显下降。当室外温度下降到一定温度时（-10～-5 ℃）,该机组将无法正常运行,故该机组一

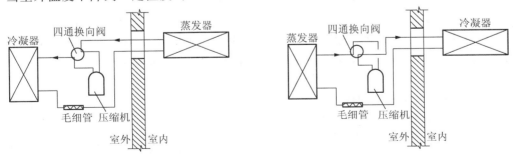

图 7-27　空气源热泵系统原理

般在长江以南地区应用较多。

7.2.2.2 分类

按蒸发器和冷凝器介质的不同,空气源热泵可分为两类:空气-空气热泵机组和空气-水热泵机组。前者以室外空气为热源,夏季制取室内需要的冷风,冬季制取室内需要的热风,其典型的例子就是常见的分体式空调机组;后者以室外空气为热源,制取建筑内空调系统所需的冷水或热水,其例子就是空气源热泵冷(热)水机组。

7.2.2.3 空气源热泵的主要特点

(1)用空气作为低品位热源,取之不尽,用之不竭,可以无偿地获取。

(2)空调水系统中省去冷却水系统;无需另设锅炉房或热力站。

(3)要求尽可能将空气源热泵冷水机组布置在室外,如布置在裙房楼顶上、阳台上等,这样可以不占用建筑室内的有效面积。

(4)安装简单,运行管理方便;不污染空气,有利于环保。

(5)空气是理想的热源,在不同温度下都能提供几乎任意数量的热量。

7.2.2.4 平均性能系数比较

有资料显示,地下水热泵平均性能系数约为5.7,无能量调节的空气-空气热泵平均性能系数约为3,有50%能量调节的空气-空气热泵平均性能系数约为4,能实现连续能量调节的空气-空气热泵,其平均性能系数为6~7。

7.2.2.5 空气源热泵系统的缺点

(1)室外气温越低,热泵性能越差,制热量越小,与室内热负荷增大相矛盾。

(2)蒸发器表面结霜,融霜时,热泵不供热,反而常从建筑物内取热。

空气中含有各种具有腐蚀性的物质,对蒸发器的材质有侵蚀作用,特别在海滨和工业区更加严重,因此室外蒸发器宜选用铜质的。

7.2.3 太阳能热源热泵系统

7.2.3.1 定义及特点

太阳能热源热泵采暖就是将太阳能集热器和热泵组合成一个系统,由太阳能为热泵提供所需要的热源,并将低品位热能提升为高品位热能,为建筑物进行供热。例如,利用太阳能集热器使水温达到 10~20 ℃,再用热泵进一步将水温提高到 30~50 ℃,满足建筑物采暖的要求。因此,太阳能热泵采暖系统仅消耗少量电能而得到几倍于电能的热量,可以有效地利用低温热源,减少集热器面积,延长太阳能采暖的使用时间。

7.2.3.2 分类、原理及组成

太阳能热泵采暖系统可分为直接式和间接式两大类。

直接式太阳能热泵采暖系统是将太阳能集热器作为热泵的蒸发器,如图 7-28 所示。

太阳能集热器吸收太阳辐射并转换成热能,加热低沸点工质,工质在太阳能集热

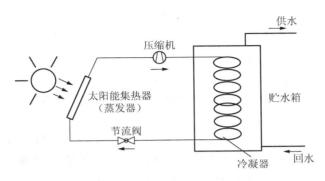

图 7-28　直接式太阳能热泵采暖系统

器内蒸发;工质蒸汽通过压缩机而升压和升温,进入冷凝器后释放出热量,通过换热器传递给贮水箱内的水,使之达到采暖所需的温度;与此同时,高压工质蒸汽冷凝成液体,然后再通过节流阀送入太阳集热器,进行周而复始的循环。

　　间接式太阳能热泵采暖系统通常由太阳能集热器、热泵和两个贮水箱组成,如图 7-29 所示。

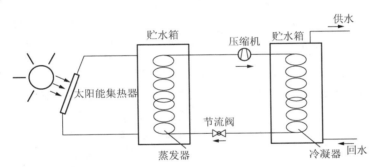

图 7-29　间接式太阳能热泵采暖系统

　　太阳能集热器吸收太阳辐射并转换成热能,加热其中的水,使第一个贮水箱内的水温逐渐达到 10~20 ℃。此热量经过换热器传递给热泵中的低沸点工质,然后通过低沸点工质的蒸发、压缩和冷凝,释放出热量,再通过换热器传递给第二个贮水箱,提供热量。

7.2.4　热泵技术与低温水媒辐射采暖(供冷)地板的结合

7.2.4.1　低温水媒辐射采暖(供冷)地板

　　常规的散热器供暖系统(常温系统)是以对流换热为主,将散热器沿外墙设置在窗下,这样设置虽然有利于加热因保温和气密性能比外墙较差的外窗所导致的下降冷空气,形成上升热气流,维持外窗合理温度,防止窗表面的冷辐射和冷空气直接作用于人体的不利影响,但散热器后的外墙和楼板形成二维传热,导致热损失偏大。系统运行时须采用 80~90 ℃的高温热水。常规的夏季空调则主要采用风机盘管全水系统,采用 7～12 ℃的冷冻水供冷、除湿,导致能耗较大。

而低温水媒辐射供暖供冷地板一般主要由辐射地面和管道系统组成,一套管道系统冬夏两用。其辐射地面的构造应由下列全部或部分构造层组成:楼板或与土壤相邻的地面,防潮层(对与土壤相邻地面需设置),绝热层,加热供冷部件,填充层,隔离层(对潮湿房间),面层。管道系统主要由下列构件全部或部分组成:分水器、集水器、加热供冷管。

国家住房和城乡建设部于 2012 年发布了《辐射供暖供冷技术规程》(JGJ 142—2012)。规程规定:辐射供暖供冷水系统冷媒或热媒的温度、流量和资用压差等参数,应同冷热源系统相匹配,冷热源系统应设置相应的控制装置。

供暖:热水地面辐射供暖系统的供、回水温度应由计算确定,供水温度不应大于60 ℃,供回水温差不宜大于 10 ℃ 且不宜小于 5 ℃。民用建筑供水温度宜采用 35～45 ℃。辐射供暖表面的平均温度宜符合表 7-1 的规定。

表 7-1　辐射供暖表面平均温度/℃

设 置 位 置		宜采用的平均温度	平均温度上限值
地面	人员经常停留	25～27	29
	人员短期停留	28～30	32
	无人停留	35～40	42

供冷:辐射供冷系统应结合除湿系统或新风系统进行设计,辐射供冷系统供水温度应保证供冷表面温度高于室内空气露点温度 1～2 ℃。供回水温差不宜大于 5 ℃且不应小于 2 ℃。辐射供冷表面平均温度宜符合表 7-2 的规定。

表 7-2　辐射供冷表面平均温度/℃

设 置 位 置		平均温度下限值
地面	人员经常停留	19
	人员短期停留	19

低温地板辐射采暖供冷系统由于具备舒适、节能、卫生等显著的优点,因此不断得到应用。

舒适:低温辐射供暖供冷系统以地板为换热面,通过热辐射作用加热(冷却)室内物体及四周墙壁,使室内温度均匀、稳定,形成符合人们生活及生理活动温度条件的最佳室内环境。

节能:在地板辐射供暖供冷中,主要以辐射换热为主,同时伴有对流换热,衡量地板辐射供暖效果通常以实感温度作为标准。实感温度标志着在辐射供暖供冷的环境中,人受辐射对流换热综合作用时,以温度表现出来的实际感觉。研究表明,在人体舒适度范围内,实感温度可以比室内环境温度高(或低)1～2 ℃,在保持同样舒适感的前提下,地板辐射供暖(供冷)的室内设计温度可以比对流换热为主的采暖(空调)设计温度降低(或提高)1～2 ℃,供暖房间热冷负荷可相应减少,地板辐射供暖可节省供热能耗 20％左右；当夏季采用地板辐射供冷时，管内运行 16～18 ℃冷水，采用风机盘管除湿，增加温湿度独立控制系统，比传统空调系统节能约 30％。

卫生：采用低温地板辐射供暖供冷系统，可消除普通散热器积尘飞扬的现象，保持室内的清新环境。

美观：节省室内空间，不像空调器、散热器需占用室内使用空间，从而使室内清爽、整洁。

7.2.4.2　太阳能地板辐射采暖系统

太阳能地板辐射采暖系统是采用太阳能集热器来吸收太阳辐射热作为热源，以地板辐射采暖为采暖方式所构成的系统。考虑到太阳能存在的间断性和不稳定性，一般配以辅助燃气（或电）加热系统。采暖系统所需供回水温度最高可达 60 ℃，最低可至 30 ℃。它适用于没有集中供热系统的住宅别墅、四合院平房及学校等中小型公共建筑。在非采暖季节，太阳能热水系统还可以提供生活热水。与燃油、燃煤或电采暖方式相比，太阳能地板辐射采暖方式具有一定的优势。经实际工程测试，对于在白天只采用太阳能地板辐射采暖的系统，停止其他辅助加热，室内温度在 10 h 内只降低 1 ℃左右，基本能满足正常的室温要求，且舒适性较好。辅助电加热系统多用于夜晚（或阴、雨、降雪及气温偏低的天气），且有可能使用优惠的低谷电价，从而大大降低采暖系统的运行费用，提高系统的经济性，达到节能的目的。

7.2.4.3　太阳能热泵地板辐射采暖系统

太阳能集热器也可以用太阳能吸热板代替。太阳能吸热板铺在屋顶上，其中有盐水或乙二醇液循环流通。所连接的热泵降低吸热板的温度，从而减少发散到外界空气中的太阳热。若没有太阳，也可以通过此吸热板，由外界空气和雨水中吸取热量（如图 7-30）。

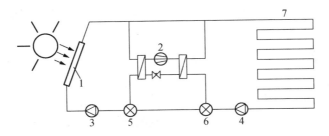

图 7-30　太阳能热泵地板辐射采暖系统
1—太阳能集热器；2—压缩机；3、4—水泵；5、6—三通阀；7—地板盘管

通过太阳能和其他热源如空气、土壤的综合使用可获得极大的效益，通过太阳集热器，经预热空气温度可提高 6～12 ℃，这将导致热泵能效比提高约 20％，融霜时间减少为原来的 1/5。有资料表明，带有太阳集热器的空气源家用供暖热泵，其供暖费用降低 20％，安装集热器增加的投资 4～5 年可以收回成本。

7.2.4.4 太阳能地源热泵地板辐射采暖(或供冷)系统

太阳能集热器和埋入土壤的盘管组合,太阳能与土壤热相互补充,使换热器在合理的温差范围内工作。如图 7-31 为一种带有太阳能集热器和地下盘管的系统原理图。

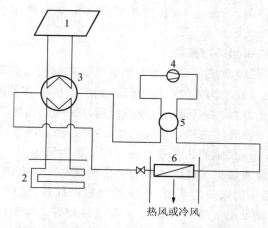

图 7-31　太阳能地源热泵地板辐射采暖系统
1—太阳能集热器;2—地下盘管;3—换热器;4—压缩机;5—四通阀;6—换热盘管

这种装置的特点是:所需热量的 50%～70% 由太阳能集热器供给,故土壤温降程度不大,且土壤可短时间作为太阳辐射热裕量的蓄热装置。

7.2.4.5 太阳能热泵辅助热源组合地板辐射采暖系统

对太阳能辐射热为热源的热泵系统,在温度较高或太阳辐射较大时能满足供热负荷,但随着室外温度下降,一方面热源供热不足,另一方面所需热负荷增大,因此单靠太阳能辐射热已不能满足要求。如图 7-32 为一太阳能吸热板同电动热泵、燃气或

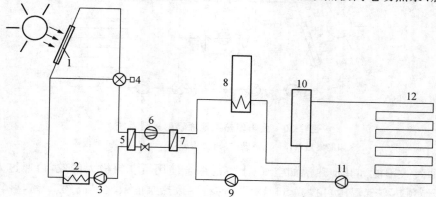

图 7-32　太阳能热泵辅助热源组合地板辐射采暖系统
1—太阳能集热器;2—蓄热器;3—水泵;4—三通阀;5—蒸发器;6—压缩机;
7—冷凝器;8—热水储存器;9—水泵;10—锅炉;11—水泵;12—室内盘管

燃油采暖锅炉的组合。在太阳热能大量供应期间,蓄热器贮存热量,随后温度传感器测量屋顶吸热器温度和蓄热器水温,若吸热板的温度高于蓄热器,则三通阀开启,使乙二醇流经蓄热器。在特别寒冷的日子里,吸热板已不再能供给所需的热量,蓄热器的热量也已全部耗尽,则借助于控制设备,将使燃气或燃油采暖锅炉投入运行。

7.3　风能利用技术

　　风是人类最常见的自然现象之一,风形成的主要原因是太阳辐射所引起的空气流动。到达地球表面的太阳能约有 2% 转变成风能。

　　风能是目前最有开发利用前景和技术最为成熟的一种新能源和可再生能源之一。地球上的风能资源十分丰富,可以利用的风能储量约为 2.53 亿 kW。

　　风能没有污染,是清洁能源,风能发电可以减少二氧化碳等有害排放物。据统计,装 1 台单机容量为 1 MW 的风能发电机,每年可以少排 2000 t 二氧化碳、10 t 二氧化硫、6 t 二氧化氮。

7.3.1　风能玫瑰图

　　风能玫瑰图(如图 7-33)反映某地风能资源的特点。它是将各方位风向频率与相应风向的平均风速立方数的乘积,按一定比例尺作出线段,分别绘制在 16 个方位上,再将线段端点连接起来。根据风能玫瑰图可以看出哪个方向的风具有能量的优势。

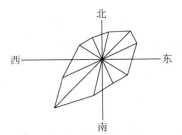

图 7-33　风能玫瑰图

　　表征风能资源的主要参数是有效风能密度和有效风速的全年累计小时数。据宏观分析,我国风能理论可开发量为 32.26 亿 kW,仅次于美国和俄罗斯,居世界第三。这两个主要指标,把风能资源分成丰富区、较丰富区、可利用区和贫乏区 4 个类型,如表 7-3 所示。

表 7-3　中国风能分区及占全国面积的百分比

指　　标	丰富区	较丰富区	可利用区	贫乏区
年有效风能密度/(W/m²)	>200	150～200	50～150	<50
年≥3 m/s 累计小时数/h	>5000	4000～5000	2000～4000	<2000
年≥6 m/s 累计小时数/h	>2200	1500～2200	350～1500	<350
占全国面积的百分比/(%)	8	18	50	24

　　风能丰富区——东南沿海、台湾、海南岛西部和南海群岛西部和南海群岛,内蒙古西端、北部和阴山以东,松花江下游地区;

风能较丰富区——东南部离海岸 20～50 km 的地带，海南岛东部，渤海沿岸，东北平原，内蒙古南部，河西走廊，青藏高原；

风能可利用区——闽、粤离海岸 50～100 km 的地带，大小兴安岭，辽河流域、苏北，长江及黄河下游，两湖沿岸等地；

风能贫乏区——四川、甘南、陕西、贵州、湘西、岭南等地。

7.3.2 风能利用的几种主要基本形式

（1）风力发电。

风力发电是目前使用最多的形式，其发展趋势：一是功率由小变大，陆上使用的单机最大发电量已达 2 MW；二是由一户一台扩大到联网供电；三是由单一风电发展到多能互补，即"风力—光伏"互补和"风力机—柴油机"互补等。

（2）风力提水。

我国适合风力提水的区域辽阔，提水设备的制造和应用技术也非常成熟。我国东南沿海、内蒙古、青海、甘肃和新疆北部等地区，风能资源丰富，地表水源也丰富，是我国可发展风力提水的较好区域。风力提水可用于农田灌溉、海水制盐、水产养殖、滩涂改造、人畜饮水及草场改良等，具有较好的经济、生态与社会效益，发展潜力巨大。

（3）风力致热。

风力致热与风力发电、风力提水相比，具有能量转换效率高等特点。由机械能转变为电能时不可避免地要产生损失，而由机械能转变为热能时，理论上可以达到100%的转换效率。

7.3.3 风力发电

把风的动能转变成机械能，再把机械能转化为电能，这就是风力发电。风力发电所需要的装置，称作风力发电机组。这种风力发电机组，大体上可分为风轮（包括尾舵）、发电机和铁塔三部分。

现代风力发电机增加了齿轮箱、偏航系统、液压系统、刹车系统和控制系统等，现代风力发电机的示意如图 7-34。

现代大型风力发电机，单台容量一般为 600～1000 kW。目前国际上研制的超大型风力发电机单机容量也只为 6 MW。对于一个大型发电场来说，其容量还是很小的。因此，我们一般将十几台或几十台风力发电机组成一个风电场。这样既形成一个强大的供电体系，也便于管理，实现远程监控。同时，也降

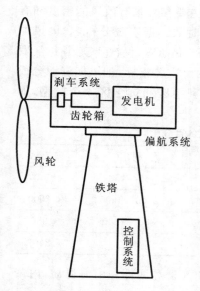

图 7-34 现代风力发电机示意

低了安装、运行和维护的成本。图 7-35 为山东长岛风力发电场一角。

图 7-35　山东长岛风力发电场一角

一般说来,3 级风就有利用的价值。但从经济合理的角度出发,风速大于 4 m/s 才适宜发电。据测定,一台 55 kW 的风力发电机组,当风速为 9.5 m/s 时,机组的输出功率为 55 kW;当风速为 8 m/s 时,输出功率为 38 kW;当风速为 6 m/s 时,输出功率只有 16 kW;而当风速为 5 m/s 时,输出功率仅为 9.5 kW。可见风力越大,经济效益也越大。

7.3.4　风电建筑一体化

图 7-36 系将垂直轴风力发电机安装在建筑屋顶风塔上的示意,其中右图为上海天山路新元昌青年公寓 3 kW 垂直轴风力发电项目。该项目已正式运营发电,实测启动风速 2.2 m/s,优于设计标准,发电稳定,并与太阳能光伏电池共同供电,开创了上海市区建筑采用风光互补系统供电的先例。垂直轴风力发电机安装在建筑上,在国内也属首次采用,这使得我国在风电建筑一体化领域走在了世界的前列。

图 7-36　垂直轴风力发电装置在建筑上安装示意

科学家公布了一种高效率风能建筑的设计方案,并预计由风力提供的能源至少占建筑总能耗的 20%,甚至还有可能达到 100%。

该设计方案由英国卢瑟福·阿普尔顿实验室和德国斯图加特大学联合研制。风能建筑高 200 m,为双塔式结构,由 3 台直径达 30 m 的风轮机联为一体(如图 7-37)。该建筑的曲面设计能将风导向风轮机,从而增大驱动力,提高效率。

图 7-37　建筑风力发电

科学家据此方案制造了一个 7 m 高、风轮机直径为 2 m 的建筑原型,测试显示,曲面设计使发电效率提高了一倍。与太阳能电池板相比,风力发电机的成本要减小 4/5,而所占空间也仅为前者的 1/10。

科学家还将进一步研究风能建筑的热动力学问题,因为风轮机会对建筑物产生很强的冷却效应。由于曲面型建筑物的造价较昂贵,建造成本也是亟待解决的另一个问题。

美国洛杉矶建筑师迈克尔·伽特泽最近设计出一栋风力旋转公寓(如图 7-38),这是一个划时代的建筑方案。该公寓共有 7 层,每层都可以随风转动,因此每分钟看到的房子外观都是不一样的。这一方案在美国一亮相就引起了公众的广泛关注。据悉,建成后的旋转公寓将成为世界上第一栋以风力作为旋转动力的建筑。

图 7-39 为 Bahrain 的世贸中心。三个巨大的风力涡轮螺旋桨被成功地架设到两座摩天高楼的中间,场面极为壮观。这是世界上第一次把这么巨大的风力发电机和摩天大厦结合起来。三个巨大的涡轮机,每个直径达 29 m,由设计师按照空气动力学原理将其安装在三个高架桥中。每次运行,这三个巨大的螺旋桨能给大楼提供 $11\%\sim15\%$ 的电力(1100~1300 kW·h/a),足以给 300 个家庭用户提供 1 年的照明用电。

图 7-38　风力建筑

图 7-39　建筑风力发电

图 7-40 为聚风导流式风力发电装置——风电建筑一体化效果图,聚风塔的功能不但保证了风电机组的安全美观,而且能够使叶片以最佳角度获取风能,启动风速低于 2.0 m/s,额定风速低于 6.5 m/s,4 级风即能全额发电(其他的风电机组额定风速都在 10 m/s 以上,6 级风才能全额发电);聚风塔能够将自然风速提高 50% 以上,大大提高了有效发电的效率,扩大了实施范围。

图 7-40　聚风导流式风力发电装置示意图

复习思考题

7-1　可再生能源是如何分类的?

7-2　太阳能在建筑中的应用技术大概可以分哪几个方面?

7-3　太阳能热水系统基本上可分为几类,其特点是什么?

7-4　根据太阳集热器的安装位置,其形式主要有几种,各自的特点是什么?

7-5　建筑与光伏系统结合有哪两种方式?

7-6　建筑与光伏系统结合的方式有哪些?

7-7　建筑与光伏组件结合的方式有哪些?

7-8　光伏建筑一体化设计时需考虑的问题有哪些?

7-9　被动式太阳房的特点及基本原理。

7-10　被动式太阳房按集热形式可分为几类? 其特点是什么?

7-11　被动式太阳房的热工设计要点有哪些?

7-12　主动式太阳房分为哪几类?

7-13　太阳能光伏发电的基本原理是什么?

7-14　热泵的基本工作原理是什么?

7-15　按低品位热源的种类进行分类目前常用的热泵系统主要分为哪几种?

7-16　简述地埋管地源热泵系统的组成及特点。

7-17　简述地下水源热泵系统的组成及特点。

7-18　简述空气源热泵系统的特点。

7-19　简述太阳能热源热泵系统的特点。

7-20　简述低温地板辐射供暖(供冷)系统的组成及特点。

7-21　简述太阳能热泵地板辐射采暖系统的组成及特点。

7-22　风能可利用的主要形式有哪几种?

7-23　了解风电建筑一体化应用的案例。

第8章 节能建筑的效益评估

本章提要

本章主要论述了对节能效益进行评估的衡量指标,预期节能效果的计算模型及评价指标的实施方法,并介绍了国内外建筑节能的评估体系及建筑节能的社会环境效益。其重点内容是对节能效益进行评估的衡量指标及评价指标的计算方法。

评价节能建筑的节能效果主要是对其节能效益进行评估。节能效益的评估应包括建筑及其用能系统,其涵盖设计和运营管理两个不同的阶段。

衡量指标主要有以下 4 项:

(1)节能效果;

(2)节能率 α(%);

(3)投资回收期 n(年);

(4)节能建筑寿命周期成本分析法。

节能效果是指建筑通过采用各项节能技术措施和节能管理措施后在同等条件下与基准建筑相比所节约的能量,用节能量来表述;节能率是指建筑通过采用各项节能技术和节能管理措施后所节约的能量与基准建筑能耗的比值。若建筑节能的效果通过节能量或节能率进行评估,则节能量或节能率越大说明建筑节能的效果越明显,节能措施得当;反之则节能效益较差。

节能建筑的投资回收期反映节能建筑在建造过程中用于增加节能措施的一次投资,通过若干年的能量节约所折合出来的费用,到一定期限将可与投资达到抵消、平衡,该一定期限就是投资回收期。节能建筑的投资回收期一般不超过 8 年。

所谓寿命周期成本 LCC(life cycle cost),是指建筑物或设备从设计、建造、使用直到拆毁全过程的消费。由于建筑物的建造费用是在短时间内的集中支出,并且这些支出又会体现在售价或租金之中,因此建造成本(即初始投资)容易引起人们的重视。而使用过程中的能耗、维护、运行管理等项费用往往是建造成本的数倍,但由于它是分散支出,易被人们忽视,导致很多建筑物或产品"买得起,用不起"。

因此,对建筑物业主或管理者来说,用价值工程的思想对建筑物进行寿命周期成本分析,选择节能建筑和节能设备并加强能效管理是降低建筑寿命周期成本的有效措施。

8.1 预期的节能效果

8.1.1 建立可比条件

首先应当明确建立可比条件,才能对节能建筑进行效益评估。

(1)评价节能建筑设计方案时,应以当地 20 世纪 80 年代初设计建成的居住建筑(住宅通用设计)和公共建筑(可作为基准建筑)的围护结构热工性能指标和建筑物采暖年累计耗热量指标、空调年累计耗冷量指标(或两者之和,依建筑所在地区而不同),对公共建筑还应加上照明能耗作为评价对比的基准。

(2)评价对象和作为对比的基准建筑两者在建筑形状、几何尺寸、朝向以及平面划分、外墙的开窗位置等方面均应完全相同,抗震设防等级也应相同,并应采用同一地区预算定额和价格水平。

8.1.2 节能建筑的效益评估衡量指标

8.1.2.1 节能效果

节能效果采用节能量进行评估,节能量应按下式进行计算:

$$\Delta q_c = q_{c1} - q_{c2} + q_c \qquad (8-1)$$

式中　Δq_c——节能建筑经采用各种节能技术和管理措施后的节能量;

　　q_{c1}——基准能耗,即基准建筑的能耗或既有居住、公共建筑经节能改造前,1年内设备或系统的能耗,也可称为改造前的能耗;

　　q_{c2}——当前能耗,即节能建筑与基准建筑在同等条件下的能耗或既有居住、公共建筑经节能改造后的能耗;

　　q_c——调整量。

调整量的产生是因为测量基准能耗和当前能耗时,两者的外部条件不同所造成的。这些外部条件包括天气、入住率、设备容量和运行时间等,这些因素的变化与节能措施无关,但却会影响建筑的能耗。为了公正科学地评价节能措施的节能效果,应把两个时间段的能耗量放到同等条件下考察,而将这些节能措施所造成的影响作为调整量考虑,而调整量可正可负。

同等条件是指一套标准条件或工况,它可以是基准建筑建设年代(或既有建筑改造前)的工况、节能建筑当前(或既有建筑改造后)的工况或者是典型年的工况。通常节能建筑是将典型气象年的工况作为标准工况,这样就需将基准建筑建设年代的能耗调整至典型年的工况下,即为基准建筑当前状态下的能耗,通过比较该值与节能建筑典型气象年的能耗即可得到节能量。但对既有建筑节能改造来说,通常是把改造后的工况作为标准工况,这样需将改造前的能耗调整至改造后的工况下,即为不采取节能措施时,既有建筑当前状态下的能耗,通过比较该值与经节能改造后的实际能耗即可得到节能量。

8.1.2.2　节能率 $\alpha(\%)$

当节能建筑的效益评估采用节能率进行评估时,节能率应按下式进行计算:

$$\alpha = \frac{\Delta q_c}{q_{c1}} \times 100\% \tag{8-2}$$

式(8-2)中各参数的定义同式(8-1)。

目前国家行业标准如《严寒和寒冷地区居住建筑节能设计标准》(JGJ 26—2010)中提出的年采暖能耗节约 65%[就是在原《民用建筑节能设计标准(采暖居住建筑部分)》(JGJ 26—1995)节能 50% 的基础上再节能 30%]、《夏热冬冷地区居住建筑节能设计标准》(JGJ 134—2010)和《夏热冬暖地区居住建筑节能设计标准》(JGJ 75—2012)中提出的年采暖空调或年空调能耗节约 50%、《公共建筑节能设计标准》(GB 50189—2005)中提出的年采暖、通风、空调和照明的能耗减少 50% 都是节能率 α 表述的体现。值得指出,以上标准提出的节能率仅考虑了增强围护结构保温、隔热性能和提高采暖、空调、通风设备能效比(对公共建筑还加上了采取增进照明设备效率的节能措施),并未涵盖设备运行管理中的节能,因此是不完善的。

(1)节能投资。

采暖节能建筑在一般情况下,通过加强围护结构的保温性能,使得节能建筑工程造价也要相应提高。为节能而增加的工程造价,即所谓的节能投资按下式计算:

$$I = I_2 - I_1 \tag{8-3}$$

式中　I——节能投资,元/m²(建筑面积);

　　　I_2——节能建筑工程造价,元/m²(建筑面积);

　　　I_1——非节能建筑工程造价,元/m²(建筑面积)。

(2)节能收益。

节能收益 A 按下式计算:

$$A = \Delta q_c B \tag{8-4}$$

式中　A——节能收益,元/m²(建筑面积);

　　　Δq_c——节煤量,kg/m²(建筑面积);

　　　B——能源价格(此处为煤炭转化成热能的供热价格),元/kg。

按原《民用建筑节能设计标准(采暖居住建筑部分)》(JGJ 26—1995)的规定,可通过计算建筑物耗煤量来评价建筑节能率,耗煤量可通过下列各式进行计算。

采取节能技术措施前的该建筑耗煤量:

$$Q_{c1} = 51\ ZQ_1/H_c \tag{8-5}$$

式中　Z——采暖期天数,d;

　　　Q_1——建筑物总耗热量,W/m²;

　　　H_c——标准煤热值,取 8.14×10^3 W·h/kg。

采取节能措施后的该建筑耗煤量:

$$Q_{c2} = 39Z(Q_1 - Q_2)/H_c \qquad (8\text{-}6)$$

式中　Q_2——建筑采取节能措施后该建筑所减少的耗热量,W/m^2。

节能率:

节煤量:$\Delta Q_c = Q_{c1} - Q_{c2}$

节能率:$\alpha = \dfrac{\Delta Q_c}{Q_{c1}} \times 100\%$

8.1.2.3　投资回收期

节能建筑投资回收期亦称投资返本期,是一项评价建筑节能技术措施合理性、经济性的重要指标,称为节能建筑建设的决策依据。这种方法是以逐年收益去偿还原始投资,计算出需要偿还的年限。回收期越短,经济效益越好。建筑节能投资回收期可以通过静态法和动态法两种方法计算。静态法不考虑资金的时间价值;动态法考虑资金的时间因素,即考虑资金的自行增值。

静态法:

$$n = \frac{I}{A} \qquad (8\text{-}7)$$

式中　n——静态投资回收期,年;

I——节能投资,元/m^2;

A——节能收益,元/m^2。

静态法不考虑资金的时间价值,没有利率因素,无法真实反映资金回收状况,所以目前不常采用。

动态法:

动态法考虑资金的时间因素,将资金借贷的利率情况反映在投资回收期限内,比较符合节能建筑建设的实际情况。

我国自 1979 年明确基建投资改拨款为银行贷款,1982 年又规定贷款按复利计算,故节能的经济效益评价宜采用动态法计算。

计算公式如下:

$$n = \lg \frac{A}{A-i} / \lg (1+i) \qquad (8\text{-}8)$$

式中　n——动态投资回收期,年;

i——节能投资年利率,%。

8.1.2.4　节能建筑寿命周期成本分析法(LCC)

节能建筑寿命周期成本分析法比前几种经济评估方法都更为复杂,因为它考虑了项目在其整个寿命周期内的总成本。但这个方法与其他方法相比有更多的优点,因为它采取了对长期成本进行评估的方式。LCC 是对给定的时期内占有、使用、维护和处理一栋建筑或一套设备的总成本进行评估的方法。

$$\text{LCC} = \sum_{t=0}^{n} CO_t \cdot (1+i_0)^{-t} \qquad (8\text{-}9)$$

式中：CO_t——第 t 年的现金流出量；

　　n——项目寿命年限；

　　i_0——基准折现率，即指把资金调整为现值的折扣率。

下面对(8-9)式进行简化，使其按现值对建筑节能和节水项目进行评估。

LCC＝初投资成本的净现值＋资产更新成本的净现值＋寿命周期结束时(剩余价值－最终处置成本)的净现值＋耗能费用的净现值＋水费的净现值＋与燃料无关的运行、维护和维修成本的净现值　　　　　　　　　　　　　　　　　　(8-10)

8.1.3　节能效果的具体评估方法

可采用下列四种方法对节能效果进行评估：

(1)测量法；

(2)账单分析法；

(3)规定性指标法；

(4)标准化模拟法。

8.1.3.1　测量法

符合下列情况之一时，宜采用测量法进行评估：

(1)仅需评估受节能措施影响的系统的能效；

(2)节能措施之间或与其他设备之间的相互影响可忽略不计或可测量和计算；

(3)影响能耗的变量可以测量，且测量成本较低；

(4)建筑内装有分项计量表；

(5)期望得到单个节能措施的节能量；

(6)参数的测量费用比采用校准化模拟法的模拟费用低。

从以上条件看来，测量法较为适用于新建节能建筑和既有建筑节能改造的评估。

8.1.3.2　账单分析法

符合下列情况之一时，宜采用账单分析法进行评估：

(1)需评估改造前后整幢建筑的能效状况；

(2)建筑中采取了多项节能措施，且存在显著的相互影响；

(3)被改造系统或设备与建筑内其他部分之间存在较大的相互影响，很难采用测量法进行测量或测量费用很高；

(4)很难将被改造的系统或设备与建筑的其他部分的能耗分开；

(5)预期的节能量比较大，足以摆脱其他影响因素对能耗的随机干扰。

从以上条件看来，账单分析法较为适用于既有建筑节能改造的评估。

8.1.3.3　规定性指标法

对居住和公共建筑来说，只要所设计建筑达到相关节能标准中建筑和围护结构热工性能的规定性指标和满足采暖空调设备能效比的要求,并在施工过程中精心施工、严格监理就可认定该建筑达到了相关节能标准提出的节能率要求,为节能建筑。

8.1.3.4 标准化模拟法

符合下列情况之一时,宜采用标准化模拟法进行评估:

(1)无法获得既有建筑节能改造前或改造后的能耗数据,或获得的数据不可靠;

(2)新建节能建筑(或既有建筑节能改造)项目中采取了多项节能措施,且存在着显著的相互影响;

(3)采用多项节能措施的项目中需要得到每项节能措施的节能效果,用测量法成本过高;

(4)被改造系统或设备与建筑内其他部分之间存在较大的相互影响,很难采用测量法进行测量或测量费用很高;

(5)节能建筑(或既有建筑节能改造)所采取的节能措施可以用成熟的模拟软件(如美国能源部推荐的能耗分析软件——DOE2 和我国清华大学开发的 DeST 热环境模拟软件)进行模拟,并有实际能耗或负荷数据进行比对;

(6)预期的节能量不够大,无法采用账单分析法通过账单或表计数据将其区分出来。

8.1.4 评价指标的计算

为确定 1995—2000 年节能建筑在采用节能措施的基础上达到节能 50%时,单位建筑面积造价可能增加的幅度和投资回收期,选取北方地区北京市、沈阳市和哈尔滨市非节能设计作为基准设计,在该设计的基础上均采用内保温节能措施(24 砖墙内加饰面石膏聚苯板和石膏岩棉板两种构造),分别做成节能 50%的节能设计方案,按照修订的节能设计标准的有关规定、限值以及选用的计算参数等,分别计算出各自的耗热量、节煤量、节能投资、节能收益以及投资回收期等经济技术指标(表 8-1)。

从表 8-1 中可以看出,三个地区节能 50%的设计方案,当建筑物为 4 个单元 6 层楼,其体形系数为 0.28~0.30 时,节能投资占工程造价的 6.7%~7%,投资回收期为 4~6 年。当建筑为 4 个单元 3 层楼,其体形系数为 0.34~0.36 时,节能投资占工程造价的 7.7%~9.8%,投资回收期为 5.5~8 年。节能投资占工程造价的百分比增大,这是因为体形系数加大,若保持建筑物耗热量指标不变,则必须加大保温层厚度,同时还要考虑周边热桥的影响,通过计算,保温层厚度确定为:北京地区聚苯板厚 70 mm,沈阳地区聚苯板厚 170 mm,哈尔滨地区岩棉板厚 260 mm。只有这样才能满足耗热量指标不变的要求。因此,认为在体形系数加大到 0.35 以上时,采用内保温方案在技术经济方面就不合理,它不仅增加了节能投资,也大大缩小了室内使用面积,给居民带来了很多不便。

表 8-1　饰面石膏板(或岩棉板)24 砖墙内保温复合墙体技术经济指标

被测工程	体形系数	建筑面积 /m²	耗热量 q_H /(W/m²)		耗煤量 q_c /(kg/m²)		节煤量 Δq /(kg/m²)	节能投资 I /(元/m²)	节能收益 A/(元/m²)	回收期 n/年
			非节能	节能50%	非节能	节能50%	节能50%	节能50%	节能50%	节能50%
北京市 1980 年住宅	6层 0.28	3258.8	31.68	20.6	24.98	12.41	12.57 (50.3%)	28.74 (6.7%)	7.92	5
	3层 0.34	1629.4	35.6	20.6	28.10	12.41	15.66 (55.8%)	34.41 (7.7%)	9.87	5.5
沈阳市 1981 年住宅	6层 0.30	3553.9	32.40	21.2	31.06	15.52	15.54 (50%)	36.88 (7%)	10.51	6
	3层 0.36	1777.0	36.30	21.2	34.80	15.52	19.28 (55%)	53.5 (9.8%)	13.04	8
哈尔滨市 1981 年住宅	6层 0.30	3409.6	33.70	21.9	37.62	18.67	18.95 (50.8%)	35.34 (6.7%)	15.11	4
	3层 0.36	1704.7	38.20	21.9	42.64	18.67	20.74 (56.2%)	—	—	—

外保温是目前国内节能设计采用的一种复合墙体。虽然目前在材料及施工工艺方面尚需进一步研究和完善,但不可否认外保温比内保温更具优点。例如,外保温可以防止恶劣气候对主体结构的损害,有助于防止墙体内部梁、柱产生的热桥,可提高墙体整体保温性和密闭性,减少热损失,从而使内保温和外保温在相同耗热量的情况下,可相对放宽对体形系数的限制。

为说明外保温的技术经济性,仍采用三个地区非节能设计:北京 1980 年住宅、沈阳 1981 年住宅、哈尔滨 1981 年住宅,在该设计的基础上采用两种外保温技术方案,一种是纤维增强聚苯板外保温,另一种采用水泥聚苯板外保温,分别做成节能 50%的设计方案。按照节能 50%的有关规定和限值,计算出它们的耗热量、节煤量、节能投资、节能收益及节能投资回收期等技术经济指标,计算出节能 50%的节能设计每平方米建筑面积造价增加的幅度和投资回收期。计算结果表明,纤维增强聚苯板外保温,节能投资占工程造价的 7.4%~9.6%,投资回收期 5.6~7 年(表 8-2)。水泥聚苯板外保温,节能投资占工程造价的 8.7%~10%,回收年限 6~9 年(表 8-3)。

表 8-2　纤维增强聚苯板外保温复合墙体技术经济指标

技术经济指标　　城市	节能投资 I /(元/m²)(建筑面积)	节能收益 A /(元/m²)(建筑面积)	回收期 n /年
	节能 50%	节能 50%	节能 50%
北京市 1980 年住宅 体形系数 0.34	31.21 (7.4%)	7.92	6.6
沈阳市 1981 年住宅 体形系数 0.36	45.58 (8.6%)	10.51	7
哈尔滨市 1981 年住宅 体形系数 0.36	51 (9.6%)	15.11	5.6

表 8-3　水泥聚苯板外保温复合墙技术经济指标

技术经济指标　　城市	节能投资 I /(元/m²)(建筑面积)	节能收益 A /(元/m²)(建筑面积)	回收期 n /年
	节能 50%	节能 50%	节能 50%
北京市 1980 年住宅 体形系数 0.34	36.60 (8.7%)	7.92	6.2
沈阳市 1981 年住宅 体形系数 0.36	53.12 (9.9%)	10.51	8.9
哈尔滨市 1981 年住宅 体形系数 0.36	55.30 (10%)	15.11	6

采用外保温墙体,不但能够基本消除热桥,提高建筑物的整体保温性能,节约保温材料用量,而且可以增加使用面积,其技术经济效果是显而易见的,关键是在大面积推广应用时,要严格控制材料和施工质量。

8.2　建筑节能评估体系

8.2.1　体系的组成及其相互关系

评估体系是反映和评价建筑节能效果的依据,是由若干单项指标组成的整体。

建筑节能综合评估体系是由相互关联、相互制约、不同层次的指标群构成的一个有机整体,这将能较全面反映该地区建筑节能设计内涵的基本特征。评价指标不完全等同于节能设计指标。节能设计分项指标过于具体,而且各指标相对独立,缺乏有效的关联,无法进行建筑各部分能耗直接的平衡分析;节能设计综合指标计算方法繁杂,不能得到有效的应用。评价指标将是节能分项指标的综合和对节能综合指标简化。

建筑环境对保护自然环境和人体健康,促进经济发展和生产力进步有着非常深刻的影响。相对于发达国家的节能建筑评估体系来讲,我国的节能建筑评估体系相对不足,学习其先进经验将有助于我国在节能建筑评估体系方面取得长足进步。

8.2.1.1 英国的 BREEAM 评估体系

BREEAM 评价条目包括九大方面:管理——总体的政策和规程;健康和舒适——室内和室外环境;能源——能耗和 CO_2 排放;运输——有关场地规划和运输时 CO_2 的排放;水——消耗和渗漏问题;原材料——原料选择及对环境的作用;土地使用——绿地和褐地使用;地区生态——场地的生态价值;污染——(除 CO_2 外的)空气和水污染。每一条目下分若干子条目,各对应不同的得分点,分别从建筑性能、设计与建造、管理与运行这 3 个方面对建筑进行评价,满足要求即可得到相应的分数。

8.2.1.2 美国的 LEED 评估体系

美国绿色建筑委员会(USGBC)在 1995 年建立了一套自愿性的国家标准 LEED (Leadership in Energy and Environmental Design——领导型的能源与环境设计),该体系用于开发高性能的可持续性建筑及进行绿色建筑的评级。整个项目包括培训、专业人员认可、提供资源支持和进行建筑性能的第三方认证等多方面的内容。LEED2.0 通过六方面对建筑项目进行绿色评估,包括:可持续的场地设计、有效利用水资源、能源与环境、材料与资源、室内环境质量和革新设计。其中,合理的建筑选址约占总评分的 20%,有效利用水资源占 7%,能源与环境占 25%,材料和资源占 19%,室内环境质量占 22%,革新设计占 7%。

8.2.1.3 加拿大 GB Tool 评价系统

绿色建筑挑战(Green Building Challenge)是由加拿大自然资源部(Natural Resources Canada)发起并领导的。至 2000 年 10 月有 19 个国家参与制定的一种评价方法,用以评价建筑的环境性能。GBC2000 评估范围包括新建和改建翻新建筑,评估手册共有 4 卷,包括总论、办公建筑、学校建筑、集合住宅。

评价的标准共分为环境的可持续发展指标、资源消耗、环境负荷、室内空气质量、可维护性、经济性、运行管理和术语表等八个部分。GBC2000 采用定性和定量的评价依据相结合的方法,其评价操作系统称为 GB Tool,采用的也是评分制。

8.2.1.4 日本的 CASBEE 评价体系

日本的 CASBEE(建筑物综合环境性能评价体系,Comprehensive Assessment System for Building Environmental Efficiency),评分时把评估条例分为 Q 和 L 两

类:Q(Quality)指建筑物的质量,包括室内环境、服务设施质量和占地内的室外环境三项;L(Load)指环境负荷,包括能源、资源与材料、占地以外的环境。CASBEE 旨在追求消耗最小的 L 而获取最大的 Q 的建筑。

8.2.2　我国的建筑节能评估体系

借鉴欧美等国家的成熟经验,结合我国现阶段的社会、经济发展水平,我国的建筑节能评估体系应包括以下内容。

(1)计算建筑待定时间段内的总能耗量。用于对现有民用建筑或商用建筑的能量利用效率进行分析和评估。

(2)计算建筑外围护结构的传热系数、窗户的渗透系数、挑檐等的遮阳系数。用于检测外窗封闭性能是否达到标准或规范的要求。

(3)计算室内气流的流动状况、室内空气的温湿度分布状况,得出室内环境的舒适度评价指数。用于评价建筑的室内空气品质。

(4)计算不同自然采光方案和人工照明方案组合下的室内光环境指数,来评价室内光照是否达到规定的标准。

(5)计算系统周期运行能耗、寿命周期成本,进行经济效益分析。

(6)通过对室外干、湿球温度的分析计算,太阳活动对建筑热工状况的影响,确定最合适的室外气象设计参数和最有效的太阳能利用方案。

(7)根据当地气象条件、建筑周围环境和建筑围护结构的分析,给出可再生能源的利用方案;或者对已有的可再生能源利用方案做出评估。包括是否可利用可再生能源降低建筑能耗需求,是否可利用可再生能源提高建筑能耗系统效率,或对利用其他更高级的可再生能源(如氢能)作投资回报分析、寿命周期成本分析等。

(8)将计算结果量化为我国现有的建筑节能相关标准规范所规定的指标,并与标准规范项比较,最后给出建筑的节能率和节能评估报告书。

8.2.3　评估体系遵守以下原则

(1)科学性原则:指标概念必须明确,具有一定的科学内涵,能够较客观地反映复合系统内部结构关系。

(2)可行性原则:指标内容应简单明了,有较强的可比性,而且易于获取,便于操作。

(3)层次性原则:建筑节能评价是一个复合的大系统,可分解为若干子系统,因此,建筑节能综合评价指标体系通常由多个层次的指标构成。

(4)完备性原则:要求指标体系覆盖面较广,能够比较全面地反映影响节能综合指标的各种因素。

(5)主导性原则:建立指标时应尽量选择那些有代表性的综合指标。

(6)独立性原则:度量建筑节能效果的指标往往存在信息上的重叠,所以要尽量选择那些具有相对独立性的指标。建立指标时,上述各项原则既要综合考虑,又要区别对待。对各项原则的把握标准,不能强求一致。

我国要实现经济持续快速的增长,在 2050 年进入中等发达国家行列,而我国的资源有限,我们的环境已不堪重负。建筑节能是我国一项长期而艰巨的任务,我国的人口、资源、环境和社会制度,决定了我们不可能像西方发达国家那样走能源高消费的老路,只有在合理、高效利用现有能源的基础上加强可再生能源的开发和利用,加强建筑节能标准规范的建设和执行力度才能保证我国 21 世纪发展战略的顺利实施。在世纪之初,建立符合我国国情的建筑节能评估体系对我国的节能工作、环境保护和可持续发展无疑具有深远的影响。

节能建筑是以建筑设计本身调整平面构成、加强节能意识、尽量通过建筑手法达到节能的目的。但是必然会增加部分造价,如用于加强围护结构保温隔热,则要增加一些节能技术措施的工程造价。结合我国国情及节能建筑推行的实际情况,在节能建筑立项、投资、建设和评估中常对一些主要指标加以控制,以指导节能建筑的建设,主要内容如下。

(1)投资增加率 t:投资增加率一般控制在 $7\%\sim10\%$,超过此范围,则会由于所增投资过大,而给节能建筑建设带来不利影响。

(2)投资回收期 η:回收期一般在 8 年左右,回收期过长会造成维修费用过大而影响节能建筑收益。

8.3　建筑节能社会环境效益

21 世纪全世界的建筑节能事业肩负着重大的历史使命,必须全面推广建筑节能。为此,要做好各类气候区、各个国家、各种建筑的节能工作,要全方位、多学科、综合而又交叉地研究和解决一系列经济、技术和社会问题,在进一步提高生活舒适性、增进健康的基础上,在建筑中尽力节约能源和自然资源,大幅度地降低污染物,减少温室气体的排放,减轻环境负荷,并从多方面做出世界性的努力。

(1)尽可能将建筑能耗降到最低限度。

这就必须从多方面着手,其中主要是对建筑围护结构进行高水平的保温隔热和采用高能效供热、制冷、照明、家电设备和系统,减少输热、输冷能耗,充分利用清洁能源,扩大热电联供或热电冷联供,扩大应用热泵、贮能、热回收和变流量技术。

(2)最大限度地有效利用天然能源。

太阳能、地热能将得到利用。地源热泵可用于建筑采暖与制冷。风力资源丰富的地方也可利用好风能。

(3)充分利用废弃的资源。

由于建筑资源消耗巨大,为了保护好地球资源,应尽量减少资源消耗量,充分利用废弃的或可再生的资源。

　　建筑节能是世界性的大潮流和大趋势,同时也是中国改革和发展的迫切要求,这是不以人的意志为转移的客观事实,是 21 世纪中国建筑业发展的一个重点和热点,其主要原因是:

　　(1)冬冷夏热是中国气候的主要特点;

　　(2)我国建筑用能数量巨大,浪费严重;

　　(3)我国国民经济增长迅速,能源会成为影响经济发展的瓶颈;

　　(4)我国北方城市冬季采暖期空气污染十分严重;

　　(5)地球变暖正在使我国蒙受巨大损失。

　　由此可见,中国的建筑节能问题与民族的生存以及经济社会的可持续发展紧密相连。在这样的形势下,中国建筑节能工作严重滞后的状况要尽快得到扭转,以走上迅速发展的道路。

复习思考题

　　8-1　对节能效益进行评估的衡量指标有哪些?

　　8-2　概述节能评价指标的计算方法。

　　8-3　节能效果的具体评估方法有哪些?

　　8-4　我国建筑节能评估体系包含哪些内容?

　　8-5　节能建筑评估体系应遵循哪些原则?

第9章 节能建筑设计

本章提要

本章系统地介绍了节能建筑的节能设计程序,通过对采暖地区、夏热冬冷地区、夏热冬暖地区居住及公共建筑节能设计案例分析,使同学们能够初步了解建筑节能设计的整个过程及方法,其中重点内容是了解我国现阶段先进的节能技术及节能设计方法。

通过第2章的学习,已经清楚当前我国的建筑节能工作主要集中在建筑采暖、空调及照明等几方面,并将节能与改善建筑热、光等环境相结合。要减少采暖空调能耗须从建筑规划及建筑物本体的节能设计、采暖空调系统及照明系统的节能设计,以及投入使用后的运行管理等几方面着手,前者主要是由建筑师完成,后者在设计阶段主要由暖通空调工程师、电气工程师完成,投入使用后的运行管理则由现场的维护管理人员完成。由于教材适用范围的限制,在这里只介绍节能建筑的建筑设计部分,在某些案例介绍中,也会涉及一些先进的设备节能技术。

9.1 节能建筑的建筑设计程序及计算案例

9.1.1 节能建筑的分类

建筑物按其使用性质可分为生产性建筑和非生产性建筑。生产性建筑主要指工业建筑和农业建筑,非生产性建筑主要指民用建筑。由于生产性建筑的节能设计在我国现在还未提上议事日程,因此我国目前主要是进行民用建筑的节能设计,这其中又细分为居住建筑和公共建筑的节能设计。

9.1.2 节能建筑设计阶段的划分及各阶段的工作内容

9.1.2.1 节能建筑设计阶段的划分

一般建筑工程的设计阶段分为方案设计、初步(或再加扩大初步)设计和施工图设计三个阶段;对某些小型或技术简单的工程,也可按方案设计审批后直接转入施工图设计的两阶段进行。节能建筑的设计一般都是伴随建筑工程相应的设计阶段而进行不同的工作内容,因此,它实际上也可依据工程规模的大小,按三阶段或者两阶段进行设计。

9.1.2.2 各设计阶段的工作内容

(1)方案设计阶段,节能建筑的建筑设计主要是根据建筑物的使用性质和规模,结合基地条件、环境特点来确定建筑物、建筑群的合理位置和布局、合理朝向、对建筑物体形系数的正确选择(对夏热冬暖地区的南区可不考虑体形系数的影响),以及在规划基地范围内(及建筑物周围)的绿化和水景的布置等,并应综合考虑建筑单体设计中围护结构(外墙、屋顶)节能构造方案,按节能标准要求(兼顾考虑自然通风和采光要求)初定的合理的窗墙面积比、节能外门窗的设置、公共建筑屋顶透明部分的合适比例,以及外门窗、天窗的合理构造方案和遮阳形式方案示意。当公共建筑设计有玻璃幕墙时,还应依据地区气候特点选择合理的节能幕墙方案。在甲方招标时,应对拟招标工程的节能设计提出明确的要求,对由此产生的费用也应进行测算并做到心中有数。在乙方的投标方案中应有以上所采取的节能措施的专项说明,在工程概算明细表中也应列出以上所采取的建筑节能设计措施所带来的工程费用的子项。

(2)初步设计阶段,是对中标方案及其技术细节的进一步深化与完善。在这一阶段,建筑节能设计除随着方案的修改对所带来的节能设计方面的问题进行处理外,尚应对原方案设计中的有关节能的技术细节作进一步地深化与完善,并在此基础上形成节能设计专篇。节能设计专篇的建筑部分一般应包括下列内容。

①编制依据:阐明建筑节能设计的依据,说明采用的有关标准与规定的情况。

②工程概况及建筑物所处地区的气候特征的简要描述。

③建筑节能设计指标:依据建筑类型及所处地区所执行的节能设计标准的不同提出相应建筑节能设计指标。如处于夏热冬冷地区的武汉市的居住建筑可这样写:参照武汉地区20世纪80年代初住宅传统设计,通过采用增强围护结构保温隔热性能和提高采暖、空调设备能效比的节能措施,在保证相同的室内热环境指标的前提下,与未采取节能措施前相比,采暖空调能耗应节约50%。对公共建筑可这样写:参照武汉地区20世纪80年代初建造的公共建筑的传统设计,在保证相同的室内环境参数条件下,通过采用增强围护结构保温隔热性能和提高采暖、空调设备能效比和照明设备效率的综合措施,使全年的采暖、通风、空气调节和照明的总能耗减少50%。

④建筑物的体形系数的计算结果。

⑤建筑物各朝向的窗墙面积比、屋顶透明部分的比例、所采取的遮阳形式及达到的综合遮阳系数、外门窗(含天窗、透明幕墙)采用节能型门窗的技术措施说明。

⑥按不同地区及依据的相关节能标准的不同,应列出所采用的经计算的围护结构(外墙、非透明幕墙、屋顶和分户墙)的传热系数 K 值(或 K 值和 D 值)及相应的构造措施说明。

⑦居住或公共建筑底部接触室外空气的架空或外挑楼板、非采暖空调房间与采暖空调房间的隔墙或楼板、住宅及公共建筑层间楼板所达到的传热系数及相应的构造措施说明。

⑧居住或公共建筑依据所处地区相关节能标准要求的地面和地下室外墙所达到的热阻值及相应的构造措施说明。

⑨应进行节能设计经济性的比较,以提出性价比高的最佳方案。

（3）施工图设计阶段，是在初步（或扩初）设计的基础上，把有些还比较粗略的尺寸进行调整和完善；通过进一步协调各工种之间的矛盾，把围护结构节能设计相关部分（一般应包含墙体、屋顶、楼地面、围护结构各传热异常部位、节能墙体与外门窗交接部分）的构造做法和用材最后确定下来，并在图纸上画出其构造做法详图或所采用相关标准图的索引；所采用节能构配件详图（如外遮阳设施、节能门窗）或相关标准图的索引；设计人员应会同甲方认真选定有资质的幕墙专业公司，并对节能幕墙设计提出以下设计要求。

①节能幕墙的形式、应达到的热工性能参数。

②幕墙立面的划分、开启扇的面积及开扇方式、进排风口的位置。

③对幕墙的空气渗透性能、风压变形及防雨水渗透的性能提出要求。

④其他要求。

在此设计阶段，应给出建筑节能计算书。计算书的建筑部分应包含以下内容。

①建筑物的体形系数的计算（对夏热冬暖地区南区不需要）。

②墙、窗、屋顶等按朝向、围护结构类型统计的面积、性能指标清单表。

③针对建筑节能设计分区的不同，可能要求的外墙的平均传热系数 K_m（或外墙的平均传热系数 K_m 及平均热惰性指标 D_m）。

④针对建筑节能设计分区的不同，可能要求的屋顶的平均传热系数 K_m（或屋顶的平均传热系数 K_m 及平均热惰性指标 D_m）。

⑤不同朝向的窗墙面积比（对夏热冬暖地区还应外加平均窗墙面积比）的计算。

⑥按相关标准要求，对除严寒地区、部分寒冷地区之外的地区，应进行玻璃遮阳系数 S_C、外遮阳系数 S_D 及综合遮阳系数 S_w 的计算。

⑦对有隔热要求的东（西）向外墙、屋顶内表面最高温度 $\theta_{i.max}$ 的计算。

⑧严寒、寒冷地区居住建筑当采用性能化指标进行设计时，应计算所设计建筑的采暖耗热量指标；当其他节能设计分区的居住建筑采用性能化指标进行设计时应计算空调采暖年耗电量（或年耗电指数），夏热冬暖地区南区仅计算空调年耗电量（或年耗电指数）；当公共建筑采用性能化指标进行设计时，应计算空调采暖年耗电量。

9.1.3 建筑单体节能设计的步骤及实例

建筑节能设计的建筑部分包括建筑规划中的节能设计和建筑单体的节能设计。前者包括建筑总平面规划布置和平面设计应满足建筑朝向、间距、夏季有利于自然通风及冬季避开主导风向的要求，还应满足建筑物体形系数及各朝向窗墙面积比的要求，这一般在方案及初步设计阶段就可完成；而后者大量的工作主要是在初步设计及施工图设计阶段完成。在初步设计阶段，由于节能审查及概算报批的需要，往往先要凭经验及采用规定性指标（或性能化指标）的设计方法提出围护结构相关部分的节能措施及构造做法和所达到的热工性能。在施工图设计阶段，如所采用的节能措施及构造做法未做调整，则应依照计算结果通过设计绘出（或采用相关标准图的节点索引详图给出)围护结构及以上所提的相关部位的构造详图,在设计中还应综合处理好与建筑设计及其他专业的矛盾;在初步设计阶段还应形成建筑节能设计专篇。在施工图设计阶段,如各类构造措施或构造做法有所改动,则应重新进行相关的热工计算或重新进行动态计算机能耗模拟,以使所设计建筑物达到相关节能标准的要求。在施工图设计阶段,还应形成建筑节能计算书及供审查单位用的建筑节能设计文件。下面以居住建筑初步设计中的节能设计步骤为例说明节能设计的过程。

9.1.3.1 居住建筑初步设计中的节能设计步骤

居住建筑初步设计中的节能设计步骤如下。

(1)对方案阶段所提出的围护结构各项热工性能指标及节能构造措施作进一步深化及完善。

(2)依据建筑特点和当地节能材料的供应情况及节能设计的经验,按初步选定的屋顶及外墙材料,计算出各自的传热系数 K(或传热系数 K 加热惰性指标 D),检验是否满足(1)中提出的热工性能指标要求。如无法满足,则应对相应材料进行调整或采用性能化指标进行设计;工程质量控制则由节能建筑施工过程相关材料及构配件的抽样送检及工法控制来保证。

若外墙、屋顶由两种以上不同材料(如主体部位和热桥部位)及构造构成,外墙的平均传热系数 K_m 和平均热惰性指标 D_m 应按各外墙面积的加权平均值来计算。

(3)根据建筑图纸计算各朝向的窗墙面积比、天窗的面积和热工性能参数,并检验该初步设计是否达到(1)中提出的相关热工性能指标的要求;如无法达到,则应对图纸的相应内容作出调整或采用性能化指标进行设计。

(4)对夏热冬暖地区居住建筑应计算平均窗墙面积比 C_M,根据 C_M 及外墙传热系数 K、热惰性指标 D 查标准中的相应表格,得出外窗的综合遮阳系数 S_w、传热系数 K(南区对传热系数 K 不作要求),进一步计算出外窗所需的遮阳系数 S_C,并选择合适的窗型。如无法找到合适的窗型时,可对各朝向的窗墙面积比、外墙所用材料进行调整或直接按"对比评定法"进行评价。

(5)对夏热冬暖地区的居住建筑还应根据建筑图纸计算外窗的可开启面积是否满足标准相关条文的要求;如无法满足时,则应对建筑图纸的相应内容进行调整。

(6)对建筑图纸中所选外门窗的气密性性能也应根据建筑层数的不同,使其分别符合相关节能标准的要求,并应在节能专篇中提出在施工中通过抽样送检及工法控制来保证工程质量。

9.1.3.2 居住建筑节能设计计算实例

有一住宅地处福州(为夏热冬暖地区北区),南北朝向,一梯两户,层数为 6 层,层高为 2.8 m,其平面详见图 9-1。

以下详细列出其建筑节能设计计算过程。

(1)屋顶传热系数和热惰性指标的计算。

屋面节能设计的构造层次(由内至外)为:20 mm 厚混合砂浆抹灰层＋120 mm

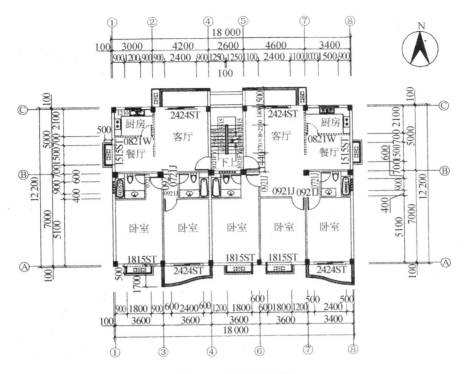

图 9-1　某住宅平面图

厚钢筋混凝土屋面板＋轻骨料混凝土找坡层,最薄处 30 mm 厚＋20 mm 厚 1∶3 水泥砂浆找平层＋高分子卷材防水层一道＋25 mm 厚挤塑聚苯板＋塑料薄膜隔离层一道＋25 mm 厚粗砂保护层＋35 mm 厚 500 mm×500 mm 预制钢筋混凝土大阶砖。

$$传热阻 R_0 = R_i + \sum R + R_e = \left(0.11 + \frac{0.02}{0.87} + \frac{0.12}{1.74} + \frac{0.03}{0.89} + \frac{0.02}{0.93} + \right.$$

$$\left. \frac{0.025}{0.033} + \frac{0.025}{0.58} + \frac{0.035}{1.74} + 0.04\right) \text{ m}^2 \cdot \text{K/W} = 1.12 \text{ m}^2 \cdot \text{K/W}$$

注:上式计算中取挤塑聚苯板的导热系数 $\lambda=0.030$ W/(m·K),修正系数 $\alpha=1.1$,则计算导热系数$=\lambda\alpha=0.033$ W/(m·K),式中轻骨料混凝土找坡层厚度取最薄处的厚度,也可按排水坡度为 $i=2\%$时,双坡排水屋面找坡层的平均值,如本例中为 76 mm($\frac{20}{1000}\times 6100$ mm$=122$ mm),再取最薄处和最厚处的平均值,即为 76 mm。以上计算中高分子卷材防水层和塑料薄膜隔离层的热阻均忽略不计。

$$传热系数 K = \frac{1}{R_0} = 0.89 \text{ W/(m}^2 \cdot \text{K)} < 1.0 \text{ W/(m}^2 \cdot \text{K)} \quad (0.4 < K \le 0.9)$$

$$热惰性指标 D = \sum_{i=1}^{n} R_i \cdot S_i = 0.023\times 10.75 + 0.069\times 17.20 + 0.034\times 10.36 +$$

$0.022\times 11.37 + 0.758\times 0.40 + 0.043\times 8.26 + 0.020\times 17.20 = 3.04 > 2.5[符合《夏

热冬暖地区居住建筑节能设计标准》(JGJ 75—2012)强制性条文 4.0.7 条要求]

(2)外墙传热系数和热惰性指标的计算。

外墙节能设计的构造层次(由外向内)为:3 mm 厚耐碱玻纤网布抗裂砂浆保护层+20 mm 厚聚苯颗粒浆料保温层+190 mm 厚粘土多孔砖+20 mm 厚混合砂浆抹灰层。

$$传热阻 R_0=R_i+\sum R+R_e=\left(0.04+\frac{0.003}{0.93}+\frac{0.02}{0.078}+\frac{0.19}{0.58}+\frac{0.02}{0.87}+0.11\right) m^2 \cdot K/W$$
$$=0.76\ m^2 \cdot K/W$$

$$传热系数 K=\frac{1}{R_0}=1.32\ W/(m^2 \cdot K)<1.5\ W/(m^2 \cdot K) \quad (0.7<K\leqslant1.5)$$

$$热惰性指标 D=\sum_{i=1}^{n} R_i \cdot S_i=0.003\times11.37+0.256\times1.17+0.328\times7.92+0.023$$
$\times10.75=3.18>2.5$[符合《夏热冬暖地区居住建筑节能设计标准》(JGJ 75—2012)强制性条文 4.0.7 条要求]

注:此处计算时仅考虑了主体部位的传热系数,实际工程计算时应考虑热桥的影响而求平均传热系数,如平均传热系数达不到要求时,可通过采用调整保温材料的厚度或种类的办法来达到。

(3)窗墙面积比的计算。

东向:

窗面积 $S_{ce}=[(500+1500+500)\times1500+900\times1500]\times6\times10^{-6}\ m^2=30.6\ m^2$

墙面积 $S_{qe}=12200\times2800\times6\times10^{-6}\ m^2=204.96\ m^2$

窗墙面积比 $C_{MC}=S_{ce}/S_{qe}=0.15<0.30$[符合《夏热冬暖地区居住建筑节能设计标准》(JGJ 75—2012)强制性条文 4.0.4 条要求]

西向:

窗面积 $S_{cw}=[(500+1500+500)\times1500+900\times1500]\times6\times10^{-6}\ m^2=30.6\ m^2$

墙面积 $S_{qw}=12200\times2800\times6\times10^{-6}\ m^2=204.96\ m^2$

窗墙面积比 $C_{MC}=S_{cw}/S_{qw}=0.15<0.30$[符合《夏热冬暖地区居住建筑节能设计标准》(JGJ 75—2012)强制性条文 4.0.4 条要求]

南向:

窗面积 $S_{cs}=[(500+1800+500)\times1500\times3+2400\times2400\times2]\times6\times10^{-6}\ m^2$
$=144.72\ m^2$

墙面积 $S_{qs}=18000\times2800\times6\times10^{-6}\ m^2=302.4\ m^2$

窗墙面积比 $C_{MC}=S_{cs}/S_{qs}=0.48>0.40$[不符合《夏热冬暖地区居住建筑节能设计标准》(JGJ 75—2012)强制性条文 4.0.4 条要求],对此有两种解决办法:一种是在设计阶段调整南向窗的面积。如在本例中,取消南向飘窗凸出墙外的部分,重新计算如下:

窗面积 $S_{cs}=(1800\times1500\times3+2400\times2400\times2)\times6\times10^{-6}\ m^2=117.72\ m^2$

墙面积 $S_{qs}=18000\times2800\times6\times10^{-6}\ m^2=302.4\ m^2$

窗墙面积比 $C_{MC}=S_{cs}/S_{qs}=0.39<0.40$[经调整此项已符合《夏热冬暖地区居住

建筑节能设计标准》(JGJ 75—2012)强制性条文 4.0.4 条要求]

另一种办法是当南向窗墙面积比超出标准规定,可按照该标准强制性条文4.0.4条要求采用对比评定法对所设计建筑进行综合评价,此处从略。

北向:

窗面积 $S_{cn}=(1200 \times 1500+1500 \times 1500+2400 \times 2400 \times 2) \times 6 \times 10^{-6}$ m² $=93.42$ m²

墙面积 $S_{qn}=18000 \times 2800 \times 6 \times 10^{-6}$ m² $=302.4$ m²

窗墙面积比 $C_{MC}=S_{cn}/S_{qn}=0.31<0.40$[符合《夏热冬暖地区居住建筑节能设计标准》(JGJ 75—2012)强制性条文 4.0.4 条要求]

平均窗墙面积比 C_M:

$C_M=(S_{ce}+S_{cw}+S_{cs}+S_{cn})/(S_{qe}+S_{qw}+S_{qs}+S_{qn})=272.34/1014.72=0.27$

(4)建筑天窗的计算。

根据《夏热冬暖地区居住建筑节能设计标准》(JGJ 75—2012)强制性条文 4.0.6条的要求,计算出屋顶总面积的 4% 即为天窗面积的限值,同时考虑窗的传热系数及遮阳系数等限值来选择性价比比较高的窗型。本住宅无天窗,故不进行此项计算。

(5)外窗的选型。

①根据外墙传热系数 K、热惰性指标 D、平均窗墙面积比 C_M 查表 3-14 可知,外窗的热工性能参数应满足表 9-1 的要求。

表 9-1 外窗的热工性能参数范围

综合遮阳系数 S_w	0.9	0.8	0.7	0.6	0.4	0.3
传热系数 $K/[W/(m^2 \cdot K)]$	≤3.5	≤4.0	≤4.5	≤5.0	≤5.5	≤6.0

②遮阳板遮阳系数 S_D 的计算。用前面介绍的方法进行简化计算,本住宅无外遮阳,即 $S_D=1$。则外遮阳系数 $S_C=S_w/S_D=S_w$。

③根据表 3-14 求出的外窗热工性能参数范围,考虑各节能窗产品的性价比,查该标准条文说明表 4 可知:本工程外窗可选用普通铝合金无色中空玻璃窗,其热工性能参数为:$K=3.5\sim4.0$ W/(m² · K),$S_C=0.8$(系 0.75～0.85 的平均值),可满足上表 9-1 第 2 列[$K \le 4.0$ W/(m² · K),$S_C=0.8$]的要求,并有较好的性价比。

(6)外窗可开启面积的计算。

此住宅外窗除选用部分两边固定、中间平开的凸窗(平开部分的面积超过外窗面积的 45%)外,其余外窗均为推拉窗(可开启面积为外窗面积的 50%),均符合该标准强制性条文 4.0.13 条的要求。

(7)外窗的气密性设计。

该住宅为 6 层,按该标准 4.0.15 条规定,居住建筑 1～9 层外窗的气密性能不应低于国家标准《建筑外窗的气密、水密、抗风压性能分级及检测方法》(GB/T 7106—2008)中规定的 4 级水平,根据某检测站一年试验结果统计,选用铝合金、PVC 塑料平开窗大部分能达到 4 级以上,而推拉窗由于本身结构的劣势,有一半左右达不到 4

级,因此如选用推拉窗,应对制作工艺和相关配件有更高要求,且各类窗在安装前应抽样送相关检测部门检测。

9.1.3.3 公共建筑节能设计计算实例(广州超绰大厦)

(1)建筑概况。

广州超绰大厦是一座写字楼,地处广州番禺(北纬=23.16°,东经=113.23°,海拔=6.6 m),南北朝向,建筑节能计算面积:13282.4 m²;建筑表面积:8812.36 m²;建筑体积:41328.4 m³;体形系数:0.213;建筑层数:地上 13 层、地下室 1 层;建筑物高度:50.2 m。以下详细列出其建筑节能设计计算过程。

(2)建筑围护结构节能设计。

①围护结构构造。

外墙类型 1:水泥砂浆(20 mm)+加气混凝土砌块(600 kg/m³)(200 mm)+水泥砂浆(20 mm)。

屋面类型 1:水泥砂浆找缝口(3 mm)+C25 细石混凝土压顶板(40 mm)+满铺聚胎无纺布一层(3 mm)+聚氨酯防水涂膜(1.2 mm)+基层处理剂(3 mm)+挤塑聚苯乙烯泡沫塑料板(30 mm)+水泥砂浆找平(25 mm)+水泥焦渣找坡(40 mm)+钢筋混凝土(100 mm)。

地面类型 1:C25 细石混凝土(30 mm)+C10 混凝土垫层(100 mm)+钢筋混凝土防水底板(100 mm)+水泥砂浆(20 mm)+C15 细石混凝土(100 mm)。

地下室外墙类型 1:灰砂砖砌体(120 mm)+水泥砂浆(20 mm)+钢筋混凝土(250 mm)+水泥砂浆(20 mm)。

外窗类型 1:断热铝合金窗+热反射镀膜玻璃,自身遮阳系数 0.35,传热系数 5 W/(m²·K)。

外门类型 1:铝合金卷帘门,传热系数 6 W/(m²·K)。

②建筑热工节能计算汇总表。

建筑热工节能计算见表 9-2～表 9-7。

表 9-2 外墙主体及热桥部位传热系数

外墙主体(即框架填充墙) 每层材料名称	厚度 /m	导热系数 /[W/(m·K)]	蓄热系数 /[W/(m²·K)]	热阻值 /(m²·K/W)	热惰性指标 $D=RS$	修正系数 α
水泥砂浆	0.02	0.93	11.37	0.022	0.250	1.00
加气混凝土砌块	0.20	0.24	3.51	0.833	2.924	1.25
水泥砂浆	0.02	0.93	11.37	0.022	0.250	1.00
墙体各层之和	0.24			0.907	3.424	
外墙主体部位传热阻	$R_p = R_i + \sum R + R_e = 1.057 \ \text{m}^2 \cdot \text{K/W}$					
外墙主体部位传热系数	$K_p = 1/R_0 = 0.95 \ \text{W/(m}^2 \cdot \text{K)}$					
太阳辐射吸收系数	$\rho = 0.50$					

续表

外墙周边热桥钢筋混凝土梁每层材料名称	厚度/m	导热系数/[W/(m·K)]	蓄热系数/[W/(m²·K)]	热阻值/(m²·K/W)	热惰性指标 D=RS	导热系数修正系数
水泥砂浆	0.02	0.93	11.37	0.022	0.250	1.000
钢筋混凝土	0.20	1.74	17.20	0.115	1.978	1.000
水泥砂浆	0.02	0.93	11.37	0.022	0.250	1.000
墙体各层之和	0.24			0.159	2.478	
热桥钢筋混凝土梁部位热阻	$R_{B1} = R_i + \sum R + R_e = 0.309 \ \text{m}^2 \cdot \text{K/W}$					
热桥钢筋混凝土梁部位传热系数	$K_{B1} = 1/R_{B1} = 3.236 \ \text{W/(m}^2 \cdot \text{K)}$					
太阳辐射吸收系数	$\rho = 0.50$					

外墙周边热桥钢筋混凝土柱每层材料名称	厚度/m	导热系数/[W/(m·K)]	蓄热系数/[W/(m²·K)]	热阻值/(m²·K/W)	热惰性指标 D=RS	导热系数修正系数
水泥砂浆	0.02	0.93	11.37	0.022	0.250	1.000
钢筋混凝土	0.40	1.74	17.20	0.230	3.956	1.000
水泥砂浆	0.02	0.93	11.37	0.022	0.250	1.000
墙体各层之和	0.44			0.274	4.456	
热桥钢筋混凝土柱部位热阻	$R_{B2} = R_i + \sum R + R_e = 0.424 \ \text{m}^2 \cdot \text{K/W}$					
热桥钢筋混凝土柱部位传热系数	$K_{B2} = 1/R_{B2} = 2.358 \ \text{W/(m}^2 \cdot \text{K)}$					
太阳辐射吸收系数	$\rho = 0.50$					

外墙周边热桥钢筋混凝土楼板每层材料名称	厚度/m	导热系数/[W/(m·K)]	蓄热系数/[W/(m²·K)]	热阻值/(m²·K/W)	热惰性指标 D=RS	导热系数修正系数
水泥砂浆	0.02	0.93	11.37	0.022	0.250	1.000
钢筋混凝土	0.20	1.74	17.20	0.115	1.978	1.000
墙体各层之和	0.22			0.137	2.228	
热桥钢筋混凝土楼板部位热阻	$R_{B3} = R_i + \sum R + R_e = 0.287 \ \text{m}^2 \cdot \text{K/W}$					
热桥钢筋混凝土楼板部位传热系数	$K_{B3} = 1/R_{B3} = 3.448 \ \text{W/(m}^2 \cdot \text{K)}$					
太阳辐射吸收系数	$\rho = 0.50$					

表 9-3　外墙传热系数判定

部 位 名 称	外墙主体(不含窗)	热 桥 梁	热 桥 柱	热桥楼板
传热系数 $K/[\text{W}/(\text{m}^2 \cdot \text{K})]$	0.95	3.236	2.358	3.448
面积/m^2	$S_p = 2970.34$	$S_{B1} = 898.66$	$S_{B2} = 839.70$	$S_{B3} = 179.73$
面积 $\sum S/\text{m}^2$	\multicolumn{4}{c}{$\sum S = S_P + S_{B1} + S_{B2} + S_{B3} = 4888.43$}
$K_m/[\text{W}/(\text{m}^2 \cdot \text{K})]$	\multicolumn{4}{c}{$K_m = (K_P \cdot S_P + K_{B1} \cdot S_{B1} + K_{B2} \cdot S_{B2} + K_{B3} \cdot S_{B3})/\sum S = 1.70$}

注:未满足《公共建筑节能设计标准》(GB 50189—2005)第 4.2.2 条表 4.2.2-5(即本书表 3-23)中 $K \leqslant 1.5$ 的要求。

表 9-4　屋面传热系数判定

屋顶类型 1 每层材料名称	厚度/m	导热系数 /[W/(m·K)]	蓄热系数 /[W/(m²·K)]	热阻值 /(m²·K/W)	热惰性指标 $D=RS$	导热系数修正系数
水泥砂浆找缝口	0.003	0.93	11.27	0.003	0.034	1.00
C25 细石混凝土	0.04	1.74	17.20	0.023	0.396	1.00
满铺聚胎无纺布一层	0.003	\multicolumn{5}{c}{不计入}
聚氨酯防水涂膜	0.0012	\multicolumn{5}{c}{不计入}
基层界面处理剂	0.003	0.93	11.27	0.003	0.034	1.00
挤塑聚苯乙烯泡沫塑料板	0.03	0.030	0.36	0.909	0.360	1.10
水泥砂浆找平	0.025	0.93	11.27	0.027	0.304	1.00
水泥焦渣找坡	0.06	0.42	6.13	0.095	0.874	1.50
钢筋混凝土	0.10	1.74	17.20	0.057	0.980	1.00
屋顶各层之和	0.265			1.117	2.982	
屋顶传热阻	\multicolumn{6}{c}{$R_0 = R_i + \sum R + R_e = 1.117\ \text{m}^2 \cdot \text{K}/\text{W}$}
屋顶传热系数	\multicolumn{6}{c}{$K_p = 1/R_0 = 0.90\ \text{W}/(\text{m}^2 \cdot \text{K})$}
太阳辐射吸收系数	\multicolumn{6}{c}{$\rho = 0.50$}

注:满足《公共建筑节能设计标准》(GB 50189—2005)第 4.2.2 条表 4.2.2-5(即本书表 3-23)中 $K \leqslant 0.9$ 的要求。

表 9-5　外窗传热系数判定(该工程未设置遮阳)

外窗类型	窗框	玻璃	窗墙比(包括玻璃幕墙)	朝向	传热系数 K /[W/(m²·K)]	遮阳系数 S_C	窗墙比限值	K 限值	S_C 限值
断热铝合金窗	断热铝合金	热反射镀膜玻璃	0.569	东	5.0	0.35	≤0.7	≤3.0	≤0.35

注:在该窗墙比下,K 值未满足、遮阳系数满足《公共建筑节能设计标准》(GB 50189—2005)第 4.2.2 条表 4.2.2-5(也即本书表 3-23)中的要求,窗墙比为组合体普通层的东向平均值。故该向外窗未满足标准要求。

续表

外窗类型	窗框	玻璃	窗墙比（包括玻璃幕墙）	朝向	传热系数 K /[W/(m²·K)]	遮阳系数 S_C	窗墙比限值	K 限值	S_C 限值
断热铝合金窗	断热铝合金	热反射镀膜玻璃	0.482	南	5.0	0.35	≤0.5	≤3	≤0.4

注：在该窗墙比下，K 值未满足、遮阳系数满足《公共建筑节能设计标准》（GB 50189—2005）第 4.2.2 条表 4.2.2-5（即本书表 3-23）中的要求，窗墙比为组合体普通层的南向平均值。故该向外窗未满足标准要求。

外窗类型	窗框	玻璃	窗墙比	朝向	传热系数 K	遮阳系数	窗墙比限值	K 限值	S_C 限值
断热铝合金窗	断热铝合金	热反射镀膜玻璃	0.264	西	5.0	0.35	≤0.3	≤4.7	≤0.5

注：在该窗墙比下，K 值未满足、遮阳系数满足、可见光透射比满足《公共建筑节能设计标准》（GB 50189—2005）第 4.2.2 条表 4.2.2-5（即本书表 3-23）及第 4.2.4 条中的要求，窗墙比为组合体普通层的西向平均值。故该向外窗未满足标准要求。

外窗类型	窗框	玻璃	窗墙比	朝向	传热系数 K	遮阳系数	窗墙比限值	K 限值	S_C 限值
断热铝合金窗	断热铝合金	热反射镀膜玻璃	0.139	北	5.0	0.35	≤0.2	≤6.5	—

注：在该窗墙比下，K 值满足、遮阳系数不作要求、可见光透射比满足《公共建筑节能设计标准》（GB 50189—2005）第 4.2.2 条表 4.2.2-5（即本书表 3-23）及第 4.2.4 条的要求，窗墙比为组合体普通层的北向平均值。故该向外窗满足标准要求。

表 9-6 地面热阻判定

地面类型 1 每层材料名称	厚度/m	导热系数 R /[W/(m·K)]	热阻 R /(m²·K/W)	导热系数修正系数
C25 细石混凝土	0.03	1.51	0.020	1.00
C10 混凝土垫层	0.10	1.51	0.066	1.00
钢筋混凝土防水底板	0.10	1.74	0.057	1.00
水泥砂浆	0.02	0.93	0.022	1.00
C15 细石混凝土	0.10	1.51	0.066	1.00
地面各层之和	0.35		0.231	

地面热阻 $R_0 = 0.231$ m²·K/W

注：未满足《公共建筑节能设计标准》（GB 50189—2005）第 4.2.2 条表 4.2.2-6（即本书表 3-24）中 R≥1.0 的要求。

表 9-7 地下室外墙热阻判定

地下室外墙类型 1 每层材料名称	厚度/m	导热系数 K /[W/(m·K)]	热阻值 R /(m²·K/W)	导热系数修正系数
灰砂砖砌体	0.12	1.10	0.109	1.00
水泥砂浆	0.02	0.93	0.022	1.00
钢筋混凝土	0.25	1.74	0.144	1.00
水泥砂浆	0.02	0.93	0.022	1.00
墙体各层之和	0.41		0.297	

墙体热阻 $R_0 = 0.407$ m²·K/W

注:未满足《公共建筑节能设计标准》(GB 50189—2005)第 4.2.2 条表 4.2.2-6(即本书表 3-24)中 $R \geqslant 1.0$ 的要求。

③结论。综上所述:见表 9-8,规定性指标未满足要求,须进行权衡计算。

表 9-8 各分项指标校核情况

建 筑 构 件	是否达标
外墙的平均传热系数未满足标准要求	×
屋面的传热系数满足标准要求	√
东向窗在该窗墙面积比条件下,传热系数未满足、遮阳系数满足标准要求	×
南向窗在该窗墙面积比条件下,传热系数未满足、遮阳系数满足标准要求	×
西向窗在该窗墙面积比条件下,传热系数未满足、遮阳系数满足、可见光透射比满足标准要求	×
北向窗在该窗墙面积比条件下,传热系数满足、遮阳系数满足、可见光透射比满足标准要求	√
地面热阻未满足标准要求	×
地下室外墙热阻未满足标准要求	×

(3)建筑围护结构热工性能的权衡计算,相关参数及计算结果见表 9-9。

表 9-9 参照建筑和设计建筑的热工参数和计算结果

围护结构部位				参照建筑 K/[W/(m²·K)]		设计建筑 K/[W/(m²·K)]	
屋面				0.9		0.796	
外墙(包括非透明幕墙)				1.5		1.688	
外窗(包括透明幕墙)	朝向	窗墙比	传热系数 K/[W/(m²·K)]	遮阳系数 S_C	窗墙比	传热系数 K/[W/(m²·K)]	遮阳系数 S_C

围护结构部位			参照建筑 K/[W/(m²·K)]		设计建筑 K/[W/(m²·K)]		
单一朝向幕墙	东	0.5<窗墙面积比≤0.7(0.569)	3.0	0.35	0.569	5.0	0.35
	南	0.4<窗墙面积比≤0.5(0.482)	3.0	0.40	0.482	5	0.35
	西	0.2<窗墙面积比≤0.3(0.264)	4.7	0.50	0.264	5	0.35
	北	窗墙面积比≤0.2(0.139)	6.5	1	0.139	5	0.35
屋顶透明部分		≤屋顶总面积的20%	—	—	—	—	—
地面和地下室外墙		热阻 R/(m²·K/W)			热阻 R/(m²·K/W)		
地面热阻		1.0			0.231		
地下室外墙热阻(与土壤接触的墙)		1.0			0.407		

①设计建筑能耗计算。

根据建筑物各参数以及《公共建筑节能设计标准》(GB 50189—2005)第 4.3.1 条所提供的参数,得到该设计建筑物的年能耗见表 9-10。

表 9-10 设计建筑物年能耗指标

能 源 种 类	能耗/(kW·h)	单位面积能耗/(kW·h/m²)
空调耗电量	1396940	105.172
采暖耗电量	118916	8.953
总计	1515856	114.125

注:针对建筑面积计算。

②参照建筑能耗计算。

根据建筑物各参数以及《公共建筑节能设计标准》(GB 50189—2005)第 4.3.1 条所提供的参数,得到该参照建筑物的年能耗见表 9-11。

表 9-11 参照建筑物年能耗指标

能 源 种 类	能耗/(kW·h)	单位面积能耗/(kW·h/m²)
空调耗电量	1430836	107.724
采暖耗电量	91536	6.891
总计	1522372	114.616

注:针对建筑面积计算。

③建筑节能评估结果。

对比①和②的模拟计算结果,汇总如下:

全年能耗:设计建筑 1 515 856 kW·h;参照建筑 1522372 kW·h。

能耗分析图见图 9-2。

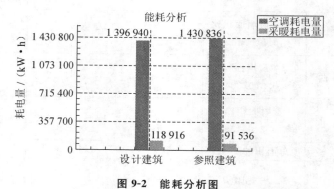

图 9-2　能耗分析图

④结论。

从围护结构热工性能权衡判断的结果看,仅需对所设计建筑屋面和外墙的节能设计稍做调整,即可使其全年能耗小于参照建筑的全年能耗,也即其节能设计已达到了《公共建筑节能设计标准》(GB 50189—2005)的要求。

9.2　公共建筑节能设计案例

9.2.1　采暖地区公共建筑节能设计案例

[实例1]　清华大学超低能耗示范楼

清华大学超低能耗示范楼(如图 9-3)是北京市科委科研项目,作为 2008 年奥运建筑的"前期示范工程",旨在通过其体现奥运建筑的"高科技""绿色""人性化"。该示范楼坐落于清华大学校园东区,总建筑面积约 3000 m²,地下 1 层,地上 4 层,由办公室、开放式实验室或实验台及相关辅助用房组成(如图 9-4)。

示范楼地下部分主要为燃料电池及内燃机房、水泵房、空调设备用房及相关的辅助设备用房,地上 1～4 层为展示厅、办公室、开放式实验室或实验台,4 层局部及 5 层为生态仓,屋顶采用植被屋面。由于示范楼西侧紧邻建筑馆,所有服务性辅助用房都排在了被遮挡的西侧中部。

根据建筑全寿命周期分析,示范楼地上部分选用钢框架结构,地下室采用现浇混凝土框架结构,这种体系具有自重轻、强度高等优点。地上部分建筑层高为 4.2 m,结构 H 型钢主梁的高度为 1.05 m。钢梁上架相变蓄热地板,下吊混凝土现浇楼板,形成 1.2 m 高的结构夹层。结构夹层同时兼作设备夹层,钢梁上每跨开 4 个直径

图 9-3 清华大学超低能耗示范楼

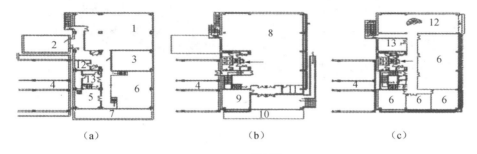

（a）　　　　　　　　　　（b）　　　　　　　　　　（c）

图 9-4 平面图

（a）地下 1 层平面；（b）首层平面；（c）4 层平面

1—设备用房；2—燃料电池及内燃机房；3—配电室；4—原有建筑；5—水泵房；6—实验室；

7—储水池；8—展示厅；9—控制室；10—水池；11—值班室；12—生态舱；13—新风机房

0.5 m 的圆孔用于风道及电缆桥架的敷设，部分空调设备及大部分设备管线都可以布置在夹层内，尽量减少占用空间，以增加使用面积。

建筑主体由钢结构和高性能幕墙组成，使地面以上建材的可再生利用率超过 80%，还采用了植被屋面和人工湿地，减少了对环境的负面效应。

9.2.1.1 "智能型"的外围护结构设计

超低能耗楼的外围护结构体系的设计（见图 9-5）采用了"智能型"的围护结构。它可以根据外界不同的气候条件和室内环境控制的要求，调节自身的工作状态，使其随着外界气候条件和室内环境控制要求的变化而变化。外围护结构设计选用了近 10 种不同的构造做法，基本的热工性能要求为透光体系部分（玻璃幕墙、保温门窗、采光顶）综合传热系数 K 小于 1 W/(m²·K)，太阳能得热系数 $SHGC$ 小于 0.5；非透光体系部分（保温墙体、屋面）传热系数 K 小于 0.3 W/(m²·K)。在设计阶段采用 DeST 能耗模拟分析软件优化设计，使得冬季建筑物的平均热负荷仅为 0.7 W/m²，最冷月的平均冷负荷也只有 2.3 W/m²，如果考虑室内人员、灯光和设备等的发热

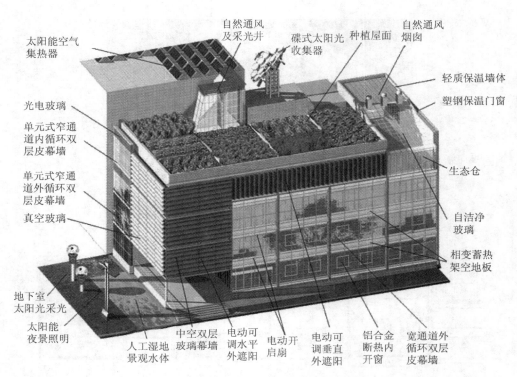

太阳能空气
集热器

自然通风
及采光井

碟式太阳光
收集器

种植屋面

自然通风
烟囱

光电玻璃

轻质保温墙体

塑钢保温门窗

单元式窄通
道内循环双
层皮幕墙

单元式窄通
道外循环双
层皮幕墙

生态仓

真空玻璃

自洁净
玻璃

相变蓄热
架空地板

地下室
太阳光采光

太阳能
夜景照明

人工湿地
景观水体

中空双层
玻璃幕墙

电动可
调水平
外遮阳

电动开
启扇

电动可
调垂直
外遮阳

铝合金
断热内
开窗

宽通道外
循环双层
皮幕墙

图 9-5　外围护结构做法

量,基本可实现冬季采暖零能耗。夏季最热月整个围护结构的平均得热也只有 $5.2\ \mathrm{W/m^2}$。该建筑物的冷耗热量仅为常规建筑的 10%。

　　1)外立面的构造做法。

　　(1)东立面。

　　东立面有三种幕墙方式,分别为宽通道外循环式双层皮幕墙(图 9-6、图 9-7)、玻璃幕墙+水平外遮阳百叶(图 9-8)、玻璃幕墙+垂直外遮阳(图 9-9)。

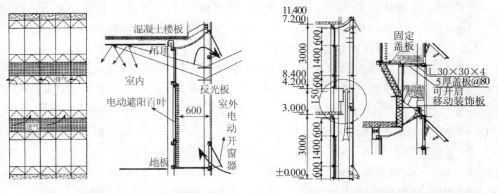

图 9-6　宽通道式单层通风双层皮幕墙
(单位:mm)

图 9-7　宽通道式多层通风双层皮幕墙
(单位:mm)

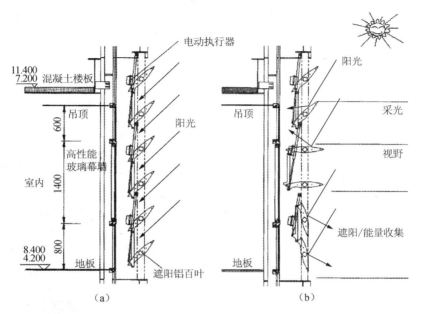

图 9-8 水平外百叶玻璃幕墙(单位:mm)

(a)冬季工况;(b)夏季工况

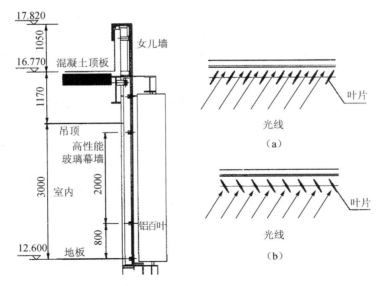

图 9-9 垂直外百叶玻璃幕墙(单位:mm)

(a)冬季工况;(b)夏季工况

示范楼东侧内开窗采用断热铝合金窗,选用 20 mm 宽断热铝合金型材及暖边密封系统,充分利用双中空双 Low-E 玻璃传热系数较小的优点,同时将玻璃与扇料的固定方式由明框改为隐框,减小窗框比,提高了断热铝合金窗的美观性和整体保温性。双中空玻璃采用工厂打胶连接,极大地提高了窗扇的整体刚性和保温性能(如图 9-10~图 9-13)。

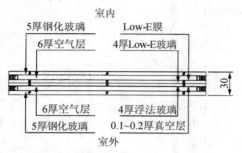

图 9-10　高性能真空玻璃(单位:mm)

图 9-11　双 Low-E 膜双中空玻璃 1(单位:mm)

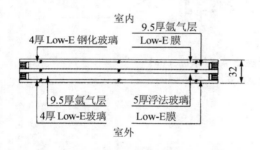
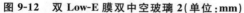

图 9-12　双 Low-E 膜双中空玻璃 2(单位:mm)

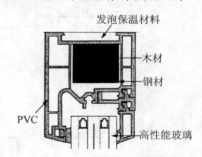

图 9-13　窗框型材的断面图

(2)南立面。

南立面的幕墙方式有三种,一种与东立面玻璃幕墙+水平外遮阳类似,区别是选用了 5 mm Low-E+6 mm Air+4 mm Low-E+V(真空)+4 mm Low-E+6 mm Air+5 mm Low-E 双中空加真空 Low-E 玻璃,双中空玻璃幕墙的中间一片采用真空玻璃,其原理为将两片平板玻璃四周加以密封,其间隙抽真空并密封排气口。真空厚度一般为 0.2 mm,内有小支撑物承受大气压力,肉眼不易察觉,不影响采光及视野。

南立面另外两种幕墙则和东立面不同。一则其安装方式为单元式,和构件式幕墙不同,单元式幕墙的构件全部在工厂预制完成,由于采用干性密封方式,不需打胶,现场安装速度极快。二则是南立面采用了窄通道方式的双层皮幕墙。示范楼窄通道的双层皮幕墙在第 1 层和第 2 层采用内循环方式(如图 9-14),在第 3 层和第 4 层则采用外循环式(如图 9-15)。

东、南立面幕墙的构造组成及其特征见下表 9-12。

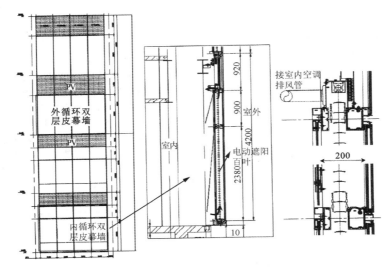

图 9-14　窄通道式内循环双层皮幕墙

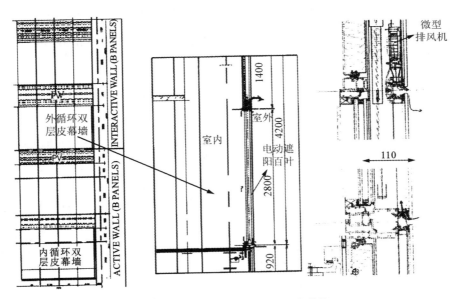

图 9-15　窄通道式外循环双层皮幕墙

表 9-12　东、南立面幕墙的构造组成及其特征

幕墙形式	构造组成		特征	部位
宽通道式单层通风双层皮幕墙	双层皮幕墙间距	600 mm	采用了分区设计模型，在立面的高度上分为 3 个功能区，立面上方的区域主要实现室内天然采光，立面的中部区解决保温、遮阳与隔热，玻璃设计可获得良好的视野，立面的下部区域主要实现幕墙夹层的通风与建筑的自然通风，层与层之间的夹层采用磨砂玻璃，以遮挡放置在夹层处的设备管道和仪器等	东立面
	外层幕墙玻璃	6 mm 钢化玻璃		
	内层幕墙玻璃	（外）4 mm Low-E ＋ 9 mm Air ＋ 5 mm C1（5 mm 厚浮化玻璃）＋ 9 mm Air＋4 mm Low-E		
	电动遮阳百叶宽度	50 mm		
	遮阳百叶打开方式	由下往上升起并可调节百叶角度		
	夹层通风方式	自然通风		
	反光板设置	宽度 300 mm，两块反光板间距 200 mm		
宽通道式多层通风双层皮幕墙	为研究楼层高度对夹层通风的影响，将东立面的 B、C 轴之间的双层皮幕墙设计为可多层串联通风的双层皮幕墙。该幕墙构造尺寸参数与单层通风幕墙完全相同，唯一区别就是它将单层通风幕墙层间的固定隔板改成了活动隔板，在研究不同楼层高度对夹层自然通风的影响时，可以根据需要来设置这些活动隔板，同时将每层立面上下部的进出风口关闭，而仅剩下顶层幕墙的上部悬窗和底层幕墙的下部悬窗开启分别作为夹层通道的进出风口			东立面
玻璃幕墙＋水平外遮阳百叶	高性能真空玻璃	T5＋6 mm Air＋4 mm Low-E＋V（真空）＋4 mm Low-E＋6 mm Ai＋T5（5 mm 厚钢化玻璃）	立面高度分为 3 个功能区，上方两个百叶负责调节室内天然采光，中部的两个遮阳百叶为打开状况，满足室内人员良好视野和遮挡太阳直射辐射进入室内，下部区域的两个百叶在夏季关闭实现遮阳，冬季打开以获取太阳辐射。电动执行器进行单独控制，实现幕墙在不同季节，不同立面空间的多功能需求	东南立面
	水平遮阳百叶	长度 5 m、3 m（2 种）		
		宽度 600 mm		
		间距 590 mm		
	百叶控制方式	每两个百叶由一个电动执行器控制开启，最大张角可达 135°		

续表

幕墙形式	构造组成		特　征	部位
玻璃幕墙＋垂直外遮阳百叶	高性能玻璃	4 mm Low-E＋9.5 mm Air＋4 mm C1＋9.5 mm Air＋4 mm Low-E	冬季时,由电动执行器控制百叶使其与太阳光线平行,让尽可能多的太阳辐射进入室内,而在夏季,则控制百叶的转角在遮挡太阳直射光线的同时,利用部分反射及散射光给室内采光	东立面的第4层
	垂直遮阳百叶	高度 3700 mm		
		宽度 600 mm		
		间距 590 mm		
	百叶控制方式	每两个柱间的百叶(10个)由一个电动执行器控制转角,最大转动角度为135°		
窄通道式内循环双层皮幕墙	双层皮幕墙间距	200 mm	双层皮幕墙外设置有太阳辐射传感器以及照度传感器,通过实际的测量数据来控制夹层百叶的升降和旋转角度,此外,夹层内还设置有温度传感器,将夹层空气与室内空气的温差作为夹层通风量的控制参数,将夹层的温度控制在一个合适的范围内	南立面第1层和第2层
	外层幕墙玻璃	8 mm Low-E＋12 mm Air＋10 mm 透明钢化玻璃		
	内层幕墙玻璃	8 mm 透明钢化玻璃		
	电动遮阳百叶宽度	50 mm		
	夹层通风方式	机械通风		
	夹层设计通风量	20～60 (m³/h)/m		
窄通道式外循环双层皮幕墙	双层皮幕墙间距	110 mm	玻璃中心区域传热系数 $K=1.0$ W/(m²·K),整个幕墙的综合传热系数$K=1.28$ W/(m²·K),太阳得热系数(百叶关闭、夹层无通风)$SHGC=0.13$,太阳得热系数(百叶关闭、夹层 40 (m³/h)/m 夹层通风)$SHGC=0.10$	南立面第3层和第4层
	外层幕墙玻璃	8 mm 透明钢化玻璃		
	内层幕墙玻璃	8 mm Low-E＋18 mm Air＋4 mm/pvb/4 mm 夹胶玻璃		
	电动遮阳百叶宽度	25 mm		
	夹层通风方式	机械通风		
	夹层设计通风量	40 (m³/h)/m		

(3)西立面和北立面。

西立面和北立面采用轻质保温外墙,从外到内依次为铝幕墙(50 mm 厚聚氨酯保温)、保温棉(150 mm)、石膏砌块(80 mm)。采用多腔结构的 PVC 塑钢窗,并统一安装卷帘外遮阳,遮挡阳光的同时可增强墙体隔声和保温的性能。采用上述措施,外墙传热系数 K 小于 0.3 W/(m²·K),外窗及外门的传热系数 K 小于 1.1 W/(m²·K)。

2)外门窗。

为了尽可能地减少通过建筑围护结构的能量损失,同时在寒冷冬季最大限度地利用太阳能,超低能耗示范楼采用了三种具有高透光特性及高保温性能的节能门窗。

该类节能门窗的保温性能与普通保温门窗相比有以下特点。

(1)采用了高性能保温玻璃。

超低能耗示范楼西立面外门窗采用北京新立基公司的超级真空玻璃,其玻璃中心区域的传热系数可达到 0.93 W/(m² · K);北立面外窗采用的是实唯高公司的高保温性能玻璃,其玻璃中心区域的传热系数也达到 1.02 W/(m² · K)。

(2)采用了低热导率的窗框型材。

采用的日本 YKKAP 公司的 PVC 塑钢型材,PVC 型材导热系数仅为 0.17 W/(m · K),远低于金属型材的导热系数,即使在中空断面上加上钢衬,其型材的综合传热系数仍可达到 2.0 W/(m² · K)。

(3)采用了低热传导率的边部密封材料。

超低能耗示范楼中采用的是低热传导率的 Swiggle 暖边作为中空玻璃边部的密封材料,Swiggle 暖边是连续带状的金属隔离铝合金带的胶条,与传统铝隔条相比,其金属铝隔带的断面宽度仅 0.3 mm,比传统铝隔条的铝条断面宽度(5 mm)小了许多,因而可以大大降低玻璃边部的热传导,降低中空玻璃整体传热系数约 5%。

3)屋面。

示范楼屋面有两类,一类为种植屋面(如图 9-16),其中保温层采用聚氨酯硬泡喷涂,成型后的保温层由均匀细腻的泡沫层与极薄坚硬的表皮层构成,平均密度为 40～50 kg/m³,保温层厚度为 130 mm,考虑混凝土垫层和种植屋面的综合效果,传热系数 K 小于 0.1 W/(m² · K),夏季考虑植物表面的蒸腾作用。

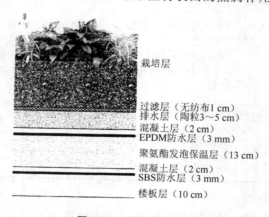

栽培层

过滤层（无纺布1 cm）
排水层（陶粒3～5 cm）
混凝土层（2 cm）
EPDM防水层（3 mm）
聚氨酯发泡保温层（13 cm）
混凝土层（2 cm）
SBS防水层（3 mm）
楼板层（10 cm）

图 9-16　种植屋面构造

另一类透光屋面是生态仓屋顶,为双中空玻璃的倾斜天窗。为避免温室效应,采用聚酯纤维面料的半透光内遮阳卷帘。此外屋顶斜面部分还采用了自洁净玻璃,以使玻璃能够保持良好的采光效果。图 9-17 为生态仓剖面。生态仓内将进行室内绿化技术的相关研究,测试不同种类的植物对 CO_2 的固化作用,制定适合办公类建筑室内绿化的种植方案。

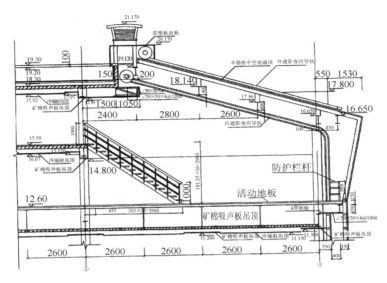

图 9-17　生态仓剖面(单位:mm)

4)相变蓄热活动地板。

示范楼的围护结构由玻璃幕墙、轻质保温外墙组成,热容量较小,低蓄热性能使室内热稳定性变差,温度波幅增大,尤其是在冬季,昼夜温差会超过 10 ℃。为增加该建筑物的热稳定性,采用了相变蓄热地板的设计方案。将相变温度为 20～22 ℃的定形相变材料(用石蜡作为芯材,高分子材料作为支撑和密封材料将石蜡包在其组成的一个个微空间中,在相变材料发生相变时,材料能保持一定的形状)放置于常规的活动地板内作为部分填充物,由此形成的蓄热体在冬季的白天可蓄存由玻璃幕墙和窗户进入室内的太阳辐射热,晚上材料相变向室内放出所蓄存的热量,这样室内温度的波动振幅将不会超过 6 ℃。

9.2.1.2　空调、照明系统的节能设计

1)能源系统节能技术。

该示范楼可交替使用固体燃料电池、内燃机或微燃机热电联供系统,清洁燃料天然气作为能源供应。BCHP 系统总的热能利用效率达 85%,其中发电效率为 43%。基本供电由内燃机或氢燃料电池供应,尖峰电负荷由电网补充。发电后的余热冬季用于供热,夏季则当作低温热源驱动液体除湿新风机组,用于溶液的再生。屋顶装有太阳能集热器,所获热量也用于除湿系统的溶液再生,见图 9-18。

常规的空调系统,为满足除湿的需要,应采用 7 ℃的冷冻水。而在夏季室温为 26 ℃的情况下,采用 7 ℃的冷冻水处理显热,所耗的能量会很大,因而采用热湿独立处理的方式,将室内热湿负荷分别处理。新风通过液体除湿设备的处理,提供干燥新风,用来抵消室内的湿负荷,同时满足室内人员的新风需求。室内显热则用 18 ℃ 的冷水消除,这样制冷机的效率可大大提高,系统的节能效果显著。同时,热湿独立控制的空调系统通过送干燥新风降低室内湿度,在较高温度下也可以实现同样的热舒适水平,并能彻底改变高湿度带来的空气质量问题。

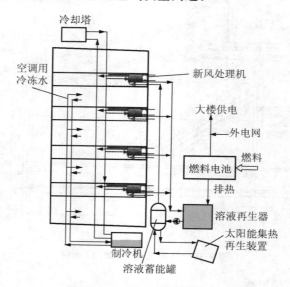

图 9-18 示范楼能源系统示意

2)绿色照明系统。

示范楼的绿色照明系统包括人工照明系统和天然光照明系统两部分。

（1）人工照明系统。

根据使用要求,将示范楼每个楼层的办公区划分为 6~8 个面积基本相同的区域,每个区域的照明由专门的智能区域配电箱供电,区域配电箱由层箱通过照明母线供电。

（2）天然光照明系统。

在示范楼的照明设计中很重要的一部分就是利用天然光创造以人为本的光环境。采用天然光照明具有以下特点。

①具有比人工光更高的视觉光效,能够提供更健康的光环境。

②可以降低人工照明的电能损耗。

③如果提供相同的照度,天然光带来的热量比绝大多数人工光源的发热量少,可以大大减小夏季空调负荷。

3)导光管技术的利用。

示范楼采用了导光管技术利用自然光。在楼顶设置主动式集光器,通过传感器来跟踪太阳,最大限度地采集阳光。在楼梯间垂直敷设直径约 500 mm 的管体,利用全反射或镜面反射把自然光传导到地下室,导光管的出光部分采用漫反射的方式控制光线进入地下室。如图 9-19 所示。

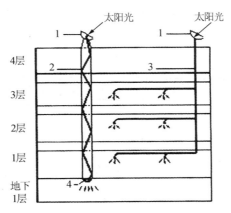

图 9-19 光传导照明系统
1—聚光器；2—管体；3—光导纤维；4—散光器

4)可再生能源的利用。

（1）太阳能发电系统。

示范楼通过两种途径将太阳能转化为电能：一种是把太阳辐射热能转换为电能，即"太阳热发电"；另一种是将太阳光直接转化为电能，即"太阳光发电"。

①太阳热发电。在示范楼的屋顶上安装了一套碟式聚光热发电系统，系统组成如图 9-20 所示。系统通过双轴跟踪装置对太阳进行跟踪，使碟式聚光镜反射的太阳光聚焦到集热器上，集热器位于聚光镜的聚焦面上并与聚光镜一起运动，其功能是使聚焦的太阳光有效地转化为斯特林发动机工作流体的热能，驱动发动机—发电机体系运转，发出电能。由于输出的交流电不稳定，还需要经过整流—逆变装置得到特性稳定的交流电才能输送到配电系统中去。系统将太阳能转换为电能的净效率可以达到 20% 以上，峰值发电功率为 3 kW。

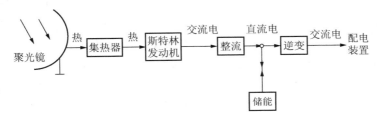

图 9-20 碟式聚光热发电系统

②太阳光发电——光伏发电。

在楼南侧的外墙上装有玻璃窗式太阳能单晶硅高效电池，电池使用两层平板玻璃，中间封有膜状电解液和导电膜，形成夹层结构。电池虽带有颜色，但可以透过光线，这样无论室外射入的阳光还是室内照明的光线都可以转化为电能。光伏玻璃的安装面积约为 30 m²，峰值发电能力为 5 kW，转换效率约为 12%。其发出的电主要用于开启百叶和玻璃幕墙上的窗扇，系统结构如图 9-21 所示。

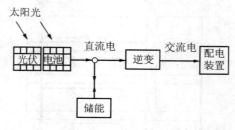

图 9-21 光伏发电系统

由于窗式电池是透光的，可以直接安装在窗框上，不仅是发电设备，而且还可以作为装饰与建筑物融为一体，成为建筑物的一部分。

（2）浅层地热的利用。

清华大学校园东区地表浅层的温度基本稳定在 15 ℃，完全能够满足示范楼的供冷需求。通过在土壤中埋设地耦管和土壤进行热交换，就可获取 16～18 ℃的冷水，直接供给设于天棚内（或埋在地板中）的毛细管或辐射盘管，这样，夏季就不需要制冷机而直接利用地下储存的能量实现供冷。当然为了维持地热换热器全年冷热负荷的基本平衡，冬季也应使用地源热泵外加其他辅助供热设施。

[实例 2] 科技部节能示范楼

中美科技合作项目——科技部节能示范楼是一座突出节能特点的绿色、智能化办公建筑，于 2004 年 1 月竣工。节能楼 2005 年获得了建设部颁发的"全国绿色建筑创新奖"，2006 年获得了美国绿色建筑协会颁发的节能设计领先金质奖。该楼建筑面积 1.3 万 m²，建筑密度 22%，建筑层数为地上 8 层、地下 2 层，建筑高度 31 m。该楼追求节约 70%的建筑物运行能耗的目标，并希望达到人与环境的和谐统一。

节能楼在建设前曾进行了两年多的方案研究，中美两国 12 个大学、研究所和设计院参加了此项工作。设计方案经过 5 次国际研讨会的专家论证，并依据北京地区 50 年的气象记录，对设计方案进行了优化选择。在充分考虑性价比因素后，综合集成了多项节能和绿色技术，期望定位在中低造价上实现高效节能、整体绿色的目的；还通过对运行过程的智能化管理，以期实现使用环境的高舒适度和运行上的低成本费用。

9.2.1.3 示范楼的节能设计

1）建筑平面（图 9-22）和体型节能设计。

科技部节能示范楼采用了十字形的平面和外形设计。经计算机模拟结果证明，对于办公楼（或写字楼），在充分考虑天然采光及春秋季采用自然通风的条件下，这种设计比其他任何一种外形和平面设计，至少节能 5%。

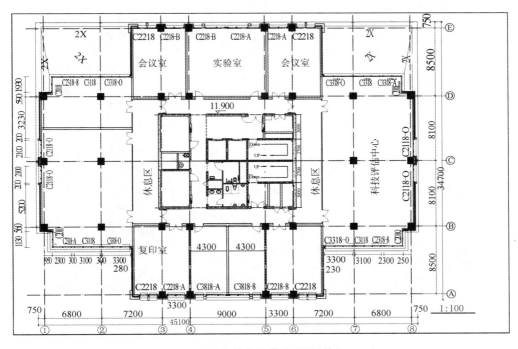

图 9-22 科技部节能示范楼平面(单位:mm)

2)围护结构节能设计。

(1)外墙采用亚光型的浅色饰面。

外墙以乳白色为主,间以浅灰色的铝合金线条,构成亚光型的浅色饰面,既降低了外表面对太阳辐射热的吸收系数,又可实现对光的漫反射,避免对周边环境造成的光污染。室内诸表面的浅色设计,增大了表面的平均反光系数,提高了天然光的利用程度。

(2)外墙保温。

采用两侧空心砖加中间聚氨酯发泡的"舒不落克"复合外墙,传热系数 K 低至 $0.62 \ W/(m^2 \cdot K)$。

(3)铝合金遮阳及反光板的应用。

通过在窗口外、内分别安装铝合金遮阳板及反光板,做到遮阳反光,既避免了夏天阳光对室内的直射,又将窗上口透入室内的天然光反射到顶棚,然后漫反射于空间,达到充分利用天然采光的目的,见图 9-23 和图 9-24。

(4)屋顶保温。

在屋面基层上做水泥珍珠岩找坡,再铺设 50 mm 的聚氨酯发泡层,传热系数 K 低至 $0.57 \ W/(m^2 \cdot K)$。

图 9-23 科技部节能示范楼外形

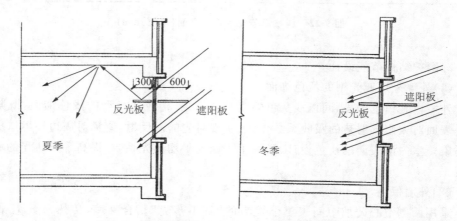

图 9-24 遮阳板及反光板工作原理示意(单位:mm)

(5)外窗保温。

采用铝合金节能窗,其窗框采用旭格 70 系列断热铝合金窗框[$K=1.6$ W/(m²·K)],窗玻璃采用无色金属镀膜低辐射(即 Low-E)中空玻璃,中间夹层内充以氩气[$K=0.97 \sim 1.6$ W/(m²·K)]。同时还对外围护结构的热桥部位,采取保温构造措施,从而实现了围护结构的高效节能。2004 年春节,全楼曾在无人使用的情况下停电、停止供暖 58 h。时值室外环境温度为 $-13 \sim -4$ ℃,在此期间各楼道气温在 58 h 内仅降低 1 ℃,有窗办公室气温降低 $1 \sim 2$ ℃,充分体现了该楼良好的保温效果。

（6）采暖空调系统节能。

示范楼空调系统冷源采用了两台冷量为 100 冷吨的双回路式电制冷机组,制冷剂为 R134A 绿色制剂,可实现 20~200 冷吨间的 12 种组合,以适应不同制冷量的需要。同时辅以 200 冷吨的冰蓄冷系统,夜间用电低谷期蓄冰,白天用电高峰期化冰释冷。同时还可满足极限或超负荷的制冷需求,使整个制冷系统具有短期提供 300 冷吨的制冷能力,以应对二层展厅人群参观高峰的需要。实践证明,即使在夏季制冷期也可满足 500 人办公的需求。

示范楼的供暖热源为首钢废热,加湿后通过空调管道将热风输入房间。实践证明,全楼耗热量仅相当于一座 3000 多平方米普通办公楼的用热量。

本工程新风系统的新风量高于国家标准的规定值,每小时 2 万 m^3 的新风供应能力,1 h 内可将办公区内的空气全部更新。可以满足 500 人以上的办公新风需求。

在换气过程中,为回收外排空气中的热能,设计了转轮式全热回收装置,效率为 76%。将外排空气中的热能大部分回收到新风中,既减少了室内热能外逸,又大幅度降低了加热或制冷新风的能源消耗。

（7）照明系统及电梯节能。

示范楼采用智能化的照明系统。办公室内没有灯具开关,采用光照传感器与红外人体感应传感器相结合的控制方式。当室内桌面自然光照度低于设定照度值时,如有办公人员进入室内或室内有人时,智能灯具即自动开启。灯具使用 T5 型节能灯,安装防眩光漫反射板。采用全自动数字调光镇流器,实现数控功率调节,可以使自然光加上灯光后保持桌面 300 lx 的最佳阅读需要。该楼办公室灯光照明实际用电量低于 4 W/m^2,既满足了阅读的需要,又节省了照明用电。

节能电梯通过运行程序的智能控制和按乘载量调节的变频系统,较大幅度地节省了电梯运行的能耗。以往运行的电梯不管人多人少,每次都要消耗同样多的电能。示范楼中的电梯通过运行程序的智能控制和按乘载量调节的变频系统,实现了按搭乘的人数调节功率,既减少了空载,又避免了"大马拉小车"的能源浪费。

通过以上措施,节能示范楼运行的全年总能耗约为现有基准建筑的 30%,即减少了 70% 的能耗。运用多种多样的节能技术,节能示范楼实现了大幅度的能源节约。据统计,示范楼每年节电量超过 90 万 kW·h,一年可节省经费 60 余万元。与普通建筑相比,示范楼年节能 72.3%。

9.2.1.4　屋顶花园及太阳能利用

屋顶花园(见图 9-25)是该节能示范楼的又一个亮点。松竹相映、四季常绿,70 余种乔灌木及草坪分布在总面积 810 m^2 的屋顶花园上,占屋顶面积的 70%。它的"土壤覆盖层"是具有轻质保水功能的人造火山灰绿色种植土壤,屋顶采用了防植根穿透及 3 层防水技术。遍布屋顶的喷灌管系,隐藏于花间树丛。为防积水采用了滤水过滤网和基底导流技术。在 9 层核心筒上和首层分别建有 8 m^3 和 30 m^3 的雨水收集池。其收集的雨水,可满足屋顶花园和周边绿地在夏秋季的浇水需求。在盛夏高温季节,既能让人在花园中享受到清新凉爽的感觉,同时还对下层房间起到良好的隔热效果(冬季还有保温效果),可显著减少顶层房间的冷热负荷。普通建筑夏季楼顶的温度超过 50 ℃甚至 60 ℃,有了这个屋顶花园,屋顶温度与地面草地接近,大楼高层办公室就像躲在窑洞里,室温大大降低,大楼制冷的压力就小多了。另外,它采用了自动喷灌系统加防积水的雨水过滤基底导流技术,实现雨水全回收,可以满足夏秋季屋顶花园和周边绿地的浇灌用水。通过各种节水措施,这样一座示范楼每年可节水 1 万 t。

图 9-25 屋顶花园及太阳能利用

示范楼的屋顶除绿化外,大部分用于太阳能光伏发电和太阳能热水系统。建有 15 kW 的太阳能光电池板阵列,全年可提供 3 万 kW·h 的电力。采用逆变器,将直流电变为交流电,直接并入楼内电网使用。太阳能热水系统除供 30 名值班人员洗澡外,还可满足全楼洗手水的升温,太阳能系统供热量在全楼能源消耗中的比例占 5%～6%。

9.2.1.5 节能示范楼的造价

该节能示范楼的造价并不高。土建安装含楼宇自控系统等设备在内,造价为 6740 万元,每平方米造价不足 5200 元。加上网络及会议系统,总造价为 7780 万元,每平方米造价不足 6000 元。国家原批准的造价为 9080 万元,整整节省了 1300 万元。示范楼在能源节约上共增加投入 400 万元,运行后每年可以节约运行能源费近 70 万元。

9.2.2 夏热冬冷地区公共建筑节能设计案例

[实例3] 上海生态节能办公示范楼

9.2.2.1 建筑平面和体型节能设计

上海生态节能办公示范楼(图 9-26)是一座实验兼办公楼的建筑物。该楼总建筑面积约 1994 m²,钢混主体结构,南面两层、北面三层;西向为建筑环境实验室,东向为展示区和办公用房,东向中部设有中庭,中庭上部有天窗。基地位于上海建筑科学研究院莘庄科技园区内。基地呈东西方向的狭长矩形,建筑基底平面也与之相似。这样可使大部分房间获得正南向的良好朝向。华东地区南、北向气候状况优劣明显,因此,北面轮廓为简单的直线形,南面轮廓则较为丰富一些,尤其是东、西两端部向内收缩,可使冬天的北风不至于对两个入口有太大的影响。

图 9-26 上海生态办公示范楼

该建筑物体形系数为 0.28,综合窗墙比为 0.30,其中:南向 0.59;北向 0.23;东向 0.14;西向 0.14。

为使示范楼的综合能耗降到普通建筑的 25%,可再生能源的利用率占建筑使用能耗的 20%,室内综合环境达到健康、舒适水平,再生资源的利用率达到 60% 的总体技术目标,该楼集成了国内外 60 多家产学研联合体的先进技术研究成果,全面展示了体现生态节能建筑基本设计理念的围护结构节能、自然通风、天然采光、遮阳系统、太阳能利用、生态绿化等十大关键技术体系。下面仅介绍其与建筑节能有关的部分。

9.2.2.2 超低能耗围护结构设计

为达到示范作用,结合办公楼特点及上海地区的地域气候特征,针对办公楼建筑的各种使用工况,通过对能耗指标和节能效果的动态模拟分析,将多种合理的低能耗围护结构方案进行比较,最终确定了适合该示范楼的超低能耗围护结构技术系统,即四种复合墙体保温隔热体系、三种复合型屋面保温隔热体系、节能门窗、多种遮阳技术。

1)外墙节能设计。

示范楼外墙若不采取节能措施,传热系数将超过 2.0 W/(m²·K),在冬、夏两季使用采暖空调的情况下,将会有较多的能量通过外墙散失,因此有必要对建筑外墙采取保温隔热措施,该楼所采用的四种复合墙体保温隔热体系及其热工性能见表9-13。诸墙体的外饰面均采用浅色涂料,以降低对太阳辐射热的吸收系数。

(1)外墙外保温体系。

从表9-13可以看出该办公示范楼外墙节能设计上将 EPS 外保温系统应用于南向外墙,XPS 外保温系统应用于北向外墙,砌块复合墙保温体系应用于东、西山墙。南、北向保温墙体的构造层次见图9-27及图9-28。

表 9-13　外墙保温隔热体系汇总表

序号	应用部位	保温体系主要构成	传热系数 /[W/(m²·K)]	热惰性 指标 D	内表面最高 温度/℃
1	东向外墙	混合砂浆 20 mm+砂加气混凝土砌块 240 mm+尿素泡沫体 65 mm+单排孔混凝土空心砌块 90 mm+水泥砂浆 20 mm+聚合物抹面胶浆 3 mm	0.30	5.8	34.4
2	南向外墙	混合砂浆 20 mm+双排孔混凝土空心砌块 190 mm+水泥砂浆 20 mm+EPS 100 mm	0.39	2.6	34.5
3	西向外墙	混合砂浆 20 mm+单排孔混凝土空心砌块 240 mm+尿素泡沫体 85 mm+单排孔混凝土空心砌块 90 mm+水泥砂浆 20 mm+聚合物抹面胶浆 3 mm	0.34	4.0	34.2
4	北向外墙	混合砂浆 20 mm+双排孔混凝土空心砌块 190 mm+水泥砂浆 20 mm+XPS 75 mm	0.38	2.5	34.4

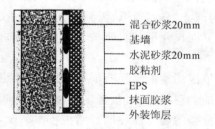

图 9-27　EPS 外墙外保温系统主体构造

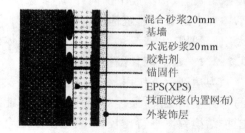

图 9-28　XPS 外墙外保温系统主体构造

在示范楼中应用的 EPS、XPS 两种外保温系统墙体经过防潮计算不但冬季内表面不会结露,在冬、夏两季墙体构造内部也不会出现冷凝现象。

（2）砌块复合墙中间保温体系。

该保温体系在欧美发达国家的低层、多层建筑中应用较多，技术也较成熟。基本形式是在两片采用钢质连接件连接的重质墙体中间设置保温材料层。与室内空气接触的重质墙体起结构承重作用，与室外空气接触的重质墙体则起防撞击和抗渗防水作用。该体系重质墙体大体有整体现浇混凝土墙、砌块墙、砖墙及预制板材墙，保温材料一般为板材类或现场发泡类。保温材料做法有满腔填充和在墙体朝外的低温侧留出一定厚度空气层两种。

示范楼在东、西山墙采用的复合墙中间保温体系为满腔型现场发泡砌块复合墙体，主体构造见图 9-29、图 9-30。

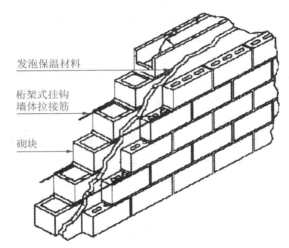

图 9-29　双空心混凝土砌块复合保温墙体主体构造示意

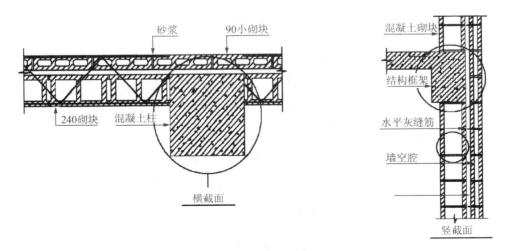

图 9-30　钢筋混凝土空心砌块-砂加气砌块复合保温墙体构造示意

经过计算;东、西山墙内表面最高温度设计值分别为 34.4 ℃、34.2 ℃,远小于上海市夏季外围护结构内表面最高温度不大于 36.1 ℃ 的隔热要求,说明两种砌块复合墙体均有着极佳的隔热性能。且东、西外墙应用的两种墙体在冬季墙体内表面不会结露,构造内部虽可能出现冷凝现象,但在采暖期内,东墙保温材料的湿度增量为 8%,西墙只有 0.2%,都低于采暖期间泡沫塑料重量湿度的允许增量,无需在保温材料与防护层界面设置隔汽层,而夏季根本不可能在结构内部出现积水现象。

结合墙体保温隔热性能的设计计算结果,说明在示范楼中几种墙体的热工节能设计是科学合理的,这也为外墙节能和室内热舒适环境的创建提供了基础条件。

2)屋面节能设计。

屋面由于接受太阳辐射照度大、时间长而成为节能设计的关键部位,对昼夜温差小的湿热地区屋面节能构造设计不宜选择容重大的材料,因此,节能屋面更适合采用复合保温隔热构造、通风屋面、种植屋面或几种形式的结合。种植屋面是一种具有良好隔热保温性能的屋面,它对于降低顶层房间空调采暖负荷、改善室内热环境、调节室外微气候、改善生态环境及节约建筑能耗均具有重要作用,在实际工程中已被广泛应用。

在该示范楼中,采用种植屋面和复合保温隔热屋面,具体构造做法见表 9-14。

表 9-14 屋面保温体系汇总表

序号	应用部位	保温体系主要构造层次	传热系数 /[W/(m²·K)]	热惰性指标 D	内表面最高温度/℃
1	不上人平屋面	混合砂浆 20 mm＋钢筋混凝土结构层 120 mm＋陶粒混凝土找坡层(平均厚 100 mm)＋水泥砂浆找平层 20 mm＋防水层 3 mm＋泡沫玻璃 150 mm＋抗渗砂浆 30 mm(内设钢丝网片)＋防水层 3 mm＋疏水板 20 mm＋轻质种植土 600 mm	0.3	13.2	33.9
2	上人平屋面	混合砂浆 20 mm＋钢筋混凝土结构层 120 mm＋陶粒混凝土找坡层(平均厚 100 mm)＋水泥砂浆找平层 20 mm＋防水层 3 mm＋XPS 95 mm＋隔离布＋抗渗细石混凝土 40 mm(内设 ϕ4@200 mm 双向钢筋网片)＋防水层 3 mm＋疏水板 20 mm＋轻质种植土 600 mm	0.24	12.4	33.8
3	坡屋面	混合砂浆 20 mm＋钢筋混凝土结构层 120 mm＋水泥砂浆找平层 20 mm＋防水层 3 mm＋硬质聚氨酯泡沫塑料 180 mm＋防水涂抹稀浆＋抗渗细石混凝土 40 mm(内设 ϕ4@200 mm 双向钢筋网片)＋浅色外饰面涂层 5 mm	0.16	5.2	33.8

低能耗建筑屋面节能技术首先要解决传统非保温屋面存在的保温隔热性能差、结构层温度应力大、结构混凝土容易产生裂缝、防水层材料容易热老化和紫外线老化的通病,还要最大限度地降低其传热能力,减少空调采暖能耗。其次,要保证结构层处于一个相对稳定的并与墙体结构层温度基本一致的常温状态,使其免遭温差引起的热应力破坏,同时提高防水层材料的使用寿命。低能耗屋面要达到上述两大功能,除须具备良好的保温隔热性能和尺寸稳定性外,还要求保温材料整体吸水性小,以保障其稳定的保温隔热能力。

节能种植平屋面主体构造见图 9-31,有两种不同类型的节能种植平屋面,即 XPS 保温种植屋面和泡沫玻璃保温种植屋面。节能坡屋面主体构造见图 9-32。

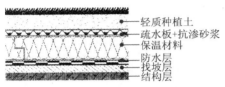

　　——轻质种植土
　　——疏水板+抗渗砂浆
　　——保温材料
　　——防水层
　　——找坡层
　　——结构层

图 9-31　节能种植平屋面主体构造

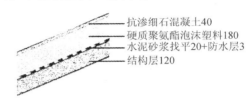

　　——抗渗细石混凝土40
　　——硬质聚氨酯泡沫塑料180
　　——水泥砂浆找平20+防水层3
　　——结构层120

图 9-32　节能坡屋面主体构造(单位:m)

经过计算显示,3 种节能屋面在冬季采暖期间,内表面温度远高于室内空气的露点温度,根本不会产生表面结露现象。由于两种节能种植平屋面的保温材料上下表面都设置了防水层,使保温材料处于封闭状态,加上保温材料保护层上覆盖了较厚的土层,保护层上表面相对室外空气温度而言,温度较高,整个复合屋面层的水蒸气渗透动力比较小,所以不可能发生内部冷凝。对节能坡屋面,在冬、夏两季最冷月或最热月,屋面内聚氨酯上下表面的水蒸气分压力都低于该点的饱和水蒸气分压力,因此不会产生冷凝现象。

3)外窗节能设计。

示范楼外窗的节能设计主要包括窗体本身的节能设计和窗口的遮阳设计两部分内容。

根据外窗对建筑能耗的影响分析及节能目标要求,该示范楼采用普通中空玻璃、Low-E 中空玻璃、Low-E 中空玻璃(充氩气)、Solar-E 中空玻璃、双中空透明 PET Low-E 节能夹胶玻璃和 GE 透光板等 6 种玻璃,窗框采用断热铝合金型材。其热工性能参数见表 9-15。

表 9-15　生态办公示范楼门窗玻璃汇总表

朝　向	南　向		北向	东、西向	天窗	西向	南向玻璃膜
厂商	上海耀皮玻璃有限公司	秦皇岛耀皮玻璃有限公司	上海新比利帷幕墙有限公司	美国道森国际有限公司	台湾元璋集团	通电电气(中国)有限公司	上海联欣科技发展有限公司

续表

朝　向	南　向			北向	东、西向	天窗	西向	南向玻璃膜
品种	Low-E中空玻璃	Low-E中空玻璃(氩气)	普通中空玻璃	Low-E中空玻璃	Solar-E中空玻璃	双中空透明PET Low-E节能夹胶玻璃	固定 GE透光板	Sterling-60
规格	6+12A+6	6+12A+6	6+12A+6	6+12A+6	6+12A+6	6/白+6A+ST88+6A+(6/白+PVB+6/白)	LT2UV25	Sterling-60(6 mm)
颜色	高透无色	高透无色	浅灰	浅灰	浅灰	浅灰	半透明乳白色	浅灰
可见光透过率/(%)	73	73	63	65	54	69	41	52
太阳光透过率/(%)	47	47	51	44	36	40	65	35
遮阳系数	0.69	0.69	0.83	0.58	0.52	0.60	0.70	0.53
玻璃传热系数/[W/(m²·K)]	1.8	1.6	2.9	1.65	1.89	1.82	1.6	—

　　结合上海日照规律,示范楼还采用了多种遮阳技术以提高外窗夏季的隔热性能,达到节能目的。如根据节能与采光要求,天窗外部采用可控制软遮阳技术;南立面外部采用可调铝合金水平百叶外遮阳技术;西立面由于考虑西晒对室内影响,则根据太阳能入射角度采用可调节垂直铝合金百叶遮阳技术。具体的遮阳部位、遮阳措施及玻璃类型见表 9-16 与图 9-33~图 9-37。为实现采光与节能的协调统一,遮阳设备均采用智能系统进行控制与调节。

表 9-16　外窗遮阳措施汇总表

序号	应用部位	遮阳措施	玻璃类型
1	东向外窗	智能可调遮阳百叶	Low-E 中空双玻窗
2	南向外窗	水平可调铝合金遮阳百叶,可调软外遮阳	Low-E 中空双玻窗
3	西向外窗	垂直可调铝合金遮阳百叶	Low-E 中空双玻窗
4	北向外窗	—	—
5	天窗	智能控制软外遮阳	PET Low-E 双中空玻窗
6	东南向露台	电动软遮阳	—

图 9-33　东向外窗百叶

图 9-34　东南向外窗电动软遮阳

图 9-35　天窗智能控制软外遮阳

图 9-36　西向外窗垂直遮阳与百叶

图 9-37　南向外窗遮阳

9.2.2.3　充分利用自然通风节能

该示范楼利用自然通风节能的设计思路主要有以下几点。

(1)通过优化门窗位置和建筑物内自然通风路径的设计,积极利用好热压和风压的综合作用。尽量使建筑物沿夏季主导风向设计,在建筑外立面正压区和负压区的适当部位开窗,以增强室内自然通风的冷却效果。在室外夏季主导风速作用下,室内的自然通风换气次数可达每小时 15 次以上,据此可利用室外某些时段的低温低湿气流带走室内产出的余热余湿,以降低过渡季节和夏季非极端气温条件下的空调能耗,并争取春秋季节各减少空调时间约 1 个月。

(2)在生态示范楼建筑中充分考虑了外界气流流动对其自然通风的影响。考虑到 4、5、6 月份上海地区的主导风向为东南风,9、10 月份的主导风向为东北风,运用 CFD 模拟分析技术,对该建筑的外界风环境进行模拟分析,计算了在东南风和东北风的主导风向和主导风速作用下该楼外表面的风压系数,改进和优化了建筑的外形及房间功能。同时提出在北部中庭上部,结合建筑特点设计了通风面积达 18 m² 的屋顶排风道(图 9-38),取代了初步的烟囱设计方案(图 9-39),以获得更好的通风效果。

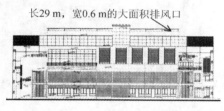

图 9-38　生态示范楼通风风道设计方案

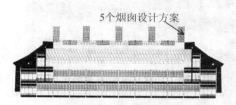

图 9-39　生态示范楼通风烟囱设计方案

(3)为了强化室内热压作用下的自然通风效果,还在顶部排风道内安装了 7 组散热器(图 9-40),它与示范楼坡屋面上的太阳能集热板相连接,过渡季节便可充分利用太阳能热水,加热通风风道内的空气,产生强烈的热压作用,强化烟囱效应,从而有效地增强了室内自然通风的效果。

图 9-40　风道内散热片强化热压

9.2.2.4　新型高效节能空气调节技术

在示范楼中,研制和应用了一种温湿度独立控制的新型空调系统(图 9-41)。该空调系统包括 1 台溶液热回收型新风机组、1 台溶液再生器、2 个储液罐和 1 台高温水冷冷水热泵。新风经过除湿处理后直接送到各空调房间,满足房间的卫生需求,并且承担人员和景观植物的湿负荷。热泵工作时产生的高温冷冻水(18~21 ℃)供给地板辐射供冷系统用于消除房间的湿热负荷以及新风机除湿过程中释放的吸附热,而热泵的热水(65~70 ℃)则供给再生器用于溶液的再生浓缩过程。冬季可以通过阀门切换使热水流经新风机和风机盘管,对新风加热,以满足室内热负荷需求。

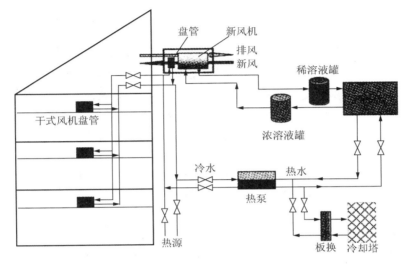

图 9-41　温湿度独立控制的空调系统

当系统运行时设计参数见表 9-17。当冷冻水入口温度为 18 ℃、新风机溶液入口浓度为 49.3% 的时候,可以将室外设计工况下的空气处理到 23.9 ℃、相对湿度 47%,基本达到所要求的送风参数。

表 9-17　设计参数下系统运行情况

类　别	温度/(℃)	含湿量/(g/kg)	项　目	入口	出口
室外新风	34	21.2	冷水温度(℃)	18	23
室内回风	26	12.6	热水温度(℃)	65	60.03
新风机送风	23.9	8.7	新风机溶液度(%)	49.3	46.1
新风机排风	32	18.8	再生器溶液度(%)	46.1	50.4
再生器排风	37.38	41.1			

根据设计的运行效果,通过对包括新风机、再生器、热泵在内的整个温湿度独立控制的空调系统的性能进行分析比较,结果见表 9-18。

表 9-18　设备运行的性能分析

新风制冷量/kW	56.63	再生器溶液浓缩潜热/kW	56.75
新风机溶液潜热/kW	17.65	再生热水耗量/kW	76.13
新风机耗冷量/kW	23.7	热泵冷量/kW	59.7

续表

全热回收能量/kW	33.02	热泵热量/kW	76.17
新风机效率	1.37	热泵功率/kW	18.1
再生器效率	0.76	供给风机盘管/kW	36
综合能效比 COP	5.2	需要的冷量/kW	49.3
再生风量/(m³/h)	3300	再生热水流量/(t/h)	13

可以看出新风机的制冷量为 56.63 kW,再生器消耗的热水功率为 76.13 kW,而热泵在此工况下的制热量为 76.17 kW,正好满足再生需求而无须冷却塔散热。系统综合能效比 COP 为 5.2,远高于常规活塞式冷水机组,基本与螺杆式相当,但该系统在室内空气品质、环境友好、利用低品位能源等方面均优于常规电制冷系统。

9.2.2.5 可再生能源利用技术

该示范楼采用了多种可再生能源利用技术,下面主要介绍太阳能热利用、光伏发电与建筑一体化及天然采光等。

1)太阳能热利用与建筑一体化。

太阳能与建筑一体化已成为当今太阳能行业及建筑节能极力推广的一种概念。该示范楼的太阳能热利用系统包括 150 m² 的太阳能集热器,其中西侧屋面上为 90 m² 的 CPC 真空管太阳能集热器;东侧屋面上为 80 m² 的热管式真空管太阳能集热器。在建筑设计中,充分考虑了太阳能集热器与建筑坡屋面的一体化。要达到太阳能年利用率最高,通常取倾角为当地纬度,上海市位于北纬 31°10′,综合考虑太阳能的高效利用以及建筑立面的整体效果,南向坡屋面倾角设计为 40°,如图 9-42、图 9-43 所示。

图 9-42 太阳能集热器与建筑一体化效果

图 9-43 太阳能集热器钢结构侧面

图 9-44 表示东侧热管式太阳能集热器阵列布置图以及钢结构做法。东侧坡屋面共布置 27 组热管式太阳能集热器,每组集热器包括 20 根热管,分成相等的三排,并联布置。图 9-45 表示西侧 U 形管式太阳能集热器阵列布置图以及钢结构做法。西侧坡屋面共布置 30 组 U 形管式太阳能集热器,每组集热器的集热面积为 3 m²,分成相等的 5 个支路,并联布置。

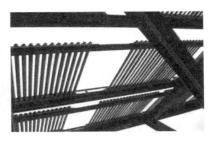

图 9-44　东侧热管式太阳能集热器阵列布置

图 9-45　西侧 U 形管式太阳能集热器阵列布置

　　该示范楼以办公为主,热水需求量较少,因此,在系统设计中,以满足采暖、空调工况为主。此外,在自然通风风道中设置翅片管式换热器,过渡季节可利用太阳能热水加热风道中的空气,从而强化自然通风。这不仅解决了过渡季节太阳能热水过剩的问题,而且为自然通风以及太阳能建筑的设计提供了一种新的理念。太阳能集热器作为吸附式制冷机组的驱动热源以及地板采暖的热源,是该复合能量系统的核心部件。除太阳能集热器外,所有设备均集中布置在顶层的制冷机房,如图 9-46 所示。

图 9-46　太阳能集热器制冷机房布置

　　太阳能空调作为该复合能量系统的最大亮点,采用了适合于低品位热源驱动的吸附式空调技术,该空调具有体积小、性能稳定、操作灵活等优点。

地板采暖系统采用德国 Wieland 公司生产的 Cuprotherm 地暖系统,该系统具有导热性好、耐老化、不渗漏等优点。与传统的交联聚乙烯管材相比,铜的导热系数较高,冬季室内得热量可增加 10%,并且可以降低热水温度,更适合于太阳能系统。

2)太阳能光伏发电与建筑一体化。

太阳能取之不尽,用之不竭,照射到地球的太阳能要比人类消耗的能量大 6000 倍。太阳能发电安全可靠,不会遭受能源危机或燃料市场不稳定的冲击;不必长距离输送,避免了输电线路等损失;运行成本很低;发电没有运动部件,不易损坏,维护简单;是理想的清洁能源。

在该办公示范楼顶上设计、建造了一套太阳能发电系统,图 9-47 为屋顶下部五个黑色的方块即为太阳电池方阵的近景。系统主要由太阳电池方阵、逆变控制柜和测试设备等组成,其示意图如图 9-48。

图 9-47　屋顶太阳电池方阵近景

图 9-48　太阳能光伏系统示意

根据屋面情况,总容量为 5 kW,分成 5 个子方阵,每个子方阵容量均为 1 kW。子方阵由 12 块高性能的 85 W 单晶硅太阳电池组件组成,组件由上海太阳能科技有限公司提供,型号为 S-85C,最佳工作电压为 17.0 V,最佳工作电流为 4.72 A,短路电流为 5.30 A,开路电压为 22.0 V。每个子方阵面积大约 7.92 m²。60 块太阳电池组件 12 串 5 并,直流工作电压为 216 V。

上海地区 5 kW 太阳电池方阵各月发电量见表 9-19。单从发电成本来看,目前太阳能发电与常规发电相比要高得多,现在安装 1 kW 太阳能发电系统造价大约为 5 万元,按上述计算,在上海地区每年估计可发电将近 1000 kW·h,使用寿命为 20～30 年,如以 25 年计,总共可发电大约 25000 kW·h,所以平均每度电价为 2 元,当然还无法与常规发电相竞争。

但是开发利用太阳能光伏发电,功在当代,利在千秋。太阳能发电与建筑相结合是发展的方向,随着时代的发展和经济的增长,作为庞大的建筑市场和潜力巨大的光伏市场两者的结合点,太阳能发电与建筑相结合有着无限广阔的发展前景。

表 9-19　上海地区 5 kW 太阳电池方阵各月发电量

月　份	水平面上太阳辐照量 /[kW·h/(m²·d)]	倾斜面上太阳辐照量 /[kW·h/(m²·d)]	当月发电量 /(kW·h)
1	2.079	2.481	287.3
2	2.598	2.926	307.2
3	2.974	3.138	364.8
4	4.036	4.050	455.6
5	4.652	4.485	521.4
6	4.164	3.963	445.8
7	4.864	4.635	537.8
8	4.611	4.550	527.9
9	3.816	3.962	455.7
10	3.144	3.483	404.9
11	2.442	2.907	327.0
12	2.114	2.620	304.6

3）天然采光设计。

该示范楼基本上是白天使用，所以对昼光照明做了充分的考虑，保证在非重阴天全部依赖昼光照明。由于该楼体量较小，似乎做到这一点并不困难。于是设计者提高了要求，让几乎所有的空间都获得两个以上相反方向（南和北）来的昼光，并且避免晴天从窗口看到明亮的天空和投射到工作面上的直射阳光而引起的眩光。在夏季，几乎所有的直射阳光都不允许进入室内。局部使用高效的 Low-E 玻璃，否则昼光所带来的能源节约无法平衡因太阳辐射所增加的空调能耗。

大楼北面有三层办公楼，所以中庭顶面为朝南倾斜面，并开设了玻璃天窗，冬季可为北面二、三层房间提供日照，夏季则用电动遮阳棚遮挡辐射。西区大实验间高两层，南面大窗户通过电动式大型铝百叶调节，可以避免直射阳光并使光线柔和；实验室顶部上方贴二层走廊处设置了一条采光通风槽，使整个大实验间的天然采光照度无论在平面和垂直方向都均匀而充足，且光线来自于几个方向，柔和而无眩光，为大型实验提供了一个优良的光环境。

［实例 4］　张江集电港总部办公中心扩建工程

本工程位于上海浦东张江高科技园区东部扩展区，基地总体布局依据张江园区内原有结构道路自然形成。张江集电港总部办公中心扩建工程总建筑面积23 710 m²，其中包括 4 幢办公楼、2 幢餐饮会议楼、生态中庭以及连接廊道等工程。建筑设计均遵循绿色、节能建筑标准，综合应用多项建筑节能技术，形成一套适宜夏热冬冷地区的建筑节能技术体系。这些节能技术的综合运用可实现建筑节能 65%

以上、夏季低能耗、冬季超低能耗乃至零能耗的目标。

9.2.2.6　围护结构体系的节能设计

为了实现建筑节能率≥65%的目标,在本工程设计中,外墙实体部分采用性能优良、技术成熟的内保温构造技术;屋面采用高效的保温材料结合防水技术以达到节能和改善顶部房间室内热环境的效果;玻璃幕墙(包括呼吸式幕墙)使用高保温、高气密性的产品以提高建筑整体保温隔热效果;建筑外立面采用兼具美观效果的活动式外遮阳技术以增强夏季建筑整体隔热效果,且不影响冬季建筑采暖要求。

1)外墙节能。

本工程为改扩建项目,原有建筑的外立面不能破坏,在外墙节能方案设计中采用外墙内保温节能体系。构造做法为:20 mm 水泥砂浆外饰面+200 mm 混凝土空心砌块+30 mm 厚挤塑聚苯板+空气层+8 mm 粉刷石膏。由此外墙主体的平均传热系数仅为 0.86 W/(m² · K)。

内保温节能体系对热桥的隔断作用比较差,而原外墙采用的玻璃幕墙体系是内框架结构,由钢筋混凝土形成的外墙热桥部位并不多,仅在部分外墙与屋顶、楼板、阳台连接的部位以及框架柱处出现。在本次改扩建工程中对此类部位都加强了保温处理,如图 9-49 所示。

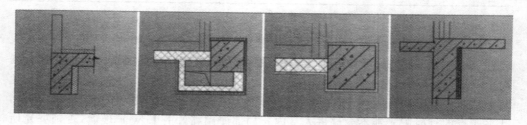

图 9-49　热桥部位保温构造节点示意

2)屋面节能。

在屋面节能设计中,本工程根据新旧建筑的特点将原有建筑结构屋面改造为生态种植屋面,将新建中庭的采光屋面设计为采用集太阳能发电、采光、夏季遮阳、流水景观为一体的智能屋面。

(1)生态种植屋面。

生态种植屋面对建筑具有调节微气候环境、保温节能、雨水利用、美化环境和保护建筑的作用。经过测试,每公顷绿地每天能从环境中吸收的热量,相当于 1890 台功率为 1000 W 空调的作用,在炎热的盛夏,屋顶植草层下表面温度一般仅为 20~25 ℃,能有效降低屋顶内表面温度。生态种植屋面的位置和实景如图 9-50 所示。

(2)中庭智能屋面。

新建中庭屋面为玻璃采光屋面,设计采用太阳能发电、采光、夏季遮阳及中水冷却系统等,组成了体系化的智能屋面。

按照中庭实现"零能耗"的建设目标,该处利用太阳能光伏发电(如图 9-51)。要

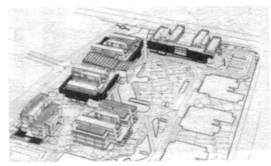

图 9-50　生态种植屋面的位置和实景

求光伏电站在天气晴好时发出的电量至少满足中庭所有使用太阳能光伏驱动负载不小于 2 h 的用电需求,因此确定太阳电池组件容量为 40 kWp,其所产生的电量足够中庭内所有供热、供冷、机械及照明能耗(安全和应急能源除外)。

图 9-51　屋顶太阳能光伏发电实景

中水冷却系统(如图 9-52)的水源采用人工湿地的中水,独立设置水箱形成自循环系统。中水冷却系统不仅可以冷却屋面,流动的水幕也给生态中庭带来了生趣,在炎炎夏日形成一道独特的风景线。经过计算及测试,水对屋顶所受太阳辐射的阻挡

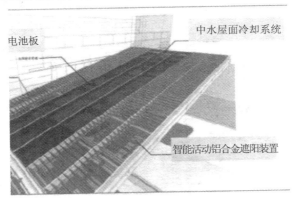

图 9-52　智能屋面示意图

作用可使屋顶内表面温度基本稳定在 36～38 ℃之间。

3)外窗及遮阳节能。

(1)原有建筑玻璃幕墙节能改造。

原有建筑的外墙采用玻璃幕墙,因此设置外遮阳是最有效的节能改造方式。在对新旧建筑相互关系比较研究后,确定利用建筑遮阳(如图 9-53)和设计活动遮阳相结合的方案(如图 9-54)。

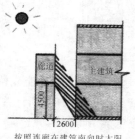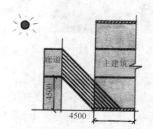

按照连廊在建筑南向时太阳
高度角60°计算,连廊内侧
和建筑的水平距离不超过2.6 m

按照连廊在建筑南向时太阳
高度角45°计算,连廊内侧
和建筑的水平距离不超过4.5 m

图 9-53　利用建筑遮阳(单位:mm)

图 9-54　遮阳实景图

(2)新建中庭采用呼吸式幕墙。

呼吸幕墙又称双层幕墙,与传统幕墙不同,它由内、外两层幕墙组成,在内外幕墙之间形成一个相对封闭的夹层(如图 9-55)。空气从下部进风口进入夹层,再由上部

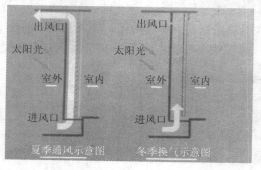

图 9-55　呼吸式幕墙工作原理图

出风口排出。该夹层空气经常处于流动状态,空气在夹层内的流动与内层幕墙的外表面不断进行热量交换,实现对流换热。

通过 CFD 风速和温度模拟发现,Low-E 玻璃的外表面平均温度为 33 ℃,外层玻璃内表面平均温度为 34 ℃。由此可见,外循环呼吸幕墙可以使 Low-E 玻璃的表面温度比室外温度低 1 ℃左右,而且幕墙内的通风实现了自然循环。

9.2.2.7 照明节能措施

结合天然采光进行系统照明规划设计照明光源全部采用节能灯具。具体配置见表 9-20。

表 9-20 照度值及相应的节能灯具

参 数 类 别	A、B 楼及中庭
节能灯采用类型	CFH-1850-226IC-D2＋26 W
水平地面最低照度	42 lx
水平地面最高照度	374 lx
水平地面平均照度	225 lx
参 数 类 别	C、D 楼多功能厅
节能灯采用类型	大厅 CFH-27501-132IC-TEL32
水平地面最低照度	143 lx
水平地面最高照度	320 lx
水平地面平均照度	285 lx

9.2.2.8 其他建筑节能设计措施

1)自然通风。

(1)太阳能拔风井。

利用"烟囱效应"加强建筑的自然通风。国外一些专家通过实验发现太阳能拔风井中自然通风量的大小与拔风井的宽高比有直接联系,宽高比约为 1:10 时的通风量可达到最大值。因此,本工程利用各楼梯间设计的拔风井的宽度大都在 1.4～1.7 m之间,高度为 15～17 m,伸出屋面高度为 4.0 m。斜屋顶坡向屋面,南低北高。各楼拔风井顶端向南面及北面开口,尺寸宽度为井宽,高度为 1.0 m。如图 9-56 所示。

(2)室内通风百叶。

由于办公建筑室内门不可能经常打开,为了形成较好"穿堂效应"的自然通风及让热压作用的热气流能够顺畅流向拔风井,在每个办公间靠近走廊的内墙上开启百叶口。设置自动调节风口,采用铝合金材质。在过渡季节需要利用自然通风时开启,空调和采暖季节时则关闭,安装位置在门上或内墙中间。

中庭外围双层玻璃幕墙即"呼吸式幕墙"在两层幕墙壁之间自然通风的作用下,一般内层幕墙表面温度可大大降低,减少进入室内的热负荷。通过 CPD 模拟分析计算,该处幕墙能够形成较好的自然通风。

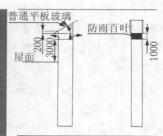

图 9-56　中庭、楼梯间及东、南立面拔风井(单位:mm)

2)太阳能热水系统。

热水供应餐饮、厨房及各楼卫生间内洗手盆用水,水温要求 40~45 ℃。为使集热系统集热性能达到最好,集热系统的采光面最好与太阳入射方向垂直,根据计算,集热器的角度为 33°,设备选用皇明牌 HDR-28TT21ϕ58-33°型联集管集热器,具有耐高温、抗高寒、高效吸收的"三高"真空集热龟支数为 28 支,管长 2.1 m,每组集热器日得热量相当于一组 57 支 1.5 mϕ47 规格的真空管集热器在相同天气条件下的得热量。

3)地源热泵系统。

在建筑土建工程建成后,决定部分空调系统采用地源热泵系统。根据建筑冷量要求和地源热泵需要占用的土地面积等因素,设计 A、B 楼及生态中庭采用地源热泵空调系统,其余建筑采用大金 VRV 空调系统。主要参数见表 9-21、表 9-22。

A、B 楼及生态中庭的计算负荷为:

A 楼:夏季冷负荷 307.2 kW,冬季热负荷 248.7 kW;

B 楼:夏季冷负荷 324.1 kW,冬季热负荷 266.5 kW;

中庭:夏季冷负荷 76.4 kW,冬季热负荷 61.2 kW。

表 9-21　地源热泵系统主机选型

项　　目	设备型号	单台制冷量/kW	总冷量/kW	备　　注
A、B 楼系统	MWH060	200	700	水水式地源热泵模块机组
	MWH090	300		水水式地源热泵模块机组
中庭系统	MWH030	100	100	水水式地源热泵模块机组

表 9-22　地源热泵系统的埋管数计算

项　　目	总冷量/kW	总排热量/kW	埋管总长/m	埋管深度/m	埋管数/个
A、B 楼系统	700	857.5	24 500	80	153
中庭系统	100	122.5	3500	65	27

根据《地源热泵系统工程技术规范》(GB 50366—2005)的建议,制冷工况下,地埋管换热器中传热介质(一般为水)的最高设计平均温度 T_{max} 通常取 37 ℃;制热工况

下,最低设计平均温度 T_{min} 通常取 $-2\sim5$ ℃。由软件模拟计算可知,本工程地埋管换热器中传热介质最高平均温度为 31.7 ℃,最低平均温度为 11.7 ℃,因此完全符合设计要求,系统能够保持动态平衡。

9.2.2.9　建筑节能技术经济分析

(1)工程项目投资概算(表 9-23)。

表 9-23　建筑节能技术资金投入情况

项目名称	张江集电港总部办公中心改造装修项目	建设单位	上海张江集成电路产业区开发有限公司	竣工日期	2007.11	项目地址	上海市浦东新区张东路 1387 号	
所在区域	上海市	建筑面积/m²	22 685	投资总额/万元	15 000	节能投资总额/万元	2608	单位工程数	4

(2)建筑节能增量成本概算(表 9-24)。

表 9-24　建筑节能增量成本概算

措施名称		节能方案	价格/(元/m²)	数量/m²	总价/万元
围护结构	外墙保温改造	30 mm XPS 内保温	700	750	52.50
	生态屋面改造	轻型种植屋面	根阻防水:201.46	3 850	77.56
			种植:276.2	3 680	101.64
	中庭幕墙	双层呼吸式玻璃幕墙	3 879	250	96.97
	活动外遮阳	东西向玻璃幕墙及南向部分幕墙	1 240	4 723	505.11
	固定遮阳	部分采用	1 192	220	26.22
可再生能源	地源热泵	A、B 楼 700 kW,中庭 100 kW 系统	867	8 875	777.80
可再生能源	太阳能光电系统	40 kWp 光伏发电系统	395	8 875	350.60
	太阳能光热		27	22 631	65.00
节水措施	透水地面		200	1 500	30.00
	人工湿地		86	10 000	86.12
智能控制能源	BA 控制系统生态展示系统	太阳能光电、地源热泵、太阳能热水、人工湿地、活动外遮阳数据采集和控制	42	22 631	100.00
管理	生态数据采集	中庭及主要房间的温度湿度、CO₂ 浓度,围护结构			22.00
其他					316.58
总计					2 608.10

(3)节能评估结果。

根据以上所给出的建筑物各参数以及《公共建筑节能设计标准》(GB 50189—2005)所提供的参数,利用"建筑节能设计分析软件"得到该建筑物全年采暖和空气调节能耗及对比设计建筑物年能源消耗量和基准建筑物年能源消耗量的节能率,见表9-25和表9-26。

表 9-25　全年采暖和空调能耗/(kW·h)

分　类	设计建筑能耗	基准建筑能耗
系统风机	268 619.00	888 804.00
制冷	569 517.00	783 461.00
制热	292 535.00	2 660 737.00
泵	0.00	27 122.00
冷却塔	0.00	68 839.00
总空调能耗	1 130 670.00	4 428 961.00
照明	550 134.00	1 349 662.00
电子设备	454 194.00	454 194.00
多种电气设备	0.00	0.00
各种燃料	0.00	0.00
非空调总能耗	1 004 325.00	1 803 854.00
全部能耗	2 134 997.00	6 232 817.00

表 9-26　建筑物年能源消耗量的模拟结果及节能率/(kW·h)

计 算 结 果	实 际 建 筑	基 准 建 筑
电力能耗	2 134 997.00	6 232 817.00
天然气能耗	0	0
全年采暖和空气调节能耗	2 134 997.00	6 232 817.00
节能率	实际建筑物的全年采暖和空气调节能耗比基准建筑物节能65.7%	

采用太阳能光伏发电、地源热泵、太阳能热水系统,每年节能量及其效益见表9-27。

表 9-27　使用可再生能源每年的节能量及效益

类　别	节电量/(万 kW·h/a)	节约标准煤/(t/a)
地源热泵空调系统	26.0	105.0
太阳能光伏发电	4.16	16.8
太阳能热水系统	14.1	57.0
总计	44.26	178.8

9.2.3 夏热冬暖地区公共建筑节能设计案例

[实例5] 深圳市建筑科学研究院办公大楼

深圳市建筑科学研究院办公大楼是国家可再生能源利用城市级示范工程项目，是华南地区首个大规模综合运用绿色、节能技术设计建造的办公建筑示范楼。作为深圳市建筑科学研究院新办公大楼，该项目肩负着深圳地区绿色节能示范技术的研究开发和推广展示的重要功能。项目通过综合对比分析和模拟运算，在绿色生态理念的指导下，将各种新技术、新材料、新工艺充分整合，建设成一个适宜南方地区、具有推广及示范意义的开放式综合示范平台。

9.2.3.1 基本信息

项目名称：深圳市建筑科学研究院办公大楼

建筑所在地：广东省深圳市

总建筑面积：1.8万 m²

建筑结构：钢筋混凝土框架结构

绿色增量成本：611 元/m²

建设承担单位：深圳市建筑科学研究院

设计单位：深圳市建筑科学研究院

设计时间：2005 年

项目竣工时间：2008 年 8 月（见图 9-57）

图 9-57 深圳市建筑科学研究院办公大楼实景

9.2.3.2 设计方案

项目采用模拟软件等手段优化建筑形体设计，以实现最大限度利用自然通风降低空调负荷,提高室内热舒适度与空气质量。大楼的平面布置体现了内部功能与周边自然的"对话"。建科大楼的平面不同于传统的集中的"口"字形矩形设计,而是采用了朝东"挖"掉一块的"凹"字形的布局。设计者的初衷是希望探寻一种在深圳气候条件下,最能够实现天然采光、自然通风的平面形式。

相比较"口"字形的传统矩形平面,"凹"字形的平面能提供更多的直接接触室外的外墙,也就能让更多的人有机会坐到临近窗口的位置,享受自然的光线和通风。"凹"字形的凹口旋转朝向东南向,迎着深圳地区的常年主导风——东南风,并且前后两个空间微微错开,进一步增强了室内形成穿堂风的效果。

地下室自然通风利用合适的风道设计,人员活动高度有明显的风速,有利于地下室污浊空气的排放。

1)体型设计。

为了使建筑室内有良好的自然通风,在建筑的体型选择上要为室内通风创造有利的条件,一般应使室外形成良好的风压。该设计对各种可能的建筑体型方案进行通风模拟,来确定既有利于室内自然通风又满足建筑平面功能要求的建筑体型。在设计时建立了四个有代表性建筑体型方案模型,如图9-58所示:(a)建筑体型基本为长方体;(b)建筑体型为"工"字形;(c)建筑体形呈圆弧形,中间为跃层开敞的天井;(d)建筑体形为"二"字形,中间用开敞式平台相连,同时6层位置设架空层,设置绿色多功能平台(休闲、展览、娱乐),一层的一半面积为架空,设置人工湿地系统,另一半为外墙可自由开合的入口大堂。

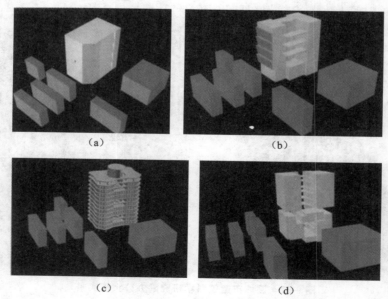

图9-58　建筑体型分析模型
(a)建筑方案一;(b)建筑方案二;(c)建筑方案三;(d)建筑方案四

2）节能外窗设计。

建筑外窗的可开启方式对室内自然通风质量有很大的影响。各种外窗有其自身的通风导风特性，应该根据在夏季和冬季的主导风下建筑周围的气流场情况来选择各个立面适合哪类外窗形式。应由该建筑所在地冬夏季主导风向条件下建筑室外风速场和压力场的分布规律，得出建筑各立面适用的外窗形式。

（1）窗洞设计。

对于展示和实验区等一般需要人工控制室内环境的功能区，采用较小窗墙比的深凹窗洞设计，有利于屏蔽外界日照和温差变化对室内的影响，降低空调能耗。对于可充分利用自然条件的办公空间，采用较大窗墙比的带形连续窗户设计，以充分利用天然采光（如图 9-59）。

（a）　　　　　　　　　　（b）

图 9-59　窗洞设计

（a）展示及实验空间深凹窗设计；（b）办公空间连续条形窗设计

（2）开窗方式设计。

根据室内外通风模拟分析，结合不同空间环境需求，选取合理的窗户形式、开窗面积和开启位置（图 9-60）。

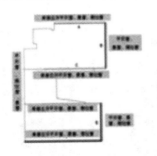  

图 9-60　开窗方式设计

（3）多开敞面设计（图 9-61）。

突破传统开窗通风方式，采用合理开墙、格栅围护等开启方式，实现良好的自然通风效果。如报告厅可开启外墙、消防楼梯间格栅围护和开放平台等。报告厅可开启外墙可全部打开，与西面开敞楼梯间形成良好的穿堂通风，也可根据需要任意调整开启角度,获得所需的通风效果。当天气凉爽时可充分利用室外新风作自然冷源,当天气酷热或寒冷时可关小或关闭。

图 9-61 开敞面设计

(4)遮阳反光板＋内遮阳设计(图 9-62)。

办公空间采用遮阳反光板＋内遮阳设计,灵活设置可调节遮阳,降低对玻璃本身的遮阳性能要求,尤其是遮阳反光板的运用,起到了使自然光线柔和的效果,从而使室内达到舒适光线效果。在适度降低临窗过高照度的同时,将多余的日光通过反光板和浅色顶棚反射向纵深区域。

图 9-62 遮阳反光板＋内遮阳设计

3)屋顶绿化/垂直绿化(图 9-63)。

建筑外立面立体绿化,结合西向遮阳设计爬藤类植物,各层设置花坛绿化。

图 9-63 屋顶绿化/垂直绿化

4）保温材料加厚（图 9-64）。

大楼屋顶采用 30 mm 厚 XPS 倒置式隔热构造，同时南北主要区域采用种植屋面。1～5 层围护结构采用 ASLOC 水泥纤维板＋内保温系统，整个围护结构系统厚 140 mm，比传统的外墙装饰材料（30 mm）＋砌块墙体（200 mm）＋内保温材料（30 mm）要薄约 120 mm，节约了使用空间；7～12 层围护结构采用带型玻璃幕墙＋砌体墙＋LBG 板（外墙外保温与装饰铝板的结合体），窗墙比达到了 70％，有效地增大了室内采光面。

图 9-64　保温材料

5）新能源的利用（图 9-65）。

（1）太阳能热水。

针对不用太阳能集热产品的特性，分别采用半集中式热水系统、可承压的 U 形管集热器、集中式热水系统、分户式热水系统、热管式集热器等，供应厨房、淋浴间、公寓和空调系统的需要。工作区采用太阳能高温热水溶液除湿空调系统，以浓溶液干燥空调新风，降低空调除湿负荷并减少空调能耗。

创新的高层太阳能热水解决方案。大楼太阳能热水系统采用了集中—分散式系统，用于满足员工洗浴时热水的需求，降低加热热水的能耗。

图 9-65　新能源的利用

（2）太阳能发电。

结合屋面活动平台遮阳构架设置单晶、多晶硅光伏电池板及 HIT 光伏组件；西立面结合遮阳防晒，采用透光型薄膜光伏组件，在发电的同时还具有隔声、隔热功能，充当了双通道玻璃幕墙。太阳能光伏系统总安装功率为 80.14 kWp,年发电量约 73766 kW·h。

①规模化太阳能光电集成利用。

ⅰ 多点应用。大楼在屋面、西立面、南立面均结合功能需求设置了太阳能光伏系统。

ⅱ 多类型应用。单晶硅、多晶硅、HIT 光伏、透光型非晶硅光伏组件组成的多种光伏系统分回路并用,以便于对比研究。

②光伏发电与隔热遮阳集成应用。

南面光伏板与遮阳反光板集成,屋顶光伏组件与花架集成、西面光伏幕墙与通风通道集成,在发电的同时还起到了遮阳隔热的作用。

③风力发电。

屋架顶部安装 5 台 1 kW 微风启动风力发电风机,并对其进行监测,为未来城市地区微风环境风能利用前景进行研究和数据积累。

6)节地与室外环境设计。

为避免对场地周围环境造成光污染,项目尽可能减少夜间室外照明与室内照明的漏光。将夜景灯光照明控制在有限的范围内,避免采用直接射向夜空的景观照明灯。

通过综合环境设计降低热岛效应,采用透水性、高日照反射率的路面铺装材料,设置水池与人工湿地,并连同架空层降低区域温度。

本项目所有地面均设计成透水地面,停车坪采用植草砖铺设。项目设两层综合功能地下室,充分利用自然采光与自然通风。注重复合功能设计,在层高、水电设备、结构荷载等方面充分考虑未来可能的需求,增强空间的适应性,提高利用效率。

9.2.3.3 运营效益分析

本项目积极应用节能、节水、节材、节地和环境保护等技术措施,在建设绿色建筑和推广应用循环经济技术方面将起到示范作用。通过分析运行数据,并与深圳地区同类型的办公大楼相比,建科大楼的空调能耗降低约 63%,照明能耗降低约 71%,常规电能消耗降低约 66%,总能耗降低约 63%。照此计算,建科大楼一年可节电约 109.44万 kW·h。由于在楼顶装有太阳能光伏发电系统,其运行首年的发电量为 7.56万 kW·h,占大楼全年用电量的 7%。仅电费一项,建科大楼一年可节约 117 万元左右。在节水方面,由于采用了中水和雨水回收再利用系统,大楼一年可节水 5180 t,扣除中水系统的运行费用,每年仍可节省费用 1.5 万元。

本项目除了满足深圳建科院自身办公应用外,还将向社会开放,届时将免费让市民参观,向市民展示并宣传绿色节能建筑知识。通过该项目经验成果的扩散,为绿色节能建筑的应用推广提供实际经验,并带动相关产业的发展。

9.3　居住建筑节能设计案例

住宅作为目前最昂贵的商品之一,消费者在尽其半生积蓄购买时不可能不考虑它的能耗特性。因为不节能的住宅不仅在使用过程中过量地消耗能源且对环境产生负面效应,同时还浪费业主的金钱,影响其居住质量。值得指出的是,事实上住宅节能导致的建设成本增加并不很明显。根据住房和城乡建设部的统计,自 1996 年开始进入建筑节能 50% 第二阶段以来,北方采暖地区的新建建筑和既有建筑节能改造成本为 $100\sim120$ 元/m²,增加的节能成本一般可通过节省能源在 $4\sim5$ 年内即可回收。夏热冬冷和夏热冬暖地区的节能工作据初步实践也与此大致相当。

9.3.1　采暖地区居住建筑节能设计案例

在采暖地区,冬天最低气温可降到 $-30\sim10$ ℃,采暖是人类生存的基本需求之一,也是住宅建筑设计中所面临的主要问题。根据采暖地区的气候特征,严寒和部分寒冷地区住宅围护结构热工设计主要是考虑建筑保温,一般可不考虑夏季隔热;对部分寒冷地区以建筑保温为主,适当兼顾夏季隔热。

如何有效降低冬季采暖能耗是采暖地区居住建筑节能设计的核心问题。降低建筑物体形系数、采取合理的窗墙面积比、提高外墙和屋顶、外窗的保温性能以及尽可能利用太阳辐射得热等则是节能设计的有效手段。

［实例 6］　北京锋尚国际公寓

北京锋尚国际公寓(以下简称"锋尚")(如图 9-66)是由北京锋尚房地产开发有限公司自主设计、开发的高舒适度低能耗公寓,2003 年 3 月全部入住,因全面采用高舒适度低能耗技术,而使得该公寓达到并超过节能 65% 的目标,同时创造了更加理想的室内热舒适环境,室内温度全年保持在 $20\sim26$ ℃,相对湿度控制在 40%～

图 9-66　北京锋尚国际公寓局部

60%,且具有良好的室内空气质量和声环境。该建筑的耗热量仅为 12.5 W/m²,远低于北京市节能 50%的耗热量指标 20.6 W/m²,甚至低于 2004 年开始实施的节能65%的耗热量指标 14.65 W/m²,从而引起了社会各界的广泛关注。

其高舒适度及低能耗是依靠外墙外保温系统、混凝土楼板低温辐射供冷供暖系统(又称为顶棚低温辐射供冷供暖系统)、健康新风系统、外窗及外遮阳系统、屋面保温系统等多项核心技术来共同实现的。锋尚不仅达到室内环境的高舒适度,而且使得采暖制冷费用得到大幅度降低,每年的采暖、制冷、新风、湿度调节综合费用为35 元/m²,其中冬季采暖(室内设定 20 ℃)的费用仅 10 元/m²,为北京市规定的燃气集中供暖(室内 16~18 ℃)收费的 1/3,节能效果非常突出。下面简单介绍锋尚的节能技术集成。

9.3.1.1　外墙复合保温隔热技术

墙体的能耗约占建筑总能耗的 30%以上,要降低建筑的能耗,墙体的节能设计非常重要。北京锋尚房地产开发有限公司、北京威斯顿设计公司及其他国内外科研、设计与施工企业联合研制了适合于我国大多数气候条件下的新型组合外墙保温隔热系统。该系统又叫干挂饰面砖幕墙复合外墙外保温隔热系统。

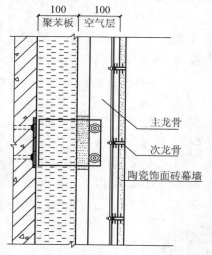

图 9-67　外保温构造示意(单位:mm)

锋尚国际公寓结构主体为 18 层钢筋混凝土框架剪力墙体系,抗震设防烈度为 8 度。外墙主体为 200 mm 厚钢筋混凝土剪力墙。外保温系统就设在剪力墙的外侧,该组合保温隔热系统从结构墙体向外共分三部分(如图 9-67)。

第一部分是保温层,为 100 mm 厚高密度自熄型聚苯板(EPS 板),密度为 25 kg/m³,导热系数 $\lambda \leqslant 0.040$ W/(m·K),采用聚合物水泥砂浆水泥粘结剂将苯板与结构墙体黏结。

聚苯板和聚苯板之间的缝隙用聚氨酯发泡填充剂进行填充。

第二部分为 100 mm 厚流动空气层,它的作用主要是通风隔热,并将墙体和保温材料内渗透出的水蒸气带走,以保证墙体和保温材料的干燥并延长其使用寿命。因为系开放式幕墙,该空气层与外界的风压相同,雨水不会在压差的作用下进入保温层内,而这正是目前大多数外保温做法所欠缺的。

第三部分为开放式石材干挂幕墙,它直接通过龙骨和预埋件与主体结构连接,与保温材料之间没有受力的关系,且抗风压、抗冻融、抗震能力强。它主要起保护作用,保护保温层不受太阳辐射和雨水的侵袭,容易清洁,美观大方,并可实现多种色彩和质感的表现。因幕墙内外为等风压,所以能够有效保护保温层不受负风压的影响。

9.3.1.2　屋面与地下保温技术

（1）屋面保温做法及构成。

屋面受到的太阳辐射通常比外墙大数倍,屋面保温系统采用 200 mm 厚聚苯板作保温层,综合传热系数 $K \leqslant 0.2$ W/(m²·K),且在屋顶女儿墙的内外侧和顶部都满粘 100 mm 厚聚苯板,有效地阻断热桥。其屋面的热工性能参数远低于国家有关标准对北京地区建筑屋面综合传热系数 $K \leqslant 0.6$ W/(m²·K)的要求。锋尚同时还在屋面做了屋顶绿化,不仅为业主提供了一个休闲的场所,而且有助于屋顶的保温隔热及减少城市热岛现象。

（2）地下保温做法及构成。

锋尚外墙外保温将 100 mm 厚保温板一直延伸至室外地坪以下 1 500 mm 处,减少了由此部位热桥所产生的热量散失,使得首层住户的能耗得以降低,室内热舒适度得到保障,该部分的造价为 80 元/m² 左右。

9.3.1.3　外窗保温隔热技术

窗户在住宅各部位中是功能要求最多的部分,要综合考虑采光、通风、保温、隔热、观景及安全等诸多方面的需要。锋尚窗系统的构成如下。

（1）断热铝合金窗框。

在铝合金窗框型材之间装有阻热的尼龙 66 隔热条,来阻断热桥。传热系数低至 2.2 W/(m²·K)。

（2）低辐射(Low-E)中空玻璃。

窗玻璃的保温一直是困扰住宅耗能的大问题,传统普通单层玻璃的总传热系数为 5.4 W/(m²·K),而普通双层玻璃也只为 2.9 W/(m²·K)。目前国际上建筑节能技术发达的国家都采用镀膜低反射节能玻璃,其玻璃的传热系数可低达 0.6～1.1 W/(m²·K),再加上配有可调的外遮阳设施,因此对严寒及部分寒冷地区窗玻璃可以尽量选择太阳能透射率大、反射率低的透明玻璃,配以可随季节拆装或调节的遮阳系统。

锋尚采用中空(12 mm 厚)充氩气的低辐射玻璃,玻璃上面镀有一层银膜,可以双向阻止长波红外线的传导,传热系数低至 1.6 W/(m²·K)。

（3）铝合金遮阳卷帘。

在本工程设计中采用可调式外遮阳设施,其铝合金遮阳帘填充有保温材料,遮阳窗帘可阻挡 80% 以上的太阳辐射,不仅解决了太阳辐射带来夏季制冷能耗加大问题,同时可以调节过强的太阳光线,使得室内采光更舒适,而且还会对住宅的安全起到积极的作用。

9.3.1.4　混凝土楼板低温辐射供暖供冷技术

由于辐射传热比对流传热高效,且人体对热辐射更敏感,因此锋尚选择混凝土楼板低温辐射供暖供冷系统,锋尚通过控制室内混凝土楼板(主要是控制顶棚楼板)层的表面温度(辐射温度)以达到基本的热舒适要求。

这种供暖和供冷系统的构造是:房间的混凝土楼板(顶棚)层内都埋有 $\phi25$ 聚丁烯盘管(PB 管),盘管经过各户的分集水器通过 $\phi32$ 的主管连接到中央机组,盘管间距在 $200\sim300$ mm 之间。盘管中的水在冬季保持 $22\sim26$ ℃(最高 28 ℃),在夏季保持 20 ℃以上。用这种方法,通过辐射和对流换热,该系统可以持续 24 h 以 40 W/m² 的功率工作,在数小时内可以 $70\sim80$ W/m² 的功率工作。

这个系统还具有一定的恒温及温度调节特征:在冬季,当室内温度保持在 20 ℃时,朝阳房间受太阳的直接辐射会使室内温度上升,室内温度与水管中水的温度差会越来越小,当室内温度达到 26 ℃时,温度差为零,这套系统的采暖功率则为零,不需要因为过热而关闭系统,系统自动停止放热,供冷也是如此。某些时段由于室内负荷和日照造成瞬间超负荷时,热量可以被有很高的蓄热能力的混凝土楼板所吸收储存,储存的热量可由循环水带走。如果用户允许室内温度在舒适的范围内有一定的波动,这个系统将会运行良好并能实现自动调节,见表 9-28。

表 9-28 混凝土楼板供暖和供冷系统与其他供暖和供冷系统主要性能对比

	全空气系统	空调供冷＋暖气采暖		混凝土楼板辐射供暖供冷＋置换式新风系统	
		空调	暖气	置换式新风	混凝土楼板
功能	循环空气降温,送新风	夏季供冷	冬季采暖	提供适宜湿度和新鲜空气	供暖和供冷
工作方式	上送,上回	空气内循环	空气对流	小风速下送上回	辐射
控制方式	阀门控制	手控	集中控制	手控	自动调节
空气质量	空气质量差而且干燥	质量差	质量差	空气新鲜	
声环境	噪声大	有噪声	无噪声	无噪声	无噪声
室内感觉	温度不均匀,有气流感	温度不均匀,有气流感	温度不均匀,有气流感	无气流感	温度均匀
占用室内空间	占用空间大	占用空间小	占用窗下空间	不占空间	不占空间
对外立面影响	外挂机影响立面效果	外挂机影响立面效果	无	无	无
空气湿度	冬季室内太干燥	夏季湿度大	冬季室内干燥	湿度适宜	

因为需要将热媒管布置在混凝土楼板中间,并要求与建筑同寿命,必须选择具有高聚合度并能够抵御氧化的管材,锋尚采用的是高密度聚丁烯(PB)管,管壁厚

2 mm。热媒采用经过脱氧的软化水,在一个封闭的循环系统中运行,冷却和加热使用热交换器,该系统设计寿命为 100 年。

该系统是在结构施工时将 PB 管均匀预埋设于整个楼板现浇层的下层钢筋之上,水、电气管线及上层钢筋之下的混凝土中。PB 管在楼板内不允许有任何接头,但由于 PB 管易损坏,因此在结构施工中,PB 管的成品保护问题是混凝土供暖供冷系统成败的关键。

在同样采暖负荷的条件下,地板供暖与顶棚供暖系统的区别是:地板供暖是近几年在我国“三北”地区较为流行的采暖系统,其特点是地面直接铺设了热水管,因此,其散热面较大,室内温度比较均匀,但地板采暖中由于家具设备的遮挡,再加上地面地板或地毯,导致其导热系数小、传热慢,传热方式还是以对流为主。在热负荷条件相等的情况下顶棚的采暖和供冷效率更高,其传热方式可以以辐射为主,其辐射位置不受任何家具遮挡。从人和环境的热交换舒适度讲,其热交换方式以辐射所占比例最大。所以顶棚辐射采暖和供冷更健康、舒适和有效。

由表 9-28 可以看出,混凝土供暖供冷系统具有更多的优点。

9.3.1.5 置换新风技术

置换新风系统是将室内的空气系统作为一个单独体系,与传统的依赖空气流动来采暖制冷的系统脱离,送风的目的只是为保证室内的空气质量。传统的机械通风系统存在空气交叉污染的可能以及能耗、噪声过大等缺点。置换新风系统是能够克服传统新风的不利因素且又能满足人们健康所需空气的系统。

置换新风技术就是将所有房间的新风都从房间下部送出,新风以非常低的速度和略低于室内温度的温度(低 2 ℃左右)流入房间。低温和低速既依靠空气的密度差来实现新风的自动流动,又避免气流产生的对人体体表微循环的不利影响。这样,新风从房间的底部慢慢地充满整个房间。当和室内热空气及地面换热温度升高后,就会产生上升的气流,尤其是人体呼吸排出的污浊气体因为温度高而上升快,最后到达房间的顶部,在那里最终进入天棚内的排风管再经由设于卫生间的排风道排出。由于混凝土楼板承担了室内的供暖和供冷,因此室内只需要提供人体健康所需的新鲜空气,无需空气再循环。新风能充分替代传统的回风运作,摆脱了传统内循环微量新风的空调,使居住者不必担心因通风不良而感染疾病,确保居住者在不适宜开窗通风的时刻,依然能够呼吸到新鲜而安全的空气,也彻底解决了传统空调系统中新鲜空气和污浊空气混合使用的弊病,大大消除了疾病交叉传染的可能性。

置换新风系统的新风机房(设在屋顶),内设新风机组、转轮式热回收机、轴流式排风机等。室外新鲜空气首先经屋顶新风机房通过转轮式热回收机与卫生间排风进行热交换,经加热(冷却)后送入室内。

9.3.1.6 节能投资与收益

锋尚采用的新型系统化的节能措施和技术成套的做法成本约为每平方米建筑面积 650 元左右,看起来还比较高,但如果减去普通节能要求的投入和设备减少部分,综合造价在每平方米 300 元左右,由于它具有更优良的节能效果和较高的居住舒适度,其节能投资在不长的时间内通过运行能源的节省是可以收回的。作为数十年以上寿命周期的建筑,这套技术所带来的节能效果及其对环保的贡献是不可低估的。

［实例 7］　国家康居示范工程——北京金隅上河名居

9.3.1.7　基本信息

国家康居示范工程——北京金隅上河名居如图 9-68 所示。

建筑所在地:北京市通州区

总建筑面积:179 913 m²

建筑结构:剪力墙结构

建设承担单位:北京金隅嘉业房地产开发有限公司

设计单位:北京建都设计研究院

设计时间:2002 年

项目竣工时间:2009 年 5 月

金隅上河名居位于通州区土桥板块的重点板块,是通州新城南拓东进的主要带动点。总体格局为南、北两大居住组团,中部是公共服务区,布置上考虑住宅的均衡性,整个小区呈鱼骨式布局。总用地面积约为 86 054 m²,总建筑面积 179 913 m²。

图 9-68　金隅上河名居全景

9.3.1.8　外围护结构节能设计

(1)外墙。

小区计划建设 11 栋均为 15 层的高层板式住宅楼。外墙:200 mm 厚混凝土剪力墙＋70 mm 厚模塑聚苯板(阻燃型 EPS)外保温＋玻纤网格布＋抹聚合物抗裂砂浆＋外墙涂料(或柔性面砖)。经计算剪力墙外保温部分的传热系数约为 0. 44 W/(m² · K)。

剪力墙外保温系统的做法经过大量工程的实际运用,证明其具有成熟可靠、造价便宜、施工方便等优点。该做法与大模内置的做法相比,墙面平整,容易保证质量;与外贴挤塑聚苯板的做法相比,墙面不易起鼓,利于粘贴外墙砖。

为了满足北京市地方标准《居住建筑节能设计标准》(DBJ 11—602—2006)的要求,采用外贴膨胀聚苯板做法为保温体系提供技术上的支撑,同时精选保温产品,优化配套材料,合理安排施工程序,全面整合外墙的保温体系使保温得到有效的保证。

(2)门窗。

门窗是建筑保温隔热的薄弱环节,是建筑外围护结构冷热桥形成的关键部位,在此住宅窗户设计中,选用导热系数较小的速生木材做保温窗框,配中空玻璃(5 mm＋12 mm＋5 mm),根据检测报告的数据表明,传热系数不大于 2.5 W/(m² · K),其保温性能达到 7 级,保温性能良好。其余隔声、密闭等各项性能均达到北京市要求,可以满足住宅节能 65％的要求。

此外,木质保温窗的框材取自人工种植的速生林,不会破坏天然原生的森林资源。使用速生林的木材,既能促进林产业的发展,又可以避免对原始森林的破坏。

(3)屋面。

屋顶:混凝土屋面板＋100 mm 厚 400 级加气混凝土块＋70 mm 厚模塑聚苯板形成复合保温层,其传热系数 $K \leqslant 0.49$ W/(m² · K),小于北京市《居住建筑节能设计标准》(DBJ 11—602—2006)中规定的 $K \leqslant 0.6$ W/(m² · K)的要求。

(4)楼地面。

地面采用地板采暖系统,下设保温隔热的苯板＋铝膜。楼板采用了 5 mm 厚的发泡聚乙烯为减振垫,对于楼板撞击声的隔声具有明显效果。

小区住宅采暖采用每户可独立控制的系统,可以更加有效地节约能源。楼地板采用辐射采暖的形式(卫生间为暖气片),楼地板辐射采暖供回水管埋设在户内楼板的垫层内,水管下铺设有真空镀铝聚酯薄膜绝缘层(铝箔),铝箔下又铺设 30 mm 厚的聚苯板保温层和 5 mm 厚减振垫。这种做法具有良好的保温性能,可为住户提供良好的室内热环境,又能够有效隔绝用户之间的热量传递,为分户采暖、分户计量的实施奠定了基础。同时,在底层还能有效防止热量向地下结构和土壤传递。这种做法可提高各户的采暖效率,减少住户采暖能耗,降低使用成本,为创建低能耗住宅提供必要的技术条件。

9.3.1.9　空调采暖系统节能设计

热泵作为一种新兴的空调技术,是目前替代燃煤、燃油锅炉的一条有效途径,系统技术成熟可靠。根据《北京城市总体规划(2004—2020 年)》的"能源建设和结构调整专项规划"中提出北京市政府将大面积推广新能源和节能新技术、水源热泵技术,该项目采用住房和城乡建设部 2002 年国家重点推广新技术成果——地热采暖及水源热泵空调。

(1)系统概况。

根据本工程现场情况,考虑充分利用建筑场地周围的资源。由于小区邻近通州区污水处理厂,其处理后的二级退水夏季水温在 25 ℃左右,冬季水温 8～13 ℃,是比较理想的冷热源。故可利用污水处理厂处理后的二级退水作为水源(也可利用污水处理厂的再生水),在小区建立水源热泵系统,利用二级退水中含有的低温热能作为采暖和空调系统的主要能源,具有价格低廉、环保的优点。

小区住宅采用分户采暖、分户保温、分户计量的地板辐射采暖形式,每组散热器安装恒温阀,散热器选用高效节能型。地板辐射采暖管采用环保型 PE 管。

另外,在每个住宅楼供暖系统的干管上,设置单元热表,控制调节各楼供暖水流量;在每户供暖系统入户支管上,设置恒温控制阀,便于分户控制,也利于住户自主调节。通过分楼、分户供暖系统的控制调节装置,既能方便管理检修,又能降低能耗,节约能源。热负荷指标:14.65 W/m²,冷负荷指标:34.8 W/m²。

(2)污水源热泵技术方案的论述。

能量采集系统是地源热泵系统的重要组成部分,它是系统能否安全、稳定、可靠、经济运行的根本保证。

①污水源热泵的水量和水质要求。

根据本项目的冷热负荷,计算得出约需要 2.2 万 m³/d 的二级出水或再生水量。

为确保污水源热泵的换热器正常工作并具有较高的供热效率,所供水源的水质应满足表 9-29 的水质指标。

表 9-29　水质指标

水质指标	BOD_5/(mg/L)	COD/(mg/L)	SS/(mg/L)	pH	TDS/(mg/L)
数值	<20	<60	<20	6~8	<1000

②污水处理厂状况。

污水处理厂处理能力为 10×104 m³/d,最大处理能力为 15×104 m³/d。设计进水 $BOD_5 = 200$ mg/L,SS=200 mg/L,目前出水水质达到《城镇污水处理厂污染物排放标准》(GB 18918—2002)中一级标准的 B 标准,即 $BOD_5 = 20$ mg/L,SS=20 mg/L。中水处理设备安装后,出水将达到北京市中水水质标准。

出水大部分将作为中水用,如工业用水、城市绿化、道路浇洒等,剩余部分排入北运河可改善北运河的水质,从而削减排放到渤海湾的污染物总量。

(3)污水源热泵取水方案。

污水处理厂出来的水源,可在预定的位置取水,经自动格栅过滤自流到蓄水池,然后使用水泵从蓄水池口吸水。若水源为二级退水,则供给螺旋板式换热器,换热后排至蓄水池出水口;若水源为再生水,则直接供给地源热泵机组,换热后排至蓄水池出水口。当池内水位降低到设定液位高位之下时,向池内供水,直到达到设定液位高度。

系统原理图见图 9-69。

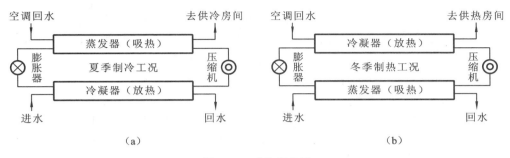

图 9-69　系统原理图

(a)夏季工况；(b)冬季工况

9.3.2　夏热冬冷地区居住建筑节能设计案例

[实例8]　上海生态住宅示范楼

上海生态住宅示范楼(图 9-70)由一幢代表联排小住宅的一个单元(一户)的"零能耗"独立住宅(如图 9-71)和一幢代表多层公寓的低能耗生态公寓(如图 9-72)组成。独立住宅建筑面积 238 m²,为二层框架结构,生态公寓将多层建筑一梯两户型单体两套和木结构轻质屋顶加层合为一体,总建筑面积 402 m²。整体示范楼实现了零(低)建筑能耗、资源高效循环利用、智能高品质居住环境等先进技术集成目标。

图 9-70　上海生态住宅示范楼全景

图 9-71　"零能耗"独立住宅

图 9-72　低能耗生态多层公寓

　　该示范楼的建筑节能技术措施不仅包括提高围护结构的保温隔热性能,还包括降低系统设备的运行能耗、提高设备运行效率和充分利用太阳能、地热能和风能等可再生能源。建筑能耗的降低则是以上三方面的综合效果。

9.3.2.1　超低能耗围护结构

　　(1)"零能耗"独立住宅外围护结构。

　　"零能耗"独立住宅外围护结构系统采用高效外墙外保温系统(如图 9-73)、高效节能门窗系统及倒置式保温与种植屋面相结合的屋面保温体系,诸系统构成及其热工性能指标见表 9-30。

表 9-30　"零能耗"独立住宅外围护结构系统构成及其热工性能指标

外围护结构名称	主要构造层次	平均传热系数	附　注
外墙外保温系统	非水泥基 EPS 100 mm 外墙外保温体系与砂加气 200 mm 填充墙(如图 9-73)	0.32 W/(m² · K)	
外窗	采用真空低辐射中空塑钢窗	1.5 W/(m² · K),其中玻璃传热系数为 1.2 W/(m² · K)	遮阳系数 0.72
天窗	采用夹胶钢化低辐射中空塑钢窗	2.5 W/(m² · K),其中玻璃传热系数为 1.8 W/(m² · K)	遮阳系数 0.69
倒置式保温屋面+种植屋面	采用 XPS 100 mm 保温	0.24 W/(m² · K)	
坡屋面	采用 XPS 100 mm 保温	0.31 W/(m² · K)	

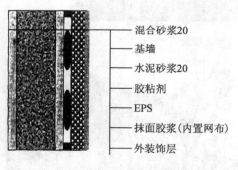

混合砂浆20
基墙
水泥砂浆20
胶粘剂
EPS
抹面胶浆(内置网布)
外装饰层

图 9-73　外墙外保温系统

　　根据建筑设计风格和日照规律,采用多种高效智能遮阳系统,包括户外可调铝合金百叶帘(如图 9-74)、可伸缩外遮阳篷(如图 9-75)、户外天窗遮阳帘(如图 9-76)、户外卷闸百叶帘(如图 9-77)、户内百叶帘等内外遮阳产品,其中南窗、东窗和天窗采用外遮阳方式,北窗采用内遮阳方式;应用并展示了日光增强型百叶帘、太阳能驱动卷闸帘、太阳能驱动风光感应及无线控制器、无线遥控及编程控制器、户外 24 V 安全性遮阳帘等一些世界领先水平的遮阳技术产品,通过固定开关、无线遥控发射器、风光感应控制器共同实现对全部遮阳帘的控制,提高其工作效率和安全性。使外窗的综合遮阳系数达到 0.4,天窗遮阳系数达到 0.2。

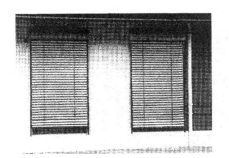

图 9-74　户外可调铝合金百叶帘

图 9-75　可伸缩外遮阳篷

图 9-76　户外天窗遮阳帘

图 9-77　户外卷闸百叶帘

（2）低能耗生态公寓外围护结构。

低能耗生态公寓的外墙采用混凝土空心砌块与 XPS 外保温体系，窗采用中空 Low-E 塑钢窗，坡屋面采用木龙骨与 OSD 板保温体系。其系统构成及其热工性能指标见表 9-31。

表 9-31　低能耗生态公寓外围护结构系统构成及其热工性能指标

外围护结构名称	材　料	平均传热系数	附　注
外墙外保温系统	混凝土空心砌块与 XPS 外保温体系	0.81 W/(m² • K)	
外窗	中空 Low-E 塑钢窗	1.8 W/(m² • K)	南向铝合金遮阳百叶
坡屋面	木龙骨与 OSD 板保温体系	0.16 W/(m² • K)	

9.3.2.2　地源热泵空调系统

在"零能耗"独立住宅中应用了地源热泵空调系统，比常规空调系统节能 20%～40%，具有较高的室内热舒适性，且无吹风感和噪声。其组成共分为三部分：冷热源部分为土壤热泵机组加地下埋管换热器系统，末端系统为毛细管辐射，加独立除湿新风系统。土壤热泵系统的地下换热器采用垂直埋管形式（图 9-78），通过地下埋管管内的介质循环与土壤进行闭式热交换，达到供冷、供热的目的。辐射末端均选用由特制砂浆直接粘贴在顶棚上的毛细管系 KS15 系列来供冷及供热（图 9-79）。

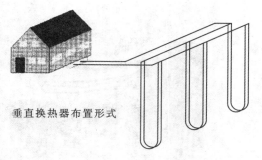

垂直换热器布置形式

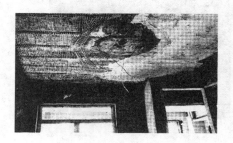

图 9-78　土壤热泵地下换热器　　　　　**图 9-79　毛细管辐射末端**

9.3.2.3　太阳能光伏发电

"零能耗"独立住宅采用 3 kW 太阳能光伏发电和并网技术,光伏电池每块 200 W,是目前世界上最大的单块光伏电池,并与屋面结构浑然一体(如图 9-80)。园区采用太阳能庭院灯、草坪灯和风光互补路灯。在理想光照强度下,充电 4 h 即可保证景观灯正常工作 3～5 d。据计算,一台太阳能路灯一般每年可节约电费 1000 元。

图 9-80　3 kW 太阳能光伏发电系统与太阳能庭院灯

9.3.2.4　太阳能热水系统与建筑一体化

生态住宅示范楼注重太阳能集热器与建筑的一体化设计:低能耗生态公寓的二、三层阳台分别安装 2.7 m² 和 4.2 m² 的阳台护栏悬挂式太阳能热水系统(如图 9-81);"零能耗"独立住宅上方安装了 4.6 m² 的遮阳屋檐悬挂型太阳能建筑一体化热水系统(图 9-82)。该设计不仅为建筑增添了特有的美学风格,而且为多层住宅建筑中规模化利用太阳能提供了工程示范和应用的可行性。

图 9-81　阳台护栏悬挂式太阳能集热器

图 9-82　遮阳屋檐悬挂型太阳能集热器

9.3.2.5　风力发电系统

"零能耗"独立住宅采用了一套性能优异的涡轮式小型风力发电机(如图 9-83)。该系统寿命长达几十年,额定功率 140 W,启动风速仅 2 m/s,额定风速 15 m/s,扫掠面积仅 0.3 m²,比常规风力发电机可多发 50% 的电力,与建筑实现一体化设计,具有高效、美观、长寿和无噪声等优点。

9.3.2.6　空气源热泵热水系统

"零能耗"独立住宅还应用了空气源热泵热水器,将空气中的低温热能与热泵节能技术有机地结合起来,采用逆卡诺循环原理,以极少的电能通过热泵工质把空气中的低温热能吸收起来,其用电量仅仅是电热水器的 1/4,燃气热水器的 1/3,是继燃气热水器、电热水器、太阳能热水器之后的第四种热水器。环境温度为 5 ℃时,系统能效比 COP 达到 2.93;在环境温度为 25 ℃时,系统能效比 COP 达到 4.52。空气源热泵热水器还可充分利用低谷时段的低价电,节约开支。

9.3.2.7　相变储能材料

低能耗生态公寓中采用纳米石墨相变储能材料制成的蓄能罐安放在吊顶层,用作空调相变储能装置(如图 9-84)。夏季在电力低谷时段开启空调器制冷功能,冷量便直接传入相变蓄能罐中蓄冷,待相变材料相变完全后,空调器停止运转,在电力需求高峰时段,再需要制冷时,仅需启动风机,利用空气循环换热,将蓄能罐中的冷量逐步释放到室内空间;冬季相变材料还可以发挥蓄热功能,从而实现电力调峰和节省电费支出的目的。

9.3.2.8　家用燃气空调

低能耗生态公寓采用最新开发的家用燃气中央空调,以天然气作为动力直接使用初级能源,可以减少城市用电负荷,优化能源结构,减少城市污染。该系统可制冷、制热并供热水,与同类空调相比,节能效果明显。经节能效果分析,"零能耗"独立住宅全年采暖空调耗电量约 3100 kW·h(中庭不采用空调时),3 kW 的光伏发电系统在上海一年可发电 3300 kW·h,再加上风力发电机的发电量,可满足建筑全年采暖空调系统的耗电量,实现了"零能耗"住宅示范楼节能设计目标。而低能耗生态公寓则通过采取不同的节能措施,分别实现了 50% 和 65% 的节能目标。

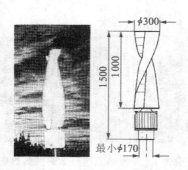

图 9-83　涡轮式小型风力发电机(单位:mm)

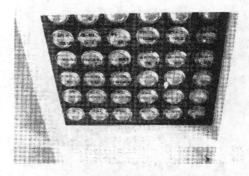

图 9-84　吊顶层内的相变材料蓄能罐

9.3.2.9　自然通风和天然采光

利用 CFD 模拟技术辅助设计,模拟建筑周边的风环境。"零能耗"独立住宅设计了可遥控开启关闭的 3 m² 天窗和通透明亮的中庭,辅以南高北低的建筑结构,合理的南向窗墙比为 0.45～0.5。经模拟计算,在东南主导风向、室外平均标准高度风速为 3 m/s 时,室内主要人体活动的区域范围内各层居住高度(1 m)的风速,基本处于0.5～1 m/s 的范围之内,达到自然通风的设计要求,从而达到利用自然通风减少全年空调使用时间、提高换气次数和空气质量的目的。

采用光学模拟软件优化设计方案,并对建筑实际采光效果进行测试评价。模拟结果显示底楼中庭区域的照度相对较弱,而立面开窗口附近区域则照度很高,形成一定的眩光,于是对原设计方案进行了相应的优化,最终通过测试采光满足设计要求。

9.3.2.10　生态绿化

"零能耗"独立住宅 90 m² 平屋面选用耐寒性、慢生常绿草坪做屋顶绿化,既容易人工维护,又能提高屋面保温隔热效果和储水功能,能将 50% 的屋面降水保留在屋面上,然后再通过植物蒸发掉,从而改善了室外微气候环境。与没有屋顶绿化的同类建筑相比,夏季酷热的白天室内温度可降低 3～4 ℃,冬天取暖费可节约 1/3。

低能耗生态公寓则采用成本低、易于维护的窗台开槽绿化形式,营造美观视觉环境。示范楼东、西外墙采用爬藤等垂直绿化,既减弱西晒,又美化环境,提升居住品质。

[实例 9]　上海宝山区——朗诗绿岛园

9.3.2.11　工程概况

朗诗绿岛园位于上海宝山美兰湖北欧新镇罗芬路 1199 弄,地处沪太路、月罗公路的交汇处,东濒荻泾、南濒陶浜、西临罗芬路。朗诗绿岛园是由上海朗华置业有限公司投资,上海联创建筑设计有限公司设计的新建高标准节能示范建筑,总用地面积62 859 m²,总建筑面积约为 10 万 m²。住宅楼共 19 栋,为全装修住宅(联排住宅除外)。其中,1～7 号楼、14 号楼、15 号楼为框架剪力墙结构,其他为剪力墙结构。根据建筑类型分为多层复式建筑、中高层单元式建筑、中高层通廊式建筑三种类型。

　　朗诗绿岛园针对上海夏热冬冷、"黄梅天"潮热霉变的特点,建成同步世界的"健康、舒适、节能、环保"型住宅,并打造"恒温、恒湿、恒氧、低噪、适光"的人居模式。朗诗绿岛园采用地源热泵系统,从土壤中提取能量,以常温水为媒介制冷采暖,再加上由特别增厚的墙体保温层、女儿墙、屋顶及地面保温系统,以及镀有 Low-E 涂层、内充惰性气体的玻璃窗构成的严密的外围护系统,不用空调、地暖轻松实现 $20\sim26\ ℃$ 的舒适室温,湿度保持在 $30\%\sim70\%$ 之间的效果,同时经过多级处理的新鲜空气 24 h 充盈室内,引领超前 20 年人居模式的跨越发展。

　　该项目于 2010 年申报,分二期建设,一期于 2011 年 3 月完工,二期于 2011 年 12 月完工,见图 9-85 和图 9-86。

图 9-85　朗诗绿岛园总平面图

图 9-86　朗诗绿岛园典型建筑

续图 9-86

9.3.2.12 节能技术

1)围护结构节能设计。

(1)外墙(见图 9-87)。

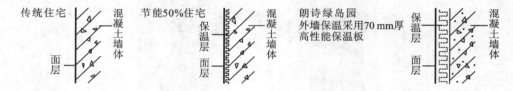

图 9-87 不同外墙构造比较

1~7 号建筑外墙采用挤塑聚苯板外保温系统,保温层厚度为 70 mm。外墙主要构造层次(由外而内)为:聚合物抗裂砂浆(5 mm)+挤塑聚苯板(70 mm)+水泥砂浆(20 mm)+钢筋混凝土(200 mm)+水泥砂浆(20 mm)。外墙平均传热系数 K 不大于 0.45 W/(m² · K)。

8~15 号建筑外墙采用膨胀聚苯板外保温系统,保温层厚度为 70 mm。外墙主要构造层次(由外而内)为:聚合物抗裂砂浆(5 mm)+膨胀聚苯板(70 mm)+混凝土砌块(190 mm)+水泥砂浆(20 mm)。外墙平均传热系数 K 不大于 0.52 W/(m² · K)。

16~19 号建筑外墙采用膨胀聚苯板外保温系统,保温层厚度为 100 mm。外墙主要构造(由外而内)层次为:聚合物抗裂砂浆(5 mm)+膨胀聚苯板(100 mm)+混凝土砌块(190 mm)+水泥砂浆(20 mm)。外墙平均传热系数 K 为 0.392 W/(m² · K)。

1~19 号建筑的外墙板材传热系数都低于标准限值。

(2)屋面。

1~7 号建筑屋面分为上人屋面(平屋面)和非上人屋面(坡屋面),采用 70 mm 喷涂聚氨酯保温。屋面主要构造层次(由外而内)为:细石混凝土(40 mm)+聚氨酯泡沫塑料(70 mm)+水泥砂浆(20 mm)+加气混凝土碎料找坡(60 mm)+钢筋混凝土屋面板(120 mm)+水泥砂浆(20 mm)。平屋面传热系数 K 为 0.352 W/(m² · K),坡屋面传热系数 K 为 0.372 W/(m² · K)。

8~19 号建筑均为坡屋面,采用 70 mm 喷涂聚氨酯保温。屋面主要构造层次

（由外而内）为：细石混凝土（40 mm）＋聚氨酯泡沫塑料（70 mm）＋水泥砂浆（20 mm）＋钢筋混凝土屋面板（120 mm）＋水泥砂浆（20 mm）。

（3）外窗。

该项目居住建筑外窗均采用塑钢窗，玻璃品种为灰色中空氩气 5＋15Ar＋5Low-E，开启方式为内开内倒，传热系数为 2.20 W/（m²·K），气密性能达到《建筑外门窗气密、水密、抗风压性能等级及检测方法》（GB/T 7106—2008）的 6 级要求，玻璃可见光透射比为 0.73，如图 9-88 所示。

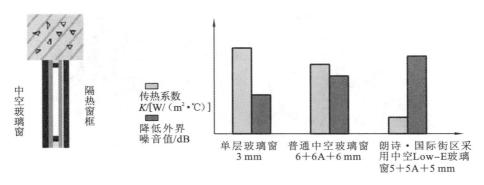

图 9-88　不同窗户传热系数对比

除 8～13 号楼东向楼梯间外窗不安装卷帘遮阳，该项目各单体建筑各朝向均安装铝合金百叶活动外遮阳，在不影响建筑风格的同时，有效减少建筑能耗，如图 9-89 和图 9-90 所示。

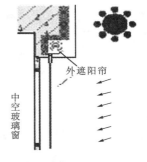

图 9-89　东向楼梯间外窗

（4）楼板。

1～7 号楼底面接触室外空气的架空或外挑楼板采用 25 mm 厚挤塑聚苯板保温，主要构造层次（由外而内）为：聚合物抗裂砂浆（5 mm）＋挤塑聚苯板（25 mm）＋水泥砂浆（20 mm）＋钢筋混凝土楼板（120 mm）＋水泥砂浆（20 mm），传热系数 K 值不大于 1.01 W/（m²·K）。

8～15 号楼底面接触室外空气的架空或外挑楼板采用 50 mm 厚膨胀聚苯板保温，主要构造层次（由外而内）为：聚合物抗裂砂浆（5 mm）＋挤塑聚苯板（50 mm）＋水泥砂浆（20 mm）＋钢筋混凝土楼板（120 mm）＋水泥砂浆（20 mm），传热系数 K 值不大于 0.71 W/（m²·K）。

三种类型住宅分户楼板土建设计构造均为：水泥砂浆（20 mm）＋钢筋混凝土楼板（120 mm）＋水泥砂浆（20 mm）。

所用保温板材的导热系数均符合相关标准的限值要求。

2）采暖空调系统节能设计。

该项目采用天棚辐射系统提供冷热量（如图 9-91），设计夏季天棚负荷为

图 9-90 外窗式样及遮阳

(a)外窗 1；(b)外窗 2；(c)外窗 3；(d)外窗 4

1 660.5 kW,新风及风机盘管系统负荷为 2 828.4 kW,总冷负荷为 4 488.9 kW;冬季天棚负荷为 1 008 kW,新风负荷及风机盘管系统负荷为 1 961.9 kW,总热负荷为 2 969.9 kW。

图 9-91 天棚系统

该项目采用地源热泵及冷水机组集中提供空调系统冷热水。冷热源设备设于公共绿地下的地下室,冷却塔设于地面上。采用两台地源热泵机组为联排住宅、单元式电梯公寓天棚辐射系统提供冷热量,夏季提供 18 ℃/20 ℃ 的冷冻水,冬季提供 30 ℃/28 ℃ 的热水。

采用两台地源热泵机组及一台单冷螺杆机组(带冷却塔)提供住宅新风系统及通廊式电梯公寓风机盘管冷热量,夏季冷冻水供回水温度为 7 ℃/12 ℃,冬季热水供回水温度为 45 ℃/40 ℃,如图 9-92 所示。

图 9-92　冷热源主要设备

一台开式冷却塔根据热泵系统运行情况及地下温度监测情况实时开启,即在夏季运行时为地埋管系统放热提供补充,以保证地下热场平衡,避免冷热堆积。冷热源设备性能参数均满足设计要求,见表 9-32。

表 9-32　朗诗绿岛园冷热源设备性能参数表

编　　号	设备类型	数量	额定制冷量/kW	制冷输入功率/kW	额定制冷性能系数 COP
新风单冷机	水冷螺杆式冷水机组	1	1630.7	308	5.29
新风主机1 号、2 号	螺杆式地源热泵机组	2	917.7	182.4	5.03
天棚主机1 号、2 号	螺杆式地源热泵机组	2	875.4	142.7	6.13

空调水系统采用一次泵两管制系统,水泵定流量运转。联排住宅及单元式电梯公寓天棚吊顶辐射系统独立为一个系统,新风机组及通廊式电梯公寓风机盘管为一个系统。系统供回水管之间分别设置压差旁通阀。

经计算,新风机组及风机盘管系统冷冻水输送水泵的最大输送能耗比(ER)不高于 0.0241,符合上海市工程建设规范《民用建筑能效测评标识标准》(DG/T J08—2078—2010)要求,见表 9-33。

表 9-33　朗诗绿岛园冷冻水系统最大输送能效比

输送系统	设备类型	数量	设计供回水温差/℃	设计工作点的扬程/m	设计工作点效率/(%)	电机功率/kW	输送能效比
冷水机组新风水循环泵(服务新风单冷机)	卧式离心泵	2(1用1备)	5	29	73.1	30	0.018 6
新风水循环泵(服务新风主机1 号、2 号)	卧式离心泵	3(2用1备)	5	32	69.5	45	0.021 6

　　该项目14号、15号建筑为风机盘管加新风系统,其他单体建筑设置换新风系统。新风口安装于室内外窗与外墙下,出口风速小于 0.2 m/s。风机盘管加新风系统新风机设于每栋单体屋顶新风房内或设置于地下室机房内(1～7号联排住宅)。新风通过新风竖管送至各套住宅。

　　卫生间设置排风器,排风送入竖井排出。经核算,空调新风机单位风量耗功率满足《民用建筑能效测评标识标准》要求,见表9-34。

表 9-34　朗诗绿岛园新风单位量耗功率

设备编号	类型	额定风量/(m³/h)	全压/Pa	额定功率/kW	单位风量耗功率/[W/(m³/h)]	限值/[W/(m³/h)]
8#PAU	粗中效过滤/两管制变风量	11 760	1 050	5.5	0.56	0.733
9#PAU		8 790	1 000	4	0.53	0.733
10#PAU		9 840	1 000	4	0.53	0.733
11#PAU		9 750	1 000	5.5	0.53	0.733
12#PAU		8 800	1 000	5.5	0.53	0.733
16#PAU		9 030	1 000	4	0.53	0.733
17#PAU		7 140	1 000	4	0.53	0.733
18#PAU		7 680	1 000	4	0.53	0.733
19#PAU		7 680	1 000	4	0.53	0.733

　　该项目设楼宇自控系统,统一监控地源热泵系统、单冷系统、新风机组、室内温湿度、地下温度场等,合理控制机组运行,可实现对各系统运行状态进行设定、显示、启停和报警等功能。

　　新风机组送风管设压力传感器,根据压力变化变频控制风机转速,实现变风量功能。

　　风机盘管回水管上设电动两通阀,由室内温度传感器控制其开关状态。风机盘管带数字调节控制器,可自行设定室内温度和风量。

　　3)热水系统。

　　该项目设置2台高温地源热泵机组制取55℃生活热水,与采暖地源热泵机组分开(如图9-93),制热系数达到4.48,见表9-35。

图 9-93　热水系统与采暖系统分开设计示意

表 9-35　朗诗绿岛园热水机组性能参数

编　　　号	设 备 类 型	数量	额定制热量/kW	制热输入功率/kW
热水机组 1、2 号	螺杆式地源热泵机组	2	263.1	58.7

4）照明系统。

住宅室内照明灯具为双 U 节能灯,机房、泵房、物业办公、楼梯、走廊等区域为 T5 灯管和双 U 节能灯。楼梯、走廊灯具由声控开关控制。根据现场照度与功率密度检测结果,照度与功率密度符合相关规范要求,见图 9-94。

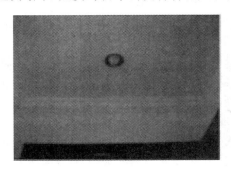

图 9-94　节能灯具安装

5）能耗特征。

抽取朗诗绿岛园项目的联排住宅 5 幢:1 号、2 号、3 号、5 号、6 号,节能率 68% ～ 71%;单元式电梯计公寓 3 幢:8 号、11 号、16 号,节能率 71% ～ 74%;通廊式电梯公寓 1 幢:15 号,节能率 72.8%。节能率均大于 65%,满足该项目申报高标准节能示范性项目要求。

该项目是新建筑高标准节能建筑示范项目,节能率均大于 65%,主要节能技术包括屋面保温、外墙保温、节能窗、节能空调、节能照明等等。朗诗绿岛比同等规模的传统住宅,每年减少 5895 t 二氧化碳排放,节约 2121 t 标准煤和 589 万 kW·h 电。按 70 年使用寿命计算,一套 100 m² 的房子仅空调电费一项可节约十几万元。

9.3.3　夏热冬暖地区居住建筑节能设计案例

[实例 10]　深圳市振业城小区建筑节能设计

9.3.3.1　工程概况

振业城位于深圳市龙岗区横岗镇(图 9-95),项目距深圳市区 18 km,用地面积约 41.7 万 m²,总建筑面积约 63.5 万 m²,建筑容积率为 1.3,建筑覆盖率为 25%,绿地率为 40%。分三期建设,一期占地面积 19.25 万 m²,建筑面积 14.7 万 m²,住宅建筑面积 12.13 万 m²,以联排别墅为主,兼有少量多层单元式住宅;二期、三期以高层为主。

图 9-95　深圳市振业城

针对深圳地区的气候特点及地域条件,本项目通过联排住宅、叠加住宅及空中别墅等不同类型的住宅设计,尝试通过建筑总体规划、单体设计、构造设计中的节能措施,在创造出高舒适度居住空间的同时,最大限度地减少能源消耗。

9.3.3.2　建筑节能设计

1)设计原则。

针对深圳市的气候特点,并结合考虑深圳市的经济发展现状和本项目的特点,确定振业城一期的节能设计原则为以下几点。

(1)采取整体设计策略。从总图规划、建筑单体设计、材料选择与经济技术比较的全过程考虑节能设计,而不仅仅是在单体建筑阶段进行,可以更加有效实现建筑节能设计,降低修改返工成本。

(2)从建筑节能的经济性、地方性、阶段性出发选择适宜的节能技术路线。要立足当地现有的建筑材料资源,用简单成熟的技术和较低造价实现建筑节能,而不是立足于高科技、新材料、高造价来实现高节能率;如该项目没有采用外保温技术,也没有采用铝合金百叶活动遮阳技术,否则造价将成倍增加,不利于建筑节能的推广。

(3)适应当地气候的节能设计原则。根据深圳市的气候特点,采取以"自然通风＋间歇式空调"为主的被动式设计策略,避免出现"节能建筑不节能的情况"。如:有的建筑保温隔热性能非常优越,但是自然通风未考虑或考虑不周,致使这类建筑在过渡季节也要使用空调,其全年能耗远高于一般自然通风较好的建筑。

2)小区规划及布局。

小区建筑尽可能南北向布局,以最大限度地争取日照,给太阳能集热器创造有利条件。沿山脊坡地住宅朝东南向展开,既结合地形又争取到主导风向的迎风面,给自然通风创造良好的条件。

3)外围护结构节能设计。

设计依据为《夏热冬暖地区居住建筑节能设计标准》(JGJ 75—2003)(以下简称《标准》),同时也参考了《深圳市居住建筑节能设计规范》(GB 7107—1986)的相关条文。围护结构的节能设计必然要增加成本,增加多少与在什么地方使用什么样的节能产品或节能材料有关。该项目建筑节能设计的承担单位——深圳建科院通过DOE-2动态能耗模拟软件进行动态能耗模拟分析,并依据模拟结果,经与建设方和设计单位的共同技术经济论证,对业已完成的施工图采用了以下节能设计方案(见表9-36),以达到节能50%的要求。

表 9-36 深圳市振业城外围护结构节能设计

名称	构 造	平均传热系数 $K/[W/(m^2 \cdot K)]$	热惰性指标 D	国家标准	附 注
外窗	北向外窗和内院外窗采用普通玻璃窗($S_c=0.8$),其他朝向外窗采用 Low-E 中空玻璃窗($S_c=0.5$)	—	—	$S_c=0.8$	S_c 是《标准》规定值的 0.87 倍
非承重外墙	20 mm 混合砂浆 + 190 mm 加气混凝土砌块 + 20 mm 水泥砂浆	1.26	3.59	1.5 W/($m^2 \cdot K$)	K 值是《标准》要求的 0.84倍
屋顶	20 mm 水泥砂浆 + 40 mm 细石配筋混凝土 + 30 mm 挤塑板 + 2 mm 防水涂膜 + 15 mm 水泥砂浆 + 30 mm 陶粒混凝土找坡层 + 180 mm 钢筋混凝土	0.805	3.41	1.0 W/($m^2 \cdot K$)	K 值是《标准》要求的 0.8倍

由于原有天窗面积过大,达到 6.3%(超出标准规定的 4%),因此该方案取消了所有天窗,适当地减小了各朝向的外窗面积,使窗墙面积比满足《标准》的要求,即北向≤0.45;东、西向≤0.30;南向≤0.50。由于深圳地区的外窗主要是控制太阳辐射得热,而内院的窗四周有遮挡,北向的窗相对于其他朝向来说受太阳辐射的照射也较弱,为了尽量减小东、西向和南向外窗的太阳辐射得热,优化节能设计,在选择外窗构造时,北向外窗和内院外窗采用普通玻璃窗($S_c=0.8$),其他朝向的外窗采用 Low-E 中空玻璃窗($S_c=0.5$),并且在确定外窗面积时,满足下式:

$$\frac{0.8 \times (\text{北向外窗面积} + \text{内院外窗面积}) + 0.5 \times \text{其他朝向外窗面积总和}}{\text{整个建筑的总外窗面积}} \leqslant 0.7$$

从整个振业城一期来看,外窗综合遮阳系数的选择优于《标准》的规定值($S_c=0.8$),是《标准》规定值的 0.875 倍。

4)自然通风设计。

(1)总体规划自然通风设计。

深圳市的自然通风条件见表 9-37。

表 9-37　深圳市室外气象数据统计表

月　　份	5月	6月	7月	8月	9月
室外温度低于 28 ℃的天数/d	24	14	11	11	11
室外温度低于 28 ℃的天数占月总天数的比例	77%	47%	36%	36%	37%
主导风向平均风速/(m/s)	3.20	2.95	2.90	2.80	2.95

　　根据对深圳市气象资料的统计分析,5—9 月,每月有 10 天以上室外气温低于 28 ℃,其中 5 月份室外气温低于 28 ℃的天数超过 70%,对应的室外风速在 2.8～3.2 m/s 之间,具备利用自然通风降温的有利条件。

　　建筑的总体布局决定了建筑的朝向,并与基地的通风和室外热环境状况密切相关,因此适应气候的总体建筑布局是建筑节能设计的起点。在规划设计中,合理、高效地利用自然通风是节能的一个重要手段。在可利用自然通风的季节,深圳市的主导风向为东偏南 22.5°或东南风,为减少夏季空调运行时间,并保证春、秋季不使用空调时的室内热舒适性,在群体空间布局上,采用斜列、错列等方式以疏导气流。

　　根据小区和组团的自然通风计算机模拟结果,发现在小区西北角出现一个空气滞留区(模拟图中区域为 1,2,3,见图 9-96),空气龄达 26 min,这里的通风状况将会非常差,这里的住户即使户型很好,南北通透,也将无法实现自然通风。因此,对该小区的原规划设计进行了调整,如图 9-97 所示。通过对规划设计的调整,小区西北角的建筑周围室外空气龄明显降低,特别是去掉了几个气流死角,改善了建筑周围的自然通风环境。

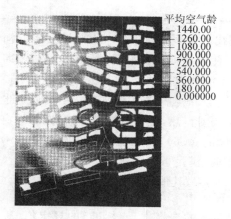

图 9-96　调整前空气龄示意

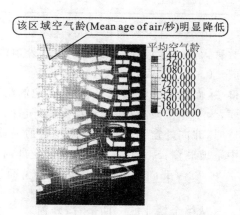

图 9-97　小区规划改后空气龄示意

　　(2)建筑单体自然通风设计。

　　因为深圳地处海边,具有良好自然通风的气候条件,夏季昼夜海陆风交替,在空调季节,利用好自然通风可采用间歇式通风技术降温,减少开启空调的时间,节约能源。如何在较小的外窗面积上最大限度地利用自然通风是本次节能设计的重点之一。建筑设计时作了如下考虑：单体建筑室内分隔简洁，建筑进深适中，建筑户型前后没有阻挡；对单个居住空间，在有两面外墙的情况下，均在不同的外墙上开设了可开启的外窗，且可开启的面积之和大于外窗所在房间地面面积的 8%，为居住空间夜间利用自然通风降温创造了条件。

自然通风设计基本不需要或很少增加建造成本，而带给住户的是舒适健康的居住环境和巨大的节能贡献率，即使夏季，也可以有 46% 的时间可利用自然通风解决热舒适，而不需要空调。

5）节能率验算。

按性能性指标的要求对最终的施工图进行了节能验算，结果见表 9-38。

表 9-38　节能率验算表

代表性建筑	单位建筑面积空调年耗电量/[kW·h/(m²·a)]		是否符合标准要求	设计建筑能耗是参照建筑能耗的倍数	节能率/(%)
	参照建筑	设计建筑			
C9 栋	34.07	32.25	是	0.95	52.67
D9 栋	38.14	37.90	是	0.99	50.31
E5 栋	35.51	32.19	是	0.91	54.67
P8 栋	45.15	41.71	是	0.92	53.81
G9 栋	45.03	42.23	是	0.94	53.11
H16 栋	42.00	41.50	是	0.99	50.60

通过初步估算，振业城一期的住宅节能设计增加的总投资为 2500 万元左右。该投资包括屋顶保温材料、Low-E 中空玻璃窗、太阳能热水系统。振业城一期住宅建筑面积约 12 万 m²，折算到单位建筑面积，约 206 元/m²。如果不包括太阳能热水器的投资，则节能设计增加的造价约 177 元/m²。

作为夏热冬暖地区居住建筑节能示范工程，深圳振业城一期节能示范工程的节能设计采用了较为全面的整体设计策略和性能性指标的设计手段，在适应地方气候、结合地方经济和地方材料方面都进行了大胆的尝试，采取以传统技术更新为主的技术路线，为夏热冬暖地区和深圳市建筑节能工作的开展拓宽了视野，进行了有益的尝试。

附　　录

附录 A　建筑节能设计中常用的热工计算方法

A.1　围护结构传热阻 R_0 的计算

$$R_0 = R_i + R + R_e \qquad (A-1)$$

式中　R_i——内表面换热阻,$m^2 \cdot K/W$,按附表 A-1 采用;

　　　R——围护结构热阻,$m^2 \cdot K/W$;

　　　R_e——外表面换热阻,$m^2 \cdot K/W$,按附表 A-2 采用。

附表 A-1　内表面换热系数 α_i 及内表面换热阻 R_i 值

适用季节	表面特征	$\alpha_i/[W/(m^2 \cdot K)]$	$R_i/(m^2 \cdot K/W)$
冬季和夏季	墙面、地面、表面平整或有肋状突出物的顶棚,当 $H/S \leqslant 0.3$ 时	8.7	0.11
	有肋状突出物的顶棚,当 $H/S > 0.3$ 时	7.6	0.13

注:1. 表中 H 为肋高,S 为肋间净距。

　　2. $\alpha_i = 1/R_i$。

附表 A-2　外表面换热系数 α_e 及内表面换热阻 R_e 值

适用季节	表面特征	$\alpha_e/[W/(m^2 \cdot K)]$	$R_e/(m^2 \cdot K/W)$
冬季	外墙、屋面、与室外空气直接接触的表面	23.0	0.04
	与室外空气相通的不采暖地下室上面的楼板	17.0	0.06
	闷顶、外墙上有窗的不采暖地下室上面的楼板	12.0	0.08
	外墙上无窗的不采暖地下室上面的楼板	6.0	0.17
夏季	外墙和屋顶	19.0	0.05

注:$\alpha_e = 1/R_e$。

A.2　围护结构传热系数 K 的计算

$$K = 1/R_0 \qquad (A-2)$$

式中　R_0——围护结构传热阻,$m^2 \cdot K/W$。

A. 3　围护结构热阻的计算

（1）单层围护结构或单一材料层热阻 R 按下式计算：

$$R = d/\lambda_c \qquad \text{(A-3)}$$

式中　d——材料层厚度，m；

　　　λ_c——材料导热系数计算值，W/(m·K)。

（2）多层围护结构的热阻按下式计算：

$$R = R_1 + R_2 + \cdots + R_n = d_1/\lambda_1 + d_2/\lambda_2 + \cdots + d_n/\lambda_n \qquad \text{(A-4)}$$

式中　R_1、R_2、$\cdots$、R_n——各层材料的热阻，m^2·K/W；

　　　d_1、d_2、$\cdots$、d_n——各层材料的厚度，m；

　　　λ_1、λ_2、$\cdots$、λ_n——各层材料导热系数的计算值，W/(m·K)。

（3）由两种以上材料组成的、两向非匀质围护结构（包括各种形式的空心砌块、填充保温材料的墙体等，但不包括多孔粘土空心砖），其平均热阻应按下式计算：

$$\overline{R} = \left[\frac{F_0}{\dfrac{F_1}{R_{01}} + \dfrac{F_2}{R_{02}} + \cdots + \dfrac{F_n}{R_{0n}}} - (R_i + R_e) \right] \varphi \qquad \text{(A-5)}$$

式中　$\overline{R}$——平均热阻，m^2·K/W；

　　　F_0——与热流方向垂直的总传热面积，m^2，见附图 A-1；

　　　F_1、F_2、$\cdots$、F_n——按平行于热流方向划分的各个传热面积，m^2；

　　　R_{01}、R_{02}、$\cdots$、R_{0n}——各个传热面部位的传热阻，m^2·K/W；

　　　R_i——内表面换热阻，取 0.11 m^2·K/W；

　　　R_e——外表面换热阻，取 0.04 m^2·K/W；

　　　φ——修正系数，按附表 A-3 采用。

附表 A-3　修正系数 φ 值

$\dfrac{\lambda_2}{\lambda_1}$ 或 $\dfrac{\lambda_2+\lambda_3}{2}/\lambda_1$	φ
0.09～0.19	0.86
0.20～0.39	0.93
0.40～0.69	0.96
0.70～0.99	0.98

注：1. 表中 λ 为材料的导热系数（按计算值采用）。当围护结构由两种材料组成时，λ_1 应取较小值，λ_2 应取较大值，然后求两者的比值。

2. 当围护结构由三种材料组成，或有两种厚度不同的空气间层时，φ 值应按比值 $\dfrac{\lambda_2+\lambda_3}{2}/\lambda_1$ 确定。空气间层的 λ 值，按附表 A-4 空气间层的厚度及热阻求得。

3. 当围护结构中存在圆孔时，应先将圆孔折算成同面积的方孔，然后按上述规定计算。

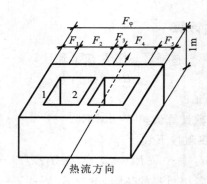

附图 A-1 组合材料层

(4)空气间层热阻的确定。

①一般空气间层、单面铝箔空气间层和双面铝箔空气间层的热阻,应按附表A-4采用。

附表 A-4 空气间层热阻值/(m² · K/W)

位置、热流状况及材料特征	间层厚度/mm											
	冬季状况						夏季状况					
	10	20	30	40	50	60 以上	10	20	30	40	50	60 以上
一般空气间层 热流向下(水平、倾斜)	0.14	0.17	0.18	0.19	0.20	0.20	0.12	0.15	0.15	0.16	0.16	0.15
热流向上(水平、倾斜)	0.14	0.15	0.16	0.17	0.17	0.17	0.11	0.13	0.13	0.13	0.13	0.13
垂直空气间层	0.14	0.16	0.17	0.18	0.18	0.18	0.12	0.14	0.14	0.15	0.15	0.15
单面铝箔空气间层 热流向下(水平、倾斜)	0.28	0.43	0.51	0.57	0.60	0.64	0.25	0.37	0.44	0.48	0.52	0.54
热流向上(水平、倾斜)	0.26	0.35	0.40	0.42	0.42	0.43	0.20	0.28	0.29	0.30	0.30	0.28
垂直空气间层	0.26	0.39	0.44	0.47	0.49	0.50	0.22	0.31	0.34	0.36	0.37	0.37
双面铝箔空气间层 热流向下(水平、倾斜)	0.34	0.56	0.71	0.84	0.94	1.01	0.30	0.49	0.63	0.73	0.81	0.86
热流向上(水平、倾斜)	0.29	0.45	0.52	0.55	0.56	0.57	0.25	0.34	0.37	0.38	0.38	0.35
垂直空气间层	0.31	0.49	0.59	0.65	0.69	0.71	0.27	0.39	0.46	0.49	0.50	0.50

②通风良好的空气间层,其热阻可不予考虑。这种空气间层的间层温度可取进气温度,表面换热系数可取 12.0 W/(m² · K)。

A.4 围护结构热惰性指标 D 值的确定

(1)单一材料围护结构或单一材料层的 D 值应按下式计算:

$$D = RS$$

(A-6)

式中　R——材料层的热阻，$m^2 \cdot K/W$；

　　　S——材料层的蓄热系数，$W/(m^2 \cdot K)$。

（2）多层围护结构的 D 值应按下式计算：

$$D = D_1 + D_2 + \cdots + D_n = R_1 S_1 + R_2 S_2 + \cdots + R_n S_n \tag{A-7}$$

式中　R_1、R_2、$\cdots$、R_n——各层材料的热阻，$m^2 \cdot K/W$；

　　　S_1、S_2、$\cdots$、S_n——各层材料的蓄热系数，$W/(m^2 \cdot K)$，空气间层的蓄热系数 $S=0$。

（3）若某构造层由两种以上材料组成，则应先按下式计算该层的平均导热系数 $\bar{\lambda}$：

$$\bar{\lambda} = \frac{\lambda_1 F_1 + \lambda_2 F_2 + \cdots + \lambda_n F_n}{F_1 + F_2 + \cdots + F_n} \tag{A-8}$$

而后按下式分别计算该层的平均热阻 $\bar{R}$ 和平均蓄热系数 $\bar{S}$：

$$\bar{R} = \frac{\bar{d}}{\bar{\lambda}} \tag{A-9}$$

$$\bar{S} = \frac{S_1 F_1 + S_2 F_2 + \cdots + S_n}{F_1 + F_2 + \cdots + F_n} \tag{A-10}$$

式中　F_1、F_2、$\cdots$、F_n——在该层中按平行于热流方向划分的各个传热面积，m^2；

　　　λ_1、λ_2、$\cdots$、λ_n——各个传热面积上材料的导热系数，$W/(m \cdot K)$；

　　　S_1、S_2、$\cdots$、S_n——各个传热面积上材料的蓄热系数，$W/(m^2 \cdot K)$；

　　　该层的热惰性指标 D 按下式计算：

$$D = \bar{R} \cdot \bar{S} \tag{A-11}$$

A.5　围护结构内表面最高温度的确定

连续空调房间可将室内空气温度近似视为恒定，而只考虑室外单向温度谐波的热作用，这时，围护结构内表面最高温度 $\theta_{i \cdot min}$ 常用下式计算：

$$\theta_{i \cdot max} = \bar{\theta_i} + A_{\theta 1} = \bar{\theta_i} + \frac{A_{tsa}}{v_0} \tag{A-12}$$

式中　$\bar{\theta_i}$——内表面昼夜平均温度，℃；

　　　$A_{\theta 1}$——内表面温度振幅，℃；

　　　A_{tsa}——室外综合温度振幅，℃；

　　　v_0——围护结构衰减倍数。

A.6　围护结构内表面和内部温度的计算

（1）围护结构内表面温度 θ_i 计算：

$$\theta_i = t_i - \frac{t_i - t_e}{R_0} R_i \tag{A-13}$$

（2）多层围护结构内部任一层的内表面温度 θ_m 计算：

$$\theta_\mathrm{m} = t_\mathrm{i} - \frac{t_\mathrm{i} - t_\mathrm{e}}{R_0} \Big(R_\mathrm{i} + \sum_{j=1}^{m-1} R_j \Big)\qquad\text{(A-14)}$$

式中　t_i、t_e——室内和室外计算温度,℃;

　　　R_0、R_e——围护结构传热阻和内表面换热阻,m² · K/W;

　　　$\sum_{j=1}^{m-1} R_j$——第 $1\sim(m-1)$ 层的热阻之和。

附录 B　建筑材料热物理性能计算参数

附表 B-1　建筑材料热物理性能计算参数

序号	材料名称	干密度 ρ_0 /(kg/m³)	计算参数			
			导热系数 λ /[W/(m·K)]	蓄热系数 S (周期 24 h) /[W/(m²·K)]	比热容 C /[kJ/(kg·K)]	蒸汽渗透系数 μ /[g/(m·h·Pa)]
1	混凝土					
1.1	普通混凝土					
	钢筋混凝土	2500	1.74	17.20	0.92	0.0000158*
	碎石、卵石混凝土	2300	1.51	15.36	0.92	0.0000173*
		2100	1.28	13.57	0.92	0.0000173*
1.2	轻骨料混凝土					
	膨胀矿渣珠混凝土	2000	0.77	10.49	0.96	
		1800	0.63	9.05	0.96	
		1600	0.52	7.87	0.96	
	自然煤矸石、炉渣混凝土	1700	1.00	11.68	1.05	0.0000548*
		1500	0.76	9.54	1.05	0.0000900
		1300	0.56	7.63	1.05	0.0001050
	粉煤灰陶粒混凝土	1700	0.95	11.40	1.05	0.0000188
		1500	0.70	9.16	1.05	0.0000975
		1300	0.57	7.78	1.05	0.0001050
		1100	0.44	6.30	1.05	0.0001350
	黏土陶粒混凝土	1600	0.84	10.36	1.05	0.0000315*
		1400	0.70	8.93	1.05	0.0000390*
		1200	0.53	7.25	1.05	0.0000405*
	页岩渣、石灰、水泥混凝土	1300	0.52	7.39	0.98	0.0000855*
	页岩陶粒混凝土	1500	0.77	9.65	1.05	0.0000315*
		1300	0.63	8.16	1.05	0.0000390*
		1100	0.50	6.70	1.05	0.0000435*

续表

序号	材料名称	干密度 ρ_0 /(kg/m³)	计算参数			
			导热系数 λ /[W/(m·K)]	蓄热系数 S (周期 24 h) /[W/(m²·K)]	比热容 C /[kJ/(kg·K)]	蒸汽渗透系数 μ /[g/(m·h·Pa)]
	火山灰渣、砂、水泥混凝土	1700	0.57	6.30	0.57	0.0000395*
	浮石混凝土	1500	0.67	9.09	1.05	
		1300	0.53	7.54	1.05	0.0000188*
		1100	0.42	6.13	1.05	0.0000353*
1.3	轻混凝土					
	加气混凝土、泡沫混凝土	700	0.22	3.59	1.05	0.0000998*
		700	0.19	2.81	1.05	0.0001110*
2	砂浆和砌体					
2.1	砂浆					
	水泥砂浆	1800	0.93	11.37	1.05	0.0000210*
	石灰水泥砂浆	1700	0.87	10.75	1.05	0.0000975*
	石灰砂浆	1600	0.81	10.07	1.05	0.0000443*
	石灰石膏砂浆	1500	0.76	9.44	1.05	
	保温砂浆	800	0.29	4.44	1.05	
2.2	砌体					
	重砂浆砌筑黏土砖砌体	1800	0.81	10.63	1.05	0.0001050
	轻砂浆砌筑黏土砖砌体	1700	0.76	9.96	1.05	0.0001200
	灰砂砖砌体	1900	1.10	12.72	1.05	0.0001050
	硅酸盐砖砌体	1800	0.87	11.11	1.05	0.0001050
	炉渣砖砌体	1700	0.81	10.43	1.05	0.0001050
	重砂浆砌筑 26、33 及 36 孔黏土空心砖砌体	1400	0.58	7.92	1.05	0.0000158
3	热绝缘材料					
3.1	纤维材料					

序号	材料名称	干密度 ρ_0 /(kg/m³)	计算参数			
			导热系数 λ /[W/(m·K)]	蓄热系数 S (周期24 h) /[W/(m²·K)]	比热容 C /[kJ/(kg·K)]	蒸汽渗透系数 μ /[g/(m·h·Pa)]
	矿棉、岩棉、玻璃棉板	<80	0.05	0.59	1.22	
		80~200	0.045	0.75	1.22	0.0004880
	矿棉、岩棉、玻璃棉毡	<70	0.05	0.58	1.34	
		70~200	0.045	0.77	1.34	0.0004880
	矿棉、岩棉、玻璃松散料	<70	0.05	0.46	0.84	
		70~120	0.045	0.51	0.84	0.0004880
	麻刀	150	0.07	1.34	2.10	
3.2	膨胀珍珠岩、蛭石制品					
	水泥膨胀珍珠岩	800	0.26	4.37	1.17	0.0000420*
		600	0.21	3.44	1.17	0.0000900*
		400	0.16	2.49	1.17	0.0001910*
	沥青、乳化沥青膨胀珍珠岩	400	0.12	2.28	1.55	0.0000293*
		300	0.093	1.77	1.55	0.0000675*
	水泥膨胀蛭石	350	0.14	1.99	1.05	
3.3	泡沫材料及多孔聚合物					
	聚乙烯泡沫塑料	100	0.047	0.70	1.38	
	聚苯乙烯泡沫塑料	30	0.042	0.36	1.38	
	聚氨酯泡沫塑料	30	0.033	0.36	1.38	
	聚氯乙烯泡沫塑料	130	0.048	0.79	1.38	0.0000162
	钙塑	120	0.049	0.83	1.59	0.0000234
	泡沫玻璃	140	0.058	0.70	0.84	0.0000225
	泡沫石灰	300	0.116	1.70	1.05	0.0000375
	炭化泡沫石灰	400	0.14	2.33	1.05	
	泡沫石膏	500	0.19	2.78	1.05	
4	木材、建筑板材					0.0000315*
4.1	木材					
	橡木、枫树(热流方向垂直木纹)	700	0.17	4.90	2.51	0.0000562
	橡木、枫树(热流方向顺木纹)	700	0.35	6.93	2.51	0.0003000
	松木、云杉(热流方向垂直木纹)	500	0.14	3.85	2.51	0.0000345
	松木、云杉(热流方向顺木纹)	500	0.29	5.55	2.51	0.0001680

续表

序号	材 料 名 称	干密度 ρ_0 /（kg/m³）	计 算 参 数			
			导热系数 λ /[W/(m·K)]	蓄热系数 S（周期 24 h）/[W/(m²·K)]	比热容 C /[kJ/(kg·K)]	蒸汽渗透系数 μ /[g/(m·h·Pa)]
4.2	建筑板材					
	胶合板	600	0.17	4.57	2.51	0.0000225
	软木板	300	0.093	1.95	1.89	0.0000255*
		150	0.058	1.09	1.89	0.0000285*
	纤维板	1000	0.34	8.13	2.51	0.0001200
		600	0.23	5.28	2.51	0.0001130
	石棉水泥板	1800	0.52	8.52	1.05	0.0000135*
	石棉水泥隔热板	500	0.16	2.58	1.05	0.0003900
	石膏板	1050	0.33	5.28	1.05	0.0000790*
	水泥刨花板	1000	0.34	7.27	2.01	0.0000240*
		700	0.19	4.56	2.01	0.0001050
	稻草板	300	0.13	2.33	1.68	0.0003000
	木屑板	200	0.065	1.54	2.10	0.0002630
5	松散材料					
5.1	无机材料					
	锅炉渣	1000	0.29	4.40	0.92	0.0001930
	粉煤灰	1000	0.23	3.93	0.92	
	高炉炉渣	900	0.26	3.92	0.92	0.0002030
	浮石、凝灰岩	600	0.23	3.05	0.92	0.0002630
	膨胀蛭石	300	0.14	1.79	1.05	
		200	0.10	1.24	1.05	
	硅藻土	200	0.076	1.00	0.92	
	膨胀珍珠岩	120	0.07	0.84	1.17	
		80	0.058	0.63	1.17	
5.2	有机材料					
	木屑	250	0.093	1.84	2.01	
	稻壳	120	0.06	1.02	2.01	0.0002630
	干草	100	0.047	0.83	2.01	
6	其他材料					
6.1	土壤					
	夯实黏土	2000	1.16	12.99	1.01	
		1800	0.93	11.03	1.01	

续表

序号	材料名称	干密度 ρ_0 /(kg/m³)	计 算 参 数			
			导热系数 λ /[W/(m·K)]	蓄热系数 S (周期 24 h) /[W/(m²·K)]	比热容 C /[kJ/(kg·K)]	蒸汽渗透系数 μ /[g/(m·h·Pa)]
	加草黏土	1600	0.76	9.37	1.01	
		1400	0.58	7.69	1.01	
	轻质黏土	1200	0.47	6.36	1.01	
	建筑用砂	1600	0.58	8.26	1.01	
6.2	石材					
	花岗岩、玄武岩	2800	3.49	25.49	0.92	0.0000113
	大理石	2800	2.91	23.27	0.92	0.0000113
	砾石、石灰岩	2400	2.04	18.03	0.92	0.0000375
	石灰石	2000	1.16	12.56	0.92	0.0000600
6.3	卷材、沥青材料					
	沥青油毡、油毡纸	600	0.17	3.33	1.47	
	沥青混凝土	2100	1.05	16.39	1.68	0.0000075
	石油沥青	1400	0.27	6.73	1.68	
		1050	0.17	4.71	1.68	0.0000075
6.4	玻璃					
	平板玻璃	2500	0.76	10.69	0.84	
	玻璃钢	1800	0.52	9.25	1.26	
6.5	金属					
	紫铜	8500	407	324	0.42	
	青铜	8000	64.0	118	0.38	
	建筑钢材	7850	58.2	126	0.48	
	铝	2700	203	191	0.92	
	铸铁	7250	49.9	112	0.48	

注:1. 围护结构在正确设计和正常使用条件下,材料的热物理性能计算参数应按本表直接采用。

2. 有附表 B-2 所列情况者,材料的导热系数和蓄热系数计算值应分别按下列两式修正:

$$\lambda_c = \lambda\alpha$$

$$S_c = S\alpha$$

式中 λ、S——材料的导热系数和蓄热系数,应按本表采用;

α——修正系数,应按附表 B-2 采用。

3. 表中比热容 C 的单位为法定单位,但在实际计算中比热容 C 的单位应取 W·h/(kg·K),因此,在实际计算中表中数值应乘以换算系数 0.2778。

4. 表中带 * 者为测定值。

5. 本表摘自《民用建筑热工设计规范》(GB 50176—1993)。

附表 B-2　导热系数 λ 及蓄热系数 S 的修正系数 α 值

序号	材料、构造、施工、地区及使用情况	α
1	作为夹心层浇筑在混凝土墙体及屋面构件中的块状多孔保温材料（如加气混凝土、泡沫混凝土及水泥膨胀珍珠岩等），因干燥缓慢及灰缝影响	1.60
2	铺设在密闭屋面中的多孔保温材料（如加气混凝土、泡沫混凝土、水泥膨胀珍珠岩、石灰炉渣等），因干燥缓慢	1.50
3	铺设在密闭屋面中及作为夹心层浇筑在混凝土构件中的半硬质矿棉、岩棉、玻璃棉板等，因压缩及吸湿	1.20
4	作为夹心层浇筑在混凝土构件中的泡沫塑料等，因压缩	1.20
5	开孔型保温材料（如水泥刨花板、木丝板、稻草板等），表面抹灰或与混凝土浇筑在一起，因灰浆渗入	1.30
6	加气混凝土、泡沫混凝土砌块墙体及加气混凝土条板墙体、屋面，因灰缝影响	1.25
7	填充在空心墙体及屋面构件中的松散保温材料（如稻壳、木屑、矿棉、岩棉等），因下沉	1.20
8	矿渣混凝土、炉渣混凝土、浮石混凝土、粉煤灰陶粒混凝土、加气混凝土等实心墙体及屋面构件，在严寒地区，且在室内平均相对湿度超过 65% 的采暖房间内使用，因干燥缓慢	1.15

附表 B-3　墙体、屋面和保温材料在不同使用场合 λ、S 的计算

材料名称	干密度 ρ_0/(kg/m³)	标准值 λ/[W/(m·K)]	标准值 S/[W/(m²·K)]	修正系数 α	计算值 λ_c/[W/(m·K)]	计算值 S_c/[W/(m²·K)]	使用场合及影响因素
钢筋混凝土	2500	1.74	17.20	1.00	1.74	17.20	墙体及屋面
碎石、卵石混凝土	2300	1.51	15.36	1.00	1.74	17.20	墙体
水泥焦渣	1100	0.42	6.13	1.50	0.63	9.20	屋面找坡层，吸湿
加气混凝土	500	0.19	2.81	1.25	0.24	3.51	墙体及屋面板，灰缝
加气混凝土	500	0.19	2.81	1.50	0.29	4.22	屋面保温层，吸湿
加气混凝土	600	0.20	3.00	1.25	0.25	3.75	墙体及屋面板，灰缝
加气混凝土	600	0.20	3.00	1.50	0.30	4.50	屋面保温层，吸湿
水泥砂浆	1800	0.93	11.37	1.00	0.93	11.37	抹灰层、找平层
石灰、水泥砂浆	1700	0.87	10.75	1.00	0.87	10.75	抹灰层
石灰砂浆	1600	0.81	10.07	1.00	0.81	10.07	抹灰层
黏土实心砖墙	1800	0.81	10.63	1.00	0.81	10.63	墙体
黏土空心砖墙（26～36 孔）	1400	0.58	7.92	1.00	0.58	7.92	墙体
灰砂砖墙	1900	1.10	12.72	1.00	1.10	12.72	墙体

续表

材料名称	干密度 ρ_0 /(kg/m³)	标准值		修正系数 α	计算值		使用场合及影响因素
		λ/[W/(m·K)]	S/[W/(m²·K)]		λ_c/[W/(m·K)]	S_c/[W/(m²·K)]	
硅酸盐砖墙	1800	0.87	11.11	1.00	0.87	11.11	墙体
炉渣砖墙	1700	0.81	10.43	1.00	0.81	10.43	墙体
岩棉、矿棉、玻璃棉板	80～200	0.054	0.75	1.20	0.054	0.90	墙体保温层、龙骨、灰缝
岩棉、矿棉、玻璃棉板	80～200	0.045	0.75	1.90	0.086	1.43	架空屋面、夹芯墙、砖墩等
聚苯乙烯泡沫板	20～30	0.042	0.36	1.00	0.042	0.36	彩色钢板夹芯屋面
聚苯乙烯泡沫板	20～30	0.042	0.36	1.20	0.05	0.43	墙体保温层、龙骨、灰缝
聚苯乙烯泡沫板	20～30	0.042	0.36	1.50	0.063	0.54	钢筋混凝土夹芯墙,压缩、插筋
聚苯乙烯泡沫板	20～30	0.042	0.36	1.50	0.063	0.54	屋面保温层,压缩、吸湿
聚苯乙烯泡沫板	20～30	0.042	0.36	1.90	0.08	0.68	架空屋面保温层,砖墩
聚苯乙烯泡沫板	20～30	0.042	0.36	1.55	0.065	0.56	泰伯板、舒乐舍板、插筋
挤塑聚苯板	30	0.03	0.36	1.10	0.033	0.40	墙体、屋面保温层,压缩、吸湿
聚氨酯硬泡沫板	30～45	0.033	0.36	1.00	0.033	0.36	彩色钢板夹芯屋面
充气石膏板	400	0.14	2.20	1.20	0.17	2.60	墙体保温层、灰缝
乳化沥青珍珠岩板	400	0.12	2.28	1.20	0.14	2.74	屋面保温层,灰缝、吸湿
乳化沥青珍珠岩板	300	0.093	1.77	1.20	0.11	2.12	屋面保温层,灰缝、吸湿
高强度珍珠岩板	400	0.12	2.03	1.20	0.14	2.44	墙体保温层,灰缝
憎水型珍珠岩板	200	0.07	1.10	1.30	0.09	1.43	屋面保温层,灰缝
水泥聚苯板	300	0.09	1.54	1.30	0.12	2.00	墙体保温层,灰缝、吸湿
浮石砂	600	0.20	3.00	1.50	0.30	4.50	屋面保温层

注:表中 λ 为材料导热系数,S 为材料蓄热系数。标准值为正常使用条件下的值。计算值为在不同使用场合、考虑影响修正系数以后的值。

附录 C 《夏热冬冷地区居住建筑节能设计标准》
(JGJ 134—2010)中关于外墙平均传热系数的计算

外墙受周边热桥的影响,其平均传热系数应按下式计算:

$$K_m = \frac{K_P F_P + K_{B1} F_{B1} + K_{B2} F_{B2} + K_{B3} F_{B3}}{F_P + F_{B1} + F_{B2} + F_{B3}} \tag{C-1}$$

式中 K_m——外墙的平均传热系数,$W/(m^2 \cdot K)$;

K_P——外墙主体部位的传热系数,$W/(m^2 \cdot K)$,应按国家现行标准《民用建筑热工设计规范》(GB 50176—1993)的规定计算;

K_{B1}、K_{B2}、K_{B3}——外墙周边热桥部位的传热系数,$W/(m^2 \cdot K)$;

F_P——外墙主体部位的面积,m^2;

F_{B1}、F_{B2}、F_{B3}——外墙周边热桥部位的面积,m^2。

外墙主体部位和周边热桥部位如附图 C-1 所示。

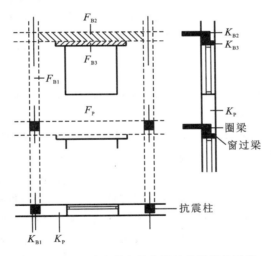

附图 C-1 外墙主体部位和周边热桥部位示意

附录 D 平均传热系数和热桥线传热系数计算方法

D.1 一个单元墙体的平均传热系数用下式计算:

$$K_m = K + \frac{\sum \psi_j l_j}{A} \tag{D-1}$$

式中 K_m——单元墙体的平均传热系数,$W/(m^2 \cdot K)$;

K——单元墙体的主断面传热系数,$W/(m^2 \cdot K)$;

ψ_j——单元墙体上的第 j 个结构性热桥的线传热系数,$W/(m \cdot K)$;

l_j——单元墙体第 j 个结构性热桥的计算长度,m;

A——单元墙体的面积,m²。

D.2   在建筑外围护结构中,墙角、窗间墙、凸窗、阳台、屋顶、楼板、地板等处形成的热桥称为结构性热桥(参见附图 D-1)。结构性热桥对墙体、屋面传热的影响利用线传热系数 ψ 来描述。

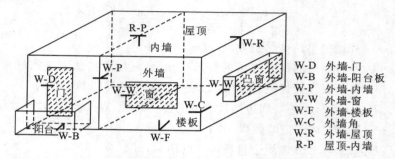

附图 **D-1**   建筑外围护结构的结构性热桥示意图

D.3   墙面典型的热桥如附图 D-2 所示,其平均传热系数 K_m 为

$$K_m = K + \frac{\psi_{W\text{-}P}H + \psi_{W\text{-}F}B + \psi_{W\text{-}C}H + \psi_{W\text{-}R}B + \psi_{W\text{-}W_L}h + \psi_{W\text{-}W_B}b + \psi_{W\text{-}W_R}h + \psi_{W\text{-}W_U}b}{A}$$

(D-2)

式中　$\psi_{W\text{-}P}$——外墙和内墙交接形成的热桥的线性传热系数,W/(m·K);

$\psi_{W\text{-}F}$——外墙和楼板交接形成的热桥的线性传热系数,W/(m·K);

$\psi_{W\text{-}C}$——外墙墙角形成的热桥的线性传热系数,W/(m·K);

$\psi_{W\text{-}R}$——外墙和屋顶交接形成的热桥的线性传热系数,W/(m·K);

$\psi_{W\text{-}W_L}$——外墙和左侧窗框交接形成的热桥的线性传热系数,W/(m·K);

$\psi_{W\text{-}W_B}$——外墙和下边窗框交接形成的热桥的线性传热系数,W/(m·K);

$\psi_{W\text{-}W_R}$——外墙和右侧窗框交接形成的热桥的线性传热系数,W/(m·K);

$\psi_{W\text{-}W_U}$——外墙和上边窗框交接形成的热桥的线性传热系数,W/(m·K)。

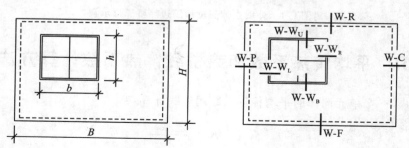

附图 **D-2**   墙面典型结构性热桥示意图

D. 4　热桥线性传热系数按下式计算：

$$\psi = \frac{Q^{2D} - KA(t_n - t_e)}{l(t_n - t_e)} = \frac{Q^{2D}}{l(t_n - t_e)} - KC \qquad (D-3)$$

式中　ψ——热桥线性传热系数，W/(m·K)；

　　　Q^{2D}——二维传热计算得出的流过一块包含热桥的墙体的热流，W，该块墙体的构造沿着热桥的长度方向必须是均匀的，热流可以根据其横截面（对纵向热桥）或纵截面（对横向热桥）通过二维传热计算得到；

　　　K——墙体主断面的传热系数，W/(m²·K)；

　　　A——计算 Q^{2D} 的那块矩形墙体的面积，m²；

　　　t_n——墙体室内侧的空气温度，℃；

　　　t_e——墙体室外侧的空气温度，℃；

　　　l——计算 Q^{2D} 的那块矩形的一条边的长度，热桥沿这个长度均匀分布，计算 ψ 时，l 宜取 1 m；

　　　C——计算 Q^{2D} 的那块矩形的另一条边的长度，即 $A = l \cdot C$，可取 $C \geqslant 1$ m。

D. 5　当计算通过包含热桥部位的墙体传热量（Q^{2D}）时，墙面典型结构性热桥的截面如附图 D-3 所示。

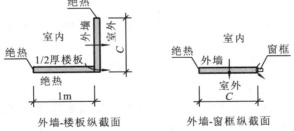

附图 D-3　墙面典型结构性热桥截面示意图

D. 6　当墙面上存在平行热桥且平行热桥之间的距离很小时，应一次同时计算平行热桥的线传热系数之和。

附图 D-4 就是同时计算外墙-楼板和外墙-窗框结构性热桥线传热系数之和的示意图，其和应按下式计算：

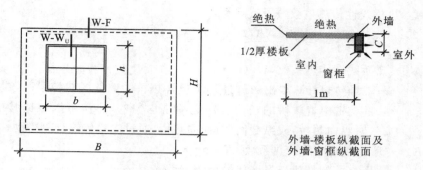

附图 D-4 墙面平行热桥示意图

$$\psi_{\text{W-F}} + \psi_{\text{W-W}_U} = \frac{Q^{2D} - KA(t_n - t_e)}{l(t_n - t_e)} = \frac{Q^{2D}}{l(t_n - t_e)} - KC \tag{D-4}$$

D.7 线性传热系数 ψ 可以利用本标准提供的二维稳态传热计算软件计算。

D.8 外保温墙体外墙和内墙交接形成的热桥的线传热系数 $\psi_{\text{W-P}}$、外墙和楼板交接形成的热桥的线传热系数 $\psi_{\text{W-F}}$、外墙墙角形成的热桥的线传热系数 $\psi_{\text{W-C}}$ 都可以近似取 0。

D.9 要计算建筑的某一面外墙（或全部外墙）的平均传热系数，可先计算各个不同单元墙的平均传热系数，然后再依据面积加权的原则，计算某一面外墙（或全部外墙）的平均传热系数。当某一面外墙（或全部外墙）的主断面传热系数 K 均一致时，也可以直接用式（D-1）计算某一面外墙（或全部外墙）的平均传热系数，这时式（D-1）中的 A 是某一面外墙（或全部外墙）的面积，式（D-1）中的 $\sum \psi l$ 是某一面外墙（或全部外墙）的面积全部结构性热桥的线传热系数和长度乘积之和。

D.10 一般情况下，单元屋顶的平均传热系数等于其主断面的传热系数。当屋顶出现明显的结构性冷桥时，屋顶平均传热系数的计算方法与墙体平均传热系数的计算方法相同，也应用式（D-1）计算。

D.11 对于一般建筑，外墙外保温墙体的平均传热系数可用下式进行计算：

$$K_m = \varphi \cdot K \tag{D-5}$$

式中 K_m——外墙平均传热系数，$\text{W}/(\text{m}^2 \cdot \text{K})$；

  K——外墙主断面传热系数，$\text{W}/(\text{m}^2 \cdot \text{K})$；

  φ——外墙主断面传热系数的修正系数。应按墙体保温构造和传热系数综合考虑取值，其数值可按附表 D-1 选取。

附表 D-1 外墙主断面传热系数的修正系数 φ

外墙平均传热系数 K_m /[W/(m² · K)]	修正系数 φ	
	普通窗	凸窗
0.70	1.1	1.2
0.65	1.1	1.2

续表

外墙平均传热系数 K_m /[W/(m² · K)]	修正系数 φ	
	普通窗	凸窗
0.60	1.1	1.3
0.55	1.2	1.3
0.50	1.2	1.3
0.45	1.2	1.3
0.40	1.2	1.3
0.35	1.3	1.4
0.30	1.3	1.4
0.25	1.4	1.5

附录 E 地面传热系数计算

E.1 地面传热系数应由二维非稳态传热计算程序计算确定。

E.2 地面传热系数应分成周边地面和非周边地面两种传热系数,周边地面应为外墙内表面 2 m 以内的地面,周边以外的地面应为非周边地面。

E.3 典型地面(见附图 E-1)的传热系数可按附表 E-1~E-4 确定。

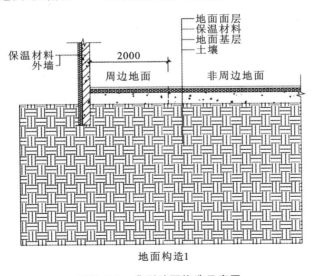

地面构造1

附图 E-1 典型地面构造示意图

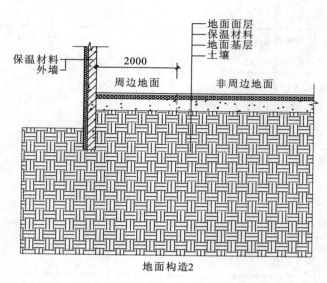

地面构造2

续附图 E-1

附表 E-1 地面构造 1 中周边地面当量传热系数 $K_d/[W/(m^2 \cdot K)]$

保温层热阻 $m^2 \cdot K/W$	西安采暖期 $t_e = 2.1 ℃$	北京采暖期 $t_e = 0.1 ℃$	长春采暖期 $t_e = -6.7 ℃$	哈尔滨采暖期 $t_e = -8.5 ℃$	海拉尔采暖期 $t_e = -12.0 ℃$
3.00	0.05	0.06	0.08	0.08	0.08
2.75	0.05	0.07	0.09	0.08	0.09
2.50	0.06	0.07	0.10	0.09	0.11
2.25	0.08	0.07	0.11	0.10	0.11
2.00	0.08	0.07	0.11	0.11	0.12
1.75	0.09	0.08	0.12	0.11	0.12
1.50	0.10	0.09	0.14	0.13	0.14
1.25	0.11	0.11	0.15	0.14	0.15
1.00	0.12	0.12	0.16	0.15	0.17
0.75	0.14	0.14	0.19	0.17	0.20
0.50	0.17	0.17	0.22	0.20	0.22
0.25	0.24	0.23	0.29	0.25	0.27
0.00	0.31	0.34	0.34	0.36	0.37

附表 E-2　地面构造 2 中周边地面当量传热系数 $K_d/[W/(m^2 \cdot K)]$

保温层热阻 $m^2 \cdot K/W$	西安采暖期 $t_e=2.1\ ℃$	北京采暖期 $t_e=0.1\ ℃$	长春采暖期 $t_e=-6.7\ ℃$	哈尔滨采暖期 $t_e=-8.5\ ℃$	海拉尔采暖期 $t_e=-12.0\ ℃$
3.00	0.05	0.06	0.08	0.08	0.08
2.75	0.05	0.07	0.09	0.08	0.09
2.50	0.06	0.07	0.10	0.09	0.11
2.25	0.08	0.07	0.11	0.10	0.11
2.00	0.08	0.07	0.11	0.11	0.12
1.75	0.09	0.08	0.12	0.11	0.12
1.50	0.10	0.09	0.14	0.13	0.14
1.25	0.11	0.11	0.15	0.14	0.15
1.00	0.12	0.12	0.16	0.15	0.17
0.75	0.14	0.14	0.19	0.17	0.20
0.50	0.17	0.17	0.22	0.20	0.22
0.25	0.24	0.23	0.29	0.25	0.27
0.00	0.31	0.34	0.34	0.36	0.37

附表 E-3　地面构造 1 中非周边地面当量传热系数 $K_d/[W/(m^2 \cdot K)]$

保温层热阻 $m^2 \cdot K/W$	西安采暖期 $t_e=2.1\ ℃$	北京采暖期 $t_e=0.1\ ℃$	长春采暖期 $t_e=-6.7\ ℃$	哈尔滨采暖期 $t_e=-8.5\ ℃$	海拉尔采暖期 $t_e=-12.0\ ℃$
3.00	0.02	0.03	0.08	0.06	0.07
2.75	0.02	0.03	0.08	0.06	0.07
2.50	0.03	0.03	0.09	0.06	0.08
2.25	0.03	0.04	0.09	0.07	0.07
2.00	0.03	0.04	0.10	0.07	0.08
1.75	0.03	0.04	0.10	0.07	0.08
1.50	0.03	0.04	0.11	0.07	0.09
1.25	0.04	0.05	0.11	0.08	0.09
1.00	0.04	0.05	0.12	0.08	0.10
0.75	0.04	0.06	0.13	0.09	0.10
0.50	0.05	0.06	0.14	0.09	0.11
0.25	0.06	0.07	0.15	0.10	0.11
0.00	0.08	0.10	0.17	0.19	0.21

附表 E-4　地面构造 2 中非周边地面当量传热系数 K_d/[W/(m²·K)]

保温层热阻 m²·K/W	西安采暖期 $t_e=2.1$ ℃	北京采暖期 $t_e=0.1$ ℃	长春采暖期 $t_e=-6.7$ ℃	哈尔滨采暖期 $t_e=-8.5$ ℃	海拉尔采暖期 $t_e=-12.0$ ℃
3.00	0.02	0.03	0.08	0.06	0.07
2.75	0.02	0.03	0.08	0.06	0.07
2.50	0.03	0.03	0.09	0.06	0.08
2.25	0.03	0.04	0.09	0.07	0.07
2.00	0.03	0.04	0.10	0.07	0.08
1.75	0.03	0.04	0.10	0.07	0.08
1.50	0.03	0.04	0.11	0.07	0.09
1.25	0.04	0.05	0.11	0.08	0.09
1.00	0.04	0.05	0.12	0.08	0.10
0.75	0.04	0.06	0.13	0.09	0.10
0.50	0.05	0.06	0.14	0.09	0.11
0.25	0.06	0.07	0.15	0.10	0.11
0.00	0.08	0.10	0.17	0.19	0.21

附录 F　建筑外遮阳系数的简化计算方法

附录 F1　《严寒和寒冷地区居住建筑节能设计标准》(JGJ 26—2010)、《夏热冬冷地区居住建筑节能设计标准》(JGJ 134—2010)中关于外遮阳系数的简化计算方法

F1.1　外遮阳系数应按下式计算确定:

$$S_D = ax^2 + bx + 1 \tag{F1-1}$$
$$x = A/B \tag{F1-2}$$

式中　S_D——外遮阳系数;

x——外遮阳特征值,$x>1$ 时,取 $x=1$;

a、b——拟合系数,按表 F1-1 选取;

A、B——外遮阳的构造定性尺寸,按附图 F1-1～F1-5 确定。

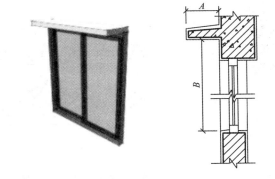

附图 F1-1 水平式外遮阳的特征值示意图

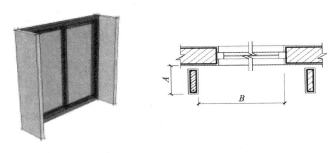

附图 F1-2 垂直式外遮阳的特征值示意图

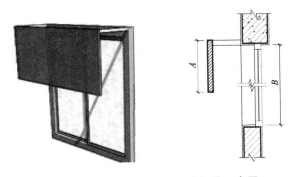

附图 F1-3 挡板式外遮阳的特征值示意图

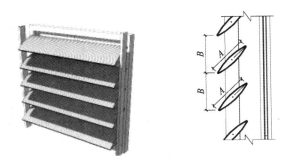

附图 F1-4 横百叶挡板式外遮阳的特征值示意图

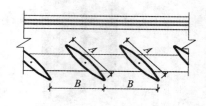

附图 F1-5　竖百叶挡板式外遮阳的特征值示意图

附表 F1-1　外遮阳系数计算用的拟合系数 a、b

气候区	外遮阳基本类型		拟合系数	东	南	西	北
严寒地区	水平式(附图 F1-1)		a	0.31	0.28	0.33	0.25
			b	−0.62	−0.71	−0.65	−0.48
	垂直式(附图 F1-2)		a	0.42	0.31	0.47	0.42
			b	−0.83	−0.65	−0.90	−0.83
寒冷地区	水平式(附图 F1-1)		a	0.34	0.65	0.35	0.26
			b	−0.78	−1.00	−0.81	−0.54
	垂直式(附图 F1-2)		a	0.25	0.40	0.25	0.50
			b	−0.55	−0.76	0.54	−0.93
	挡板式(附图 F1-3)		a	0.00	0.35	0.00	0.13
			b	−0.96	−1.00	−0.96	−0.93
	固定横百叶挡板式 (附图 F1-4)		a	0.45	0.54	0.48	0.34
			b	−1.20	−1.20	−1.20	−0.88
	固定竖百叶挡板式 (附图 F1-5)		a	0.00	0.19	0.22	0.57
			b	−0.70	−0.91	−0.72	−1.18
	活动横百叶挡板式 (附图 F1-4)	冬	a	0.21	0.04	0.19	0.20
			b	−0.65	−0.39	−0.61	−0.62
		夏	a	0.50	1.00	0.54	0.50
			b	−1.20	−1.70	−1.30	−1.20
	活动竖百叶挡板式 (附图 F1-5)	冬	a	0.40	0.09	0.38	0.20
			b	−0.99	−0.54	−0.95	−0.62
		夏	a	0.06	0.38	0.13	0.85
			b	−0.70	−1.10	−0.69	−1.49

续表

气候区	外遮阳基本类型		拟合系数	东	南	西	北
夏热冬冷地区	水平式(附图 F1-1)		a	0.36	0.50	0.38	0.28
			b	−0.80	−0.80	−0.81	−0.54
	垂直式(附图 F1-2)		a	0.24	0.33	0.24	0.48
			b	−0.54	−0.72	−0.53	−0.89
	挡板式(附图 F1-3)		a	0.00	0.35	0.00	0.13
			b	−0.96	−1.00	−0.96	−0.93
	固定横百叶挡板式(附图 F1-4)		a	0.50	0.50	0.52	0.37
			b	−1.20	−1.20	−1.30	−0.92
	固定竖百叶挡板式(附图 F1-5)		a	0.00	0.16	0.19	0.56
			b	−0.66	−0.92	−0.71	−1.16
	活动横百叶挡板式(附图 F1-4)	冬	a	0.23	0.03	0.23	0.20
			b	−0.66	−0.47	−0.69	−0.62
		夏	a	0.56	0.79	0.57	0.60
			b	−1.30	−1.40	−1.30	−1.30
	活动竖百叶挡板式(附图 F1-5)	冬	a	0.29	0.14	0.31	0.20
			b	−0.87	−0.64	−0.86	−0.62
		夏	a	0.14	0.42	0.12	0.84
			b	−0.75	−1.11	−0.73	−1.47

注:严寒、寒冷地区拟合系数应按《严寒和寒冷地区居住建筑节能设计标准》(JGJ 26—2010)中 4.2.2 条有关朝向的规定在本表中选取。

F1.2　各种组合形式的外遮阳系数,可由参加组合的各种形式遮阳的外遮阳系数的乘积来确定。

　　例如:水平式+垂直式组合的外遮阳系数=水平式遮阳系数×垂直式遮阳系数

　　　　　水平式+挡板式组合的外遮阳系数=水平式遮阳系数×挡板式遮阳系数

　　单一形式的外遮阳系数应按式(F1-1)、式(F1-2)计算。

F1.3　当外遮阳的遮阳板采用有透光能力的材料制作时,应按式(F1-3)进行修正。

$$S_D = 1 - (1 - S_D^*)(1 - \eta^*) \tag{F1-3}$$

式中:S_D^*——外遮阳的遮阳板采用非透明材料制作时的外遮阳系数,按式(F1-1)、式(F1-2)计算。

　　　η^*——遮阳板的透射比,宜按表 F1-2 选取。

附表 F1-2　遮阳板的透射比

遮阳板使用的材料	规　　格	η^*
织物面料、玻璃钢类板	—	0.40
玻璃、有机玻璃类板	深色:0<太阳光透射比≤0.6	0.60
	浅色:0.6<太阳光透射比≤0.8	0.80
金属穿孔板	穿孔率:0<φ≤0.2	0.10
	穿孔率:0.2<φ≤0.4	0.30
	穿孔率:0.4<φ≤0.6	0.50
	穿孔率:0.6<φ≤0.8	0.70
铝合金百叶板		0.20
木质百叶板		0.25
混凝土花格		0.50
木质花格		0.45

附录 F2　《夏热冬暖地区居住建筑节能设计标准》(JGJ 75—2012)中关于外遮阳系数的计算方法

F2.1　建筑外遮阳系数应按下式计算:

$$S_D = ax^2 + bx + 1 \tag{F2-1}$$

$$x = A/B \tag{F2-2}$$

式中　S_D——建筑外遮阳系数;

　　　x——挑出系数,采用水平和垂直遮阳时,分别为遮阳板自窗面外挑长度 A 与遮阳板端部到窗对边距离 B 之比;采用挡板遮阳时,为正对窗口的挡板高度 A 与窗高 B 之比,当 $x \geq 1$ 时,取 $x=1$;

　　　a、b——系数,按附表 F2-1 选取;

　　　A、B——按图 F2-1~F2-3 规定确定。

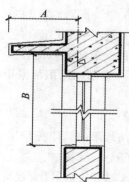

图 F2-1　水平式遮阳

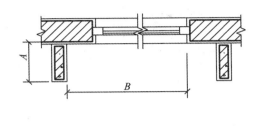

图 F2-2　垂直式遮阳

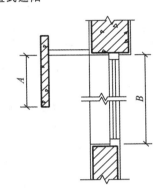

图 F2-3　挡板式遮阳

附表 F2-1　建筑外遮阳系数计算公式的系数

气候区	建筑外遮阳类型		系数	东	南	西	北
夏热冬暖地区北区	水平式	冬季	a	0.30	0.10	0.20	0.00
			b	−0.75	−0.45	−0.45	0.00
		夏季	a	0.35	0.35	0.20	0.20
			b	−0.65	−0.65	−0.40	−0.40
	垂直式	冬季	a	0.30	0.25	0.25	0.05
			b	−0.75	−0.60	−0.60	−0.15
		夏季	a	0.25	0.40	0.30	0.30
			b	−0.60	−0.75	−0.60	−0.60
	挡板式	冬季	a	0.24	0.25	0.24	0.16
			b	−1.01	−1.01	−1.01	−0.95
		夏季	a	0.18	0.41	0.18	0.09
			b	−0.63	−0.86	−0.63	−0.92

气 候 区	建筑外遮阳类型	系数	东	南	西	北
夏热冬暖地区南区	水平式	a	0.35	0.35	0.20	0.20
		b	−0.65	−0.65	−0.40	−0.40
	垂直式	a	0.25	0.40	0.30	0.30
		b	−0.60	−0.75	−0.60	−0.60
	挡板式	a	0.16	0.35	0.16	0.17
		b	−0.60	−1.01	−0.60	−0.97

F2.2　当窗口的外遮阳构造由水平式、垂直式、挡板式形式组合,并有建筑自遮挡时,外窗的建筑外遮阳系数按下式计算:

$$S_D = S_{D_S} \cdot S_{D_H} \cdot S_{D_V} \cdot S_{D_B} \qquad (F2\text{-}3)$$

式中　S_{D_S}、S_{D_H}、S_{D_V}、S_{D_B}——分别为建筑自遮挡、水平式、垂直式、挡板式的建筑外遮阳系数,按式(F2-1)、式(F2-2)计算;当组合中某种遮阳形式不存在时,可取其建筑外遮阳系数值为1。

F2.3　当建筑外遮阳构造的遮阳板(百叶)采用有透光能力的材料制作时,其建筑外遮阳系数按下式计算:

$$S_D = 1 - (1 - S_D^*)(1 - \eta^*) \qquad (F2\text{-}4)$$

式中　S_D^*——外遮阳的遮阳板采用不透明材料制作时的建筑外遮阳系数,按式(F2-1)、式(F2-2)计算。

η^*——遮阳板(构造)材料的透射比,按附表F2-2选取。

附表 **F2-2**　遮阳板(构造)材料的透射比

遮阳板使用的材料	规　格	η^*
织物面料		0.5 或按实测太阳光透射比
玻璃钢板		0.5 或按实测太阳光透射比
玻璃、有机玻璃类板	0<太阳光透射比≤0.6	0.5
	0.6<太阳光透射比≤0.9	0.8
金属穿孔板	穿孔率:0<ϕ≤0.2	0.15
	穿孔率:0.2<ϕ≤0.4	0.3
	穿孔率:0.4<ϕ≤0.6	0.5
	穿孔率:0.6<ϕ≤0.8	0.7
混凝土、陶土釉彩窗外花格	—	0.6 或按实际镂空比例及厚度
木质、金属窗外花格	—	0.7 或按实际镂空比例及厚度
木质、竹质窗外帘	—	0.4 或按实际镂空比例

附录 G　关于面积和体积的计算

附录 G1　《严寒和寒冷地区居住建筑节能设计标准》(JGJ 26—2010)中关于面积和体积的计算

G1.1　建筑面积 A_0,应按各层外墙外包线围成的平面面积的总和计算,包括半地下室的面积,不包括地下室的面积

G1.2　建筑体积 V_0,应按与计算建筑面积所对应的建筑物外表面和底层地面所围成的体积计算

G1.3　换气体积 V,当楼梯间及外廊不采暖时,应按 $V=0.60V_0$ 计算;当楼梯间及外廊采暖时,应按 $V=0.65V_0$ 计算

G1.4　屋顶或顶棚面积,应按支承屋顶的外墙外包线围成的面积计算

G1.5　外墙面积,应按不同朝向分别计算。某一朝向的外墙面积,由该朝向的外表面积减去窗户面积和外门洞口面积构成

G1.6　窗户(包括阳台门上部透明部分)面积,应按不同朝向和有无阳台分别计算,取窗户洞口面积

G1.7　外门面积,应按不同朝向分别计算,取外门洞口面积

G1.8　阳台门下部不透明部分面积,应按不同朝向分别计算,取洞口面积

G1.9　地面面积,应按外墙内侧围成的面积计算

G1.10　地板面积,应按外墙内侧围成的面积计算,并区分为接触室外空气的地板和不采暖地下室上部的地板

G1.11　凹凸墙面的朝向归属应符合下列规定

1)当某朝向有外凸部分时,应符合下列规定。

(1)当凸出部分的长度(垂直于该朝向的尺寸)小于或等于 1.5 m 时,该凸出部分的全部外墙面积应计入该朝向的外墙总面积;

(2)当凸出部分的长度大于 1.5 m 时,该凸出部分应按各自实际朝向计入各自朝向的外墙总面积。

2)当某朝向有内凹部分时,应符合下列规定。

(1)当凹入部分的宽度(平行于该朝向的尺寸)小于 5 m,且凹入长度小于或等于凹入部分的宽度时,该凹入部分的全部外墙面积应计入该朝向的外墙总面积;

(2)当凹入部分的宽度(平行于该朝向的尺寸)小于 5 m,且凹入部分的长度大于凹入部分的宽度时,该凹入部分的两个侧面外墙面积应计入北向的外墙总面积,该凹入部分的正面外墙面积应计入该朝向的外墙总面积;

(3)当凹入部分的宽度大于或等于 5 m 时,该凹入部分应按各实际朝向计入各自朝向的外墙总面积。

G1.12　内天井墙面的朝向归属应符合下列规定

1)当内天井的高度大于等于内天井最宽边长的 2 倍时,内天井的全部外墙面积应计入北向的外墙总面积。

2)内天井的高度小于内天井最宽边长的 2 倍时,内天井的外墙应按各实际朝向计入各自朝向的外墙总面积。

附录 G2　《夏热冬冷地区居住建筑节能设计标准》(JGJ 134—2010)中关于面积和体积的计算

G2.1　建筑面积应按各层外墙外包线围成面积的总和计算

G2.2　建筑体积应按建筑物外表面和底层地面围成的体积计算

G2.3　建筑外表面积应按墙面面积、屋面面积和下表面直接接触室外空气的楼板面积的总和计算

附录 H　反射隔热面太阳辐射吸收系数的修正系数

节能、隔热设计计算时,反射隔热面太阳辐射吸收系数取值应采用污染修正系数进行修正,污染修正后的太阳辐射吸收系数应按式(H-1)计算。

$$\rho' = \rho \cdot \alpha \tag{H-1}$$
$$\alpha = 11.384(\rho \times 100)^{-0.6241} \tag{H-2}$$

式中　ρ——修正前太阳辐射吸收系数;

ρ'——修正后太阳辐射吸收系数,用于节能、隔热设计计算;

α——污染修正系数,当 $\rho < 0.5$ 时,污染修正系数按式(H-2)计算,当 $\rho \geqslant 0.5$ 时,α 为 1.0。

附录 I　建筑物空调、采暖年耗电指数的简化计算方法

I.1　建筑物的空调、采暖年耗电指数应按下式计算:

$$ECF = ECF_C + ECF_H \tag{I-1}$$

式中　ECF_C——空调年耗电指数;

ECF_H——采暖年耗电指数。

I.2　建筑物空调年耗电指数应按下列公式计算:

$$ECF_C = \left[\frac{(ECF_{C.R} + ECF_{C.WL} + ECF_{C.WD})}{A} + C_{C.N} \cdot h \cdot N + C_{C.0}\right] \cdot C_C \tag{I-2}$$

$$C_C = C_{qc} \cdot C_{FA}^{-0.147} \tag{I-3}$$

$$ECF_{C.R} = C_{C.R} \sum_i K_i F_i \rho_i \tag{I-4}$$

$$ECF_{C.WL} = C_{C.WL.E} \sum_{i=1} K_i F_i \rho_i + C_{C.WL.S} \sum_i K_i F_i \rho_i + C_{C.WL.W} \sum_i K_i F_i \rho_i + C_{C.WL.N} \sum_i K_i F_i \rho_i \tag{I-5}$$

$$ECF_{\text{C. WD}} = C_{\text{C. WD. E}} \sum_i F_i S_{\text{C}_i} S_{\text{D}_{\text{C}. i}} + C_{\text{C. WD. S}} \sum_i F_i S_{\text{C}_i} S_{\text{D}_{\text{C}. i}} + C_{\text{C. WD. W}} \sum_i F_i S_{\text{C}_i} S_{\text{D}_{\text{C}. i}}$$

$$+ C_{\text{C. WD. N}} \sum_i F_i S_{\text{C}_i} S_{\text{D}_{\text{C}. i}} + C_{\text{C. SK}} \sum_i F_i S_{\text{C}_i} \tag{I-6}$$

式中　A——总建筑面积,m^2;

　　　N——换气次数,次/h;

　　　h——按建筑面积进行加权平均的楼层高度,m;

　　　$C_{\text{C. N}}$——空调年耗电指数与换气次数有关的系数,$C_{\text{C. N}}$取 4.16;

　　　$C_{\text{C. 0}}$,C_{c}——空调年耗电指数的有关系数,$C_{\text{C. 0}}$取-4.47;

　　　$ECF_{\text{C. R}}$——空调年耗电指数与屋面有关的参数;

　　　$ECF_{\text{C. WL}}$——空调年耗电指数与墙体有关的参数;

　　　$ECF_{\text{C. WD}}$——空调年耗电指数与外门窗有关的参数;

　　　F_i——各个围护结构的面积,m^2;

　　　K_i——各个围护结构的传热系数,$W/(m^2 \cdot K)$;

　　　ρ_i——各个墙面的太阳辐射吸收系数;

　　　S_{C_i}——各个外门窗的遮阳系数;

　　　$S_{\text{D}_{\text{C}. i}}$——各个窗的夏季建筑外遮阳系数,外遮阳系数按本书附录 F2 计算;

　　　C_{FA}——外围护结构的总面积(不包括室内地面)与总建筑面积之比;

　　　C_{qc}——空调年耗电指数与地区有关的系数,南区取 1.13,北区取 0.64。

式(I-4)、式(I-5)、式(I-6)中的其他有关系数应符合附表 I-1 中的规定。

表 I-1　空调耗电指数计算的有关系数

系　　数	所在墙面的朝向			
	东	南	西	北
$C_{\text{C. WL}}$(重质)	18.6	16.6	20.4	12.0
$C_{\text{C. WL}}$(轻质)	29.2	33.2	40.8	24.0
$C_{\text{C. WD}}$	137	173	215	131
$C_{\text{C. R}}$(重质)	35.2			
$C_{\text{C. R}}$(轻质)	70.4			
$C_{\text{C. SK}}$	363			

注:重质是指热惰性指标大于等于 2.5 的墙体和屋顶;轻质是指热惰性指标小于 2.5 的墙体和屋顶。

I.3　建筑物采暖年耗电指数应按下列公式计算:

$$ECF_{\text{H}} = \left[\frac{(ECF_{\text{H. R}} + ECF_{\text{H. WL}} + ECF_{\text{H. WD}})}{A} + C_{\text{H. N}} \cdot h \cdot N + C_{\text{H. 0}} \right] \cdot C_{\text{H}} \tag{I-7}$$

$$C_{\text{H}} = C_{\text{qH}} \cdot C_{\text{FA}}^{0.370} \tag{I-8}$$

$$ECF_{\text{H. R}} = C_{\text{H. R. K}} \sum_i K_i F_i + C_{\text{H. R}} \sum_i K_i F_i \rho_i \tag{I-9}$$

$$ECF_{\mathrm{H.WL}} = C_{\mathrm{H.WL.E}} \sum_i K_i F_i \rho_i + C_{\mathrm{H.WL.S}} \sum_i K_i F_i \rho_i + C_{\mathrm{H.WL.W}} \sum_i K_i F_i \rho_i$$

$$+ C_{\mathrm{H.WL.N}} \sum_i K_i F_i \rho_i + C_{\mathrm{H.WL.K.E}} \sum_i K_i F_i + C_{\mathrm{H.WL.K.S}} \sum_i K_i F_i$$

$$+ C_{\mathrm{H.WL.K.W}} \sum_i K_i F_i + C_{\mathrm{H.WL.K.N}} \sum_i K_i F_i \tag{I-10}$$

$$ECF_{\mathrm{H.WD}} = C_{\mathrm{H.WD.E}} \sum_i F_i S_{C_i} S_{D_{\mathrm{H}.i}} + C_{\mathrm{H.WD.S}} \sum_i F_i S_{C_i} S_{D_{\mathrm{H}.i}}$$

$$+ C_{\mathrm{H.WD.W}} \sum_i F_i S_{C_i} S_{D_{\mathrm{H}.i}} + C_{\mathrm{H.WD.N}} \sum_i F_i S_{C_i} S_{D_{\mathrm{H}.i}}$$

$$+ C_{\mathrm{H.WD.K.E}} \sum_i F_i K_i + C_{\mathrm{H.WD.K.S}} \sum_i F_i K_i$$

$$+ C_{\mathrm{H.WD.K.W}} \sum_i F_i K_i + C_{\mathrm{H.WD.K.N}} \sum_i F_i K_i$$

$$+ C_{\mathrm{H.SK}} \sum_i F_i S_{C_i} M_{\mathrm{H}.i} + C_{\mathrm{H.SK.K}} \sum_i F_i K_i \tag{I-11}$$

式中 A——总建筑面积,m^2;

      h——按建筑面积进行加权平均的楼层高度,m;

      N——换气次数,次/h;

      $C_{\mathrm{H.N}}$——采暖年耗电指数与换气次数有关的系数,$C_{\mathrm{H.N}}$取 4.61;

      $C_{\mathrm{H.0}}$,C_{H}——采暖年耗电指数的有关系数,$C_{\mathrm{H.0}}$取 2.60;

      $ECF_{\mathrm{H.R}}$——采暖年耗电指数与屋面有关的参数;

      $ECF_{\mathrm{H.WL}}$——采暖年耗电指数与墙体有关的参数;

      $ECF_{\mathrm{H.WD}}$——采暖年耗电指数与外门窗有关的参数;

      F_i——各个围护结构的面积,m^2;

      K_i——各个围护结构的传热系数,$\mathrm{W/(m^2 \cdot K)}$;

      ρ_i——各个墙面的太阳辐射吸收系数;

      S_{C_i}——各个窗的遮阳系数;

      $S_{D_{\mathrm{H}.i}}$——各个窗的冬季建筑外遮阳系数,外遮阳系数应按本书附录 F2 计算;

      C_{FA}——外围护结构的总面积(不包括室内地面)与总建筑面积之比;

      C_{qH}——采暖年耗电指数与地区有关的系数,南区取 0,北区取 0.7;

式(1-9)、式(1-10)、式(1-11)中的其他有关系数应符合附表 I-2 中的规定。

附表 I-2   采暖能耗指数计算的有关系数

系 数	东	南	西	北
$C_{\mathrm{H.WL}}$(重质)	−3.6	−9.0	−10.8	−3.6
$C_{\mathrm{H.WL}}$(轻质)	−7.2	−18.0	−21.6	−7.2
$C_{\mathrm{H.WL.K}}$(重质)	14.4	15.1	23.4	14.6
$C_{\mathrm{H.WL.K}}$(轻质)	28.8	30.2	46.8	29.2
$C_{\mathrm{H.WD}}$	−32.5	−103.2	−141.1	−32.7

续表

系　　数	东	南	西	北
$C_{H.WD.K}$	8.3	8.5	14.5	8.5
$C_{H.R}$（重质）	-7.4			
$C_{H.R}$（轻质）	-14.8			
$C_{H.R.K}$（重质）	21.4			
$C_{H.R.K}$（轻质）	42.8			
$C_{H.SK}$	-97.3			
$C_{H.SK.K}$	13.3			

注：重质是指热惰性指标大于等于 2.5 的墙体和屋顶；轻质是指热惰性指标小于 2.5 的墙体和屋顶。

附录 J　严寒和寒冷地区主要城市的气候区属、
气象参数、耗热量指标

根据采暖度日数（HDD18）和空调度日数（CDD26），可将严寒和寒冷地区细分为五个气候子区，其中主要城市的建筑节能计算用气象参数和建筑耗热量指标应分别按附表 J-1 和附表 J-2 中的规定确定。

附表 J-1　严寒和寒冷地区主要城市的建筑节能计算用气象参数

城　　市	气候区属	北纬度	东经度	海拔/m	HDD18/(℃·d)	CDD26/(℃·d)	计算采暖期						
							天数/d	室外平均温度/℃	太阳总辐射平均强度/(W/m²)				
									水平	南向	北向	东向	西向
直辖市													
北京	Ⅱ(B)	39.93	116.28	55	2699	94	114	0.1	102	120	33	59	59
天津	Ⅱ(B)	39.10	117.17	5	2743	92	118	-0.2	99	106	34	56	57
河北省													
石家庄	Ⅱ(B)	38.03	114.42	81	2388	147	97	0.9	95	102	33	54	54
围场	Ⅰ(C)	41.93	117.75	844	4602	3	172	-5.1	118	121	38	66	66
丰宁	Ⅰ(C)	41.22	116.63	661	4167	5	161	-4.2	120	126	39	67	67
承德	Ⅱ(A)	40.98	117.95	386	3783	20	150	-3.4	107	112	35	60	60
张家口	Ⅱ(A)	40.78	114.88	726	3637	24	145	-2.7	106	118	36	62	60
怀来	Ⅱ(A)	40.40	115.50	538	3388	32	143	-1.8	105	117	36	61	59
青龙	Ⅱ(A)	40.40	118.95	228	3532	23	146	-2.5	107	112	35	61	59
蔚县	Ⅰ(C)	39.83	114.57	910	3955	9	151	-3.9	110	115	36	62	61

续表

城　　市	气候区属	北纬度	东经度	海拔/m	HDD18/(℃·d)	CDD26/(℃·d)	计算采暖期					
							天数/d	室外平均温度/℃	太阳总辐射平均强度/(W/m²)				
									水平	南向	北向	东向	西向
唐山	Ⅱ(A)	39.67	118.15	29	2853	72	120	−0.6	100	108	34	58	56
乐亭	Ⅱ(A)	39.43	118.90	12	3080	37	124	−1.3	104	111	35	60	57
保定	Ⅱ(B)	38.85	115.57	19	2564	129	108	0.4	94	102	32	55	52
沧州	Ⅱ(B)	38.33	116.83	11	2653	92	115	0.3	102	107	35	58	58
泊头	Ⅱ(B)	38.08	116.55	13	2593	126	119	0.4	101	106	34	58	56
邢台	Ⅱ(B)	37.07	114.50	78	2268	155	93	1.4	96	102	33	56	53
山西省													
太原	Ⅱ(A)	37.78	112.55	779	3160	11	127	−1.1	108	118	36	62	60
大同	Ⅰ(C)	40.10	113.33	1069	4120	8	158	−4.0	119	124	39	67	66
河曲	Ⅰ(C)	39.38	111.15	861	3913	18	150	−4.0	120	126	38	64	67
原平	Ⅱ(A)	38.75	112.70	838	3399	14	141	−1.7	108	118	36	61	61
离石	Ⅱ(A)	37.50	111.10	951	3424	16	140	−1.8	102	108	34	56	57
榆社	Ⅱ(A)	37.07	112.98	1042	3529	1	143	−1.7	111	118	37	62	62
介休	Ⅱ(A)	37.03	111.92	745	2978	24	121	−0.3	109	114	36	60	61
阳城	Ⅱ(A)	35.48	112.40	659	2698	21	112	0.7	104	109	34	57	57
运城	Ⅱ(B)	35.05	111.05	365	2267	185	84	1.3	91	97	30	50	49
内蒙古自治区													
呼和浩特	Ⅰ(C)	40.82	111.68	1065	4186	11	158	−4.4	116	122	37	65	64
图里河	Ⅰ(A)	50.45	121.70	733	8023	0	225	−14.38	105	101	33	58	57
海拉尔	Ⅰ(A)	49.22	119.75	611	6713	3	206	−12.0	77	82	27	47	46
博克图	Ⅰ(A)	48.77	121.92	739	6622	0	208	−10.3	75	81	26	46	44
新巴尔虎右旗	Ⅰ(A)	48.67	116.82	556	6157	13	195	−10.6	83	90	29	51	49
阿尔山	Ⅰ(A)	47.17	119.93	997	7364	0	218	−12.1	119	103	37	68	67
东乌珠穆沁旗	Ⅰ(A)	45.52	116.97	840	5940	11	189	−10.1	104	106	34	59	58
那仁宝拉格	Ⅰ(A)	44.62	114.15	1183	6153	4	200	−9.9	108	112	35	62	60
西乌珠穆沁旗	Ⅰ(A)	44.58	117.60	997	5812	4	198	−8.4	102	107	34	59	57
扎鲁特旗	Ⅰ(C)	44.57	120.90	266	4398	32	164	−5.6	105	112	36	63	60
阿巴嘎旗	Ⅰ(A)	44.02	114.95	1128	5892	7	188	−9.9	109	111	36	62	61

续表

城　　市	气候区属	北纬度	东经度	海拔/m	HDD18/(℃·d)	CDD26/(℃·d)	计算采暖期						
							天数/d	室外平均温度/℃	太阳总辐射平均强度/(W/m²)				
									水平	南向	北向	东向	西向
巴林左旗	Ⅰ(C)	43.98	119.40	485	4704	10	167	−6.4	110	116	37	65	62
锡林浩特	Ⅰ(A)	43.95	116.12	1004	5545	12	186	−8.6	107	109	35	61	60
二连浩特	Ⅰ(A)	43.65	112.00	966	5131	36	176	−8.0	113	112	39	64	63
林西	Ⅰ(C)	43.60	118.07	800	4858	7	174	−6.3	118	124	39	69	65
通辽	Ⅰ(C)	43.60	122.27	180	4376	22	164	−5.7	105	111	35	62	60
满都拉	Ⅰ(C)	42.53	110.13	1223	4746	20	175	−5.8	133	139	43	73	76
朱日和	Ⅰ(C)	42.40	112.90	1152	4810	16	174	−6.1	122	125	39	71	68
赤峰	Ⅰ(C)	42.27	118.97	572	4196	20	161	−4.5	116	123	38	66	64
多伦	Ⅰ(B)	42.18	116.47	1247	5466	0	186	−7.4	121	123	39	69	67
额济纳旗	Ⅰ(C)	41.95	101.07	941	3884	130	150	−4.3	128	140	42	75	71
化德	Ⅰ(B)	41.90	114.00	1484	5366	0	187	−6.8	124	125	40	71	68
达尔罕联合旗	Ⅰ(C)	41.70	110.43	1377	4969	5	176	−6.4	134	139	43	73	76
乌拉特后旗	Ⅰ(C)	41.57	108.52	1290	4675	10	173	−5.6	139	146	44	77	78
海力素	Ⅰ(C)	41.45	106.38	1510	4780	14	176	−5.8	136	140	43	76	75
集宁	Ⅰ(C)	41.03	113.07	1416	4873	0	177	−5.4	128	129	41	73	70
临河	Ⅱ(A)	40.77	107.40	1041	3777	30	151	−3.1	122	130	40	69	68
巴音毛道	Ⅰ(C)	40.75	104.50	1329	4208	30	158	−4.7	137	149	44	75	78
东胜	Ⅰ(C)	39.83	109.98	1459	4226	3	160	−3.8	128	133	41	70	73
吉兰太	Ⅱ(A)	39.78	105.75	1143	3746	68	150	−3.4	132	140	43	71	76
鄂托克旗	Ⅰ(C)	39.10	107.98	1381	4045	9	156	−3.6	130	136	42	70	73
辽宁省													
沈阳	Ⅰ(C)	41.77	123.43	43	3929	25	150	−4.5	94	97	32	54	53
彰武	Ⅰ(C)	42.42	122.53	84	4134	13	158	−4.9	104	109	35	60	59
清原	Ⅰ(C)	42.10	124.95	235	4598	8	165	−6.3	86	86	29	49	48
朝阳	Ⅱ(A)	41.55	120.45	176	3559	53	143	−3.1	96	103	35	56	55
本溪	Ⅰ(C)	41.32	123.78	185	4046	16	157	−4.4	90	91	30	52	50
锦州	Ⅱ(A)	41.13	121.12	70	3458	26	141	−2.5	91	100	32	55	52
宽甸	Ⅰ(C)	40.72	124.78	261	4095	4	158	−4.1	92	93	31	52	52

续表

城　市	气候区属	北纬度	东经度	海拔/m	HDD18/(℃·d)	CDD26/(℃·d)	计算采暖期						
							天数/d	室外平均温度/℃	太阳总辐射平均强度/(W/m²)				
									水平	南向	北向	东向	西向
营口	Ⅱ(A)	40.67	122.20	4	3526	29	142	−2.9	89	95	31	51	51
丹东	Ⅱ(A)	40.05	124.33	14	3566	6	145	−2.2	91	100	32	51	55
大连	Ⅱ(A)	38.90	121.63	97	2924	16	125	0.1	104	108	35	57	60
吉林省													
长春	Ⅰ(C)	43.90	125.22	238	4642	12	165	−6.7	90	93	30	53	51
前郭尔罗斯	Ⅰ(C)	45.08	124.87	136	4800	17	165	−7.6	93	98	32	55	54
长岭	Ⅰ(C)	44.25	123.97	190	4718	15	165	−7.2	96	100	32	56	55
敦化	Ⅰ(B)	43.37	128.20	525	5221	1	183	−7.0	94	93	31	54	53
四平	Ⅰ(C)	43.18	124.33	167	4308	15	162	−5.5	94	97	32	55	53
桦甸	Ⅰ(B)	42.98	126.75	264	5007	4	168	−7.9	86	87	29	49	48
延吉	Ⅰ(C)	42.88	129.47	178	4687	5	166	−6.1	91	92	31	53	51
临江	Ⅰ(C)	41.72	126.92	333	4736	4	165	−6.7	84	84	28	47	47
长白	Ⅰ(A)	41.35	128.17	1018	5542	0	186	−7.8	96	92	31	54	53
集安	Ⅰ(C)	41.10	126.15	179	4142	9	159	−4.5	85	85	28	48	47
黑龙江省													
哈尔滨	Ⅰ(B)	45.75	126.77	143	5032	14	167	−8.5	83	86	28	49	48
漠河	Ⅰ(A)	52.13	122.52	433	7994	0	225	−14.7	100	91	33	57	58
呼玛	Ⅰ(A)	51.72	126.65	179	6805	4	202	−12.9	84	90	31	49	49
黑河	Ⅰ(A)	50.25	127.45	166	6310	4	193	−11.6	80	83	27	47	47
孙吴	Ⅰ(A)	49.43	127.35	235	6517	2	201	−11.5	69	74	24	40	41
嫩江	Ⅰ(A)	49.17	125.23	243	6352	5	193	−11.9	83	84	28	49	48
克山	Ⅰ(A)	48.05	125.88	237	5888	7	186	−10.6	83	85	28	49	48
伊春	Ⅰ(A)	47.72	128.90	232	6100	1	188	−10.8	77	78	27	46	45
海伦	Ⅰ(A)	47.43	126.97	240	5798	5	185	−10.3	82	84	28	49	48
齐齐哈尔	Ⅰ(B)	47.38	123.92	148	5259	23	177	−8.7	90	94	31	54	53
富锦	Ⅰ(A)	47.23	131.98	65	5594	6	184	−9.5	84	85	29	49	50
泰来	Ⅰ(B)	46.40	123.42	150	5005	26	168	−8.3	89	94	31	54	52

续表

城　　市	气候区属	北纬度	东经度	海拔/m	HDD18/(℃·d)	CDD26/(℃·d)	计算采暖期						
							天数/d	室外平均温度/℃	太阳总辐射平均强度/（W/m²）				
									水平	南向	北向	东向	西向
安达	Ⅰ(B)	46.38	125.32	150	5291	15	174	−9.1	90	93	30	53	52
宝清	Ⅰ(B)	46.32	132.18	83	5190	8	174	−8.2	86	90	29	49	50
通河	Ⅰ(A)	45.97	128.73	110	5675	3	185	−9.7	84	85	29	50	48
虎林	Ⅰ(B)	45.77	132.97	103	5351	2	177	−8.8	88	88	30	51	51
鸡西	Ⅰ(B)	45.28	130.95	234	5105	7	175	−7.7	91	92	31	53	53
尚志	Ⅰ(B)	45.22	127.97	191	5467	3	184	−8.8	90	90	30	53	52
牡丹江	Ⅰ(B)	44.57	129.60	242	5066	7	168	−8.2	93	97	32	56	54
绥芬河	Ⅰ(B)	44.38	131.15	498	5422	1	184	−7.6	94	94	32	56	54
江苏省													
赣榆	Ⅱ(A)	34.83	119.13	10	2226	83	87	2.1	93	100	32	52	51
徐州	Ⅱ(B)	34.28	117.15	42	2090	137	84	2.5	88	94	30	50	49
射阳	Ⅱ(B)	33.77	120.25	7	2083	92	83	3.0	95	102	32	52	52
安徽省													
亳州	Ⅱ(B)	33.88	115.77	42	2030	154	74	2.5	83	88	28	47	45
山东省													
济南	Ⅱ(B)	36.60	117.05	169	2211	160	92	1.8	97	104	33	56	53
长岛	Ⅱ(A)	37.93	120.72	40	2570	20	106	1.4	105	110	35	59	60
龙口	Ⅱ(A)	37.62	120.32	5	2551	60	108	1.1	104	108	35	57	59
惠民县	Ⅱ(B)	37.50	117.53	12	2622	96	111	0.4	101	108	34	56	55
德州	Ⅱ(B)	37.43	116.32	22	2527	97	115	1.0	113	119	37	65	62
成山头	Ⅱ(A)	37.40	122.68	47	2672	2	115	2.0	109	116	37	62	63
陵县	Ⅱ(B)	37.33	116.57	19	2613	103	111	0.5	102	110	34	58	57
潍坊	Ⅱ(A)	36.77	119.18	22	2735	63	117	0.3	106	111	35	58	57
海阳	Ⅱ(A)	36.77	121.17	64	2631	20	109	1.1	109	113	36	61	59
朝阳	Ⅱ(A)	36.23	115.67	38	2521	90	104	0.8	98	105	33	54	54
沂源	Ⅱ(A)	36.18	118.15	302	2660	45	116	0.7	102	106	34	56	56
青岛	Ⅱ(A)	36.07	120.33	77	2401	22	99	2.1	118	114	37	65	63

城　　市	气候区属	北纬度	东经度	海拔/m	HDD18/(℃·d)	CDD26/(℃·d)	天数/d	室外平均温度/℃	水平	南向	北向	东向	西向
兖州	Ⅱ(B)	35.57	116.85	53	2390	97	103	1.5	101	107	33	56	55
日照	Ⅱ(A)	35.43	119.53	37	2361	39	98	2.1	125	119	41	70	66
菏泽	Ⅱ(A)	35.25	115.43	51	2396	89	111	2.0	104	107	34	58	57
费县	Ⅱ(A)	35.25	117.95	120	2296	83	94	1.7	103	108	34	57	58
定陶	Ⅱ(B)	35.07	115.57	49	2319	107	93	1.5	100	106	33	56	55
临沂	Ⅱ(A)	35.05	118.35	86	2375	70	100	1.7	102	104	33	56	56
河南省													
安阳	Ⅱ(B)	36.05	114.40	64	2309	131	93	1.3	99	105	33	57	54
孟津	Ⅱ(A)	34.82	112.43	333	2221	89	92	2.3	97	102	32	54	52
郑州	Ⅱ(B)	34.72	113.65	111	2106	125	88	2.5	99	106	33	56	56
卢氏	Ⅱ(A)	34.05	111.03	570	2516	30	103	1.5	99	104	32	53	53
西华	Ⅱ(B)	33.78	114.52	53	2096	110	77	2.4	93	97	31	53	50
四川省													
若尔盖	Ⅰ(A)	33.58	102.97	3441	5972	0	227	-2.9	161	142	47	83	82
松潘	Ⅰ(C)	32.65	103.57	2852	4218	0	156	-0.1	136	132	41	71	70
色达	Ⅰ(A)	32.28	100.33	3896	6274	0	228	-3.8	166	154	53	97	94
马尔康	Ⅱ(A)	31.90	102.23	2666	3390	0	115	1.3	137	139	43	72	73
德格	Ⅰ(C)	31.80	98.57	3185	4088	0	156	0.8	125	119	37	64	63
甘孜	Ⅰ(C)	31.62	100.00	3394	4414	0	173	-0.2	162	163	52	93	93
康定	Ⅰ(C)	30.05	101.97	2617	3873	0	141	0.6	119	117	37	61	62
理塘	Ⅰ(B)	30.00	100.27	3950	5173	0	188	-1.2	167	154	50	86	90
巴塘	Ⅱ(A)	30.00	99.10	2589	2100	0	50	3.8	149	156	49	79	81
稻城	Ⅰ(C)	29.05	100.30	3729	4762	0	177	-0.7	173	175	60	104	109
贵州省													
毕节	Ⅱ(A)	27.30	105.23	1511	2125	0	70	3.7	102	101	33	54	54
威宁	Ⅱ(A)	26.87	104.28	2236	2636	0	75	3.0	109	108	34	57	57
云南省													
德钦	Ⅰ(C)	28.45	98.88	3320	4266	0	171	0.9	143	126	41	73	72

续表

城　　市	气候区属	北纬度	东经度	海拔/m	HDD18/(℃·d)	CDD26/(℃·d)	计算采暖期						
							天数/d	室外平均温度/℃	太阳总辐射平均强度/（W/m²）				
									水平	南向	北向	东向	西向
昭通	Ⅱ(A)	27.33	103.75	1950	2394	0	73	3.1	135	136	42	69	74
西藏自治区													
拉萨	Ⅱ(A)	29.67	91.13	3650	3425	0	126	1.6	148	147	46	80	79
狮泉河	Ⅰ(A)	32.50	80.08	4280	6048	0	224	−5.0	209	191	62	118	114
改则	Ⅰ(A)	32.30	84.05	4420	6577	0	232	−5.7	255	148	74	136	130
索县	Ⅰ(A)	31.88	93.78	4024	5775	0	215	−3.1	182	141	52	96	93
那曲	Ⅰ(A)	31.48	92.07	4508	6722	0	242	−4.8	147	127	43	80	75
丁青	Ⅰ(B)	31.42	95.60	3874	5197	0	194	−1.8	152	132	45	81	78
班戈	Ⅰ(A)	31.37	90.02	4701	6699	0	245	−4.2	183	152	53	97	94
昌都	Ⅱ(A)	31.15	97.17	3307	3764	0	140	0.6	120	115	37	64	64
申扎	Ⅰ(A)	30.95	88.63	4670	6402	0	231	−4.1	189	158	55	101	98
林芝	Ⅱ(A)	29.57	94.47	3001	3191	0	100	2.2	170	169	51	94	90
日喀则	Ⅰ(C)	29.25	88.88	3837	4047	0	157	0.3	168	153	51	91	87
隆子	Ⅰ(C)	28.42	92.47	3861	4473	0	173	−0.3	161	139	47	86	81
帕里	Ⅰ(A)	27.73	89.08	4300	6435	0	242	−3.1	178	141	50	94	89
陕西省													
西安	Ⅱ(B)	34.30	108.93	398	2178	153	82	2.1	87	91	29	48	47
榆林	Ⅱ(A)	38.23	109.70	1058	3672	19	143	−2.9	108	118	36	61	59
延安	Ⅱ(A)	36.60	109.50	959	3127	15	127	−0.9	103	111	34	55	57
宝鸡	Ⅱ(A)	34.35	107.13	610	2301	86	91	2.1	93	97	31	51	50
甘肃省													
兰州	Ⅱ(A)	36.05	103.88	1518	3094	10	126	−0.6	116	125	38	64	64
敦煌	Ⅱ(A)	40.15	94.68	1140	3518	25	139	−2.8	121	140	40	67	70
酒泉	Ⅰ(C)	39.77	98.48	1478	3971	3	152	−3.4	135	146	43	77	74
张掖	Ⅰ(C)	38.93	100.43	1483	4001	6	155	−3.6	136	146	43	75	75
民勤	Ⅱ(A)	38.63	103.08	1367	3715	12	150	−2.6	135	143	40	73	75
乌鞘岭	Ⅰ(A)	37.20	102.87	3044	6329	0	245	−4.0	157	139	47	84	81
西峰镇	Ⅱ(A)	35.73	107.63	1423	3364	1	141	−0.3	106	111	35	59	57

续表

城 市	气候区属	北纬度	东经度	海拔/m	HDD18/(℃·d)	CDD26/(℃·d)	计算采暖期						
							天数/d	室外平均温度/℃	太阳总辐射平均强度/(W/m²)				
									水平	南向	北向	东向	西向
平凉	Ⅱ(A)	35.55	106.67	1348	3334	1	139	−0.3	107	112	35	57	58
合作	Ⅰ(B)	35.00	102.90	2910	5432	0	192	−3.4	144	139	44	75	77
岷县	Ⅰ(C)	34.72	104.88	1371	4409	0	170	−1.5	134	132	41	73	70
天水	Ⅱ(A)	34.58	105.75	1143	2729	10	110	1.0	98	99	33	54	53
成县	Ⅱ(A)	33.75	105.75	1128	2215	13	94	3.6	145	154	45	81	79
青海省													
西宁	Ⅰ(C)	36.62	101.77	2296	4478	0	161	−3.0	138	140	43	77	75
冷湖	Ⅰ(B)	38.83	93.38	2771	5395	0	193	−5.6	145	154	45	80	81
大柴旦	Ⅰ(A)	37.85	95.37	3174	5616	0	196	−5.8	148	155	46	82	83
德令哈	Ⅰ(C)	37.37	97.37	2982	4874	0	186	−3.7	144	142	44	78	79
刚察	Ⅰ(A)	37.33	100.13	3302	6471	0	226	−5.2	161	149	48	87	84
格尔木	Ⅰ(C)	36.42	94.90	2809	4436	0	170	−3.1	157	162	49	88	87
都兰	Ⅰ(B)	36.30	98.10	3192	5161	0	191	−3.6	154	152	47	84	82
同德	Ⅰ(B)	35.27	100.65	3290	5066	0	218	−5.5	161	160	49	88	85
玛多	Ⅰ(A)	34.92	98.22	4273	7683	0	277	−6.4	180	162	53	96	94
河南	Ⅰ(A)	34.73	101.60	3501	6591	0	246	−4.5	168	155	50	89	88
托托河	Ⅰ(A)	34.22	92.43	4535	7878	0	276	−7.2	178	156	52	98	93
曲麻莱	Ⅰ(A)	34.13	95.78	4176	7148	0	256	−5.8	175	156	52	94	92
达日	Ⅰ(A)	33.75	99.65	3968	6721	0	251	−4.5	170	148	49	88	89
玉树	Ⅰ(B)	33.02	97.02	3682	5154	0	191	−2.2	162	149	48	84	86
杂多	Ⅰ(A)	32.90	95.30	4068	6153	0	229	−3.8	155	132	45	83	80
宁夏回族自治区													
银川	Ⅱ(A)	38.47	106.20	1112	3472	11	140	−2.1	117	124	40	64	67
盐池	Ⅱ(A)	37.80	107.38	1356	3700	10	149	−2.3	130	134	42	70	73
中宁	Ⅱ(A)	37.48	105.68	1193	3349	22	137	−1.6	119	127	41	67	66
新疆维吾尔自治区													
乌鲁木齐	Ⅰ(C)	43.80	87.65	947	4329	36	149	−6.5	101	113	34	59	58
哈巴河	Ⅰ(C)	48.05	86.35	534	4867	10	172	−6.9	105	116	35	60	62

续表

城　　市	气候区属	北纬度	东经度	海拔/m	HDD18/(℃·d)	CDD26/(℃·d)	计算采暖期						
							天数/d	室外平均温度/℃	太阳总辐射平均强度/(W/m²)				
									水平	南向	北向	东向	西向
阿勒泰	Ⅰ(B)	47.73	88.08	737	5081	11	174	−7.9	109	123	36	63	64
富蕴	Ⅰ(B)	46.98	89.52	827	5458	22	174	−10.1	118	135	39	67	70
和布克赛尔	Ⅰ(B)	46.78	85.72	1294	5066	1	186	−5.6	119	131	39	69	68
塔城	Ⅰ(C)	46.73	83.00	535	4143	20	148	−5.1	90	111	32	52	54
克拉玛依	Ⅰ(C)	45.60	84.85	428	4234	196	144	−7.9	95	116	33	56	57
北塔山	Ⅰ(B)	45.37	90.53	1651	5434	2	192	−6.2	113	123	37	65	64
精河	Ⅰ(C)	44.62	82.90	321	4236	70	148	−6.9	98	108	34	58	57
奇台	Ⅰ(C)	44.02	89.57	794	4989	10	161	−9.2	120	136	39	68	68
伊宁	Ⅱ(A)	43.95	81.33	664	3501	9	137	−2.8	97	117	34	55	57
吐鲁番	Ⅱ(B)	42.93	89.20	37	2758	579	234	−2.5	102	121	35	58	60
哈密	Ⅱ(B)	42.82	93.52	739	3682	104	143	−4.1	120	136	40	68	69
巴伦台	Ⅰ(C)	42.67	86.33	1753	3992	0	146	−3.2	90	101	32	52	52
库尔勒	Ⅱ(B)	41.75	86.13	933	3115	123	121	−2.5	127	138	41	71	73
库车	Ⅱ(A)	41.72	82.95	1100	3162	42	109	−2.7	127	138	41	71	72
阿合奇	Ⅰ(C)	40.93	78.45	1986	4118	0	109	−3.6	131	144	42	72	73
铁干里克	Ⅱ(B)	40.63	87.70	847	3353	133	128	−3.5	125	148	41	69	72
阿拉尔	Ⅱ(A)	40.50	81.05	1013	3296	22	129	−3.0	125	148	41	69	71
巴楚	Ⅱ(A)	39.80	78.57	1117	2892	77	115	−2.1	133	155	43	72	75
喀什	Ⅱ(A)	39.47	75.98	1291	2767	46	121	−1.3	130	150	42	72	72
若羌	Ⅱ(B)	39.03	88.17	889	3149	152	122	−2.9	141	150	45	77	80
莎车	Ⅱ(A)	38.43	77.27	1232	2858	27	113	−1.5	134	152	43	73	76
安德河	Ⅱ(A)	37.93	83.65	1264	2673	60	129	−3.3	141	160	45	76	79
皮山	Ⅱ(A)	37.62	78.28	1376	2761	70	110	−1.3	134	150	43	73	74
和田	Ⅱ(A)	37.13	79.93	1375	2595	71	107	−0.6	128	142	42	70	72

附表 J-2　严寒和寒冷地区主要城市的建筑物耗热量指标

城　　市	气候区属	建筑物耗热量指标/(W/m²)				城　　市	气候区属	建筑物耗热量指标/(W/m²)			
		≤3层	4~8层	9~13层	≥14层			≤3层	4~8层	9~13层	≥14层
直辖市											
北京	Ⅱ(B)	16.1	15.0	13.4	12.1	天津	Ⅱ(B)	17.1	16.0	14.3	12.7
河北省											
石家庄	Ⅱ(B)	15.7	14.6	13.1	11.6	蔚县	Ⅰ(C)	18.1	15.6	14.4	12.6
围场	Ⅰ(C)	19.3	16.7	15.4	13.5	唐山	Ⅱ(A)	17.6	15.3	14.0	12.4
丰宁	Ⅰ(C)	17.8	15.4	14.2	12.4	乐亭	Ⅱ(A)	18.4	16.1	14.7	13.1
承德	Ⅱ(A)	21.6	18.9	17.4	15.5	保定	Ⅱ(B)	16.5	15.4	13.8	12.2
张家口	Ⅱ(A)	20.2	17.7	16.2	14.5	沧州	Ⅱ(B)	16.2	15.1	13.5	12.0
怀来	Ⅱ(A)	18.9	16.5	15.1	13.5	泊头	Ⅱ(B)	16.1	15.0	13.4	11.9
青龙	Ⅱ(A)	20.1	17.6	16.2	14.4	邢台	Ⅱ(B)	14.9	13.9	12.3	11.0
山西省											
太原	Ⅱ(A)	17.7	15.4	14.1	12.5	榆社	Ⅱ(A)	18.6	16.2	14.8	13.2
大同	Ⅰ(C)	17.6	15.2	14.0	12.2	介休	Ⅱ(A)	16.7	14.5	13.3	11.8
河曲	Ⅰ(C)	17.6	15.2	14.0	12.3	阳城	Ⅱ(A)	15.5	13.5	12.2	10.9
原平	Ⅱ(A)	18.6	16.2	14.9	13.3	运城	Ⅱ(B)	15.5	14.4	12.9	11.4
离石	Ⅱ(A)	19.4	17.0	15.6	13.8						
内蒙古自治区											
呼和浩特	Ⅰ(C)	18.4	15.9	14.7	12.9	满都拉	Ⅰ(C)	19.2	16.6	15.3	13.4
图里河	Ⅰ(A)	24.3	22.5	20.3	20.1	朱日和	Ⅰ(C)	20.5	17.6	16.3	14.3
海拉尔	Ⅰ(A)	22.9	20.9	18.9	18.8	赤峰	Ⅰ(C)	18.5	15.9	14.7	12.9
博克图	Ⅰ(A)	21.1	19.4	17.4	17.3	多伦	Ⅰ(B)	19.2	17.1	15.5	14.3
新巴尔虎右旗	Ⅰ(A)	20.9	19.1	17.3	17.2	额济纳旗	Ⅰ(C)	17.2	14.9	13.7	12.0
阿尔山	Ⅰ(A)	21.5	20.1	18.0	17.7	化德	Ⅰ(B)	18.4	16.3	14.8	13.6
东乌珠穆沁旗	Ⅰ(B)	23.6	20.8	19.0	17.6	达尔罕联合旗	Ⅰ(C)	20.0	17.3	16.0	14.0
那仁宝拉格	Ⅰ(A)	19.7	17.8	15.8	15.7	乌拉特后旗	Ⅰ(C)	18.5	16.1	14.8	13.0
西乌珠穆沁旗	Ⅰ(B)	21.4	18.9	17.2	16.0	海力素	Ⅰ(C)	19.1	16.6	15.3	13.4
扎鲁特旗	Ⅰ(C)	20.6	17.7	16.4	14.4	集宁	Ⅰ(C)	19.3	16.6	15.4	13.4
阿巴嘎旗	Ⅰ(B)	23.1	20.4	18.6	17.2	临河	Ⅱ(A)	20.0	17.5	16.0	14.3

续表

城　　　市	气候区属	建筑物耗热量指标 /(W/m²)				城　　　市	气候区属	建筑物耗热量指标 /(W/m²)			
		≤3层	4~8层	9~13层	≥14层			≤3层	4~8层	9~13层	≥14层
巴林左旗	Ⅰ(C)	21.4	18.4	17.1	15.0	巴音毛道	Ⅰ(C)	17.1	14.9	13.7	12.0
锡林浩特	Ⅰ(B)	21.6	19.1	17.4	16.1	东胜	Ⅰ(C)	16.8	14.5	13.4	11.7
二连浩特	Ⅰ(B)	17.1	15.9	14.0	13.8	吉兰太	Ⅱ(A)	19.8	17.3	15.8	14.2
林西	Ⅰ(B)	20.8	17.9	16.6	14.6	鄂托克旗	Ⅰ(C)	16.4	14.2	13.1	11.4
通辽	Ⅰ(C)	20.8	17.8	16.5	14.5						
辽宁省											
沈阳	Ⅰ(C)	20.1	17.2	15.9	13.9	锦州	Ⅱ(A)	21.0	18.3	16.8	15.0
彰武	Ⅰ(C)	19.9	17.1	15.8	13.9	宽甸	Ⅰ(C)	19.7	16.8	15.6	13.7
清原	Ⅰ(C)	23.1	19.7	18.4	16.1	营口	Ⅱ(A)	21.8	19.1	17.6	15.6
朝阳	Ⅱ(A)	21.7	18.9	17.4	15.5	丹东	Ⅱ(A)	20.6	18.0	16.6	14.7
本溪	Ⅰ(C)	20.2	17.3	16.0	14.0	大连	Ⅱ(A)	16.5	14.3	13.0	11.5
吉林省											
长春	Ⅰ(C)	23.3	19.9	18.6	16.3	桦甸	Ⅰ(B)	22.1	19.3	17.7	16.3
前郭尔罗斯	Ⅰ(C)	24.2	20.7	19.4	17.0	延吉	Ⅰ(C)	22.5	19.2	17.9	15.7
长岭	Ⅰ(C)	23.5	20.1	18.8	16.5	临江	Ⅰ(C)	23.8	20.3	19.0	16.7
敦化	Ⅰ(B)	20.6	18.0	16.5	15.2	长白	Ⅰ(B)	21.5	18.9	17.2	15.9
四平	Ⅰ(C)	21.3	18.2	17.0	14.9	集安	Ⅰ(C)	20.8	17.7	16.5	14.4
黑龙江省											
哈尔滨	Ⅰ(B)	22.9	20.0	18.3	16.9	富锦	Ⅰ(B)	24.1	21.1	19.3	17.8
漠河	Ⅰ(A)	25.2	23.1	20.9	20.6	泰来	Ⅰ(B)	22.1	19.4	17.7	16.4
呼玛	Ⅰ(A)	23.3	21.4	19.3	19.2	安达	Ⅰ(B)	23.2	20.4	18.6	17.2
黑河	Ⅰ(A)	22.4	20.5	18.5	18.4	宝清	Ⅰ(B)	22.2	19.5	17.8	16.5
孙吴	Ⅰ(A)	22.8	20.8	18.8	18.7	通河	Ⅰ(B)	24.4	21.3	19.5	18.0
嫩江	Ⅰ(A)	22.5	20.7	18.6	18.5	虎林	Ⅰ(B)	23.0	20.1	18.5	17.0
克山	Ⅰ(B)	25.6	22.4	20.6	19.0	鸡西	Ⅰ(B)	21.4	18.8	17.1	15.8
伊春	Ⅰ(A)	21.7	19.9	17.9	17.7	尚志	Ⅰ(B)	23.0	20.1	18.4	17.0
海伦	Ⅰ(B)	25.2	22.0	20.2	18.7	牡丹江	Ⅰ(B)	21.9	19.2	17.5	16.2
齐齐哈尔	Ⅰ(B)	22.6	19.8	18.1	16.7	绥芬河	Ⅰ(B)	21.2	18.6	17.0	15.6

续表

城　市	气候区属	建筑物耗热量指标 /(W/m²)				城　市	气候区属	建筑物耗热量指标 /(W/m²)			
		≤3层	4～8层	9～13层	≥14层			≤3层	4～8层	9～13层	≥14层
江苏省											
赣榆	Ⅱ(A)	14.0	12.1	11.0	9.7	射阳	Ⅱ(B)	12.6	11.6	10.3	9.2
徐州	Ⅱ(B)	13.8	12.8	11.4	10.1						
安徽省											
亳州	Ⅱ(B)	14.2	13.2	11.8	10.4						
山东省											
济南	Ⅱ(B)	14.2	13.2	11.7	10.5	莘县	Ⅱ(A)	15.6	13.6	12.3	11.0
长岛	Ⅱ(A)	14.4	12.4	11.2	9.9	沂源	Ⅱ(A)	15.7	13.6	12.4	11.0
龙口	Ⅱ(A)	15.0	12.9	11.7	10.4	青岛	Ⅱ(A)	13.0	11.1	10.0	8.8
惠民	Ⅱ(B)	16.1	15.0	13.4	12.0	兖州	Ⅱ(B)	14.6	13.6	12.0	10.8
德州	Ⅱ(B)	14.4	13.4	11.9	10.7	日照	Ⅱ(A)	12.7	10.8	9.7	8.5
成山头	Ⅱ(A)	13.1	11.3	10.1	9.0	费县	Ⅱ(A)	14.0	12.1	10.9	9.7
陵县	Ⅱ(B)	15.9	14.9	13.2	11.8	菏泽	Ⅱ(A)	13.7	11.8	10.7	9.5
海阳	Ⅱ(A)	14.7	12.7	11.5	10.2	定陶	Ⅱ(B)	14.7	13.6	12.1	10.8
潍坊	Ⅱ(A)	16.1	13.9	12.7	11.3	临沂	Ⅱ(A)	14.2	12.3	11.1	9.8
河南省											
郑州	Ⅱ(B)	13.0	12.1	10.7	9.6	卢氏	Ⅱ(A)	14.7	12.7	11.5	10.2
安阳	Ⅱ(B)	15.0	13.9	12.4	11.0	西华	Ⅱ(B)	13.7	12.7	11.3	10.0
孟津	Ⅱ(A)	13.7	11.8	10.7	9.4						
四川省											
若尔盖	Ⅰ(B)	12.4	11.2	9.9	9.1	甘孜	Ⅰ(C)	10.1	8.9	7.9	6.6
松潘	Ⅰ(C)	11.9	10.3	9.3	8.0	康定	Ⅰ(C)	11.9	10.3	9.3	8.0
色达	Ⅰ(A)	12.1	10.3	8.5	8.1	巴塘	Ⅱ(A)	7.8	6.6	5.5	5.1
马尔康	Ⅱ(A)	12.7	10.9	9.7	8.8	理塘	Ⅰ(B)	9.6	8.9	7.7	7.0
德格	Ⅰ(C)	11.6	10.0	9.0	7.8	稻城	Ⅰ(C)	9.9	8.7	7.7	6.3
贵州省											
毕节	Ⅱ(A)	11.5	9.8	8.8	7.7	威宁	Ⅱ(A)	12.0	10.3	9.2	8.2
云南省											

续表

城　市	气候区属	建筑物耗热量指标 /（W/m²）				城　市	气候区属	建筑物耗热量指标 /（W/m²）			
		≤3层	4～8层	9～13层	≥14层			≤3层	4～8层	9～13层	≥14层
德钦	Ⅰ(C)	10.9	9.4	8.5	7.2	昭通	Ⅱ(A)	10.2	8.7	7.6	6.8
西藏自治区											
拉萨	Ⅱ(A)	11.7	10.0	8.9	7.9	昌都	Ⅱ(A)	15.2	13.1	11.9	10.5
狮泉河	Ⅰ(A)	11.8	10.1	8.2	7.8	申扎	Ⅰ(A)	12.0	10.4	8.6	8.2
改则	Ⅰ(A)	13.3	11.4	9.6	8.5	林芝	Ⅱ(A)	9.4	8.0	6.9	6.2
索县	Ⅰ(B)	12.4	11.2	9.9	8.9	日喀则	Ⅰ(C)	9.9	8.7	7.7	6.4
那曲	Ⅰ(A)	13.7	12.3	10.5	10.3	隆子	Ⅰ(C)	11.5	10.0	9.0	7.6
丁青	Ⅰ(B)	11.7	10.5	9.2	8.4	帕里	Ⅰ(A)	11.6	10.1	8.4	8.0
班戈	Ⅰ(A)	12.5	10.7	8.9	8.6						
陕西省											
西安	Ⅱ(B)	14.7	13.6	12.2	10.7	延安	Ⅱ(A)	17.9	15.6	14.3	12.7
榆林	Ⅱ(A)	20.5	17.9	16.5	14.7	宝鸡	Ⅱ(A)	14.1	12.2	11.1	9.8
甘肃省											
兰州	Ⅱ(A)	16.5	14.4	13.1	11.7	西峰镇	Ⅱ(A)	16.9	14.7	13.4	11.9
敦煌	Ⅱ(A)	19.1	16.7	15.3	13.8	平凉	Ⅱ(A)	16.9	14.7	13.4	11.9
酒泉	Ⅰ(C)	15.7	13.6	12.5	10.9	合作	Ⅰ(B)	13.3	12.0	10.7	9.9
张掖	Ⅰ(C)	15.8	13.8	12.6	11.0	岷县	Ⅰ(C)	13.8	12.0	10.9	9.4
民勤	Ⅱ(A)	18.4	16.1	14.7	13.2	天水	Ⅱ(A)	15.7	13.6	12.3	10.9
乌鞘岭	Ⅰ(A)	12.6	11.1	9.3	9.1	成县	Ⅱ(A)	8.3	7.1	6.0	5.5
青海省											
西宁	Ⅰ(C)	15.3	13.3	12.1	10.5	玛多	Ⅰ(A)	13.9	12.5	10.6	10.3
冷湖	Ⅰ(B)	15.2	13.8	12.3	11.4	河南	Ⅰ(A)	13.1	11.0	9.2	9.0
大柴旦	Ⅰ(B)	15.3	13.9	12.4	11.5	托托河	Ⅰ(A)	15.4	13.4	11.4	11.1
德令哈	Ⅰ(C)	16.2	14.0	12.9	11.2	曲麻莱	Ⅰ(A)	13.8	12.1	10.2	9.9
刚察	Ⅰ(A)	14.1	11.9	10.1	9.9	达日	Ⅰ(A)	13.2	11.2	9.4	9.1
格尔木	Ⅰ(C)	14.0	12.3	11.2	9.7	玉树	Ⅰ(B)	11.2	10.2	8.9	8.2
都兰	Ⅰ(B)	12.8	11.6	10.3	9.5	杂多	Ⅰ(A)	12.7	11.1	9.4	9.1
同德	Ⅰ(B)	14.6	13.3	11.8	11.0						

续表

城　市	气候区属	建筑物耗热量指标/(W/m²)				城　市	气候区属	建筑物耗热量指标/(W/m²)			
		≤3层	4~8层	9~13层	≥14层			≤3层	4~8层	9~13层	≥14层
宁夏回族自治区											
银川	Ⅱ(A)	18.8	16.4	15.0	13.4	中宁	Ⅱ(A)	17.8	15.5	14.2	12.6
盐池	Ⅱ(A)	18.6	16.2	14.8	13.2						
新疆维吾尔自治区											
乌鲁木齐	Ⅰ(C)	21.8	18.7	17.4	13.4	巴伦台	Ⅰ(C)	18.1	15.5	14.3	12.6
哈巴河	Ⅰ(C)	22.2	19.1	17.8	15.6	库尔勒	Ⅱ(B)	18.6	17.5	15.6	14.1
阿勒泰	Ⅰ(B)	19.9	17.7	16.1	14.9	库车	Ⅱ(A)	18.8	16.5	15.0	13.5
富蕴	Ⅰ(B)	21.9	19.5	17.8	16.6	阿合奇	Ⅰ(C)	16.0	13.9	12.8	11.2
和布克赛尔	Ⅰ(B)	16.6	14.9	13.4	12.4	铁干里克	Ⅱ(B)	19.8	18.6	16.7	15.2
塔城	Ⅰ(C)	20.2	17.7	16.1	14.3	阿拉尔	Ⅱ(A)	18.0	16.6	15.1	13.7
克拉玛依	Ⅰ(C)	23.6	20.3	18.9	16.8	巴楚	Ⅱ(A)	17.0	14.9	13.5	12.3
北塔山	Ⅰ(B)	17.8	15.8	14.3	13.3	喀什	Ⅱ(A)	16.2	14.1	12.8	11.6
精河	Ⅰ(C)	22.7	19.4	18.1	15.9	若羌	Ⅱ(B)	18.6	17.4	15.5	14.1
奇台	Ⅰ(C)	24.1	20.9	19.4	17.2	莎车	Ⅱ(A)	16.3	14.2	12.9	11.7
伊宁	Ⅱ(A)	20.5	18.0	16.5	14.8	安德河	Ⅱ(A)	18.5	16.2	14.8	13.4
吐鲁番	Ⅱ(B)	19.9	18.6	16.8	15.0	皮山	Ⅱ(A)	16.1	14.1	12.7	11.5
哈密	Ⅱ(B)	21.3	20.0	18.0	16.2	和田	Ⅱ(A)	15.5	13.5	12.2	11.0

注：表格中气候区属Ⅰ(A)为严寒地区A区、Ⅰ(B)为严寒地区B区、Ⅰ(C)为严寒地区C区；Ⅱ(A)为寒冷地区A区、Ⅱ(B)为寒冷地区B区。

附录 K 严寒和寒冷地区围护结构传热系数的修正系数 ε 和封闭阳台温差修正系数 ξ

K.1 太阳辐射外墙、屋面传热系数的影响可用传热系数的修正系数 ε 来计算。

K.2 外墙、屋面传热系数的修正系数 ε 可按附表 K-1 确定。

附表 K-1 严寒和寒冷地区主要城市外墙、屋面传热系数修正系数 ε

城 市	气候区属	外墙、屋面传热系数修正值					城 市	气候区属	外墙、屋面传热系数修正值				
		屋面	南墙	北墙	东墙	西墙			屋面	南墙	北墙	东墙	西墙
直辖市													
北京	Ⅱ(B)	0.98	0.83	0.95	0.91	0.91	天津	Ⅱ(B)	0.98	0.85	0.95	0.92	0.92
河北省													
石家庄	Ⅱ(B)	0.99	0.84	0.95	0.92	0.92	蔚县	Ⅰ(C)	0.97	0.86	0.96	0.93	0.93
围场	Ⅰ(C)	0.96	0.86	0.96	0.93	0.93	唐山	Ⅱ(A)	0.98	0.85	0.95	0.92	0.92
丰宁	Ⅰ(C)	0.96	0.85	0.95	0.92	0.92	乐亭	Ⅱ(A)	0.98	0.85	0.95	0.92	0.92
承德	Ⅱ(A)	0.98	0.86	0.96	0.93	0.93	保定	Ⅱ(B)	0.99	0.85	0.95	0.92	0.92
张家口	Ⅱ(A)	0.98	0.85	0.95	0.92	0.92	沧州	Ⅱ(B)	0.98	0.84	0.95	0.91	0.91
怀来	Ⅱ(A)	0.98	0.85	0.95	0.92	0.92	泊头	Ⅱ(B)	0.98	0.84	0.95	0.91	0.92
青龙	Ⅱ(A)	0.97	0.86	0.95	0.92	0.92	邢台	Ⅱ(B)	0.99	0.84	0.95	0.91	0.92
山西省													
太原	Ⅱ(A)	0.97	0.84	0.95	0.91	0.92	榆社	Ⅱ(A)	0.97	0.84	0.95	0.92	0.92
大同	Ⅰ(C)	0.96	0.85	0.95	0.92	0.92	介休	Ⅱ(A)	0.97	0.84	0.95	0.91	0.91
河曲	Ⅰ(C)	0.96	0.85	0.95	0.92	0.92	阳城	Ⅱ(A)	0.97	0.84	0.95	0.92	0.91
原平	Ⅱ(A)	0.97	0.84	0.95	0.92	0.92	运城	Ⅱ(B)	1.00	0.85	0.95	0.92	0.92
离石	Ⅱ(A)	0.98	0.86	0.96	0.93	0.93							
内蒙古自治区													
呼和浩特	Ⅰ(C)	0.97	0.86	0.96	0.92	0.93	满都拉	Ⅰ(C)	0.95	0.85	0.95	0.92	0.92
图里河	Ⅰ(A)	0.99	0.92	0.97	0.95	0.95	朱日和	Ⅰ(C)	0.96	0.86	0.96	0.92	0.93
海拉尔	Ⅰ(A)	1.01	0.93	0.98	0.96	0.96	赤峰	Ⅰ(C)	0.97	0.86	0.96	0.92	0.93
博克图	Ⅰ(A)	1.01	0.93	0.98	0.96	0.96	多伦	Ⅰ(B)	0.96	0.87	0.96	0.93	0.93
新巴尔虎右旗	Ⅰ(A)	1.01	0.92	0.97	0.95	0.96	额济纳旗	Ⅰ(C)	0.95	0.84	0.95	0.91	0.92
阿尔山	Ⅰ(A)	0.97	0.91	0.97	0.94	0.94	化德	Ⅰ(B)	0.96	0.87	0.96	0.93	0.93
东乌珠穆沁旗	Ⅰ(A)	0.98	0.9	0.96	0.95	0.95	达尔罕联合旗	Ⅰ(C)	0.95	0.85	0.95	0.92	0.92
那仁宝拉格	Ⅰ(A)	0.98	0.89	0.97	0.94	0.94	乌拉特后旗	Ⅰ(C)	0.94	0.84	0.95	0.92	0.91
西乌珠穆沁旗	Ⅰ(A)	0.99	0.89	0.97	0.94	0.94	海力素	Ⅰ(C)	0.94	0.85	0.95	0.92	0.92
扎鲁特旗	Ⅰ(C)	0.98	0.88	0.96	0.93	0.93	集宁	Ⅰ(C)	0.95	0.86	0.95	0.92	0.92
阿巴嘎旗	Ⅰ(A)	0.98	0.9	0.97	0.94	0.94	临河	Ⅱ(A)	0.95	0.84	0.95	0.92	0.92
巴林左旗	Ⅰ(C)	0.97	0.88	0.96	0.93	0.93	巴音毛道	Ⅰ(C)	0.94	0.83	0.95	0.91	0.91
锡林浩特	Ⅰ(A)	0.98	0.89	0.97	0.94	0.94	东胜	Ⅰ(C)	0.95	0.84	0.95	0.92	0.91

续表

城　市	气候区属	外墙、屋面传热系数修正值					城　市	气候区属	外墙、屋面传热系数修正值				
		屋面	南墙	北墙	东墙	西墙			屋面	南墙	北墙	东墙	西墙
二连浩特	I(A)	0.97	0.89	0.96	0.94	0.94	吉兰太	II(A)	0.94	0.83	0.95	0.91	0.91
林西	I(C)	0.97	0.87	0.96	0.93	0.93	鄂托克旗	I(C)	0.95	0.84	0.95	0.91	0.91
通辽	I(C)	0.98	0.88	0.96	0.93	0.93							
辽宁省													
沈阳	I(C)	0.99	0.89	0.96	0.94	0.94	锦州	II(A)	1.00	0.87	0.96	0.93	0.93
彰武	I(C)	0.98	0.88	0.96	0.93	0.93	宽甸	I(C)	1.00	0.89	0.96	0.94	0.94
清原	I(C)	1.00	0.91	0.97	0.95	0.95	营口	II(A)	1.00	0.88	0.96	0.94	0.94
朝阳	II(A)	0.99	0.87	0.96	0.93	0.93	丹东	II(A)	1.00	0.87	0.96	0.93	0.93
本溪	I(C)	1.00	0.89	0.96	0.94	0.94	大连	II(A)	0.98	0.84	0.95	0.92	0.91
吉林省													
长春	I(C)	1.00	0.9	0.97	0.94	0.95	桦甸	I(B)	1.00	0.91	0.97	0.95	0.95
前郭尔罗斯	I(C)	1.00	0.9	0.97	0.94	0.95	延吉	I(C)	1.00	0.90	0.97	0.94	0.94
长岭	I(C)	0.99	0.9	0.97	0.94	0.94	临江	I(C)	1.00	0.91	0.97	0.95	0.95
敦化	I(B)	0.99	0.9	0.97	0.94	0.95	长白	I(A)	0.99	0.91	0.97	0.94	0.95
四平	I(C)	0.99	0.89	0.96	0.94	0.94	集安	I(C)	1.00	0.90	0.97	0.94	0.95
黑龙江省													
哈尔滨	I(B)	1.01	0.92	0.97	0.95	0.95	富锦	I(A)	1.00	0.92	0.97	0.95	0.95
漠河	I(A)	0.99	0.93	0.97	0.95	0.95	泰来	I(B)	1.00	0.91	0.97	0.95	0.95
呼玛	I(A)	1.00	0.92	0.97	0.96	0.96	安达	I(B)	1.00	0.91	0.97	0.95	0.95
黑河	I(A)	1.01	0.93	0.98	0.96	0.96	宝清	I(B)	1.00	0.91	0.97	0.95	0.95
孙吴	I(A)	1.02	0.93	0.98	0.96	0.96	通河	I(A)	1.00	0.92	0.97	0.95	0.95
嫩江	I(A)	1.01	0.93	0.98	0.96	0.96	虎林	I(B)	1.00	0.91	0.97	0.95	0.95
克山	I(A)	1.01	0.92	0.97	0.96	0.96	鸡西	I(B)	1.00	0.91	0.97	0.95	0.95
伊春	I(A)	1.01	0.93	0.98	0.96	0.96	尚志	I(B)	1.00	0.91	0.97	0.95	0.95
海伦	I(A)	1.01	0.92	0.97	0.96	0.96	牡丹江	I(B)	0.99	0.90	0.97	0.94	0.95
齐齐哈尔	I(B)	1.00	0.91	0.97	0.95	0.95	绥芬河	I(B)	0.99	0.90	0.97	0.94	0.95
江苏省													
赣榆	II(A)	0.99	0.84	0.95	0.91	0.92	射阳	II(B)	0.99	0.82	0.94	0.91	0.91
徐州	II(B)	1.00	0.84	0.95	0.92	0.92							
安徽省													

续表

城 市	气候区属	外墙、屋面传热系数修正值					城 市	气候区属	外墙、屋面传热系数修正值				
		屋面	南墙	北墙	东墙	西墙			屋面	南墙	北墙	东墙	西墙
亳州	II(B)	1.01	0.85	0.95	0.92	0.92							
山东省													
济南	II(B)	0.99	0.83	0.95	0.91	0.91	朝阳	II(A)	0.98	0.84	0.95	0.92	0.92
长岛	II(A)	0.97	0.83	0.94	0.91	0.91	沂源	II(A)	0.98	0.84	0.95	0.92	0.92
龙口	II(A)	0.97	0.83	0.95	0.91	0.91	青岛	II(A)	0.95	0.81	0.94	0.89	0.90
惠民县	II(B)	0.98	0.84	0.95	0.92	0.92	兖州	II(B)	0.98	0.83	0.95	0.91	0.91
德州	II(B)	0.96	0.82	0.94	0.9	0.9	日照	II(A)	0.94	0.81	0.93	0.88	0.89
成山头	II(A)	0.96	0.81	0.94	0.9	0.9	费县	II(A)	0.98	0.83	0.94	0.91	0.91
陵县	II(B)	0.98	0.84	0.95	0.91	0.92	菏泽	II(A)	0.97	0.83	0.94	0.91	0.91
海阳	II(A)	0.97	0.83	0.95	0.91	0.91	定陶	II(B)	0.98	0.83	0.95	0.91	0.91
潍坊	II(A)	0.97	0.84	0.95	0.91	0.92	临沂	II(A)	0.98	0.83	0.95	0.91	0.91
河南省													
郑州	II(B)	0.98	0.82	0.94	0.9	0.91	卢氏	II(A)	0.98	0.84	0.95	0.92	0.92
安阳	II(B)	0.98	0.84	0.95	0.91	0.92	西华	II(B)	0.99	0.84	0.95	0.91	0.92
孟津	II(A)	0.99	0.83	0.95	0.91	0.91							
四川省													
若尔盖	I(A)	0.90	0.82	0.94	0.90	0.90	甘孜	I(C)	0.89	0.77	0.93	0.87	0.87
松潘	I(C)	0.93	0.81	0.94	0.9	0.9	康定	I(C)	0.95	0.82	0.95	0.91	0.91
色达	I(A)	0.90	0.82	0.94	0.88	0.89	巴塘	II(A)	0.88	0.71	0.91	0.85	0.85
马尔康	II(A)	0.92	0.78	0.93	0.89	0.89	理塘	I(B)	0.88	0.79	0.93	0.88	0.88
德格	I(C)	0.94	0.82	0.94	0.90	0.90	稻城	I(C)	0.87	0.76	0.92	0.85	0.85
贵州省													
毕节	II(A)	0.97	0.82	0.94	0.9	0.9	威宁	II(A)	0.96	0.81	0.94	0.90	0.90
云南省													
德钦	I(C)	0.91	0.81	0.94	0.89	0.89	昭通	II(A)	0.91	0.76	0.93	0.88	0.87
西藏自治区													
拉萨	II(A)	0.90	0.77	0.93	0.87	0.88	昌都	II(A)	0.95	0.83	0.94	0.90	0.90
狮泉河	I(A)	0.85	0.78	0.93	0.87	0.87	申扎	I(A)	0.87	0.81	0.94	0.88	0.88
改则	I(A)	0.80	0.84	0.92	0.85	0.86	林芝	II(A)	0.85	0.72	0.92	0.85	0.85
索县	I(A)	0.88	0.83	0.94	0.88	0.88	日喀则	I(C)	0.87	0.77	0.92	0.86	0.87

续表

城 市	气候区属	外墙、屋面传热系数修正值					城 市	气候区属	外墙、屋面传热系数修正值				
		屋面	南墙	北墙	东墙	西墙			屋面	南墙	北墙	东墙	西墙
那曲	Ⅰ(A)	0.93	0.86	0.95	0.91	0.91	隆子	Ⅰ(C)	0.89	0.80	0.93	0.88	0.88
丁青	Ⅰ(B)	0.91	0.83	0.94	0.89	0.9	帕里	Ⅰ(A)	0.88	0.83	0.94	0.88	0.89
班戈	Ⅰ(A)	0.88	0.82	0.94	0.89	0.89							
陕西省													
西安	Ⅱ(B)	1.00	0.85	0.95	0.92	0.92	延安	Ⅱ(A)	0.98	0.85	0.95	0.92	0.92
榆林	Ⅱ(A)	0.97	0.85	0.96	0.92	0.93	宝鸡	Ⅱ(A)	0.99	0.84	0.95	0.92	0.92
甘肃省													
兰州	Ⅱ(A)	0.96	0.83	0.95	0.91	0.91	西峰镇	Ⅱ(A)	0.97	0.84	0.95	0.92	0.92
敦煌	Ⅱ(A)	0.96	0.82	0.95	0.92	0.91	平凉	Ⅱ(A)	0.97	0.84	0.95	0.92	0.92
酒泉	Ⅰ(C)	0.94	0.82	0.95	0.91	0.91	合作	Ⅰ(C)	0.93	0.83	0.95	0.91	0.91
张掖	Ⅰ(C)	0.94	0.82	0.95	0.91	0.91	岷县	Ⅰ(C)	0.93	0.82	0.94	0.90	0.91
民勤	Ⅱ(A)	0.94	0.82	0.95	0.91	0.9	天水	Ⅱ(A)	0.98	0.85	0.95	0.92	0.92
乌鞘岭	Ⅰ(A)	0.91	0.84	0.94	0.9	0.9	成县	Ⅱ(A)	0.89	0.72	0.92	0.85	0.86
青海省													
西宁	Ⅰ(C)	0.93	0.83	0.95	0.9	0.91	玛多	Ⅰ(A)	0.89	0.83	0.94	0.90	0.90
冷湖	Ⅰ(B)	0.93	0.83	0.95	0.91	0.91	河南	Ⅰ(A)	0.90	0.82	0.94	0.90	0.90
大柴旦	Ⅰ(A)	0.93	0.83	0.95	0.91	0.91	托托河	Ⅰ(A)	0.90	0.84	0.95	0.90	0.90
德令哈	Ⅰ(C)	0.93	0.83	0.95	0.91	0.9	曲麻菜	Ⅰ(A)	0.90	0.83	0.94	0.90	0.90
刚察	Ⅰ(A)	0.91	0.83	0.95	0.9	0.91	达日	Ⅰ(A)	0.90	0.83	0.94	0.90	0.90
格尔木	Ⅰ(C)	0.91	0.8	0.94	0.89	0.89	玉树	Ⅰ(B)	0.90	0.81	0.94	0.89	0.89
都兰	Ⅰ(B)	0.91	0.82	0.94	0.9	0.9	杂多	Ⅰ(A)	0.91	0.84	0.95	0.90	0.90
同德	Ⅰ(B)	0.91	0.82	0.95	0.9	0.91							
宁夏回族自治区													
银川	Ⅱ(A)	0.96	0.84	0.95	0.92	0.91	中宁	Ⅱ(A)	0.96	0.83	0.95	0.91	0.91
盐池	Ⅱ(A)	0.94	0.83	0.95	0.91	0.91							
新疆维吾尔自治区													
乌鲁木齐	Ⅰ(C)	0.98	0.88	0.96	0.94	0.94	巴伦台	Ⅰ(C)	1.00	0.88	0.96	0.94	0.94
哈巴河	Ⅰ(C)	0.98	0.88	0.96	0.94	0.93	库尔勒	Ⅱ(B)	0.95	0.82	0.95	0.91	0.91
阿勒泰	Ⅰ(B)	0.98	0.88	0.96	0.94	0.94	库车	Ⅱ(A)	0.95	0.83	0.95	0.91	0.91
富蕴	Ⅰ(B)	0.97	0.87	0.96	0.94	0.94	阿合奇	Ⅰ(C)	0.94	0.83	0.95	0.91	0.91

续表

城 市	气候区属	外墙、屋面传热系数修正值					城 市	气候区属	外墙、屋面传热系数修正值				
		屋面	南墙	北墙	东墙	西墙			屋面	南墙	北墙	东墙	西墙
和布克赛尔	I(B)	0.96	0.86	0.96	0.92	0.93	铁干里克	II(B)	0.95	0.82	0.95	0.92	0.91
塔城	I(C)	1.00	0.88	0.96	0.94	0.94	阿拉尔	II(A)	0.95	0.82	0.95	0.91	0.91
克拉玛依	I(C)	0.99	0.88	0.97	0.94	0.94	巴楚	II(A)	0.95	0.80	0.94	0.91	0.90
北塔山	I(B)	0.97	0.87	0.96	0.93	0.93	喀什	II(A)	0.94	0.80	0.94	0.90	0.90
精河	I(C)	0.99	0.89	0.96	0.94	0.94	若羌	II(B)	0.93	0.81	0.94	0.90	0.90
奇台	I(C)	0.97	0.87	0.96	0.93	0.93	莎车	II(A)	0.93	0.80	0.94	0.90	0.90
伊宁	II(A)	0.99	0.85	0.96	0.93	0.93	安德河	II(A)	0.93	0.80	0.95	0.91	0.90
吐鲁番	II(B)	0.98	0.85	0.96	0.93	0.92	皮山	II(A)	0.93	0.80	0.94	0.90	0.90
哈密	II(B)	0.96	0.84	0.95	0.92	0.92	和田	II(A)	0.94	0.80	0.94	0.90	0.90

注:表格中气候区属 I(A) 为严寒地区 A 区、I(B) 为严寒地区 B 区、I(C) 为严寒地区 C 区;II(A) 为寒冷地区 A 区、II(B) 为寒冷地区 B 区。

K.3 封闭阳台对外墙传热的影响可采用阳台温差修正系数 ξ 来计算。

K.4 不同朝向的阳台温差修正系数 ξ 可按附表 K-2 确定。

附表 K-2 严寒和寒冷地区主要城市不同朝向的阳台温差修正系数 ξ

城市	气候区属	阳台类型	阳台温差修正系数				城市	气候区属	阳台类型	阳台温差修正系数			
			南向	北向	东向	西向				南向	北向	东向	西向
直辖市													
北京	II(B)	凸阳台	0.44	0.62	0.56	0.56	天津	II(B)	凸阳台	0.47	0.61	0.57	0.57
		凹阳台	0.32	0.47	0.43	0.43			凹阳台	0.35	0.47	0.43	0.43
河北省													
石家庄	II(B)	凸阳台	0.46	0.61	0.57	0.57	蔚县	I(C)	凸阳台	0.49	0.62	0.58	0.58
		凹阳台	0.34	0.47	0.43	0.43			凹阳台	0.37	0.48	0.44	0.44
围场	I(C)	凸阳台	0.49	0.62	0.58	0.58	唐山	II(A)	凸阳台	0.47	0.62	0.57	0.57
		凹阳台	0.37	0.48	0.44	0.44			凹阳台	0.35	0.47	0.43	0.44
丰宁	I(C)	凸阳台	0.47	0.62	0.57	0.57	乐亭	II(A)	凸阳台	0.47	0.62	0.57	0.57
		凹阳台	0.35	0.47	0.43	0.44			凹阳台	0.35	0.47	0.43	0.44
承德	II(A)	凸阳台	0.49	0.62	0.58	0.58	保定	II(B)	凸阳台	0.47	0.62	0.57	0.57
		凹阳台	0.37	0.48	0.44	0.44			凹阳台	0.35	0.47	0.43	0.44
张家口	II(A)	凸阳台	0.47	0.62	0.57	0.58	沧州	II(B)	凸阳台	0.46	0.61	0.56	0.56
		凹阳台	0.35	0.47	0.44	0.44			凹阳台	0.34	0.47	0.43	0.43

城市	气候区属	阳台类型	阳台温差修正系数				城市	气候区属	阳台类型	阳台温差修正系数			
			南向	北向	东向	西向				南向	北向	东向	西向
怀来	II(A)	凸阳台	0.46	0.62	0.57	0.57	泊头	II(B)	凸阳台	0.46	0.61	0.56	0.57
		凹阳台	0.35	0.47	0.43	0.44			凹阳台	0.34	0.47	0.43	0.43
青龙	II(A)	凸阳台	0.48	0.62	0.57	0.58	邢台	II(B)	凸阳台	0.45	0.61	0.56	0.56
		凹阳台	0.36	0.47	0.44	0.44			凹阳台	0.34	0.47	0.42	0.43

山西省

城市	气候区属	阳台类型	阳台温差修正系数				城市	气候区属	阳台类型	阳台温差修正系数			
太原	II(A)	凸阳台	0.45	0.61	0.56	0.57	榆社	II(A)	凸阳台	0.46	0.61	0.57	0.57
		凹阳台	0.34	0.47	0.43	0.43			凹阳台	0.34	0.47	0.43	0.43
大同	I(C)	凸阳台	0.47	0.62	0.57	0.57	介休	II(A)	凸阳台	0.45	0.61	0.56	0.56
		凹阳台	0.35	0.47	0.43	0.44			凹阳台	0.34	0.47	0.43	0.43
河曲	I(C)	凸阳台	0.47	0.62	0.58	0.57	阳城	II(A)	凸阳台	0.45	0.61	0.56	0.56
		凹阳台	0.35	0.47	0.44	0.43			凹阳台	0.33	0.47	0.43	0.43
原平	II(A)	凸阳台	0.46	0.62	0.57	0.57	运城	II(B)	凸阳台	0.47	0.62	0.57	0.57
		凹阳台	0.34	0.47	0.43	0.43			凹阳台	0.35	0.47	0.44	0.44
离石	II(A)	凸阳台	0.48	0.62	0.58	0.58							
		凹阳台	0.36	0.47	0.44	0.44							

内蒙古自治区

城市	气候区属	阳台类型	阳台温差修正系数				城市	气候区属	阳台类型	阳台温差修正系数			
呼和浩特	I(C)	凸阳台	0.48	0.62	0.58	0.58	满都拉	I(C)	凸阳台	0.47	0.62	0.57	0.56
		凹阳台	0.36	0.48	0.44	0.44			凹阳台	0.35	0.47	0.43	0.43
图里河	I(A)	凸阳台	0.57	0.65	0.62	0.62	朱日和	I(C)	凸阳台	0.49	0.62	0.57	0.58
		凹阳台	0.43	0.50	0.47	0.47			凹阳台	0.37	0.48	0.44	0.44
海拉尔	I(A)	凸阳台	0.58	0.65	0.63	0.63	赤峰	I(C)	凸阳台	0.48	0.62	0.58	0.58
		凹阳台	0.44	0.50	0.48	0.48			凹阳台	0.36	0.48	0.44	0.44
博克图	I(A)	凸阳台	0.58	0.65	0.62	0.63	多伦	I(B)	凸阳台	0.50	0.63	0.58	0.59
		凹阳台	0.44	0.50	0.48	0.48			凹阳台	0.38	0.48	0.44	0.45
新巴尔虎右旗	I(A)	凸阳台	0.57	0.65	0.62	0.62	额济纳旗	I(C)	凸阳台	0.45	0.61	0.56	0.57
		凹阳台	0.43	0.50	0.47	0.47			凹阳台	0.34	0.47	0.42	0.43
阿尔山	I(A)	凸阳台	0.56	0.64	0.60	0.60	化德	I(B)	凸阳台	0.50	0.62	0.58	0.58
		凹阳台	0.42	0.49	0.46	0.46			凹阳台	0.37	0.48	0.44	0.44
东乌珠穆沁旗	I(A)	凸阳台	0.54	0.64	0.61	0.61	达尔罕联合旗	I(C)	凸阳台	0.47	0.62	0.57	0.57
		凹阳台	0.41	0.49	0.46	0.46			凹阳台	0.35	0.47	0.44	0.43

续表

城市	气候区属	阳台类型	阳台温差修正系数				城市	气候区属	阳台类型	阳台温差修正系数			
			南向	北向	东向	西向				南向	北向	东向	西向
那仁宝拉格	I(A)	凸阳台	0.53	0.64	0.60	0.60	乌拉特后旗	I(C)	凸阳台	0.45	0.61	0.56	0.56
		凹阳台	0.40	0.49	0.46	0.46			凹阳台	0.34	0.47	0.43	0.43
西乌珠穆沁旗	I(A)	凸阳台	0.53	0.64	0.60	0.60	海力素	I(C)	凸阳台	0.47	0.62	0.57	0.57
		凹阳台	0.40	0.49	0.46	0.46			凹阳台	0.35	0.47	0.43	0.43
扎鲁特旗	I(C)	凸阳台	0.51	0.63	0.58	0.59	集宁	I(C)	凸阳台	0.48	0.62	0.57	0.57
		凹阳台	0.38	0.48	0.45	0.45			凹阳台	0.36	0.47	0.43	0.44
阿巴嘎旗	I(A)	凸阳台	0.54	0.64	0.60	0.60	临河	II(A)	凸阳台	0.45	0.61	0.56	0.56
		凹阳台	0.41	0.49	0.46	0.46			凹阳台	0.34	0.47	0.43	0.43
巴林左旗	I(C)	凸阳台	0.51	0.63	0.58	0.59	巴音毛道	I(C)	凸阳台	0.44	0.61	0.56	0.56
		凹阳台	0.38	0.48	0.45	0.45			凹阳台	0.33	0.47	0.43	0.42
锡林浩特	I(A)	凸阳台	0.53	0.64	0.60	0.60	东胜	I(C)	凸阳台	0.46	0.61	0.56	0.56
		凹阳台	0.40	0.49	0.46	0.46			凹阳台	0.34	0.47	0.43	0.42
二连浩特	I(A)	凸阳台	0.52	0.63	0.59	0.59	吉兰太	II(A)	凸阳台	0.44	0.61	0.56	0.55
		凹阳台	0.40	0.48	0.45	0.45			凹阳台	0.33	0.47	0.43	0.42
林西	I(C)	凸阳台	0.49	0.62	0.58	0.58	鄂托克旗	I(C)	凸阳台	0.45	0.61	0.56	0.56
		凹阳台	0.37	0.48	0.44	0.44			凹阳台	0.33	0.47	0.43	0.42
通辽	I(C)	凸阳台	0.51	0.63	0.59	0.59							
		凹阳台	0.38	0.48	0.45	0.45							

辽宁省

城市	气候区属	阳台类型	阳台温差修正系数				城市	气候区属	阳台类型	阳台温差修正系数			
			南向	北向	东向	西向				南向	北向	东向	西向
沈阳	I(C)	凸阳台	0.52	0.63	0.59	0.60	锦州	II(A)	凸阳台	0.50	0.63	0.58	0.59
		凹阳台	0.39	0.48	0.45	0.46			凹阳台	0.38	0.48	0.45	0.45
彰武	I(C)	凸阳台	0.51	0.63	0.59	0.59	宽甸	I(C)	凸阳台	0.53	0.63	0.60	0.60
		凹阳台	0.38	0.48	0.45	0.45			凹阳台	0.40	0.48	0.46	0.46
清原	I(C)	凸阳台	0.55	0.64	0.61	0.61	营口	II(A)	凸阳台	0.51	0.63	0.59	0.59
		凹阳台	0.42	0.49	0.47	0.47			凹阳台	0.39	0.48	0.45	0.45
朝阳	II(A)	凸阳台	0.50	0.62	0.59	0.59	丹东	II(A)	凸阳台	0.50	0.63	0.59	0.58
		凹阳台	0.38	0.48	0.45	0.45			凹阳台	0.38	0.48	0.45	0.44
本溪	I(C)	凸阳台	0.53	0.63	0.60	0.60	大连	II(A)	凸阳台	0.46	0.61	0.56	0.56
		凹阳台	0.40	0.49	0.46	0.46			凹阳台	0.34	0.47	0.43	0.42

城市	气候区属	阳台类型	阳台温差修正系数				城市	气候区属	阳台类型	阳台温差修正系数			
			南向	北向	东向	西向				南向	北向	东向	西向
吉林省													
长春	I(C)	凸阳台	0.54	0.64	0.60	0.61	桦甸	I(B)	凸阳台	0.56	0.64	0.61	0.61
		凹阳台	0.41	0.49	0.46	0.46			凹阳台	0.42	0.49	0.47	0.47
前郭尔罗斯	I(C)	凸阳台	0.54	0.64	0.60	0.61	延吉	I(C)	凸阳台	0.54	0.64	0.60	0.60
		凹阳台	0.41	0.49	0.46	0.46			凹阳台	0.41	0.49	0.46	0.46
长岭	I(C)	凸阳台	0.54	0.64	0.60	0.60	临江	I(C)	凸阳台	0.56	0.64	0.61	0.61
		凹阳台	0.41	0.49	0.46	0.46			凹阳台	0.42	0.49	0.47	0.47
敦化	I(B)	凸阳台	0.55	0.64	0.60	0.61	长白	I(A)	凸阳台	0.55	0.64	0.61	0.61
		凹阳台	0.41	0.49	0.46	0.46			凹阳台	0.42	0.49	0.46	0.46
四平	I(C)	凸阳台	0.53	0.63	0.60	0.60	集安	I(C)	凸阳台	0.54	0.64	0.60	0.61
		凹阳台	0.40	0.49	0.46	0.46			凹阳台	0.41	0.49	0.46	0.46
黑龙江省													
哈尔滨	I(B)	凸阳台	0.56	0.64	0.62	0.62	富锦	I(A)	凸阳台	0.57	0.64	0.62	0.62
		凹阳台	0.43	0.49	0.47	0.47			凹阳台	0.43	0.49	0.47	0.47
漠河	I(A)	凸阳台	0.58	0.65	0.62	0.62	泰来	I(B)	凸阳台	0.55	0.64	0.61	0.61
		凹阳台	0.44	0.50	0.47	0.47			凹阳台	0.42	0.49	0.46	0.47
呼玛	I(A)	凸阳台	0.58	0.65	0.62	0.62	安达	I(B)	凸阳台	0.56	0.64	0.61	0.61
		凹阳台	0.44	0.50	0.48	0.48			凹阳台	0.42	0.49	0.47	0.47
黑河	I(A)	凸阳台	0.58	0.65	0.62	0.63	宝清	I(B)	凸阳台	0.56	0.64	0.61	0.61
		凹阳台	0.44	0.50	0.48	0.48			凹阳台	0.42	0.49	0.47	0.47
孙吴	I(A)	凸阳台	0.59	0.65	0.63	0.63	通河	I(A)	凸阳台	0.57	0.65	0.62	0.62
		凹阳台	0.45	0.50	0.49	0.48			凹阳台	0.43	0.50	0.47	0.47
嫩江	I(A)	凸阳台	0.58	0.65	0.62	0.62	虎林	I(B)	凸阳台	0.56	0.64	0.61	0.61
		凹阳台	0.44	0.50	0.48	0.48			凹阳台	0.43	0.49	0.47	0.47
克山	I(A)	凸阳台	0.57	0.65	0.62	0.62	鸡西	I(B)	凸阳台	0.55	0.64	0.61	0.61
		凹阳台	0.44	0.50	0.47	0.48			凹阳台	0.42	0.49	0.46	0.46
伊春	I(A)	凸阳台	0.58	0.65	0.62	0.63	尚志	I(B)	凸阳台	0.56	0.64	0.61	0.61
		凹阳台	0.44	0.50	0.48	0.48			凹阳台	0.42	0.49	0.47	0.47
海伦	I(A)	凸阳台	0.57	0.65	0.62	0.62	牡丹江	I(B)	凸阳台	0.55	0.64	0.61	0.61
		凹阳台	0.44	0.50	0.47	0.48			凹阳台	0.41	0.49	0.46	0.46

续表

城市	气候区属	阳台类型	阳台温差修正系数				城市	气候区属	阳台类型	阳台温差修正系数			
			南向	北向	东向	西向				南向	北向	东向	西向
齐齐哈尔	Ⅰ（B）	凸阳台	0.55	0.64	0.61	0.61	绥芬河	Ⅰ（B）	凸阳台	0.55	0.64	0.60	0.61
		凹阳台	0.42	0.49	0.46	0.47			凹阳台	0.41	0.49	0.46	0.46
江苏省													
赣榆	Ⅱ（A）	凸阳台	0.45	0.61	0.56	0.56	射阳	Ⅱ（B）	凸阳台	0.43	0.60	0.55	0.55
		凹阳台	0.33	0.47	0.43	0.43			凹阳台	0.32	0.46	0.42	0.42
徐州	Ⅱ（B）	凸阳台	0.46	0.61	0.57	0.57							
		凹阳台	0.34	0.47	0.43	0.43							
安徽省													
亳州	Ⅱ（B）	凸阳台	0.47	0.62	0.57	0.58							
		凹阳台	0.35	0.47	0.44	0.44							
山东省													
济南	Ⅱ（B）	凸阳台	0.45	0.61	0.56	0.56	朝阳	Ⅱ（A）	凸阳台	0.46	0.61	0.57	0.57
		凹阳台	0.33	0.46	0.42	0.43			凹阳台	0.34	0.47	0.43	0.43
长岛	Ⅱ（A）	凸阳台	0.44	0.60	0.55	0.55	沂源	Ⅱ（A）	凸阳台	0.46	0.61	0.56	0.56
		凹阳台	0.32	0.46	0.42	0.42			凹阳台	0.34	0.47	0.43	0.43
龙口	Ⅱ（A）	凸阳台	0.45	0.61	0.56	0.55	青岛	Ⅱ（A）	凸阳台	0.42	0.60	0.53	0.54
		凹阳台	0.33	0.46	0.42	0.42			凹阳台	0.31	0.46	0.40	0.41
惠民县	Ⅱ（B）	凸阳台	0.46	0.61	0.56	0.57	兖州	Ⅱ（B）	凸阳台	0.44	0.61	0.56	0.56
		凹阳台	0.34	0.47	0.43	0.43			凹阳台	0.33	0.47	0.42	0.43
德州	Ⅱ（B）	凸阳台	0.42	0.60	0.54	0.55	日照	Ⅱ（A）	凸阳台	0.41	0.59	0.52	0.53
		凹阳台	0.31	0.46	0.41	0.41			凹阳台	0.30	0.45	0.39	0.40
成山头	Ⅱ（A）	凸阳台	0.41	0.60	0.54	0.54	费县	Ⅱ（A）	凸阳台	0.44	0.61	0.55	0.55
		凹阳台	0.30	0.46	0.41	0.41			凹阳台	0.32	0.46	0.42	0.42
陵县	Ⅱ（B）	凸阳台	0.45	0.61	0.56	0.56	菏泽	Ⅱ（A）	凸阳台	0.44	0.61	0.55	0.55
		凹阳台	0.33	0.47	0.43	0.43			凹阳台	0.32	0.46	0.42	0.42
海阳	Ⅱ（A）	凸阳台	0.44	0.61	0.55	0.55	定陶	Ⅱ（B）	凸阳台	0.45	0.61	0.56	0.56
		凹阳台	0.32	0.46	0.42	0.42			凹阳台	0.33	0.47	0.42	0.43
潍坊	Ⅱ（A）	凸阳台	0.45	0.61	0.56	0.56	临沂	Ⅱ（A）	凸阳台	0.44	0.61	0.55	0.56
		凹阳台	0.34	0.47	0.43	0.43			凹阳台	0.33	0.46	0.42	0.42

城市	气候区属	阳台类型	阳台温差修正系数				城市	气候区属	阳台类型	阳台温差修正系数			
			南向	北向	东向	西向				南向	北向	东向	西向
河南省													
郑州	Ⅱ(B)	凸阳台	0.43	0.60	0.55	0.55	卢氏	Ⅱ(A)	凸阳台	0.45	0.61	0.57	0.56
		凹阳台	0.32	0.46	0.42	0.42			凹阳台	0.33	0.47	0.43	0.43
安阳	Ⅱ(B)	凸阳台	0.45	0.61	0.56	0.56	西华	Ⅱ(B)	凸阳台	0.45	0.61	0.56	0.56
		凹阳台	0.33	0.47	0.42	0.43			凹阳台	0.34	0.47	0.42	0.43
孟津	Ⅱ(A)	凸阳台	0.44	0.61	0.56	0.56							
		凹阳台	0.33	0.46	0.42	0.43							
四川省													
若尔盖	Ⅰ(A)	凸阳台	0.43	0.60	0.54	0.54	甘孜	Ⅰ(C)	凸阳台	0.35	0.58	0.49	0.49
		凹阳台	0.32	0.46	0.41	0.41			凹阳台	0.25	0.44	0.37	0.37
松潘	Ⅰ(C)	凸阳台	0.41	0.60	0.54	0.54	康定	Ⅰ(C)	凸阳台	0.43	0.61	0.55	0.55
		凹阳台	0.30	0.46	0.41	0.41			凹阳台	0.32	0.46	0.42	0.42
色达	Ⅰ(A)	凸阳台	0.42	0.59	0.52	0.52	巴塘	Ⅱ(A)	凸阳台	0.28	0.56	0.48	0.47
		凹阳台	0.31	0.45	0.39	0.39			凹阳台	0.19	0.42	0.36	0.35
马尔康	Ⅱ(A)	凸阳台	0.37	0.59	0.52	0.52	理塘	Ⅰ(B)	凸阳台	0.39	0.59	0.52	0.51
		凹阳台	0.27	0.45	0.39	0.39			凹阳台	0.28	0.45	0.39	0.38
德格	Ⅰ(C)	凸阳台	0.43	0.60	0.55	0.55	稻城	Ⅰ(C)	凸阳台	0.34	0.56	0.48	0.47
		凹阳台	0.32	0.46	0.41	0.42			凹阳台	0.24	0.43	0.36	0.35
贵州省													
毕节	Ⅱ(A)	凸阳台	0.42	0.60	0.54	0.54	威宁	Ⅱ(A)	凸阳台	0.42	0.60	0.54	0.54
		凹阳台	0.31	0.46	0.41	0.41			凹阳台	0.31	0.46	0.41	0.41
云南省													
德钦	Ⅰ(C)	凸阳台	0.41	0.59	0.53	0.53	昭通	Ⅱ(A)	凸阳台	0.34	0.58	0.51	0.50
		凹阳台	0.30	0.45	0.40	0.40			凹阳台	0.25	0.44	0.39	0.37
西藏自治区													
拉萨	Ⅱ(A)	凸阳台	0.35	0.58	0.50	0.51	昌都	Ⅱ(A)	凸阳台	0.44	0.60	0.55	0.55
		凹阳台	0.25	0.44	0.38	0.38			凹阳台	0.32	0.46	0.41	0.41
狮泉河	Ⅰ(A)	凸阳台	0.38	0.58	0.49	0.50	申扎	Ⅰ(A)	凸阳台	0.42	0.59	0.51	0.52
		凹阳台	0.27	0.44	0.37	0.38			凹阳台	0.31	0.45	0.39	0.39

续表

城市	气候区属	阳台类型	阳台温差修正系数				城市	气候区属	阳台类型	阳台温差修正系数			
			南向	北向	东向	西向				南向	北向	东向	西向
改则	Ⅰ（A）	凸阳台	0.45	0.57	0.47	0.48	林芝	Ⅱ（A）	凸阳台	0.29	0.56	0.46	0.47
		凹阳台	0.34	0.43	0.35	0.36			凹阳台	0.20	0.43	0.35	0.35
索县	Ⅰ（A）	凸阳台	0.44	0.59	0.51	0.52	日喀则	Ⅰ（C）	凸阳台	0.36	0.58	0.49	0.50
		凹阳台	0.32	0.45	0.39	0.39			凹阳台	0.26	0.44	0.37	0.38
那曲	Ⅰ（A）	凸阳台	0.48	0.61	0.55	0.56	隆子	Ⅰ（C）	凸阳台	0.40	0.59	0.51	0.52
		凹阳台	0.36	0.47	0.42	0.43			凹阳台	0.29	0.45	0.38	0.39
丁青	Ⅰ（B）	凸阳台	0.44	0.60	0.53	0.54	帕里	Ⅰ（A）	凸阳台	0.44	0.60	0.52	0.53
		凹阳台	0.32	0.46	0.40	0.41			凹阳台	0.32	0.45	0.39	0.40
班戈	Ⅰ（A）	凸阳台	0.43	0.60	0.52	0.53							
		凹阳台	0.32	0.45	0.39	0.40							
陕西省													
西安	Ⅱ（B）	凸阳台	0.47	0.62	0.57	0.57	延安	Ⅱ（A）	凸阳台	0.47	0.62	0.57	0.57
		凹阳台	0.35	0.47	0.43	0.44			凹阳台	0.35	0.47	0.44	0.43
榆林	Ⅱ（A）	凸阳台	0.47	0.62	0.58	0.58	宝鸡	Ⅱ（A）	凸阳台	0.46	0.61	0.56	0.57
		凹阳台	0.35	0.47	0.44	0.44			凹阳台	0.34	0.47	0.43	0.43
甘肃省													
兰州	Ⅱ（A）	凸阳台	0.43	0.61	0.56	0.56	西峰镇	Ⅱ（A）	凸阳台	0.46	0.61	0.56	0.57
		凹阳台	0.32	0.46	0.42	0.42			凹阳台	0.34	0.47	0.43	0.43
敦煌	Ⅱ（A）	凸阳台	0.43	0.61	0.56	0.56	平凉	Ⅱ（A）	凸阳台	0.46	0.61	0.57	0.57
		凹阳台	0.32	0.47	0.43	0.42			凹阳台	0.34	0.47	0.43	0.43
酒泉	Ⅰ（C）	凸阳台	0.43	0.61	0.55	0.56	合作	Ⅰ（B）	凸阳台	0.44	0.61	0.55	0.55
		凹阳台	0.32	0.47	0.42	0.42			凹阳台	0.33	0.46	0.42	0.42
张掖	Ⅰ（C）	凸阳台	0.43	0.61	0.55	0.56	岷县	Ⅰ（C）	凸阳台	0.43	0.61	0.54	0.55
		凹阳台	0.32	0.47	0.42	0.42			凹阳台	0.32	0.46	0.41	0.42
民勤	Ⅱ（A）	凸阳台	0.43	0.61	0.55	0.55	天水	Ⅱ（A）	凸阳台	0.47	0.61	0.57	0.57
		凹阳台	0.31	0.46	0.42	0.42			凹阳台	0.35	0.47	0.43	0.43
乌鞘岭	Ⅰ（A）	凸阳台	0.45	0.60	0.54	0.55	成县	Ⅱ（A）	凸阳台	0.29	0.57	0.47	0.48
		凹阳台	0.33	0.46	0.41	0.41			凹阳台	0.20	0.43	0.35	0.36
青海省													
西宁	Ⅰ（C）	凸阳台	0.44	0.61	0.55	0.55	玛多	Ⅰ（A）	凸阳台	0.44	0.60	0.54	0.54
		凹阳台	0.32	0.46	0.41	0.42			凹阳台	0.32	0.46	0.41	0.41

续表

城市	气候区属	阳台类型	阳台温差修正系数				城市	气候区属	阳台类型	阳台温差修正系数			
			南向	北向	东向	西向				南向	北向	东向	西向
冷湖	I(B)	凸阳台	0.44	0.61	0.56	0.56	河南	I(A)	凸阳台	0.43	0.60	0.54	0.54
		凹阳台	0.33	0.47	0.42	0.42			凹阳台	0.32	0.46	0.41	0.41
大柴旦	I(A)	凸阳台	0.44	0.61	0.56	0.55	托托河	I(A)	凸阳台	0.45	0.61	0.54	0.55
		凹阳台	0.33	0.47	0.42	0.42			凹阳台	0.34	0.46	0.41	0.41
德令哈	I(C)	凸阳台	0.44	0.61	0.55	0.55	曲麻莱	I(A)	凸阳台	0.44	0.60	0.54	0.54
		凹阳台	0.33	0.46	0.42	0.42			凹阳台	0.33	0.46	0.41	0.41
刚察	I(A)	凸阳台	0.44	0.61	0.54	0.55	达日	I(A)	凸阳台	0.44	0.60	0.54	0.54
		凹阳台	0.33	0.46	0.41	0.42			凹阳台	0.33	0.46	0.41	0.41
格尔木	I(C)	凸阳台	0.40	0.60	0.53	0.53	玉树	I(B)	凸阳台	0.41	0.60	0.53	0.53
		凹阳台	0.29	0.46	0.40	0.40			凹阳台	0.30	0.45	0.40	0.40
都兰	I(B)	凸阳台	0.42	0.60	0.54	0.54	杂多	I(A)	凸阳台	0.46	0.61	0.54	0.55
		凹阳台	0.31	0.46	0.41	0.41			凹阳台	0.34	0.46	0.41	0.41
同德	I(B)	凸阳台	0.43	0.61	0.54	0.55							
		凹阳台	0.32	0.46	0.41	0.42							

宁夏回族自治区

城市	气候区属	阳台类型	阳台温差修正系数				城市	气候区属	阳台类型	阳台温差修正系数			
银川	II(A)	凸阳台	0.45	0.61	0.57	0.56	中宁	II(A)	凸阳台	0.44	0.61	0.56	0.56
		凹阳台	0.34	0.47	0.43	0.42			凹阳台	0.33	0.46	0.42	0.42
盐池	II(A)	凸阳台	0.44	0.61	0.56	0.55							
		凹阳台	0.33	0.46	0.42	0.42							

新疆维吾尔自治区

城市	气候区属	阳台类型	阳台温差修正系数				城市	气候区属	阳台类型	阳台温差修正系数			
乌鲁木齐	I(C)	凸阳台	0.51	0.63	0.59	0.60	巴伦台	I(C)	凸阳台	0.51	0.63	0.59	0.59
		凹阳台	0.39	0.48	0.45	0.45			凹阳台	0.38	0.48	0.45	0.45
哈巴河	I(C)	凸阳台	0.51	0.63	0.59	0.59	库尔勒	II(B)	凸阳台	0.43	0.61	0.56	0.55
		凹阳台	0.38	0.48	0.45	0.45			凹阳台	0.32	0.47	0.42	0.42
阿勒泰	I(B)	凸阳台	0.51	0.63	0.59	0.59	库车	II(A)	凸阳台	0.44	0.61	0.56	0.55
		凹阳台	0.38	0.48	0.45	0.45			凹阳台	0.32	0.47	0.42	0.42
富蕴	I(B)	凸阳台	0.50	0.63	0.60	0.59	阿合奇	I(C)	凸阳台	0.44	0.61	0.56	0.56
		凹阳台	0.38	0.48	0.45	0.45			凹阳台	0.32	0.47	0.43	0.42
和布克赛尔	I(B)	凸阳台	0.48	0.62	0.58	0.58	铁干里克	II(B)	凸阳台	0.43	0.61	0.56	0.56
		凹阳台	0.36	0.48	0.44	0.44			凹阳台	0.32	0.47	0.43	0.42

续表

城市	气候区属	阳台类型	阳台温差修正系数				城市	气候区属	阳台类型	阳台温差修正系数			
			南向	北向	东向	西向				南向	北向	东向	西向
塔城	Ⅰ(C)	凸阳台	0.51	0.63	0.60	0.60	阿拉尔	Ⅱ(A)	凸阳台	0.42	0.61	0.56	0.56
		凹阳台	0.38	0.49	0.46	0.46			凹阳台	0.31	0.47	0.43	0.42
克拉玛依	Ⅰ(C)	凸阳台	0.52	0.64	0.60	0.60	巴楚	Ⅱ(A)	凸阳台	0.40	0.60	0.55	0.55
		凹阳台	0.39	0.49	0.46	0.46			凹阳台	0.29	0.46	0.42	0.41
北塔山	Ⅰ(B)	凸阳台	0.49	0.63	0.58	0.58	喀什	Ⅱ(A)	凸阳台	0.40	0.60	0.55	0.54
		凹阳台	0.37	0.48	0.44	0.45			凹阳台	0.29	0.46	0.41	0.41
精河	Ⅰ(C)	凸阳台	0.52	0.63	0.60	0.60	若羌	Ⅱ(B)	凸阳台	0.42	0.60	0.55	0.54
		凹阳台	0.39	0.49	0.46	0.46			凹阳台	0.31	0.46	0.41	0.41
奇台	Ⅰ(C)	凸阳台	0.50	0.63	0.59	0.59	莎车	Ⅱ(A)	凸阳台	0.39	0.60	0.55	0.54
		凹阳台	0.37	0.48	0.45	0.45			凹阳台	0.29	0.46	0.41	0.41
伊宁	Ⅱ(A)	凸阳台	0.47	0.62	0.59	0.58	安德河	Ⅱ(A)	凸阳台	0.40	0.61	0.55	0.55
		凹阳台	0.35	0.48	0.45	0.44			凹阳台	0.30	0.46	0.42	0.41
吐鲁番	Ⅱ(B)	凸阳台	0.46	0.62	0.58	0.58	皮山	Ⅱ(A)	凸阳台	0.40	0.60	0.54	0.54
		凹阳台	0.35	0.47	0.44	0.44			凹阳台	0.29	0.46	0.41	0.41
哈密	Ⅱ(B)	凸阳台	0.45	0.62	0.57	0.57	和田	Ⅱ(A)	凸阳台	0.40	0.60	0.54	0.54
		凹阳台	0.34	0.47	0.43	0.43			凹阳台	0.29	0.46	0.41	0.41

注:1.表中凸阳台包含正面和左侧面、右侧面三个接触室外空气的外立面,而凹阳台则只有正面一个接触室外空气的外立面。

2.表格中气候区属Ⅰ(A)为严寒地区A区、Ⅰ(B)为严寒地区B区、Ⅰ(C)为严寒地区C区;Ⅱ(A)为寒冷地区A区、Ⅱ(B)为寒冷地区B区。

附录 L 民用建筑节能设计审查备案登记

附表 L-1 民用建筑节能设计审查备案登记表

建设单位名称			
建设项目名称			
设计建筑面积 /m²		实际竣工面积 /m²	

续表

施工图设计执行民用建筑节能设计标准及当地实施细则情况	建筑物体形系数			
	外围护结构传热系数 K 值 /[W/(m²·℃)]	墙体		
		门窗		
		屋面		
	供热采暖(制冷)系统节能方式			
	建筑物耗热量指标/(W/m²)			
节能设计审查意见				
设计选用新型墙体材料及建筑节能产品情况	墙材种类		比例	产品出厂合格证及质量检测报告,投产鉴定合格证书事情
	屋面(墙体)保温材料及构造做法			
	节能门窗种类			是否安装热计量表或预留热表安装位置
	供热采暖系统选用设备及产品			
检查施工过程及竣工后使用新型墙体材料及建筑节能产品情况				
建筑节能办公室备案意见				

附录 M　建筑节能设计分析软件 PBECA 简介和应用

M.1　《建筑节能设计分析软件 PBECA》简介

　　《建筑节能设计分析软件 PBECA》是一款可进行建筑节能设计、分析与评价的软件。该软件可帮助用户对居住建筑和公共建筑实施建筑节能设计,完成对建筑物的能耗分析,最终生成较为详尽的设计说明和计算报告,并且能以多种直观方式将建筑物能耗和经济指标的分析结果显示出来。此外,该软件还设计了一系列优化建筑节能设计的过程。按照节能设计计算流程,该软件主要包括建筑数据准备,图形化输入墙体门窗热工数据,建筑围护结构是否满足节能标准的判断,全年能耗计算,数据存档等过程。

1. 软件编制依据

该软件系列系根据《严寒和寒冷地区居住建筑节能设计标准》(JGJ 26—2010)、《夏热冬冷地区居住建筑节能设计标准》(JGJ 134—2010)、《夏热冬暖地区居住建筑设计标准》(JGJ 75—2012)、《公共建筑节能设计标准》(GB 50189—2005)、《民用建筑热工设计规范》(GB 50176—1993)及全国主要省市的节能标准和实施细则按严寒和寒冷、夏热冬冷、夏热冬暖气候区或全国主要省市分别编制,可进行建筑节能设计计算,判断所设计建筑是否满足节能标准的要求。该软件系列可用于新建、改建和扩建的居住和公共建筑的节能设计,并可供设计单位、审图单位和项目审批单位使用。

2. 建筑数据准备

建立能耗计算模型所需的建筑围护结构(门窗、墙体)数据可由下列三种方式之一产生:其一为直接从初设、扩初、施工图等各阶段的 DWG 文件中自动提取建筑图上的墙体、门窗、洞口、轴线数据,生成建筑模型数据,这就增强了原有图形数据文件的复用性且可在不同设计阶段方便地进行建筑节能设计,避免了二次建模的重复工作;第二种方法是当用户没有 DWG 图时,可使用软件自带的建模工具,直接绘制完成模型的建立;第三种方式是直接读取建筑数据,在 Auto CAD(该软件支持 Auto CAD2002～2006各版本)平台下实现直接读取天正、ABD、理正等常用建筑软件三维模型数据的功能,支持天正、ABD、理正等常用建筑软件绘制的 DWG 图纸,生成建筑模型。无需在各种软件中进行图纸转换等操作,最大限度地减轻建筑师的工作量。对于 PKPM 系列建筑软件 APM 用户,该软件可直接读取建筑软件 APM 生成的数据。

3. 图形化输入(及编辑修改)数据库内墙体、门窗等部分的热工数据

在能耗计算模型数据的基础上,自动划分房间,图形化输入及编辑围护结构组成部分(如墙体、门窗、屋顶、楼板、热桥等部位)的热工参数;为便于快速输入墙体、门窗、屋顶、楼板、热桥等部位的数据,软件建有数据库,用户可直接从数据库中分别选取所用类型,并可在此基础上修改部分材料的热工性能参数,使之达到自己的设计要求。

4. 建筑围护结构是否满足节能标准的判断

(1)建筑节能检查:软件自动计算建筑物各层、各开间、各朝向、各部位围护结构的面积和建筑物体积,计算各朝向的窗墙面积比、建筑物的体形系数、考虑热桥影响后墙体(含外墙、分户墙)的平均传热系数、屋面和楼板的传热系数等,并比较判断计算结果是否满足相关节能标准的要求。

(2)图形显示计算草图,不达标部位用红色标记明显表示:用户可在图形上直接

查看建筑节能的检查结果,不达标部位被用红色标记明显地表示出来。图形中同时可显示各部分的计算面积,平均传热系数,图形还可作为设计计算文档的一部分,以供设计校核之用。

(3)生成建筑节能检查用的文档资料:生成建筑节能检查的计算书,内容包括围护结构各部位构造层次说明、传热系数、相关标准规定值、实际值及是否达标等信息,并给出建筑节能检查是否达标的结论。

(4)建筑耗热量指标或全年采暖、空调能耗的计算:当所设计建筑的某些部位不达标时,按相关建筑节能设计标准规定的计算条件和计算方法,依据各地的全年气象数据,对建筑物进行全年 8760 h 的逐时能耗分析计算,分别自动计算出参照建筑和所设计建筑每平方米建筑面积的年采暖耗热量,或采暖、空调冷热耗量指标和耗电量指标,并依据所采用的相关设计标准自动进行权衡判断的比较。当计算结果不符合节能设计标准的要求时,使用软件的围护结构设计功能,可方便地进行调整以让您的设计满足相关节能设计标准的要求。

输出全年能耗计算书。该计算书包括计算条件、计算结果以及全年能耗是否达标等结论。

(5)节能建筑的经济指标核算:该软件可进行节能和非节能设计的工程造价比较,可进行在达到相同保温效果下分析不同保温构造的工程造价比较,可帮助设计师和甲方选择最为合理、经济的保温构造。

(6)生成节能设计说明书和计算书:该软件可生成符合设计和审图要求的输出文件,如节能设计说明书和计算书等。

(7)隔热计算和冷凝受潮验算:该软件可按照国家标准《民用建筑热工设计规范》(GB 50176—1993)进行围护结构的隔热计算和冷凝受潮验算。

(8)可扩充的围护结构组成部分及气象资料数据库:该软件建有开放的围护结构组成部分(如墙体、门窗、屋顶、楼板、热桥等)及气象资料数据库,用户可根据当地诸部位常用的构造做法、气象数据等随时增减数据库的内容。

M.2 用软件辅助建筑节能设计的工程实例

本例依据《公共建筑节能设计标准》(GB 50189—2005),以上海某办公楼为例,应用 PBECA 节能设计分析软件,分析探讨了公共建筑节能设计的技术要求和方法。

1. 工程概述

该工程为一社区服务中心及办公用房项目,其中办公楼层数为五层,会议中心用房为一层,信访用房为二层,后勤部门为二层。根据《公共建筑节能设计标准》(GB 50189—2005)的相关规定,在节能设计时我们把该工程归为办公楼范畴,一切相关设计依据办公楼进行设定。

该工程建在上海市,我们将依照《公共建筑节能设计标准》(GB 50189—2005)中夏热冬冷地区围护结构传热系数、遮阳系数限值等进行节能设计。

2.建筑围护结构热工节能设计

1)模型提取及编辑。

首先应用软件完成该工程模型的提取及编辑。

先确定"项目信息",见附图 M-1。

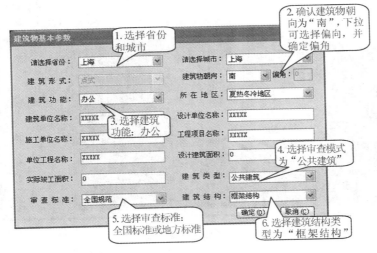

附图 **M-1** 建筑物基本参数对话框

(1)选择计算城市为"上海",属于"夏热冬冷地区"。

(2)选择建筑物朝向为"南"。

(3)选择建筑功能为"办公"。

(4)选择审查模式为"公共建筑"。

(5)选择审查标准为"国家标准"[这里参照《公共建筑节能设计标准》(GB 50189—2005)]。

(6)选择建筑结构类型为"框架结构"。

然后,在"系统选项"中按默认值选取确定。

最后,从 DWG 图中提取墙线、门线、窗线,有玻璃幕墙的可提取玻璃幕墙线。并进行标准层的提取,使软件生成具有三维信息的模型(如附图 M-2)。

生成模型后,应进行墙线编辑,依次选择各个标准层,编辑修改墙线,使得墙线编辑后每个封闭的房间都有房间编号。

门窗洞口的大小位置编辑、复杂模型的编辑(坡屋顶的模型搭建和坡地建筑的处理等)也一并在模型编辑时完成,最后要进行楼层组装。

在模型编辑时,应对房间类型进行设置。根据建筑功能选择房间类型或自定义房间类型。主要参数为设计温度、照明功率密度值、人均占有的使用面积、电器设备功率密度,这些参数的参考值可参照《公共建筑节能设计标准》(GB 50189—2005)附录 B。

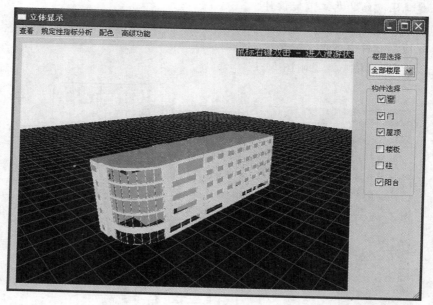

附图 **M-2**　模型三维信息显示

2)操作过程(见附图 M-3)。

(1)选择标准层 1。

(2)选择建筑功能:办公。

(3)在下拉条中选择具体的房间类型:普通办公室。

(4)点击"设置"。

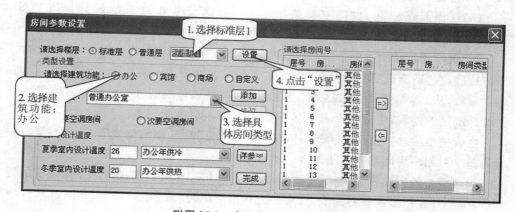

附图 **M-3**　房间参数设置对话框

(5)选择要标记的房间编号,右键确定,继续点右键退出。其他房间也按照相同的方法进行标记。设置房间类型如附图 M-4 所示。

3）围护结构的节能设计。

直接在 Auto CAD 下就能完成围护结构的节能设计，并能及时查看设计结果，及时进行调整，围护结构的节能设计主要在"节能设计"菜单下依次完成。

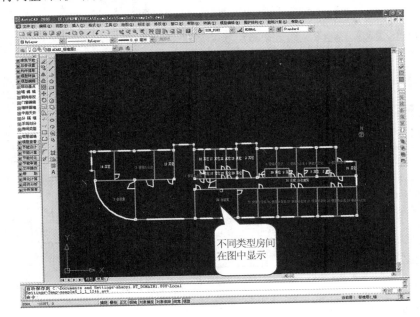

附图 M-4 设置房间类型

4）围护结构节能方案。

"默认材料编辑"是在模型提取完成之后系统会给所有的建筑构件添加默认的材料，我们根据该工程现有的方案，利用修改默认材料参数命令给模型统一添加材料，如附图 M-5 所示。该工程的围护结构节能方案如下。

外墙主要构造：饰面层（不计入）＋3 mm 抹面胶浆＋50 mm 厚胶粉聚苯颗粒浆料（外保温）＋240 mm 厚三排孔混凝土空心砌块＋20 mm 厚混合砂浆内抹灰。

分隔墙的主要构造：20 mm 厚水泥砂浆外抹灰＋240 mm 厚混凝土空心砌块＋20 mm 厚水泥砂浆内抹灰。

屋面主要构造：40 mm 厚细石配筋混凝土＋60 mm 厚挤塑聚苯板＋防水层（不计入）＋20 mm 厚水泥砂浆＋80 mm 厚加气混凝土＋120 mm 厚钢筋混凝土屋面板。

楼层之间的楼板构造：20 mm 厚水泥砂浆找平层＋120 mm 钢筋混凝土楼板＋20 mm 水泥砂浆抹灰。

门窗（包括玻璃幕墙）框料选用铝合金，玻璃采用 6＋12A＋6 的普通中空玻璃。

（1）选择节能设计中的默认材料，选择主体墙。

（2）选择要修改的材料层。

（3）在材料库中选择要修改的材料"三排孔小砌块"，双击。

（4）将材料厚度改为 200 mm。

（5）点"修改本层"，完成修改。

（6）地面、架空楼板按照相同的方法修改。

地面做法：40 mm 厚细石混凝土＋100 mm 厚钢筋混凝土。

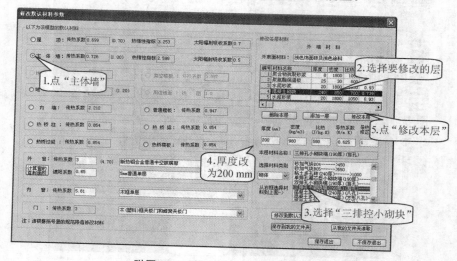

附图 M-5　修改默认材料参数对话框

5）热桥部位的设置。

该工程采用外墙外保温，当建筑物采取外保温体系时，热桥部位的保温层与外墙部位的保温层材料和所达到的保温效果是一致的，所以在软件中，只需将围护结构的"热桥柱""热桥梁""热桥过梁""热桥楼板"中的外保温层设置成和外墙的外保温层一样即可。

3. 规定性指标计算和权衡判断

（1）规定性指标计算。

点击"节能计算"的"规定性指标"，进行围护结构规定性指标计算。

（2）围护结构热工性能的权衡判断。

因围护结构有部分指标未满足规定性指标的限值要求，故应按标准规定进行围护结构热工性能的权衡判断。

对于该工程来说，应用软件的动态计算方法，以模拟参照建筑和所设计建筑全年8760 h 的能耗情况为例，最终得出的全年采暖和空调能耗将作为该建筑是否达到节能标准要求的判据，并生成计算报告，见附图 M-6～附图 M-8。

附表 M-1 为参照建筑和设计建筑年能耗比较结果。

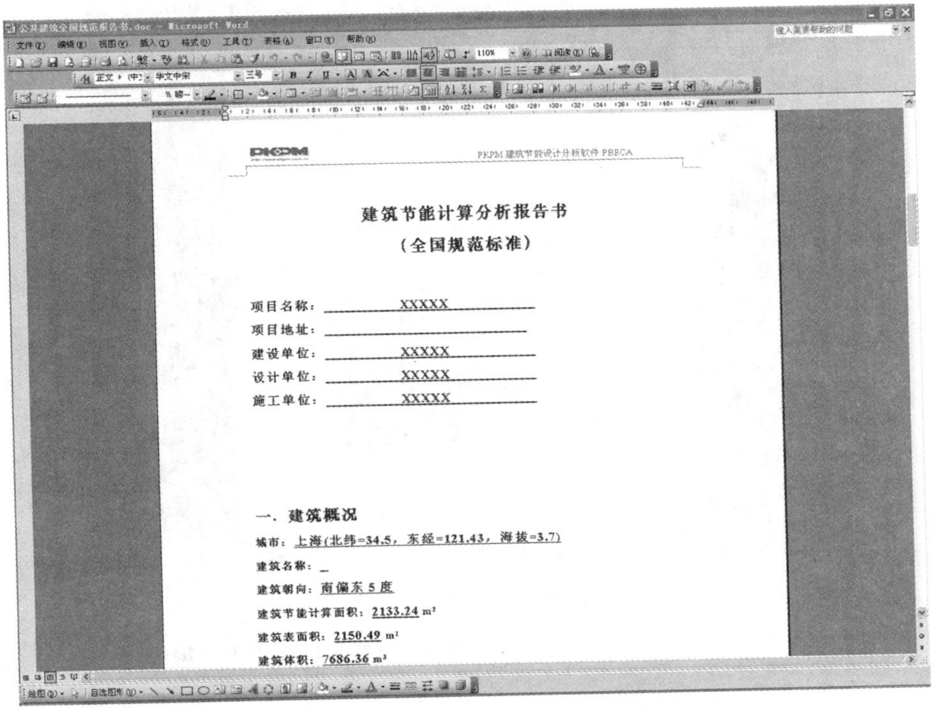

附图 M-6　计算报告 1

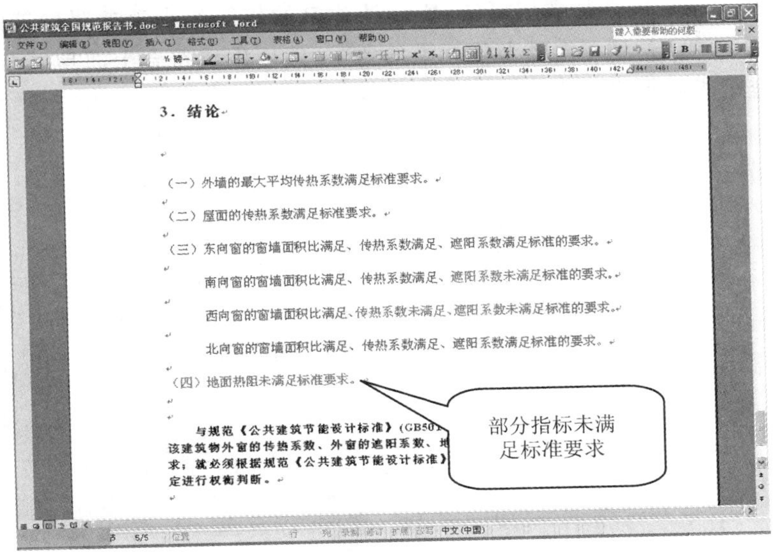

附图 M-7　计算报告 2

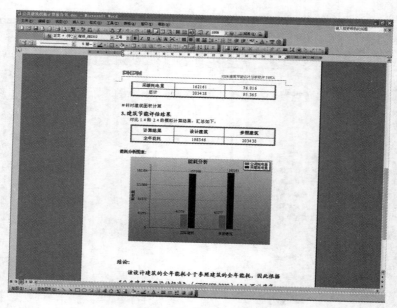

附图 M-8　计算报告 3

附表 M-1　参照建筑和设计建筑年能耗结果比较/(kW·h)

计 算 结 果	设 计 建 筑	参 照 建 筑
全年能耗	488 787	493 319

　　由附表 M-1 中的能耗数据可知,所设计建筑的年能耗小于参照建筑的年能耗,就能判定该建筑已达到了上述节能标准的要求,然后生成符合上海地区节能审查要求的备案登记表和报审文件。

参 考 文 献

[1] 杨善勤,等.建筑节能[M].北京:中国建筑工业出版社,1999.

[2] 建设部科技发展促进中心,北京振利高新技术公司.外墙外保温技术百问[M].北京:中国建筑工业出版社,2003.

[3] 北京土木建筑学会.建筑节能工程法规及相关知识[M].北京:经济科学出版社,2005.

[4] 江亿,等.住宅节能[M].北京:中国建筑工业出版社,2006.

[5] 中华人民共和国建设部.GB 50189—2005 公共建筑节能设计标准[S].北京:中国建筑工业出版社,2005.

[6] 陈在康,丁力行.空调过程设计与建筑节能[M].北京:中国电力出版社,2004.

[7] 涂逢祥,王庆一.建筑节能:中国节能战略的必然选择(下)[J].节能与环保,2004(10).

[8] 中华人民共和国建设部.GB 50176—1993 民用建筑热工设计规范[S].北京:中国计划出版社,1993.

[9] 刘加平.建筑物理[M].北京:中国建筑工业出版社,2000.

[10] 柳孝图.建筑物理[M].北京:中国建筑工业出版社,2000.

[11] 陈沛林.建筑空调实用技术基础[M].北京:中国电力出版社,2004.

[12] 刘加平,杨柳.室内热环境设计[M].北京:机械工业出版社,2005.

[13] 徐丰彦,张静如.人体生理学[M].北京:人民卫生出版社,1989.

[14] 国家质量技术监督局.GB/T 18049—2000(eqv ISO 7730:1994).中等热环境 PMV 和 PPD 指数的确定及热舒适条件的规定[S].北京:中国标准出版社,2001.

[15] 中华人民共和国建设部.GB 50019—2003 采暖通风与空气调节设计规范[S].北京:中国计划出版社,2004.

[16] 北京土木建筑学会.建筑节能工程设计手册[M].北京:经济科学出版社,2005.

[17] 刘念雄,等.建筑热环境[M].北京:清华大学出版社,2005.

[18] 张振南,等,译.建筑环境学(原书第5版)[M].北京:机械工业出版社,2003.

[19] 梁簇亮编译.被动式太阳房建筑设计[M].北京:中国建筑工业出版社,1987.

[20] 付祥钊.夏热冬冷地区建筑节能技术[M].北京:中国建筑工业出版社,2002.

[21] 江亿,等.住宅节能[M].北京:中国建筑工业出版社,2006.

[22] 龙惟定.建筑节能与建筑能效管理[M].北京:中国建筑工业出版社,2005.

[23]　王立雄.建筑节能[M].北京:中国建筑工业出版社,2004.

[24]　建设部标准定额研究所.《居住建筑节能设计标准》(夏热冬冷地区)宣贯教材[M].北京:中国计划出版社,2001.

[25]　中华人民共和国住房和城乡建设部.JGJ 26—2010 严寒和寒冷地区居住民用建筑节能设计标准[S].北京:中国建筑工业出版社,2010.

[26]　中华人民共和国住房和城乡建设部.JGJ 134—2010 夏热冬冷地区居住建筑节能设计标准[S].北京:中国建筑工业出版社,2010.

[27]　中华人民共和国住房和城乡建设部.JGJ 75—2012 夏热冬暖地区居住建筑节能设计标准[S].北京:中国建筑工业出版社,2013.

[28]　中华人民共和国住房和城乡建设部.JGJ 176—2009 公共建筑节能改造技术规范[S].北京:中国建筑工业出版社,2009.

[29]　中华人民共和国建设部.建科〔2004〕174 关于加强民用建筑工程项目建筑节能审查工作的通知.

[30]　住房和城乡建设部标准定额研究所.居住建筑节能设计标准应用技术导则——严寒和寒冷、夏热冬冷地区[M].北京:中国建筑工业出版社,2010.

[31]　中华人民共和国建设部.GB 50096—1999(2003 年版)住宅设计规范[S].北京:中国建筑工业出版社,2003.

[32]　中华人民共和国建设部.GB 50368—2005 住宅建筑规范[S].北京:中国建筑工业出版社,2006.

[33]　李德英.建筑节能技术[M].北京:机械工业出版社,2006.

[34]　李汉章.建筑节能技术指南[M].北京:中国建筑工业出版社,2000.

[35]　本书编委会.公共建筑节能设计标准宣贯辅导教材[M].北京:中国建筑工业出版社,2005.

[36]　房志勇.建筑节能技术[M].北京:中国建材工业出版社,1999.

[37]　刘志海,李超.低辐射玻璃及其应用[M].北京:化学工业出版社,2006.

[38]　杨修春,李伟捷.新型建筑玻璃[M].北京:中国电力出版社,2009.

[39]　刘念雄,秦佑国.建筑热环境[M].北京:清华大学出版社,2005.

[40]　北京市建设委员会.建筑设计与建筑节能技术[M].北京:冶金工业出版社,2006.

[41]　建设部标准定额研究所.建筑外墙外保温技术导则[M].北京:中国建筑工业出版社,2006.

[42]　林川.小城镇住宅建筑节能设计与施工[M].北京:中国建材工业出版社,2004.

[43]　中华人民共和国建设部.JGJ 144—2004 外墙外保温工程技术规程[S].北京:中国建筑工业出版社,2005.

[44]　内蒙古自治区建筑节能推荐图集.围护结构保温构造详图(ZL 保温系统),

2004.

[45]　江亿,林波荣,等.住宅节能[M].北京:中国建筑工业出版社,2006.

[46]　江亿,薛志峰.公共建筑节能[M].北京:中国建筑工业出版社,2007.

[47]　李必瑜,魏宏杨.建筑构造(上册)(第三版)[M].北京:中国建筑工业出版社,
　　　2005.

[48]　颜宏亮.建筑特种构造[M].上海:同济大学出版社,2005.

[49]　建设部工程质量安全监督与行业发展司,中国建筑标准设计研究院.全国民用
　　　建筑工程设计技术措施:节能专篇,建筑[M].北京:中国计划出版社,2007.

[50]　宋德萱.节能建筑设计与技术[M].上海:同济大学出版社,2003.

[51]　宋德萱.建筑环境控制学[M].南京:东南大学出版社,2003.

[52]　李海英,等.生态建筑节能技术及案例分析[M].北京:中国电力出版社,2007.

[53]　王革华.新能源概论[M].北京:化学工业出版社,2006.

[54]　马经国.新能源技术[M].南京:江苏科学技术出版,1992.

[55]　翟秀静,刘奎仁,韩庆.新能源技术[M].北京:化学工业出版社,2005.

[56]　苏亚欣,毛玉如,赵敬德.新能源与可再生能源概论[M].北京:化学工业出版
　　　社,2006.

[57]　李传统.新能源与可再生能源技术[M].南京:东南大学出版社,2005.

[58]　王长贵,郑瑞澄.新能源在建筑中的应用[M].北京:中国电力出版社,2003.

[59]　赵争鸣,等.太阳能光伏发电及其应用[M].北京:科学出版社,2005.

[60]　沈辉,曾祖勤.太阳能光伏发电技术[M].北京:化学工业出版社,2005.

[61]　(日)太阳光发电协会.太阳能光伏发电系统的设计与施工[M].刘树民,宏伟
　　　译.北京:科学出版社,2006.

[62]　丁国华.太阳能建筑一体化:研究、应用及实例[M].北京:中国建筑工业出版
　　　社,2007.

[63]　罗运俊,何梓年,王长贵.太阳能利用技术[M].北京:化学工业出版社,2005.

[64]　方荣生.太阳能应用技术[M].北京:中国农业机械出版社,1985.

[65]　王七斤,李崇亮.太阳能应用技术[M].北京:中国社会出版社,2005.

[66]　张希良.风能开发利用[M].北京:化学工业出版社,2005.

[67]　郭新生.风能利用技术[M].北京:化学工业出版社,2007.

[68]　刘万琨,等.风能与风力发电技术[M].北京:化学工业出版社,2006.

[69]　沈辉,曾祖勤.太阳能光伏发电技术[M].北京:化学工业出版社,2005.

[70]　刘源全,等.建筑设备[M].北京:化学工业出版社,2006.

[71]　万建武.建筑设备工程[M].北京:中国建筑工业出版社,2001.

[72]　薛志峰,等.超低能耗建筑技术及运用[M].北京:中国建筑工业出版社,2005.

[73]　中华人民共和国住房和城乡建设部.JGJ 142—2012 辐射供暖供冷技术规程
　　　[S].北京:中国建筑工业出版社,2013.

[74]　上海市能源领导小组节能办公室.实用节能手册[M].上海:上海科学技术出版社,1986.

[75]　住房和城乡建设部建筑节能与科技司.智能与绿色建筑文集 2:第二届国际智能、绿色建筑与建筑节能大会[G].北京:中国建筑工业出版社,2006.

[76]　涂逢祥.建筑节能 46[M].北京:中国建筑工业出版社,2007.

[77]　韩继红,江燕.上海生态建筑示范工程(生态办公示范楼)[M].北京:中国建筑工业出版社,2005.

[78]　黄继红,贺鸿珠.建筑节能设计策略与应用[M].北京:中国建筑工业出版社,2008.

[79]　民用建筑节能设计技术编委会.民用建筑节能设计技术[M].北京:中国建材工业出版社,2006.

[80]　江亿,等.住宅节能[M].北京:中国建材工业出版社,2006.

[81]　夏云,夏葵,施燕.生态与可持续建筑[M].北京:中国建材工业出版社,2001.

[82]　建设部标准定额研究所.《夏热冬暖地区居住建筑节能设计标准》实施指南[M].北京:中国计划出版社,2005.

[83]　王立雄.建筑节能(第二版)[M].北京:中国建筑工业出版社,2009.

[84]　刘加平,等.城市环境物理[M].北京:中国建筑工业出版社,2011.

[85]　北京振利节能环保科技股份有限公司,住房和城乡建设部科技发展促进中心.墙体保温技术探索[M].北京:中国建筑工业出版社,2009.

[86]　北京振利节能环保科技股份有限公司,住房和城乡建设部科技发展促进中心,北京中建建筑科学研究院.外保温技术理论与应用[M].北京:中国建筑工业出版社,2011.

[87]　中华人民共和国行业标准.JGJ 289—2012 建筑外墙外保温防火隔离带技术规程[S].北京:中国建筑工业出版社,2013.

[88]　中华人民共和国行业标准.JGJ 155—2007 种植屋面工程技术规程[S].北京:中国建筑工业出版社,2007.

[89]　中华人民共和国行业标准.JGJ 230—2010 倒置式屋面工程技术规程[S].北京:中国建筑工业出版社,2011.

[90]　中华人民共和国行业标准.JGJ 129—2012 既有居住建筑节能改造技术规程[S].北京:中国建筑工业出版社,2013.

[91]　内蒙古自治区工程建设标准.DBJ03—35—2011 内蒙古居住建筑节能设计标准[S].呼和浩特:内蒙古自治区工程建设标准化管理办公室,2012.

[92]　国家建筑标准设计图集.10J121 外墙外保温建筑构造[M].北京:中国计划出版社,2010.

[93]　建筑构造通用图集.10BJ2—11 建筑外保温(防火)[M].北京:中国建筑工业出版社,2010.

［94］　中华人民共和国国家标准.GB/T 7106—2008 建筑外门窗气密、水密、抗风压性能分级及检测方法［S］.北京:中国标准出版社,2008.

［95］　中华人民共和国国家标准.GB/T 8484—2008 建筑外门窗保温性能分级及检测方法［S］.北京:中国标准出版社,2008.

［96］　孔祥娟,等.绿色建筑和低能耗建筑设计实例精选［M］.北京:中国建筑工业出版社,2008.

［97］　上海市建筑建材业市场管理总站编.上海市绿色建筑节能示范项目 2009—2011［M］.上海:同济大学出版社,2013.

［98］　徐伟.国际建筑节能标准研究［M］.北京:中国建筑工业出版社,2012.

［99］　李峥嵘,赵群,展磊.建筑遮阳与节能［M］.北京:中国建筑工业出版社,2009.